混凝土氯离子富集现象及形成机理

Chloride Enrichment Phenomenon and Mechanism in Concrete

常洪雷　马川义　张　浩　杨　林　刘国建　王晓龙　著

中国建筑工业出版社

图书在版编目（CIP）数据

混凝土氯离子富集现象及形成机理＝Chloride Enrichment Phenomenon and Mechanism in Concrete/常洪雷等著．—北京：中国建筑工业出版社，2023．12

ISBN 978-7-112-29365-0

Ⅰ．①混…　Ⅱ．①常…　Ⅲ．①混凝土—氯离子—研究　Ⅳ．①TU528

中国国家版本馆CIP数据核字（2023）第226011号

责任编辑：万　李
文字编辑：沈文帅
责任校对：张　颖
校对整理：赵　菲

混凝土氯离子富集现象及形成机理

Chloride Enrichment Phenomenon and Mechanism in Concrete

常洪雷　马川义　张　浩　杨　林　刘国建　王晓龙　著

*

中国建筑工业出版社出版、发行（北京海淀三里河路9号）
各地新华书店、建筑书店经销
北京龙达新润科技有限公司制版
建工社（河北）印刷有限公司印刷

*

开本：787毫米×1092毫米　1/16　印张：8¾　字数：215千字
2023年12月第一版　2023年12月第一次印刷
定价：**45.00**元

ISBN 978-7-112-29365-0
（42115）

序

水泥混凝土是现代基础设施建设的基石，因强度高、价格低、易成型等诸多优点，被广泛应用于桥梁、隧道、大坝等基础设施工程中。新中国成立七十多年来，水泥混凝土材料在加快基础设施建设、促进国民经济发展、改善人民生活品质等方面发挥了不可或缺的作用。

随着“海上强国”国家战略的实施，大量跨海大桥、海底隧道、港口码头等海洋构筑物规划建设和交付使用。然而，复杂多样海洋环境腐蚀因素对海洋构筑物的安全服役产生了严重威胁。据调研统计，海洋环境下混凝土结构服役10～15年即发生较为严重的腐蚀破坏，造成巨大经济损失，严重影响国民生产生活。氯盐引起的钢筋锈蚀是导致混凝土结构服役性能劣化的主要原因。其中，海洋大气区、浪溅区、潮汐区等干湿交替环境下氯离子加速钢筋锈蚀现象尤为严重。该环境下混凝土中氯离子分布规律复杂多变，易出现氯离子富集现象，严重影响了基于传统扩散方程进行寿命预测的准确性。因此，探明干湿交替条件下氯离子分布规律，解析其传输机理，对于海洋构筑物耐久性的精准评估具有重要指导意义。

近年来，常洪雷博士及其团队针对严酷海洋环境氯离子侵蚀问题开展了诸多有益研究，不仅探明了氯离子富集现象的演变规律，而且对其形成机理进行了充分解析，提出了更符实际的氯离子传输模型与寿命预测模型。本书对上述研究成果做了翔实总结，对海洋环境混凝土结构耐久性的评估与提升具有重要指导意义，对于推动混凝土传输理论的发展具有积极作用。

中国工程院院士

前　　言

氯离子侵蚀引起的钢筋锈蚀是导致混凝土结构服役性能劣化和使用寿命缩短的主要原因。其中，干湿交替环境下氯离子侵蚀最为严重，因此该环境下的氯离子传输规律与分布特征对于混凝土结构耐久性研究具有重要意义。由于干湿交替条件下影响表层氯离子传输的机制较为复杂，包括扩散、毛细吸附、水分蒸发及碳化等，因此该条件下的氯离子含量并不总是随着暴露深度的增大而单调递减。大量研究发现干湿交替环境下混凝土表层存在氯离子富集现象，即随着距暴露面深度的增大，氯离子含量先增大，氯离子浓度在表层某深度处达到最大值后，开始降低直至为零。富集现象的出现严重影响了基于传统扩散方程拟合曲线并进行寿命预测的准确性，而且干湿交替环境下富集现象形成的根本机制仍未明确。因此，本书基于宏观试验和微观分析并结合数值计算研究了富集现象的演变规律，解析了氯离子富集现象形成的机理。

本书是在国家重点研发计划、国家自然科学基金、山东省自然科学基金等项目的支持下完成的。全书共分 8 章：

第 1 章概述了混凝土耐久性相关问题、氯离子的传输机制，以及氯离子富集现象。

第 2 章介绍了氯离子富集现象的研究现状，总结概括了已有研究中出现的富集现象特征参数，并分析了特征参数在不同条件下的演变规律。

第 3 章研究了孔结构和水分分布对干湿交替条件下富集现象的影响，通过测试不同试件的孔结构特征和基体的水分分布情况，建立了富集现象特征参数与孔结构及水分分布的关系。

第 4 章中因机理分析和传输模型中涉及碳化对结合氯离子的影响，所以研究了三种条件下碳化与结合氯离子能力的关系——先碳化再浸泡氯离子，先浸泡氯离子再碳化，先内掺氯离子再碳化。

第 5 章讨论了毛细吸附-水分蒸发与碳化对干湿交替环境下富集现象形成的耦合作用，通过设计四种不同的暴露制度，实现了不同作用机制的组合，对比揭示了毛细吸附-水分蒸发和碳化在导致富集现象形成过程中的作用机制，并描述了富集现象的形成过程。

第 6 章从水分蒸发和碳化角度探讨两种机制在导致富集现象形成中的作用，将内掺氯离子的净浆试件分别暴露于三种干燥环境：N_2 环境、普通大气环境、加速碳化环境，分析了水分蒸发和碳化导致富集现象的形成机制。

第 7 章建立了耦合水分延迟效应和碳化作用的氯离子传输数值模型，并利用有限差分法求解得到不同条件下的氯离子分布曲线，最后与试验结果相比较，验证模型的准确性。

第 8 章分析了富集现象对氯盐侵蚀环境下混凝土结构服役寿命预测的影响，并建立了考虑富集现象的寿命预测模型。

目　　录

第 1 章　绪论

1.1　混凝土结构在氯盐侵蚀作用下的耐久性问题

混凝土材料作为最常见的建筑材料，因其具有高抗压强度、低价格、易成型等诸多优点，被广泛应用于大坝、桥梁、公路、码头等大型工程中。但是，在实际服役过程中，混凝土结构面临很严重的耐久性问题。当这些混凝土结构暴露于严酷环境下，比如海洋潮汐区、浪溅区，以及含有很多种化学侵蚀成分（氯盐、硫酸盐等）的盐湖、工业废水中时，侵蚀性成分就会进入混凝土内部，造成基体的损伤和性能退化，最终缩短混凝土结构的服役寿命。在过去的几十年，因混凝土耐久性劣化而产生的结构破坏、大规模修补及提前失效，已经造成了巨大的经济损失。因此，混凝土的耐久性问题早已成为土木工程领域关注及研究的热点和重点，并且对它的关注和研究会持续下去。

在众多的侵蚀破坏形式之中，氯盐侵蚀引起的钢筋锈蚀是导致混凝土结构耐久性降低的最重要原因之一。氯盐侵蚀主要发生在海洋环境、盐湖以及寒冷地区使用除冰盐的环境下。通常情况下，由于混凝土的孔溶液具有高碱性，混凝土中的钢筋处于钝化状态。但是，当氯离子侵入到周围存在足够的水分和氧气的钢筋表面并且其浓度超过锈蚀发生的临界值时，钢筋就会脱钝并且开始锈蚀。钢筋锈蚀不仅会减小钢筋的有效横截面积，而且会引起混凝土保护层膨胀甚至开裂，最终混凝土结构的安全性和服役寿命都将显著地降低。大量研究表明，暴露于干湿交替环境下的钢筋混凝土结构遭受氯盐侵蚀最为严重，干湿交替环境下的钢筋混凝土结构腐蚀情况如图 1-1 所示。因为在这种条件下，氯离子的侵蚀速度会在毛细吸附和扩散的共同作用下显著增大。因此，干湿交替环境下混凝土中的氯离子分布情况对于研究该条件下混凝土的耐久性问题具有重要意义。

图 1-1　干湿交替环境下的钢筋混凝土结构腐蚀情况

1.2 氯离子在水泥基材料中的传输机制

硬化净浆、砂浆及混凝土等水泥基材料都是多孔性材料，而外界氯离子可以通过多种方式进入到水泥基材料内部。氯离子在水泥基材料内部迁移的机制主要有五种：扩散、毛细吸附、渗透、电迁移、热迁移。下面分别对这五种机制进行介绍。

1.2.1 扩散

氯离子在混凝土中的扩散是指离子在浓度梯度的影响下，从高浓度区域向低浓度区域迁移的现象，是离子在介质中的随机运动导致的。氯离子的扩散在混凝土部分饱水或完全饱水时都可以发生，当混凝土处于完全饱水状态时，氯离子的传输基本完全由扩散作用控制。混凝土中氯离子的稳态扩散经常用 Fick（菲克）第一定律描述，该定律被用来描述离子通过均匀可扩散材料的扩散速率，见式(1-1)：

$$J=-D_{\mathrm{eff}}\frac{\mathrm{d}C}{\mathrm{d}x} \tag{1-1}$$

其中，J 是质量传输速率（$\mathrm{kg/m^2 \cdot s}$）；D_{eff} 是有效扩散系数（$\mathrm{m^2/s}$）；$\frac{\mathrm{d}C}{\mathrm{d}x}$是浓度梯度；$C$ 是离子浓度（$\mathrm{kg/m^3}$）；x 是距离（m）。

而氯离子的非稳态扩散过程则使用 Fick 第二定律描述，该定律考虑了浓度随时间和空间分布的变化。对半无限均匀介质而言，可用式(1-2) 表示：

$$\frac{\partial C}{\partial t}=-D_{\mathrm{app}}\frac{\partial^2 C}{\partial x^2} \tag{1-2}$$

其中，D_{app} 是表观扩散系数（$\mathrm{m^2/s}$），其不仅反映材料性质，还与测试条件有关。一般情况下，上述偏微分方程的初始条件和边界条件见式(1-3)：

$$\begin{cases} C(x,t=0)=0,0<x<\infty & \text{初始条件} \\ C(x=0,t)=C_{\mathrm{s}},0<t<\infty & \text{边界条件} \end{cases} \tag{1-3}$$

其中，$C(x,t)$ 是深度 x 处时间 t 时的氯离子浓度（$\mathrm{kg/m^3}$）；C_{s} 是表面氯离子浓度（$\mathrm{kg/m^3}$）。

在上述边界条件下，Fick 第二定律的高斯误差函数解可表示为：

$$C(x,t)=C_{\mathrm{s}}\left[1-erf\left(\frac{x}{2\sqrt{D_{\mathrm{app}}t}}\right)\right] \tag{1-4}$$

其中，erf 是误差函数，其式见式(1-5)：

$$erf(x)=\frac{2}{\sqrt{\pi}}\int_0^x e^{-t^2}\mathrm{d}t=\frac{2}{\sqrt{\pi}}\sum_{n=0}^{\infty}\frac{(-1)^n x^{2n+1}}{n!\ (2n+1)} \tag{1-5}$$

对完全浸没在海水或被氯盐污染的水中的混凝土，扩散为决定性的传输机制，这种情况下使用扩散方程对氯离子的侵入进行计算较为合适。此外，与其他传输机制相比，扩散对大多数情况下的氯离子传输都是有贡献的。

1.2.2 毛细吸附

由于液体表面张力的存在，为了达到毛细管道内液面两侧压力的平衡而发生液体整体流动的现象称为毛细吸附。该传输机制通常发生在非饱和基体的表层，发生的深度有限，其本身不能把氯离子直接输送至钢筋表面，除非混凝土的质量非常差或者预埋钢筋深度非常小。但是，毛细吸附的确能快速地将氯离子携带到混凝土表层一定深度，从而大大减小了氯离子通过扩散到达钢筋表面的距离，因此会显著加快腐蚀的发生。混凝土桥墩水位以上区域之所以氯离子侵蚀严重，就是在于所谓的“灯芯”效应导致海水进入水面以上位置时传输更快，而“灯芯”效应的实质就是毛细吸附作用。同样干湿交替过程中，风干越彻底，混凝土在润湿过程中所吸收的氯离子含量越高也是由毛细吸附造成的。

以毛细管中的微液面作为研究对象，理想化毛细管中气液界面平衡示意图如图1-2所示。为了保持液面稳定，液体表面张力γ产生的支撑力必须与液面外的空气压力P_g和液体内部压力P_l之差相平衡：

$$(P_g-P_l)\cdot \pi R_a R_b=\gamma\cdot\pi\cdot(R_a+R_b) \tag{1-6}$$

其中，R_a和R_b分别为弯曲液面在两个方向上的曲率半径（m）。由式(1-6)可以得到拉普拉斯方程：

$$P_g-P_l=\gamma\cdot\left(\frac{1}{R_a}+\frac{1}{R_b}\right) \tag{1-7}$$

通常将$P_g-P_l=\Delta P$称为毛细负压，毛细负压随孔隙半径的减小而迅速增加，在混凝土孔隙半径分布范围内毛细负压可以达到相当高的数量级。

当液面为球形的一部分，则$R_a=R_b$，那么式(1-7)可以简化为式(1-8)：

$$\Delta P=\frac{2\gamma\cdot\cos\theta}{r} \tag{1-8}$$

其中，θ为水与混凝土的接触角（°）。如图1-2（b）所示，当达到平衡后，处于同一水平液面高度的B点和C点处的压力应相等，由此即可得到较为熟悉的毛细上升公式：

$$h_c=\frac{2\gamma\cdot\cos\theta}{\Delta\rho g r} \tag{1-9}$$

其中，h_c为毛细孔中液体上升高度（m）；$\Delta\rho$为液体和气体的密度差（kg/m^3）；g为重力加速度（m/s^2）；r为毛细孔半径（m）。

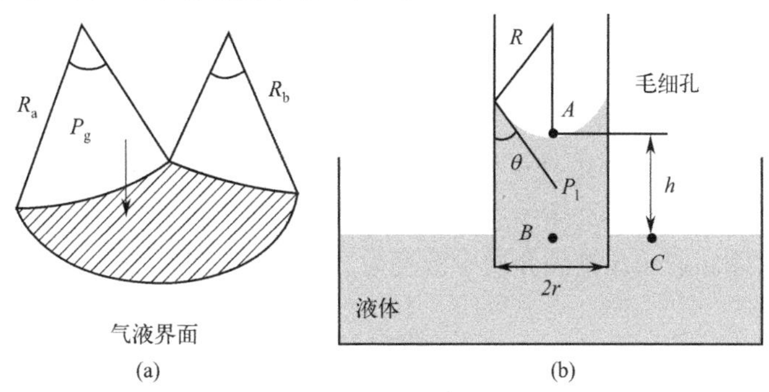

图1-2　理想化毛细管中气液界面平衡示意图

值得注意的是毛细吸附一般发生在非饱和的多孔介质中。在干湿循环作用区域中毛细吸附氯盐溶液属于典型的非饱和侵入，毛细作用使得该区域混凝土构件中集中了相对较多的氯离子。我国的《混凝土结构耐久性设计与施工指南》CCES 01—2004、日本的《混凝土标准示方书》以及欧洲的混凝土结构耐久性研究项目DuraCrete（混凝土耐久性）均将干湿交替区域作为混凝土结构耐久性设计的重要部位。

1.2.3 渗透

在外界压力作用下混凝土中孔隙液（含多种离子）发生的渗透现象实质上是压力梯度下液体在多孔介质中发生的定向流动，其过程可用 Darcy（达西）定律描述：

$$Q=-\frac{k(s)}{\eta}\frac{\mathrm{d}p}{\mathrm{d}x} \tag{1-10}$$

其中，Q 为孔隙液体流速（m/s）；k 为渗透系数（m/s）；η 为液体的黏滞性系数（Pa・s）；p 为压力水头（m）。

在饱和渗流过程中，k 是解决压力渗流问题的核心参数，与多孔介质孔隙结构密切相关。

1.2.4 电迁移

电迁移是指混凝土孔隙液中的离子在外加电场作用下加速定向迁移的过程。该理论已被广泛应用于快速测试混凝土氯离子扩散系数试验和加速钢筋锈蚀试验中，也被用于移除混凝土结构中的氯离子。然而，离子因外部施加电压而发生移动，必然会导致离子浓度梯度的存在，因此扩散也会发生。但同电迁移相比，氯离子的扩散速率可以忽略不计。图 1-3 为电场作用下的离子迁移过程。

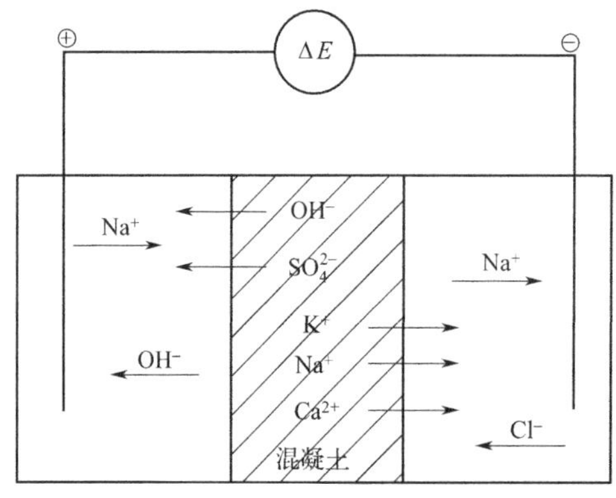

图 1-3 电场作用下的离子迁移过程

电解质中电荷迁移的最简单理论为：把离子视为刚性的带电球体，将溶质视作连续介质，电场力作用下离子在连续介质中迁移时将要受到黏滞力的作用。通过电场力、黏滞力及结合离子运动的关系可以得出连续介质中浓度为 C 的离子发生电迁移所产生的离子通量 J_i：

$$J_i=\frac{1}{K_i}z_iC_iFE \tag{1-11}$$

其中，Z_i 为离子电价；K_i 为离子的黏滞性系数（N・s/m）；F 为法拉第常数；E 为电场强度（N/C）。式(1-11) 是目前解答直流电场作用下混凝土中氯离子的传输问题的核心方程，应用较为广泛。

1.2.5 热迁移

众所周知，离子或分子在高温环境下要比在低温环境下迁移得快。如果一个饱和的混凝土试件其内部氯离子均匀分布，那么当试件的某个部分被加热，则该部分的氯离子就会向温度低的部分迁移。最能反映该机制的情况就是当除冰盐污染的混凝土结构被阳光照射时，混凝土表层孔中的氯离子就会在温度梯度下向温度较低的部位迁移。

1.3　氯离子富集现象

干湿交替环境下（诸如海洋潮汐区、浪溅区，除冰盐环境，试验室模拟干湿交替环境等）氯离子的传输已经被大量研究，其中很多研究发现了一种现象，即随着距暴露面深度的增大，氯离子含量先增大，并在表层某深度处达到一个浓度最大值，然后开始降低直至为零，如图 1-4（b）所示。该现象在本书中被称为富集现象或富集效应。富集现象普遍存在于经干湿交替暴露后的试件中，即使一些研究中没有检测到该现象。而富集现象没有出现可能是由于暴露时间过短，或者测定氯离子含量时表层被忽略，或者测试氯离子含量的距离间隔过大等。与表层没有出现富集现象的氯离子分布曲线［图 1-4(a)］相比，含富集现象的氯离子分布曲线存在两个特征参数：C_{max} 和 Δx（在一些文献中也被称为 $C_{s,\Delta x}$ 和 x_0）。C_{max} 指氯离子浓度峰值或最大氯离子浓度，Δx 指峰值氯离子浓度峰出现的位置深度。此外，C_s 为表面氯离子浓度，$C(x,t)$ 为深度 x 处时间 t 时的氯离子浓度，x 为距暴露面的深度，x_0 为设计保护层厚度。

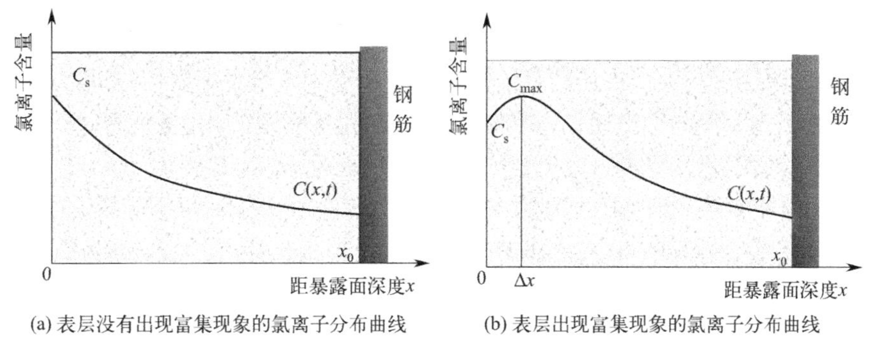

(a) 表层没有出现富集现象的氯离子分布曲线　　(b) 表层出现富集现象的氯离子分布曲线

图 1-4　混凝土氯离子分布曲线

富集现象出现的根本机制目前尚不确定，但可能导致该现象产生的原因有四种："Skin"（表层）效应、雨水冲刷、毛细吸附-水分蒸发、碳化。混凝土在成型时由于与模具接触或者浆体与骨料分离等原因，其表面层的组成与内部组成会有所差别。具体而言，表面层主要是净浆，而内部则是均匀混凝土。因此，会导致试件中这两部分的抗氯离子渗透性不同。由于净浆的抗渗透性要弱于混凝土，那么在传输过程中氯离子可能会累积在表面层与内部均匀部分的界面处，从而逐渐在界面处形成一个氯离子浓度峰，这就是"Skin"效应。该效应可能导致氯离子浓度峰出现的深度较小，通常在 2.0mm 左右。虽然一些试验结果与此相符，但还是有很多研究显示氯离子浓度峰出现的位置明显超出了"Skin"效应所能影响的范围。在自然干湿交替环境下，雨水会冲刷混凝土表面，溶解并带走混凝土表面氯离子。因表面氯离子浓度减小，并逐渐小于内部氯离子浓度，最终在混凝土表层一定深度范围内产生先增大后减小的氯离子富集现象。研究已证明去离子水冲刷或浸泡可以使混凝土表面氯离子浓度降低，而且暴露于自然环境下的混凝土中出现的氯离子富集现象可部分归因于此作用。但在无雨水影响的试验室条件下，干湿交替依然可以导致富集现象的出现，说明雨水冲刷作用只是富集现象产生的外部原因。总之，“Skin”效应和雨水冲刷分别依赖于试件中不同位置的成分组成和外部环境，并不是导致富集现象形成的根本机制。

毛细吸附-水分蒸发是指在润湿过程开始时，盐溶液接触混凝土表面，此时处于非饱和状态的混凝土表层产生毛细吸附力，使得盐溶液快速进入基体表层一定深度；干燥过程中，水分从基体表面蒸发，溶解的氯离子不断析出并以晶体的形态沉积在基体孔隙内。氯离子浓度峰的形成可能源于毛细吸附和水分蒸发引起的氯离子在表层某深度的快速累积。这一观点得到了很多学者的认同，但也存在很大的缺陷。就是发生毛细吸附和水分蒸发的干湿交替过程中同时还存在碳化作用。由于碳化对氯离子的分布也有着重要影响，因此很难说仅在毛细吸附和水分蒸发作用下富集现象就会形成。而且目前也还没有试验结果能够证明仅在毛细吸附-水分蒸发作用下氯离子可以在某一深度处累积增长并形成浓度峰。就碳化而言，碳化反应不仅会生成新的物质如碳酸钙，使其沉积在孔结构中阻碍氯离子的传输，而且会分解氯铝化合物如 Friedel 盐（弗雷德盐 Friedel's salt），将结合氯离子转化为自由氯离子。这些被释放的自由氯离子溶于孔溶液并向更深位置迁移和累积，从而可能导致最大氯离子浓度在某一深度处的出现。因此认为由基体表面向内部逐渐发生的碳化反应也可能是导致富集现象产生的一个关键原因。然而，毛细吸附-水分蒸发及碳化这两种原因存在一个共同的问题，即在干湿交替过程中，每一次循环氯离子的分布都是在这两种机制的共同作用下完成的（干和湿在每次循环中被执行一次，而 CO_2 也会在每次干燥过程中进入基体并发生碳化反应），所以目前还不能证明究竟是毛细吸附-水分蒸发或者碳化的单独作用导致了富集现象的出现，还是两者的共同作用导致了该现象的形成。因此，富集现象形成的根本机制仍需更深入地研究。

近年来，富集现象的研究受到越来越多的关注。这主要是因为氯离子分布曲线中富集现象的出现会使得通过 Fick 第二定律基本扩散方程［式(1-12)］得到的氯离子扩散系数 D 和表面氯离子浓度 C_s 不再可靠，从而利用这些参数预测的混凝土服役寿命也不再准确。对于全浸泡试件或者没有出现富集现象的分布曲线，其氯离子分布符合扩散机制，所以可以直接使用式(1-12) 拟合测试数据，得到 D 和 C_s，并根据得到的参数对混凝土结构进行寿命预测。但是当分布曲线中出现了氯离子浓度峰时，氯离子分布的规律就不再完全符合扩散机制（尤其是在试件的表层，毛细吸附对氯离子的传输起主导作用），那么仍然使用上述方法对该种情况下的混凝土结构进行寿命预测将变得不再可靠。针对出现富集效应的服役寿命预测，Carmen 提出了一种相对可靠的方法。首先，将表层氯离子增大阶段的氯离子含量去掉；然后以出现 C_{max} 的位置即 Δx 为零点重新校准深度位置坐标（横坐标），并利用式(1-12) 拟合氯离子分布曲线的下降阶段从而获得 D_{eff}［如图 1-4（b）所示，拟合 $\Delta x \sim x$ 范围内的氯离子数据］；最后，利用 D_{eff} 和 C_{max}（使用 C_{max} 而不是 C_s 作为表面氯离子浓度是因为实际的扩散驱动力源于 C_{max} 和最小氯离子浓度之间的浓度差）对混凝土结构的服役寿命进行预测。该方法也被纳入到了 *fib Model Code* 2010 中。显然，当出现富集现象时，这两个特征参数 C_{max} 和 Δx 的大小及演变规律对混凝土结构的寿命预测具有重要的作用。但由于导致该现象形成的根本机制尚不明确，目前还无法掌握富集现象的演变规律，因此对干湿交替环境下富集现象的根本形成机制进行探究显得十分必要。此外，虽然目前有很多混凝土结构中出现了氯离子富集现象，但并没有对 C_{max} 和 Δx 的演变规律进行总结分析。而个别研究指出 C_{max} 是会发生变化的，并且 Δx 是会向内迁移的，但这对于掌握 C_{max} 和 Δx 在不同条件下的变化规律是远远不够的。

$$C(x,t)=C_0+(C_s-C_0)\left(1-erf\left[\frac{x_0}{2\sqrt{Dt}}\right]\right) \tag{1-12}$$

其中，D 为通过传统方法获得的氯离子扩散系数（m^2/s）；C_0 为初始氯离子浓度（kg/m^3）；t 为暴露时间（s）。

本章参考文献

[1] Backus J，McPolin D，Basheer M，et al. Niall Holmes. Exposure of mortars to cyclic chloride ingress and carbonation [J]. Advances in Cement Research，2013，25（1）：3-11.

[2] Han S，Park W，Yang E. Evaluation of concrete durability due to carbonation in harbor concrete structures [J]. Construction and Building Materials，2013，48：1045-1049.

[3] Ye H，Jin N，Jin X，et al. Model of chloride penetration into cracked concrete subject to drying-wetting cycles [J]. Construction and Building Materials，2012，36：259-269.

[4] Ye H，Tian Y，Jin N，et al. Influence of cracking on chloride diffusivity and moisture influential depth in concrete subjected to simulated environmental conditions [J]. Construction and Building Materials，2013，47：66-79.

[5] Ye H，Fu C，Jin N，et al. Influence of flexural loading on chloride ingress in concrete subjected to cyclic drying-wetting condition [J]. Computers and Concrete，2015，15（2）：183-198.

[6] Shi C，Yuan Q，Deng D，et al. Test methods for the transport of chloride in concrete [J]. Journal of the Chinese Ceramic Society，2007，35（4）：522-530.

[7] Babforth P，Price W. Emerson M. International review of chloride ingress into structural concrete：transport research laboratory contractor report 359 [R]. Edinburg：Heriot-Watt University，1997.

[8] Tang L，Gulikers J. On the mathematics of time-dependent apparent chloride diffusion coefficient in concrete [J]. Cement and Concrete Research，2007，37（4）：589-595.

[9] Thomas M，Pantazopoulou S，Martin-Perez B. Service life modeling of reinforced concrete structures exposed to chlorides-A literature review prepared for the Ministry of Transportation [R]. University of Toronto，1995.

[10] 张奕．氯离子在混凝土中的输运机理研究 [D]. 杭州：浙江大学，2008.

[11] Seheidegger A. Physics of flow through porous media [M]. Toronto：University of Toronto Press，1974.

[12] Maekawa K，Chaube R，Kishi T. Modeling of concrete performance [M]. London：E&FNSPon，1999.

[13] Herrera J，Escadeillas G，Arliguie G. Electro-chemical chloride extraction：influence of C_3A of the cement on treatment efficiency [J]. Cement and Concrete Research 2006，36（10）：1939-1946.

[14] Toumi A，François R，Alvarado O. Experimental and numerical study of electrochemical chloride removal from brick and concrete specimens [J]. Cement and Concrete Research，2007，37（1）：54-62.

[15] 刘光，邱贞花．离子溶液物理化学 [M]. 福州：福建科学技术出版社，1987.

[16] Yuan Q. Fundamental studies on test methods for the transport of chloride ions in cementitious materials [D]. Gent，University Gent，2009.

[17] Lu C, Gao Y, Cui Z, et al. Experimental analysis of chloride penetration into concrete subjected to drying-wetting cycles [J]. Journal of Materials in Civil Engineering, 2015, 04015036.

[18] Beton. Fid Model code for service life design: FIB-Fed [M]. *fib* Bulletins, 2006.

[19] Yu Z, Chen Y, Liu P, et al. Accelerated simulation of chloride ingress into concrete under drying-wetting alternation condition chloride environment [J]. Construction and Building Materials, 2015, 93: 205-213.

[20] Kuosa H, Ferreira R, Holt E, et al. Vesikari E. Effect of coupled deterioration by freeze-thaw, carbonation and chlorides on concrete service life [J]. Cement and Concrete Composites, 2014, 47: 32-40.

[21] Tuutti K. Corrosion of steel in concrete [M]. Stockholm: CBI Forskning fo 4. 82 (Swedish Cement and Concrete Research Institute), 1982.

[22] Hong K, Hooton R. Effects of cyclic chloride exposure on penetration of concrete cover [J]. Cement and Concrete Research, 1999, 29: 1379-1386.

[23] Arya C, Vassie P, Bioubakhsh S. Chloride penetration in concrete subject to wet-dry cycling: influence of moisture content [J]. Structures and Buildings, 2014, 167 (SB2): 94-107.

[24] Arya C, Bioubakhsh S, Vassie P. Chloride penetration in concrete subject to wet-dry cycling: influence of pore structure [J]. Structures and Buildings, 2014, 167 (SB6): 343-354.

[25] Arya C, Bioubakhsh S, Vassie P. Modelling chloride penetration in concrete subjected to cyclic wetting and drying [J]. Magazine of Concrete Research, 2014, 66 (7): 364-376.

[26] Andrade C, Climent M, Vera G. Procedure for calculating the chloride diffusion coefficient and surface concentration from a profile having a maximum beyond the concrete surface [J]. Materials and Structures, 2015, 48: 863-869.

[27] 徐可．不同干湿制度下混凝土中氯盐传输特性研究 [D]. 宜昌：三峡大学，2012.

[28] ASTM Standard C 39. Standard test method for compressive strength of cylindrical concrete specimens [S]. 1995.

[29] Fagerlund G. On the capillarity of concrete [M]. Denmark: Nord Concrete Research, 1982.

[30] Castro P, De Rincon O, Pazini E. Interpretation of chloride profiles from concrete exposed to tropical marine environments [J]. Cement and Concrete Research, 2011, 31 (4): 529-537.

[31] Rob B, Peelen W. Characterization of chloride transport and reinforcement corrosion in concrete under cyclic wetting and drying by electrical resistivity [J]. Cement and Concrete Composites, 2002, 24: 427-435.

[32] McPolin D, Basheer P, Long A, et al. Obtaining progressive chloride profiles in cementitious materials [J]. Construction and Building Materials, 2005, 19: 666-673.

[33] Hong K, Hooton R. Effects of fresh water exposure on chloride contaminated concrete [J]. Cement and Concrete Research, 2000, 30 (8): 1199-1207.

[34] Anna V, Roberto V, Renato V. Analysis of chloride diffusion into partially saturated concrete [J]. ACI Materials Journal, 1993, 90 (5): 441-51.

[35] Meira G, Andrade C, Padaratz I, et al. Chloride penetration into concrete structures in the marine atmosphere zone-Relationship between deposition of chlorides on the wet candle and chlorides accumulated into concrete [J]. Cement and Concrete Composites, 2007, 29: 667-676.

[36] Ben Fraj A, Bonnet S, Khelidj A. New approach for coupled chloride/moisture transport in non-saturated concrete with and without slag [J]. Construction and Building Materials, 2012, 35: 761-771.

[37] Martín Pérez B. Service life modeling of R. C. highway structures exposed to chlorides [D]. Toronto: University of Toronto, 2009.

[38] Bamforth P. The derivation of input data for modeling chloride ingress from eight-year UK coastal exposure trials [J]. Magazine of Concrete Research, 1999, 51 (2): 87-96.

[39] Nilsson L. A numerical model for combined diffusion and convection of chloride in non-saturated concrete [C]. in: PRO 19: 2nd International RILEM Workshop on Testing and Modelling the Chloride Ingress into Concrete, RILEM Publications, 2001: 261.

[40] Ožbolt J, Orsanic F, Balabanic G. Modeling influence of hysteretic moisture behavior on distribution of chlorides in concrete [J]. Cement and Concrete Composites, 2016, 63: 73-84.

[41] Ihekwaha N, Hope B, Hansson C. Carbonation and electrochemical chloride extraction from concrete [J]. Cement and Concrete Research, 1996, 26 (7): 1095-1107.

[42] Yuan Q, Shi C, Schutter G, et al. Chloride binding of cement-based materials subjected to external chloride environment-A review [J]. Construction and Building Materials, 2009, 23: 1-13.

[43] Crank J. The mathematics of diffusion [M]. Oxford: Clarendon Press, 1986.

[44] Bamforth P, Price W, Emerson M. An international review of chloride ingress into structural concrete: Transport Research Laboratory [R]. Taywood Engineering LTD, 1997.

[45] 余红发. 盐湖地区高性能混凝土的耐久性、机理与使用寿命预测方法 [D]. 南京: 东南大学, 2004.

[46] 张俊芝, 王建泽, 孔德玉, 等. 水工混凝土氯离子侵蚀及扩散系数的随机模型 [J]. 人民长江, 2008, 39 (11): 105-108.

[47] 刘荣桂, 陆春华. 海工预应力混凝土氯离子侵蚀模型及耐久性 [J]. 江苏大学学报 (自然科学版), 2005, 26 (6): 525-528.

[48] Ye H, Jin X, Fu C, et al. Chloride penetration in concrete exposed to cyclic drying-wetting and carbonation [J]. Construction and Building Materials, 2016, 112: 457-463.

[49] Andrade C, Díez J, Alonso C. Mathematical modeling of a concrete surface "Skin Effect" on diffusion in chloride contaminated media [J]. Advanced Cement Based Materials, 1997, 6: 39-44.

[50] Hassan Z. Binding of external chloride by cement pastes [D]. Toronto: Department of Building Materials, University of Toronto, 2001.

[51] Goni S, Guerrero A. Accelerated carbonation of Friedel' s salt in calcium aluminate cement paste [J]. Cement and Concrete Research, 2003, 33 (1): 21-26.

第2章 氯离子富集现象演变规律及影响因素

早在1982年，Tuutti就发现了氯离子富集现象的存在。随后，Jaegermann在暴露于海洋大气区的混凝土的氯离子分布曲线中也观察到了富集现象。Costa采集的暴露于海洋潮汐区、浪溅区4年的混凝土结构中的氯离子浓度数据也证实了富集现象的存在。在除冰盐环境下，David发现暴露10～25年的混凝土中出现了显著的富集现象，并且浓度峰出现的位置深度较大。而在试验室干湿交替条件下，Podler得到的氯离子分布曲线中同样出现了富集现象，并且认为氯离子在混凝土表层累积并达到最大值是干湿交替环境下氯离子分布的典型特征。除此之外，还有大量研究在测定氯离子分布时发现了富集现象。虽然如此，但绝大部分研究在研究氯离子分布时会选择将表层的富集现象忽略掉，而不做系统分析。目前专门针对氯离子富集现象的研究非常有限。在试验方面，Lu将混凝土试件暴露于干湿交替条件下210～420d，氯离子分布结果显示氯离子浓度峰出现的位置随着暴露时间的增长而向内迁移。但是该研究中采用的表征氯离子分布的方法存在不足。一是采用了电钻钻孔取粉，设备本身取粉厚度误差很大；二是每隔5mm深度取一份粉末试样，测试间隔过大，因此不能准确地表征出富集现象出现的位置。而徐可发现试件暴露于干湿交替条件下100～150d后，最大氯离子浓度C_{max}随着暴露时间及干湿比的增大而增大，但富集现象出现的位置却始终在2mm附近。此外，Ye将试件暴露于氯盐侵蚀和碳化交替进行的条件下，发现仅干湿交替和碳化都可以促进富集现象的产生，尤其是掺有矿物掺合料的试件。Wang的氯离子分布测试结果中也出现了十分明显的氯离子富集现象，同Ye一样，这些富集曲线也是在经过氯盐侵蚀和碳化交替作用后形成的，而Wang认为是碳化引起的氯离子重新分布导致了富集现象的出现。

根据上述情况，已有研究中存在大量关于富集现象的试验数据，只是没有被系统地分析，所以为了更好地利用这些已发表的数据研究富集现象，有必要总结这些试验数据并加以分析。由绪论可知C_{max}和Δx为反映富集现象的特征参数，且C_{max}和Δx的变化规律对混凝土结构的服役寿命具有重要作用，因此本章收集了大量反映富集现象的C_{max}和Δx数据，并系统分析了不同因素下C_{max}和Δx的演变规律。

2.1 特征参数C_{max}和Δx统计

相比通过拟合氯离子分布曲线得到的D和C_s，获得的C_{max}和Δx更为直接和简单。首先通过逐层磨粉获得含氯离子的粉末试样；其次测试每层粉末中的氯离子含量，得到氯离子分布曲线；最后根据曲线形状读取C_{max}和对应Δx。因此，磨粉的深度间隔越小，测得的氯离子分布曲线越精确，最终得到的C_{max}和Δx值也越准确。

表 2-1

从已发表文献中总结归纳的暴露于干湿交替环境下的混凝土结构及试件的 C_{max} 和 Δx 值

C_{max}/%胶凝材料	Δx/mm	暴露时间	暴露条件	CEM 325R 配合比		文献来源
				胶凝材料	W/B	
0.676～2.77	4.7～13.2	4 年	海洋干湿交替条件	波特兰 CE I 32.5 水泥	0.30～0.50	* Costa
0.42～3.82	3.5～22.5	4 年	海洋大气区干湿交替条件	ASTM I 型波特兰水泥	0.46～0.76	Castro
3.00～11.0 4.00～6.20 3.30～7.00 3.10～6.22	1.7～2.8 3.1～4.8 1.2～2.7 2.9～4.1	26 周	试验室干湿条件(6d 干燥、1d 润湿，3% NaCl 溶液)	CEM Ⅰ 32.5R 水泥； CEM Ⅱ/B 32.5R 水泥，27%粉煤灰； CEM Ⅲ/B LH HS 42.5 水泥，75%矿渣； CEM Ⅴ/A 42.5 水泥，25%粉煤灰，25%矿渣	0.40，0.45，0.55	Podler
3.68～4.52	18.0～22.6	未知	试验室干湿交替条件	未知	未知	* Tuutti
2.15，4.46	6.5	174 天	试验室干湿条件(42h 干燥、4h 润湿，50kg/m³ NaCl 溶液)	CEM Ⅰ 32.5R 水泥	0.59	* Taheri
1.65～4.35	7.5～13.0	10 年	海洋潮汐区干湿交替条件	波特兰水泥+0～50%PFA	0.32～0.48	Thomas
2.30～4.15	4.8～9.2	48 周	试验室干湿条件(6d 干燥、1d 润湿，0.55M NaCl 溶液)	100% OPC；30% PFA；50%矿渣；10%偏高岭土；10%微硅粉	0.50	McPolin
0.745～3.85	4.4～9.0	18 月	海洋干湿交替条件	CPIV 火山灰水泥	0.50～0.65	Meira
3.23～5.45	2.5～28.5	25 年	除冰盐干湿交替条件	未知	未知	* Conciatori
1.92～4.92	2.0～3.0	150 天	试验室干湿交替条件	OPC 32.5	0.45	* 徐可
0.65～1.89 0.69～1.68	1.9～11.0 2.4～6.0	30 天	试验室干湿条件(6h 干燥、6h 润湿，30g/L NaCl 溶液)	CEM Ⅰ 52.5；30% SL	0.70，0.48 0.48	* Amor
2.50～3.12	10.0～13.0	5 年	海洋潮汐区/浪溅区干湿交替条件	Cement type I(PM)	0.35	* Safehian
1.20～2.70	5.0～10.0	24 周	试验室干湿交替条件	100% OPC；70% OPC；30%PFA	0.42	Backus
7.44～7.90	6.0～7.5	24 周	试验室干湿条件(6d 干燥、1d 润湿，5% NaCl 溶液)	OPC 42.5	0.42，0.45，0.51	Kuosa
0.18～0.46	2.0～5.0	270 天	除冰盐干湿交替条件	CEM Ⅰ OPC 42.5	0.45	* Arya
1.84～2.52	6.0～15.0	30～60 周	试验室干湿条件(7d 干燥、7d 润湿，14d 干燥、7d 润湿，5% NaCl 溶液)	30% FA OPC 42.5	0.43，0.385	* Lu
2.43～3.36	5.0～18.0	8 月	试验室干湿条件 海洋大气区干湿条件		0.31，0.33，0.41，0.51	* Yu

从已发表的氯离子分布曲线中提取整合的不同条件下的 C_{max} 和 Δx 列于表 2-1 中。表中显示了 C_{max} 和 Δx 的大小范围及其对应的暴露时间、暴露条件以及配合比情况。所有氯离子分布曲线均是从暴露于自然干湿环境或试验室干湿条件下的实际混凝土结构或试验用试件中测试得到的。需要说明的是，本章中 C_{max} 为总氯离子含量，并且其单位以胶凝材料质量的百分比为基准，因此当文献中氯离子含量单位不同时，已根据配合比将其转化为了同一单位。但对于文献中没有注明配合比的情况，假设混凝土的密度为 2300kg/m^3，而胶凝材料的含量为 350kg/m^3，据此对单位进行转化。此外，经过单位转化的文献已在表 2-1 中用 * 标注。

2.2 不同因素下 C_{max} 和 Δx 的变化规律

混凝土中氯离子传输与基体孔结构特征及内部水分分布密切相关，而孔结构特征主要取决于混凝土水胶比（W/B）、胶凝材料类型、矿物掺合料等材料因素，内部水分分布主要取决于暴露位置、暴露时间、干湿比等环境因素。Song 和 Ann 等已详细地研究了不同因素对 D 及 C_s 的影响，所以本书不再分析 D 和 C_s 的变化，而是针对干湿交替环境下氯离子富集现象，从材料和环境两方面分析 C_{max} 和 Δx 受不同因素影响的变化情况。

2.2.1 材料因素

1）W/B

图 2-1(a) 和图 2-1(b) 分别显示了 Δx 和 C_{max} 随 W/B 的变化情况。为了使数据具有可比性，所采用的数据暴露条件相近，且试件中胶凝材料只包含水泥，不掺矿物掺合料。由图 2-1 可知，随着 W/B 的增大，Δx 和 C_{max} 也逐渐增大，即 W/B 越大，干湿交替环境下氯离子富集现象越明显。而且，除了 Thomas 的结果，其他数据显示 Δx 与 W/B 之间存在较好的线性关系，可用式 $\Delta x=a(W/B)+b$ 表示，如图 2-1(a) 所示。此外，如图 2-1(b) 所示，C_{max} 并没有随着 W/B 的变化而呈线性变化，而是先增大然后逐渐趋于稳定，可以用 $C_{max}=c+a\,e^{-\frac{W/B}{b}}$ 描述。W/B 对氯离子在混凝土中的传输有重要影响，因为 W/B 的改变会引起基体孔结构特征的显著改变。W/B 增大会导致基体孔隙率和临界孔径增大，一方面这使得氯盐溶液在润湿过程中（依靠毛细吸附作用）进入基体的量及达到的深度增加，另一方面干燥过程中基体内水分更易向外蒸发且水分蒸发的影响深度也会增大，相应地氯盐晶体析出的数量增大且累积的位置更深，因此随着循环次数的增加，最终 Δx 和 C_{max} 均会增大。此外，当基体孔隙率和临界孔径增大后，干燥过程中外界的 CO_2 也更易进入基体内部且孔隙能容纳的 CO_2 量也增大，因此碳化反应的增强也可能进一步使得富集现象更加显著，即表现为 Δx 和 C_{max} 均增大。

2）水泥种类

Polder 研究了四种水泥类型的试件［CEM Ⅰ：普通硅酸盐水泥。CEM Ⅱ/B：粉煤灰水泥，含 27%粉煤灰（Fly ash，FA）。CEM Ⅲ/B：矿渣水泥，75%矿渣（Slag，SL）。CEM Ⅴ/A：复合水泥，25% FA，25% SL］在干湿交替条件下的氯离子分布情况。图 2-2 显示了四种水泥类型在三种 W/B（水胶比）条件下共 12 组试件经过 26 周干湿交替后得

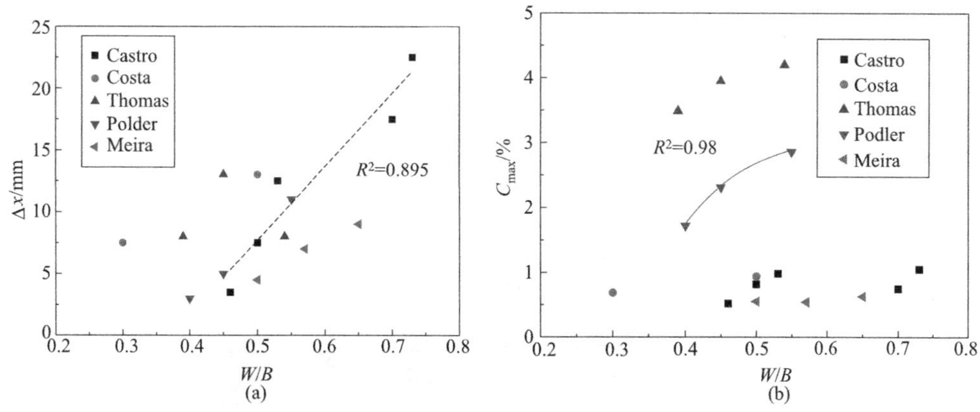

图 2-1　W/B 对富集现象的影响

到的氯离子分布曲线。从图中可以看出，氯离子分布存在十分显著的富集现象。提取图 2-2 中的 Δx 和 C_{max}，可以得到不同水泥类型对应的 Δx 和 C_{max} 的变化情况，水泥类型对 Δx 和 C_{max} 的影响如图 2-3 所示。

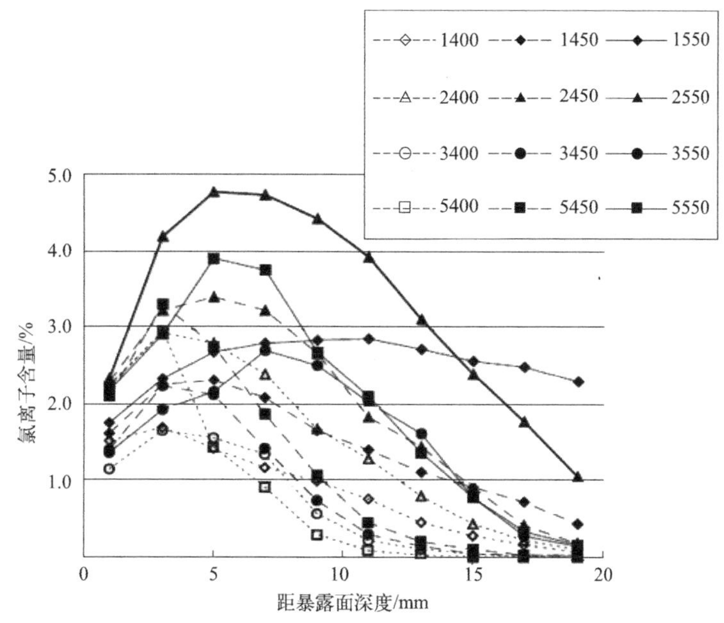

图 2-2　不同水泥类型的试件暴露 26 周后的氯离子分布曲线

由图 2-3 可知，在水灰比为 0.4 和 0.45 时，CEM Ⅱ/B、CEM Ⅲ/B、CEM Ⅴ/A 的 Δx 值依次减小。这可能与不同类型水泥形成的孔结构密实度有关，尤其是复合水泥 CEM Ⅴ/A，同时含有粉煤灰和矿渣，级配合理，水化后可得到更加密实的孔结构，所以其对应的 Δx 值在四种水泥类型中基本上是最小的。值得注意的是 CEM Ⅰ 的 Δx 值变化情况较为特殊。水灰比为 0.4 时，CEM Ⅰ 的 Δx 值还是最小的，但水灰比 0.55 时，其值已经远高于其他三种水泥。这可能是因为随着水灰比的增大，相对于其他水泥，掺该水泥的试件孔结构特征的变化会更加显著，所以水灰比增大后，其 Δx 也迅速增大。

对于 C_{max}，掺不同水泥的试件其值变化趋势较为一致。三个水灰比下，含有粉煤灰

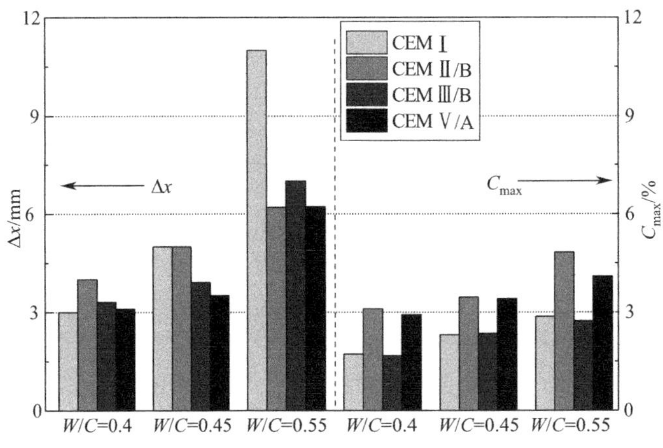

图 2-3 水泥类型对 Δx 和 C_{max} 的影响

的 CEM Ⅱ/B 和 CEM Ⅴ/A 的 C_{max} 都要明显高于不含粉煤灰的 CEM Ⅰ和 CEM Ⅲ/B，且粉煤灰含量较高的 CEM Ⅱ/B 的 C_{max} 值始终是最大的。显然，这与水泥中粉煤灰成分密切相关。一方面 FA 会使基体的大孔数量减小，微孔数量增多，根据式(1-9) 毛细孔半径减小会增加吸附溶液的高度，因此表层的氯离子溶液增多，更多的氯离子将在孔隙中累积。另一方面 FA 中含有大量的铝相，部分代替水泥可以增大基体的氯离子结合能力，且含有粉煤灰的水泥也更易发生碳化，因此更强的碳化作用可以释放更多的结合氯离子，可能会进一步增大 C_{max}。

此外，Meira 研究了掺两种类型水泥的混凝土（CEM Ⅰ和 CEM Ⅱ，两者的主要差别在于前者含有 25.4%的火山灰成分，后者不含）在暴露于海洋环境 18 个月后的氯离子分布情况，结果表明掺 CEM Ⅰ和 CEM Ⅱ的试件的 Δx 基本相同，但前者的 C_{max} 要明显大于后者，这可能也是因为前者具有更强的氯离子结合能力，且更易碳化释放结合氯离子。

3）矿物掺合料

矿物掺合料的掺入不仅会改善基体孔结构特征，而且会增大基体的氯离子结合能力。图 2-4 显示了不同矿物掺合料对 Δx 和 C_{max} 的影响。由图 2-4（a）可知，不同掺量的矿物掺合料都会使相应试件的 Δx 有所增大。而表 2-2 显示了含不同矿物掺合料（磨细粉煤灰 PFA、高炉矿渣 GGBS、偏高岭土 MK、硅灰 MS）的混凝土在暴露前后的吸附性，结果显示除了掺 MS 的混凝土，掺 PFA、GGBS、MK 的试件在暴露前后的吸附性都基本大于 OPC（暴露前后吸附性明显减小是由于持续水化的作用），这说明矿物掺合料的掺入增大了毛细吸附作用，可以使得氯离子溶液被吸附到更深的位置，因此会导致 Δx 有所增大。

如图 2-4（b）所示，McPolin 的结果显示 C_{max} 随着矿物掺合料的掺入而增大。表 2-3 显示了不同矿物掺合料中 Al_2O_3 的含量，可知除了 MS 外，PFA、GGBS、MK 铝含量均明显高于 OPC。这些试件有更强的氯离子结合能力，同时也更易发生碳化，因此可能会导致 C_{max} 有所增大。但 Thomas 的研究却显示了相反的结果，不同掺量的 PFA 使得 C_{max} 值有所降低，且掺量越大降低越明显。此外，就 MS 对 Δx 和 C_{max} 的影响而言，Costa 也得到了完全相反的试验结果。因此，矿物掺合料对富集的影响仍存在争议，矿物掺合料造成基体孔结构变化而引起吸附性改变以及矿物掺合料强化基体氯离子结合能力并使其易碳化，这两种作用的各自影响程度决定了矿物掺合料的使用对富集现象影响的不确定性。

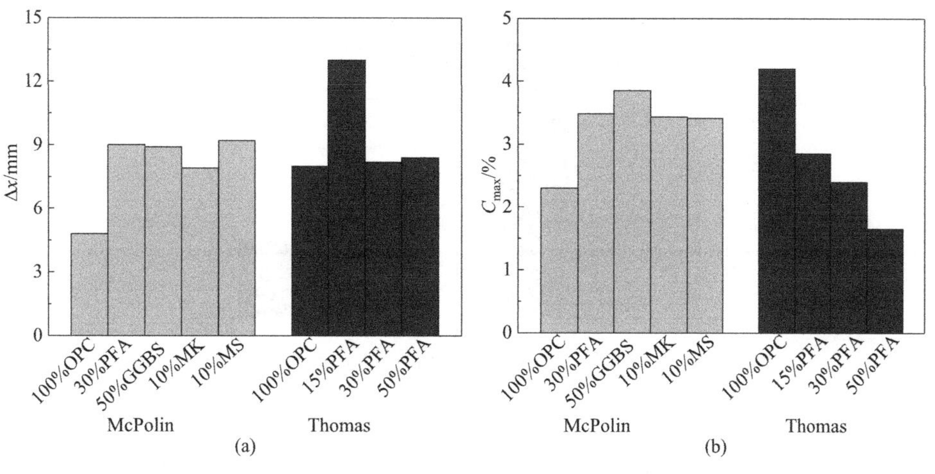

图 2-4　矿物掺合料对富集现象的影响

含不同矿物掺合料的混凝土的吸附性/（$m^3/min \times 10^{-8}$）（数据源于［8］）　　表 2-2

矿物掺合料	OPC	PFA	GGBS	MK	MS
暴露前	19.4	24.9	18.0	17.1	29.1
暴露后	2.80	6.00	3.80	3.00	1.60

矿物掺合料中 Al_2O_3 的含量（数据源于［7，8］）　　表 2-3

矿物掺合料	OPC	PFA	PFA	GGBS	MK	MS
Al_2O_3/%	6.00	23.0	26.7	13.0	41.0	0.100

2.2.2　环境因素

1）暴露位置

干湿交替环境下暴露位置对富集现象的产生及显著程度有着重要影响。自然干湿交替环境主要包括海洋干湿环境和除冰盐干湿环境。而根据位置的不同，前者又分为海洋潮汐区、浪溅区及大气区（携带氯离子的湿气、降雨以及风吹日照使大气区也存在干湿交替过程）。

海洋环境下混凝土中氯离子分布已经被大量研究，但对于不同海洋干湿区域下富集现象演变的研究还十分有限。Costa 对暴露于不同位置混凝土中的氯离子分布情况监测了 48 个月，根据监测结果提取了潮汐区、浪溅区及大气区的 Δx 和 C_{max} 的数据，不同的海洋干湿交替区对 Δx 和 C_{max} 的影响如图 2-5 所示。由图可知，Δx 和 C_{max} 在三个区域存在着一致的变化规律，即潮汐区＞浪溅区＞大气区。Safehian 和 Thomas 的监测结果也表明潮汐区的氯离子富集现象最为明显。这可能主要是因为相比其他两个区域，潮汐区的试件在润湿过程中与含氯离子的海水接触更为直接，氯离子的供应具有连续性且数量更多。

针对海洋大气区，Castro 和 Meria 研究了到海洋的距离对混凝土中氯离子分布的影

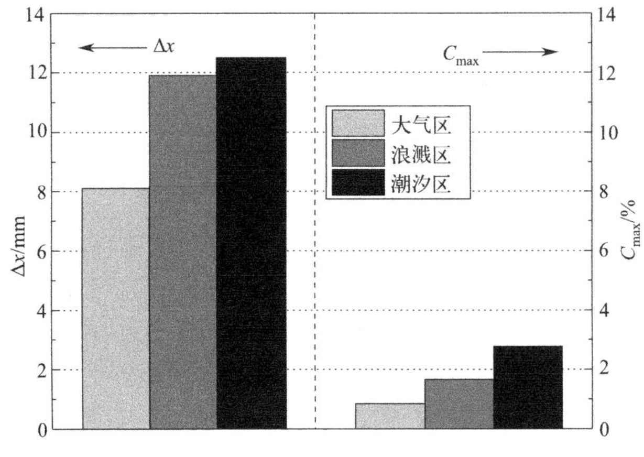

图 2-5　不同的海洋干湿交替区域对 Δx 和 C_{max} 的影响

响。根据测得的氯离子分布曲线可以得到 Δx 和 C_{max} 随到海洋的距离对富集现象的影响，如图 2-6 所示。由图可知，随着距离的增大，Δx 和 C_{max} 基本是逐渐减小的，且越靠近海洋，减小越明显。这是因为大气区的氯离子来源于海水，通过海雾或水汽到达结构或试件表面，距离增大后会增加氯离子传输的难度。此外，相对于潮汐区和浪溅区，大气区受风的影响较大。由于更强的风可以驱使更多的海雾或水汽达到更远的距离，因此当风更强时，在到海洋的距离相同的地方可以检测到更高的氯离子含量。

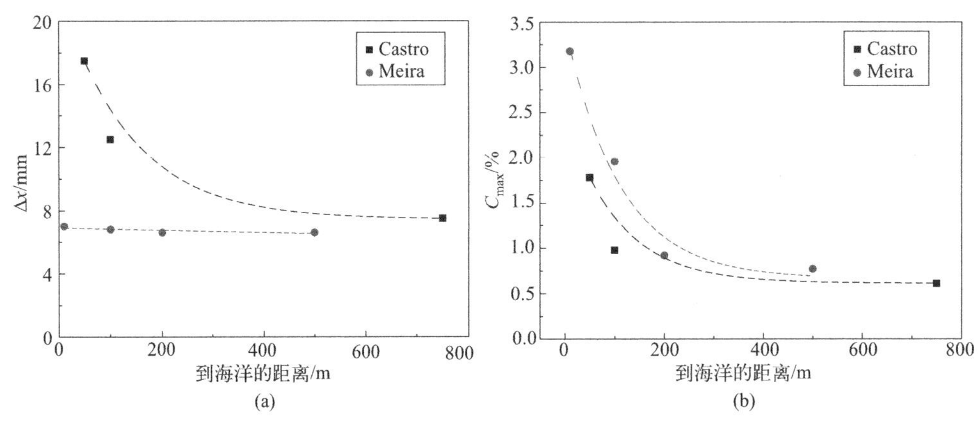

图 2-6　Δx 和 C_{max} 随到海洋的距离对富集现象的影响

目前针对除冰盐环境，仅在有限的研究中出现了氯离子富集现象。图 2-7 显示了除冰盐大气区和车溅区（冬季行驶的车辆会将含盐的雪水溅到试件上）的 Δx 和 C_{max} 变化情况。由图可知，暴露时间为 10 年和 25 年时，车溅区的 Δx 和 C_{max} 都要比大气区大。这显然是因为车溅区的试件可以接触到更多的氯离子。

2）干湿比

图 2-8 显示了不同干湿比时 C_{max} 的变化情况。由图 2-8 可知，随着干湿比的增大，C_{max} 整体上逐渐增大，尤其当干湿比为 6/1 时，C_{max} 增大十分显著。虽然缺少干湿比更大时的试验数据，但可以预见当干湿比超过 6/1 时，C_{max} 的值也可能会继续增大。

图 2-9 显示了不同干湿比时 Δx 的变化情况。由图可知，随着干湿比的增大，Δx 存

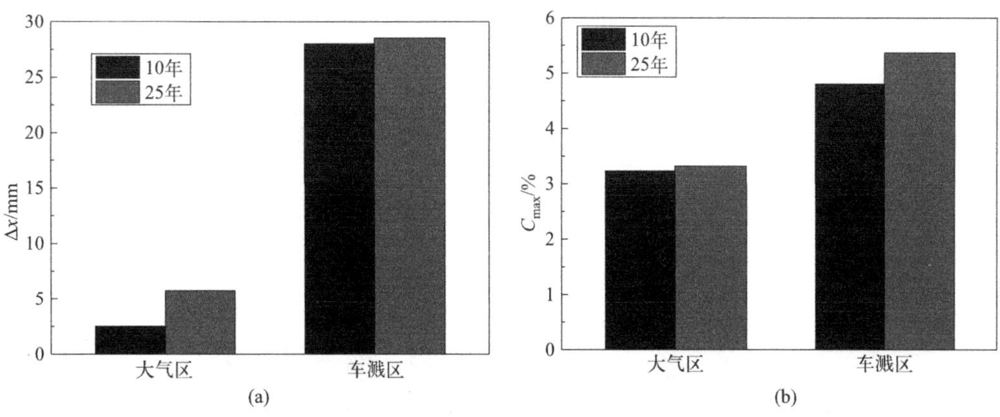

图 2-7　除冰盐环境大气区和车溅区对富集现象的影响

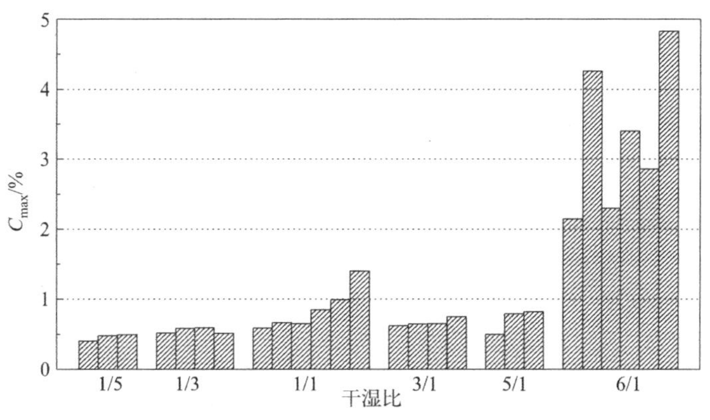

图 2-8　干湿比对 C_{max} 的影响

在增大的趋势，但干湿比在 1/5～5/1 时，Δx 变化不明显，基本上稳定在 2mm 左右；只有当干湿比为 6/1 时，Δx 才显著增大。张奕通过数值模拟计算了干湿比对 Δx 的影响，如图 2-10 所示。从结果来看，虽然 Δx 的计算值与图 2-9 中试验值不符，但 Δx 随干湿比的变化趋势与试验结果存在一定的相似性，即 Δx 的变化都存在稳定阶段和快速增大阶段。同时从计算结果还可以看出，当干湿比超过 6/1 时，Δx 还是逐渐增大的。

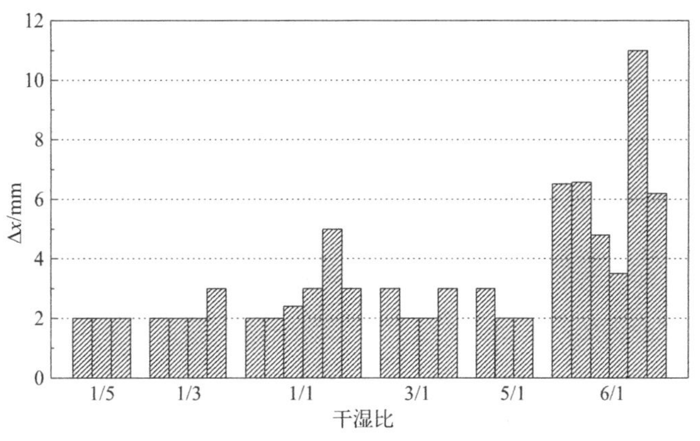

图 2-9　干湿比对 Δx 的影响

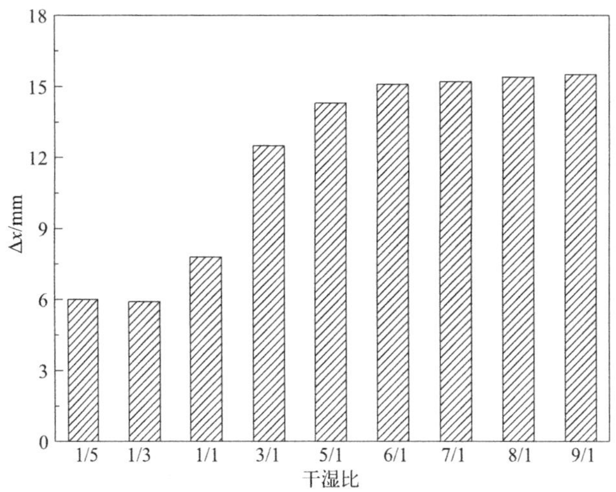

图 2-10 不同干湿比时 Δx 的计算结果

由此可见，干湿比越大越有利于富集现象的产生且富集现象越显著。随着干湿时间比值的增加，同一周期内干燥时间增加而湿润时间减少，从而使得表层区域内混凝土孔隙得到了更为充分的干燥，进而留出更大和更深的空间，那么在下一次湿润时，能够有更多的氯离子随外部盐溶液一起被吸附进更深的位置，经过干燥结晶在表层积累下来。如此循环进行下去，干湿比越大者，Δx 和 C_{max} 便会越大，即富集现象越明显。

3）暴露时间

暴露时间对富集现象的形成具有十分重要的作用。暴露时间过短时，富集现象不易形成。Arya 的试验结果显示，只有暴露时间为 24 周的试件中出现了富集现象，而少于 24 周的所有试件都没有出现该现象。

目前，C_{max} 在不同暴露时间下的变化规律尚不清楚。徐可通过对 C_{max} 的实测值进行线性拟合得到了 C_{max} 与干湿交替周期 T 的关系，如式(2-1) 所示。但该式中存在与干湿循环制度相关的拟合系数，具有很大的局限性：

$$C_{max}=\alpha T^{\beta} \qquad T\leqslant 50 \tag{2-1}$$

其中，α 和 β 为拟合得到的参数；T 为干湿交替次数。

为了得到 C_{max} 与暴露时间的变化规律，这部分归纳总结了大量不同暴露时间的 C_{max} 值，如图 2-11（a）所示。由图可知，C_{max} 随着暴露时间的增长而增大，前期增大较快后期增大缓慢并逐渐趋于稳定。从图中还可以看出，当暴露时间较短时（少于 50 个月），C_{max} 与暴露时间呈现一定的线性关系。而当暴露时间很长时，不考虑暴露条件或材料条件，那么 C_{max} 与暴露时间的关系可用幂函数来表示，这和表面氯离子浓度 C_s 与暴露时间的经验关系相似。此外，根据 C_{max} 的变化趋势，发现其不会随着时间无限地增大，而是可能存在一个最大值。这可能是因为随着时间的增长，基体孔隙中容纳氯盐的空间有限，干湿交替过程中会逐渐饱和。

Δx 是经验方法体系的关键因素，目前对其的规定过于简化，且 Δx 的值完全由经验决定，缺乏理论依据。在对干湿交替氯离子侵蚀环境下混凝土结构进行耐久性评估时，DuraCrete 只是根据结构维修成本提出了 Δx 的经验取值，见表 2-4。李春秋认为氯离子影

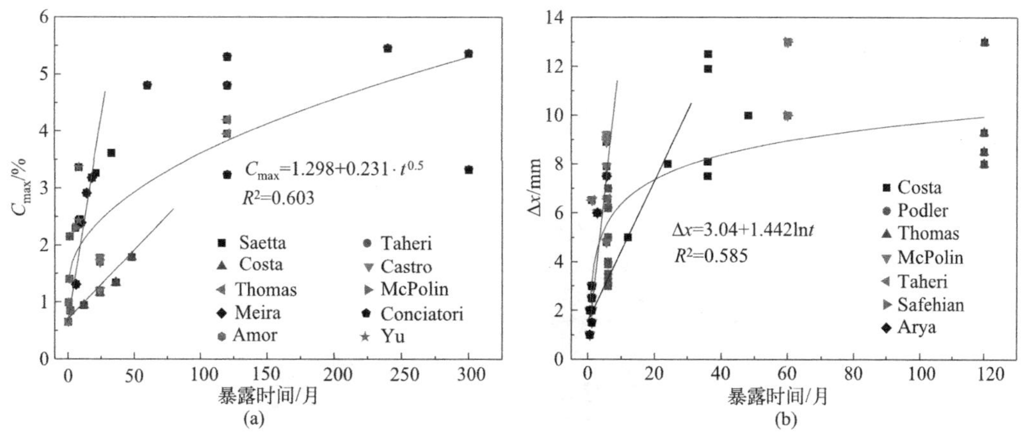

图 2-11　C_{max} 和 Δx 随暴露时间的变化规律（数据源于［3-10，12，14，15，18，37］）

响深度小于相同干湿交替过程的水分影响深度，因此直接将 Δx 取为水分传输的影响深度，即水灰比为 0.4、0.5、0.6 的混凝土在寿命预测时 Δx 取值依次为 11.5mm、14.5mm 和 17.0mm。张奕模拟了干湿交替条件下氯离子的传输情况，得到了 Δx 与干湿比、基体孔隙率、饱和度之间的关系。但模拟的假设条件较为理想，拟合得到的关系无法得到验证，并没有反映出 Δx 随时间的变化。

Δx 与暴露时间的关系显示在图 2-11（b）中。由图可知，Δx 和暴露时间的关系与 C_{max} 和暴露时间的关系基本一致，都是前期增大较快后期变缓并趋于稳定，可以用对数函数进行描述，只是 Δx 和暴露时间呈线性关系的时间相比 C_{max} 较短。此外，Δx 的变化趋势也显示其不会一直增大，可能存在一个最大值。

DuraCrete 中规定的 Δx 值　　**表 2-4**

维护成本	高	中	低
Δx/mm	20.0	14.0	8.0

2.2.3　其他影响因素

1）初始养护条件

Thomas 将试件置于不同温度和湿度条件下养护，然后将试件暴露于海洋潮汐区，暴露 10 年并测试混凝土内部氯离子分布情况。基于此，得到了养护温度和湿度对 Δx 和 C_{max} 的影响，如图 2-12 所示。由图可知，不同养护条件对 Δx 和 C_{max} 的影响趋势基本相同，即养护温度较大及养护湿度较小都会导致 Δx 和 C_{max} 值变大。这可能是因为高温和低湿度环境都会引起混凝土内部水分向外扩散加快，使试件的水饱和度变小。因此，在毛细吸附作用下，更多的氯盐溶液更易进入到更深的位置。

2）外部氯离子浓度

外部溶液氯离子浓度对氯离子在基体内部传输的速率及数量有着重要的影响。Podler、McPolin 及 Taheri 分别采用浓度为 3.0%、3.2%、5.0%的 NaCl 溶液研究了干湿交替条件下混凝土中的氯离子分布情况（暴露时间和水灰比基本相同）。提取得到的 C_{max} 结果如

图 2-13 所示。显然，C_{max} 值会随着暴露环境中氯离子浓度的增加而增大。

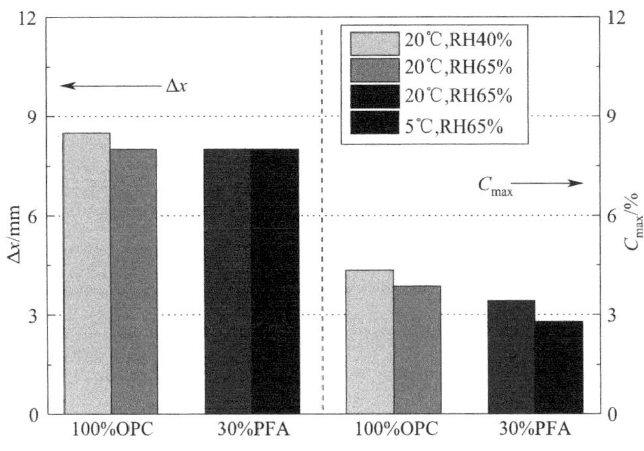

图 2-12　初始养护条件对 Δx 和 C_{max} 的影响

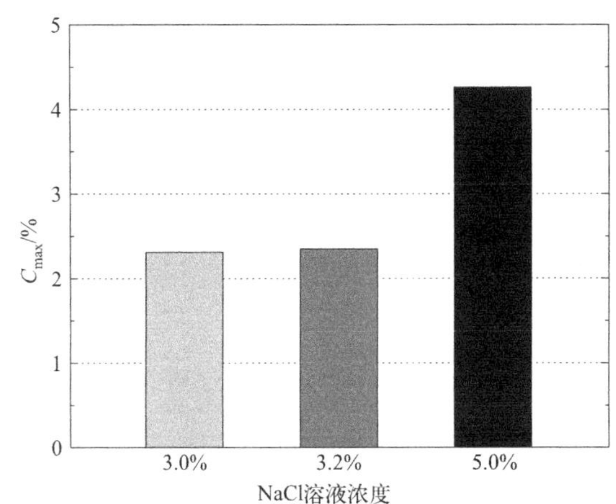

图 2-13　外部 NaCl 溶液浓度对 C_{max} 的影响

3）降雨

混凝土经雨水冲刷后，其表面氯离子会明显降低。表面氯离子 C_s 与 C_{max} 差距越大，富集现象越明显。因此可采用式(2-2) 反映富集现象的显著程度：

$$R=\frac{C_{max}-C_s}{C_{max}} \tag{2-2}$$

其中，R 为富集现象显著性系数。

图 2-14 显示了降雨量对三个不同国家沿海地区混凝土结构富集现象显著性系数 R 的影响。由图可知，巴西地区富集现象最为显著，墨西哥次之，伊朗最不显著。而世界降雨量统计显示，巴西年平均降雨量为 151mm，墨西哥为 71mm，伊朗为 30mm，显然巴西和墨西哥的降雨量要明显多于伊朗。因此可知在自然环境中，降雨量与富集现象的显著程度密切相关，即降雨量越大，富集现象越明显。

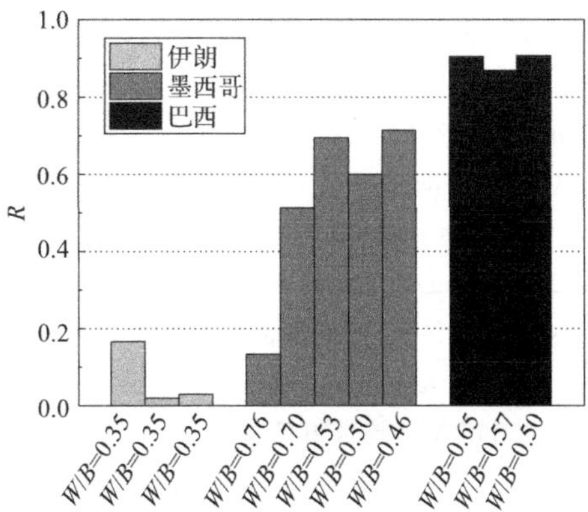

图 2-14　暴露于伊朗、墨西哥、巴西的混凝土的 R 值

本章参考文献

[1] Tuutti K. Corrosion of steel in concrete [M]. Sweden, CBI Forskning fo 4. 82 (Swedish Cement and Concrete Research Institute Stockholm), 1982.

[2] Jaegermann C. Effect of water-cement ratio and curing on chloride penetration into concrete exposed to mediterranean sea climate [J]. ACI Materials Journal, 1990, 87 (4): 333-339.

[3] Costa A, Appleton J. Chloride penetration into concrete in marine environment-part I: main parameters affecting chloride penetration [J]. Materials and Structures, 1999, 32: 252-259.

[4] Conciatori D, Sadouki H, Brühwiler E. Capillary suction and diffusion model for chloride ingress into concrete [J]. Cement and Concrete Research, 2008, 38: 1401-1408.

[5] Polder R, Peelen W. Characterization of chloride transport and reinforcement corrosion in concrete under cyclic wetting and drying by electrical resistivity [J]. Cement and Concrete Composites, 2002, 24: 427-435.

[6] Taheri-Motlagh A. Durability of reinforced concrete structures in aggressive marine environment [D]. The Netherlands: Delft University of Technology, 1998.

[7] Thomas M, Matthews J. Performance of PFA concrete in a marine environment-10-year results [J]. Cement and Concrete Composites, 2004, 26: 5-20.

[8] McPolin D, Basheer P, Long A, Grattan K, Sun T. Obtaining progressive chloride profiles in cementitious materials [J]. Construction and Building Materials, 2005, 19: 666-673.

[9] Meira G, Andrade C, Padaratz I, et al. Chloride penetration into concrete structures in the marine atmosphere zone-Relationship between deposition of chlorides on the wet candle and chlorides accumulated into concrete [J]. Cement and Concrete Composites, 2007, 29: 667-676.

[10] Castro P, De Rincon O, Pazini E. Interpretation of chloride profiles from concrete exposed to tropical marine environments [J]. Cement and Concrete Research, 2001, 31: 529-537.

[11] 徐可．不同干湿制度下混凝土中氯盐传输特性研究 [D]. 宜昌：三峡大学，2012.

[12] Ben Fraj A, Bonnet S, Khelidj A. New approach for coupled chloride/moisture transport in non-saturated concrete with and without slag [J]. Construction and Building Materials, 2012, 35: 761-771.

[13] Backus J, McPolin D, Basheer M, et al. Exposure of mortars to cyclic chloride ingress and carbon-

ation [J]. Advances in Cement Research, 2013, 25 (1): 3-11.

[14] Safehian M, Akbar Ramezanianpour A. Assessment of service life models for determination of chloride penetration into silica fume concrete in the severe marine environmental condition [J]. Construction and Building Materials, 2013, 48: 287-294.

[15] Arya C, Bioubakhsh S, Vassie P. Modelling chloride penetration in concrete subjected to cyclic wetting and drying [J]. Magazine of Concrete Research, 2014, 66 (7): 364-376.

[16] Kuosa H, Ferreira R, Holt E, et al. Effect of coupled deterioration by freeze-thaw, carbonation and chlorides on concrete service life [J]. Cement and Concrete Composites, 2014, 47: 32-40.

[17] Lu C, Gao Y, Cui Z, et al. Experimental analysis of chloride penetration into concrete subjected to drying-wetting cycles [J]. Journal of Materials in Civil Engineering, 2015, 27 (12): 04015036.

[18] Yu Z, Chen Y, Liu P, et al. Accelerated simulation of chloride ingress into concrete under drying-wetting alternation condition chloride environment [J]. Construction and Building Materials, 2015, 93: 205-213.

[19] Ye H, Jin X, Fu C, et al. Chloride penetration in concrete exposed to cyclic drying-wetting and carbonation [J]. Construction and Building Materials, 2016, 112: 457-463.

[20] Wang Y, Nanukuttan S, Bai Y, et al. Influence of combined carbonation and chloride ingress regimes on rate of ingress and redistribution of chlorides in concretes [J]. Construction and Building Materials, 2017, 140: 173-183.

[21] Song H, Lee C, Ann K. Factors influencing chloride transport in concrete structures exposed to marine environments [J]. Cement and Concrete Composites, 2008, 30: 113-121.

[22] Ann K, Ahn J, Ryou J. The importance of chloride content at the concrete surface in assessing the time to corrosion of steel in concrete structures [J]. Construction and Building Materials, 2009, 23 (1): 239-245.

[23] Yu Z, Ye G. The pore structure of cement paste blended with fly ash [J]. Construction and Building Materials, 2013, 45: 30-35.

[24] 施惠生，方泽锋．粉煤灰对水泥浆体早期水化和孔结构的影响 [J]. 硅酸盐学报，2004，32 (1): 95-98.

[25] Yuan Q, Shi C, Schutter G, et al. Chloride binding of cement-based materials subjected to external chloride environment-A review [J]. Construction and Building Materials, 2009, 23: 1-13.

[26] Wiens U, Schiessl P. Chloride binding of cement paste containing fly ash [C]. In: Proceedings of the 10th ICCC, 1997: 4-10.

[27] Arya C, Buenfeld N, Newman J. Factors influencing chloride binding in concrete [J]. Cement and Concrete Research, 1990, 20 (2): 291-300.

[28] Byfors K. Chloride binding in cement paste [J]. Nordic Concrete Research, 1986, 5: 27-38.

[29] Dhir R, El-Mohr M, Dyer T. Developing chloride resisting concrete using PFA [J]. Cement and Concrete Research, 1997, 27 (11): 1633-1639.

[30] Zibara Hassan. Binding of external chloride by cement pastes [D]. Canada: University of Toronto, 2001.

[31] Suryavanshi A, Narayanswamy R. Stability of Friedel's salt in carbonation in carbonated concrete structural elements [J]. Cement and Concrete Research, 1996, 26 (5): 717-727.

[32] Nagataki S, Otsuki N, Wee T, Nakashita K. Condensation of chloride ion in hardened cement matrix materials and on embedded steel bars [J]. ACI Materials Journal, 1993, 90 (4): 323-332.

[33] Meira G, Andrade M, Padaratz I, et al. Measurements and modeling of marine salt transportation

and deposition in a tropical region in Brazil [J]. Atmospheric and Environment, 2006, 40: 5596-5607.

[34] Gustafsson M, Franzén L. Dry deposition and concentration of marine aerosols in a coastal area, SW Sweden [J]. Atmospheric and Environment, 1996, 30 (6): 977-989.

[35] Morcillo M, Chico B, Mariaca L, et al. Salinity in marine atmospheric corrosion: its dependence on the wind regime existing in the site [J]. Corrosion Science, 2000, 42: 91-104.

[36] Petelski T, Chomka M. Sea salt emission from the coastal zone [J]. Oceanologia, 2000, 42 (4): 399-410.

[37] Saetta A, Scotta R, Vitaliani R. Analysis of Chloride Diffusion into Partially Saturated Concrete [J]. ACI Materials Journal, 1993, 90 (5): 441-451.

[38] Meijers S, Bijen J, de Borse R, et al. Computational results of a model for chloride ingress in concrete including convection, dying-wetting cycles and carbonation [J]. Materials and Structures, 2005, 38: 145-154.

[39] 张奕．氯离子在混凝土中的输运机理研究 [D]. 杭州：浙江大学，2008.

[40] ACI Committee 365. State of the art report of service-life prediction: Manual of concrete practice [R]. American Concrete Institute, 2000.

[41] Amey S, Johnson D, Miltenberger M, et al. Predicting the service life of concrete marine structures: an environmental methodology [J]. ACI Structures Jouranl, 1998, 95: 205-214.

[42] DuraCrete. General Guidelines for Durability Design and Redesign [M]. Gouda: CUR, 2000.

[43] 李春秋．干湿交替下表层混凝土中水分与离子传输过程研究 [D]. 北京：清华大学，2009.

第3章 孔结构和湿度分布对富集现象的影响

当出现氯离子富集现象时，C_{max} 和 Δx 对混凝土结构的寿命预测具有重要的作用。由于二者都具有时间依赖性，因此 C_{max} 和 Δx 随时间的变化规律对寿命预测尤为重要。这两个特征参数随时间的变化情况有三种可能性：C_{max} 不变，Δx 增大，即氯离子浓度峰随时间向内迁移但大小保持不变；C_{max} 增大，Δx 增大，即氯离子浓度峰随时间向内迁移且其值也逐渐增大；C_{max} 增大，Δx 不变，即氯离子浓度峰随时间逐渐增高但位置不变。虽然大量研究都已经发现了该现象，但仅个别研究分析了 C_{max} 和 Δx 如何随时间演变。Ožbolt 建立了关于氯离子传输的数值模型，其计算结果显示氯离子曲线的浓度峰随着时间的增大而逐渐向深处迁移。暴露于干湿交替条件下 210～420d 后，Lu 的试验结果也显示 Δx 随着时间的增大而增加。但由于研究者采用的磨粉间隔为 5.0mm，磨粉间隔过大，实际上不能够准确地表征出富集现象出现的位置。而徐可将混凝土试件放置于干湿循环条件下 100～150d，研究发现 C_{max} 随着暴露时间增加而增大，但 Δx 却保持在深度 2.0mm 左右。总之，目前关于 C_{max} 及 Δx 随时间变化规律的研究十分不足，依旧需要更多的探索。

众所周知，不同因素对氯离子传输影响的本质在于引起基体孔结构和水分分布的变化。Zhang 发现混凝土孔结构和氯离子渗透性的关系可以用线性函数表示。Loser 认为混凝土内较小的孔径分布可产生更大的抵抗氯离子渗透的能力。Yu 还发现孔径及孔的连通性在影响混凝土的传输性能上比孔隙率发挥着更重要的作用。此外，Liu 研究了混凝土表层的吸附性，结果显示混凝土表面吸附性是孔结构的函数，且大孔隙率及低曲折度可以导致产生较高的吸附性。就基体水分分布的影响而言，研究显示混凝土的吸水率和水分渗透深度取决于基体的初始水饱和度，初始饱和度越大，吸水率及渗透深度越小。而 Arya 发现在润湿过程中，溶液进入基体的量依赖于基体含水量的有效孔隙率，并且与含水量相关的吸附性越强，氯离子侵蚀的深度越大。此外，Hwan 的试验结果显示氯离子渗透到混凝土内部的数量会随着基体内部湿度的增大而增加。显然，干湿交替条件下富集现象的变化也与基体的孔结构及水分分布有关。然而，目前关于它们之间关系的研究非常有限。

为了研究干湿交替条件下基体表层出现的氯离子富集现象（主要是 C_{max} 和 Δx）及其与孔结构和水分分布的关系，本研究将不同水灰比（W/C）的净浆试件暴露于干湿交替条件下。经过不同暴露时间后，测试了自由氯离子和总氯离子的分布曲线，并且分析了曲线表层部分的氯离子分布特征。同时，采用多种方式测试了不同试件的孔结构和水分分布情况，探究了它们与富集现象特征参数 C_{max} 和 Δx 的关系。

3.1 试验方案

3.1.1 原材料及配合比

研究采用的水泥为南京江南小野田水泥公司生产的 P·Ⅱ 52.5 硅酸盐水泥，其化学成分见表 3-1。此外，共成型 6 个 W/C 的净浆试件，其 W/C 分别为：0.25、0.30、0.35、0.40、0.45、0.50。

P·Ⅱ 52.5 硅酸盐水泥的化学成分/%　　**表 3-1**

SiO_2	Al_2O_3	Fe_2O_3	CaO	MgO	SO_3	Na_2O	K_2O	TiO_2
20.0	4.46	2.99	63.8	0.51	2.44	0.11	0.66	0.262

3.1.2 试件准备

净浆试件的成型尺寸为 70mm×70mm×70mm。为了防止水分蒸发，在成型后立即用薄膜和胶带密封。经 24h 硬化后拆模，并将试件放于 20±1℃的饱和氢氧化钙水溶液中养护 60d。养护完成后，利用精密切割机将试件的成型面切除 20mm，并将切割面作为暴露面。对试件的处理以及采用的尺寸，既保证了基体的均匀性，又消除了大尺寸试件可能带来的不均匀性。此外，在将试件暴露于相应的干湿交替条件前，需要使用环氧树脂密封试件中除了暴露面之外的其他五个面。

3.1.3 暴露条件

研究采用了干湿交替条件及全浸泡条件，暴露条件见表 3-2。需要说明的是所有试件在暴露前都要进行真空饱水。这一方面是为了保证全浸泡条件下氯离子传输的机理只有扩散，另一方面是保证两种侵蚀情况下试件的初始条件相同。此外，表 3-3 显示了不同试件相应编号的含义。

暴露条件　　**表 3-2**

	润湿条件	润湿时间(每次)	干燥条件	干燥时间(每次)	循环次数
干湿交替	3.5% NaCl 溶液;20±1℃	12h	45℃烘箱	36h	9/18 次
全浸泡	3.5% NaCl 溶液,20±1℃				36d

不同试件相应编号的含义　　**表 3-3**

W/C	0.25	0.30	0.35	0.40	0.45	0.50	暴露时间
全浸泡	W25-R	W30-R	W35-R	W40-R	W45-R	W50-R	36d
干湿交替	—	W30-C9	—	W40-C9	—	W50-C9	9cycles
	W25-C18-1	W30-C18-1	W35-C18-1	W40-C18-1	W45-C18-1	W50-C18-1	18cycles
	W25-C18-2	W30-C18-2	W35-C18-2	W40-C18-2	W45-C18-2	W50-C18-2	18cycles

注：18 次暴露于干湿交替条件下的每个试件水灰比有两组，分别表示为-1 和-2。

3.1.4 氯离子含量

磨粉深度间隔越小，获得的氯离子含量的位置分布特征越准确，在保证能够获得足够粉末样品的前提下，应尽可能减小磨粉厚度。因此，本章采用高精度磨粉装置进行磨粉，磨粉厚度设为0.5mm，误差小于0.02mm，极大地提高了氯离子含量随位置分布的准确性。获取粉末样品后利用硝酸银滴定法测定自由氯离子和总氯离子的含量。

（1）自由（水溶性）氯离子含量测试的具体操作方法如下：

① 将样品粉末过80μm筛并放入65℃真空干燥箱干燥至恒重；

② 称取2g粉末样品放入塑料瓶，并加入50mL去离子水；

③ 将塑料瓶放置于振荡器上振荡24h；

④ 取过滤液20mL，并利用浓度为0.01M的硝酸银溶液滴定，记录消耗的硝酸银溶液体积。

自由氯离子含量可以通过式(3-1)计算：

$$C_f=\frac{V\times0.01\times35.45\times50}{1000\times2.0\times20}\times100\% \tag{3-1}$$

其中，C_f 为自由氯离子含量（%）；V 为20mL滤液消耗的硝酸银溶液体积（mL）。

（2）总（酸溶性）氯离子含量测试的具体操作方法如下：

① 将样品粉末过80μm筛并放入65℃真空干燥箱干燥至恒重；

② 称取2g粉末样品放入塑料瓶，并加入50mL浓度为6mol/L的硝酸；

③ 将塑料瓶放置于振荡器上振荡2h，然后静置满24h；

④ 取过滤液20mL，加入过量体积的0.01M硝酸银溶液使滤液中氯离子全部反应沉淀；

⑤ 利用浓度为0.01M的硫氰酸钾溶液滴定上述溶液，得到消耗的硫氰酸钾溶液体积。

总氯离子含量可以通过式(3-2)计算：

$$C_t=\frac{35.45\times(V_1\times0.01-V_2\times0.01)}{1000\times2.0\times\frac{20}{50}}\times100\% \tag{3-2}$$

其中，C_t 为总氯离子含量（%）；V_1 为在滤液中加入的硝酸银溶液的体积（mL）；V_2 为消耗的硫氰酸钾的体积（mL）。

3.1.5 孔结构

1）压汞法（MIP）

MIP因其具有快速、简单及孔径测试范围大的特点而被广泛应用于表征多孔材料的孔结构特征。试件养护完成并经表面切割处理后，再从试件的表层切取粒径为1.0～3.0mm的样品。将颗粒样品放入无水乙醇中浸泡7d以终止水化，然后放入45℃真空干燥箱干燥备用。MIP的测试采用设备DV 2000。测试中设置的表面张力为480mN/m，接触角为140°，压力为0.50～46800.00 psi。

2）水吸附孔隙率（P_c）

净浆试件的水吸附孔隙率采用真空饱水法测试。真空饱水装置如图 3-1 所示。具体操作如下：

① 养护完成并经切割处理后，将试件置于 105℃的烘箱中干燥至恒重；

② 取出试件放置在干燥器中冷却至室温后测试其质量（m_0）；

③ 将试件放入真空饱水箱，抽真空后静置 3h；

④ 打开真空饱水箱的阀门使水进入并保证液面高于试件；

图 3-1　真空饱水装置

⑤ 关闭阀门并静置 1h；

⑥ 再打开阀门使大气进入，箱内恢复大气压，并静置 12h；

⑦ 取出试件测试此时的饱水质量（m_s）。

将试件完全干燥和完全饱水的质量之差转化为体积，就可以得到试件中的毛细孔体积，即水吸附孔隙率 P_c，可通过式(3-3) 计算。每个 W/C 采用三个试件，并取平均值作为最终的分析结果：

$$P_c=\frac{m_s-m_0}{\rho} \tag{3-3}$$

其中，P_c 为水吸附孔隙率（cm^3）；m_s 为试件完全饱水的质量（g）；m_0 为试件完全干燥的质量（g）；ρ 为水的密度（g/cm^3）。

3.1.6　水分分布

1）水分损失（M_{wloss}，M_{dloss}）、非饱和度（S_{non}）、平均非饱和度（S_{mean}）、平均吸附溶液质量（M_{abs}）

试件养护完成及经表层切割处理后，首先要测得这些试件的饱水质量 m_s 和完全干燥质量 m_0，然后再进行干湿交替。对于用于干湿交替的试件，在润湿 12h 后，取出测试试件的质量 M_{wi}，然后将试件放于 45℃干燥箱干燥；干燥 36h 后，取出冷却至室温并测试其质量 M_{di}，然后将试件放于氯盐溶液继续润湿。按照上述方法测试每次润湿和干燥后试件的质量。每个 W/C 采用两个试件，取水分损失的平均值用于分析。整个干湿过程试件的质量损失可以用式(3-4) 和式(3-5) 计算，同时还可以利用式(3-6) 和式(3-7) 分别计算每次干燥结束后试件的 S_{non} 以及暴露一段时间并干燥后试件的 S_{mean}。此外，整个过程试件润湿质量与干燥质量差值的平均值（即润湿过程吸附溶液质量的平均值）可以通过式(3-8) 计算：

$$M_{wloss}=m_s-M_{wi} \tag{3-4}$$

$$M_{dloss}=m_s-M_{di} \tag{3-5}$$

$$S_{non}=1-\frac{M_{di}-m_0}{m_s-m_0}\times 100\% \tag{3-6}$$

$$S_{mean}=\frac{\sum_1^n S_{non}}{n} \tag{3-7}$$

$$M_{abs}=\frac{\sum_{1}^{n}(M_{wi}-M_{di})}{n} \tag{3-8}$$

其中，M_{wloss} 为润湿后试件中的水分损失（g）；M_{dloss} 为干燥后试件中的水分损失（g）；M_{wi} 为第 i 次润湿后试件的质量（g）；M_{di} 为第 i 次干燥后试件的质量（g）；S_{non} 为干燥后试件的非饱和度（%）；S_{mean} 为整个暴露期间干燥后试件的平均非饱和度（%）；M_{abs} 为整个暴露期间润湿过程吸附溶液质量的平均值（g）；n 为干湿交替次数。

2）内部相对湿度（RH）

利用湿度传感器（电容式湿度传感器，误差为±2%）测试了不同 W/C（0.30、0.40、0.50）试件距暴露面不同深度（5mm、10mm、20mm）处的 RH。成型尺寸为 70mm×70mm×210mm 的试件，在成型时于距离暴露面不同深度处预埋 PVC 管［图 3-2（a)］，便于之后安装湿度传感器。之后对试件的处理方式同与干湿交替的试件完全一样。干湿交替前，将湿度传感器镶嵌入 PVC 管中，并在 PVC 管内做密封处理，保证 RH 的演变完全来自于试件内部，然后和其他试件一样开始干湿交替。此外，暴露前需要将除了暴露面之外的其他五个面全部用环氧树脂密封。在每次干燥过程结束后，利用湿度记录仪测试试件不同深度处的 RH，如图 3-2（b）所示。整个暴露期间试件干燥后内部湿度的平均值可以通过式(3-9）计算：

$$RH_{mean}=\frac{\sum_{1}^{n}RH}{n} \tag{3-9}$$

其中，RH 为干燥过程结束后试件内部的相对湿度（%）；RH_{mean} 整个暴露期间试件干燥后内部湿度的平均值（%）。

上述测试水泥基材料内部相对湿度的方法已经被广泛应用且其准确性也得到了认可，因此认为利用该方法测试的 RH 可以真实反映基体内的相对湿度。

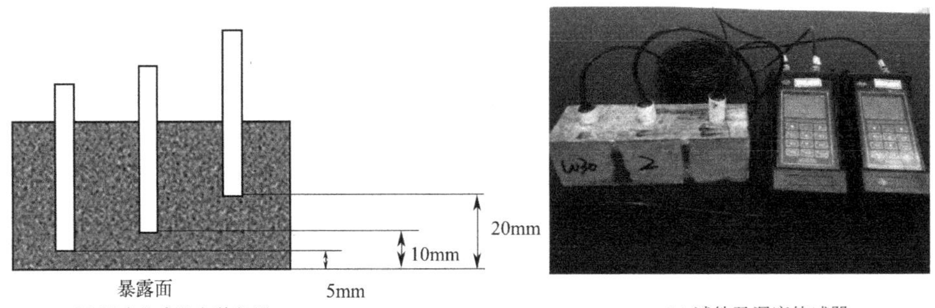

(a) 湿度传感器安装位置　　(b) 试件及湿度传感器

图 3-2　内部相对湿度测试

3.2 氯离子分布情况

3.2.1 表层氯离子分布特征

图 3-3 显示了不同暴露条件下不同 W/C 试件的自由氯离子分布曲线，图 3-4 则显示

了不同暴露条件下不同 W/C 试件的总氯离子的分布曲线。从图中可以看出，随着距暴露面深度的增大，整体上自由氯离子和总氯离子的含量都是减少的。然而，在表层 0～5.0mm 内，绝大多数的分布曲线中都出现了富集现象。下面将重点从暴露条件、氯离子类型及暴露时间这三方面分析其对试件表层氯离子分布特征的影响。

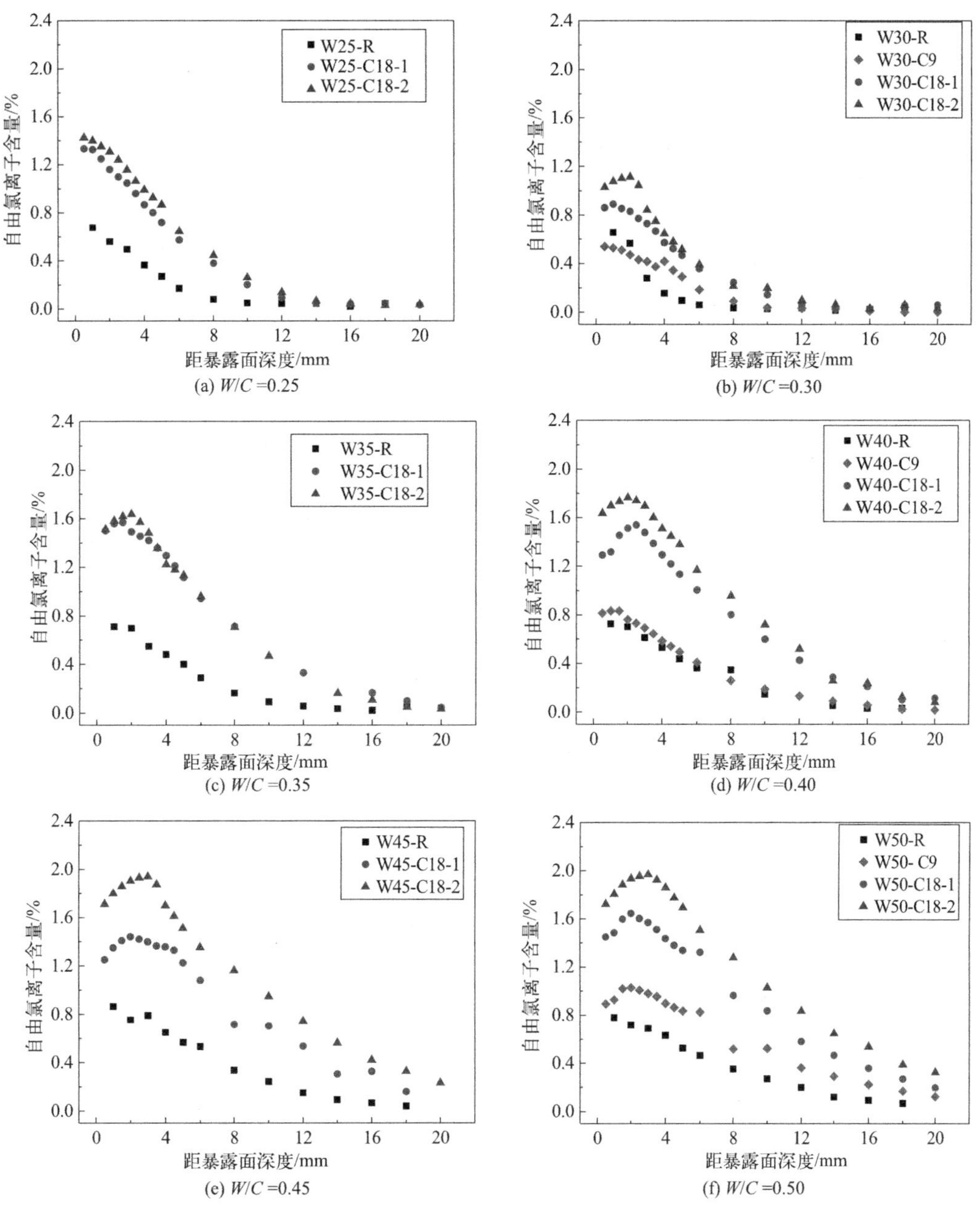

(a) W/C =0.25　(b) W/C =0.30

(c) W/C =0.35　(d) W/C =0.40

(e) W/C =0.45　(f) W/C =0.50

图 3-3　不同暴露条件下不同 W/C 试件的自由氯离子分布曲线

1）暴露条件

由图 3-3 和图 3-4 可知，全浸泡条件下试件中氯离子的含量显著低于干湿交替，这说明后者可以加速氯离子渗透，并且该结论已经被大量研究证实。此外，还可以看出全浸泡

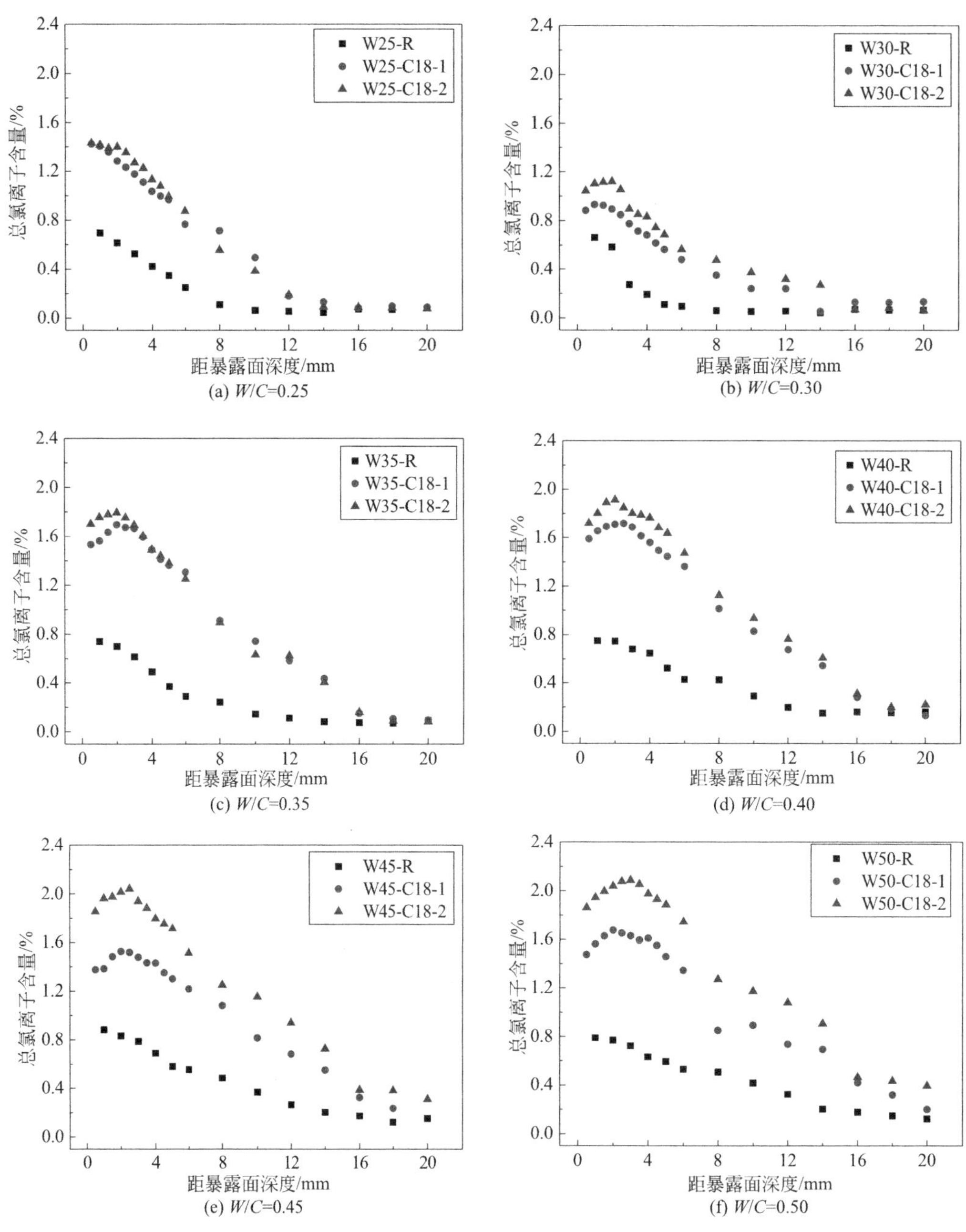

(a) W/C=0.25 (b) W/C=0.30 (c) W/C=0.35 (d) W/C=0.40 (e) W/C=0.45 (f) W/C=0.50

图 3-4 两种暴露条件下不同 W/C 试件的总氯离子分布曲线

试件的氯离子分布曲线中均没有出现富集现象，这可以归因于该条件下扩散是控制氯离子传输的唯一机制。然而，在干湿交替条件下，除了试件 W25-C18，其他试件中均出现了富集现象。考虑到试件表层不均匀的部分在干湿交替前均已被切除，因此认为是干湿交替过程中毛细吸附-水分蒸发与碳化的共同作用导致了富集现象的产生。而 W25-C18 中没有检测到富集现象可能有两方面的原因：一方面，W25 的 W/C 较低，试件孔结构密实，可能需要更长的暴露时间才能产生富集现象；另一方面，该现象可能已经在 W25 中形成了，但出现的深度非常小而无法被表征出来（比如出现在0.3mm处，其小于磨粉厚度0.5mm）。

2）氯离子类型

如图3-3和图3-4所示，同一试件中自由氯离子和总氯离子含量随距暴露面深度变化的趋势基本一致，且总氯离子含量略大于自由氯离子含量，这也符合总氯离子为自由氯离子和结合氯离子之和这一基本原则。基于图3-3和图3-4，将不同试件的C_{max}及Δx分别列于表3-4和表3-5中。

不同W/C的试件在不同暴露时间后的C_{max}　　表3-4

C_{max}/%		0.25	0.30	0.35	0.40	0.45	0.50
自由氯离子	试件1	/	0.889	1.567	1.538	1.440	1.643
	试件2	/	1.113	1.635	1.765	1.939	1.968
	试件(9次循环)	/	/	/	0.833	/	1.027
总氯离子	试件1	/	0.931	1.695	1.718	1.525	1.674
	试件2	/	1.120	1.793	1.913	2.041	2.087

不同W/C的试件在不同暴露时间后的Δx　　表3-5

Δx/mm		0.25	0.30	0.35	0.40	0.45	0.50
自由氯离子	试件1	/	1.0	1.5	2.5	2.0	2.0
	试件2	/	2.0	2.0	2.0	3.0	3.0
	试件(9次循环)	/	/	/	1.0	/	2.0
总氯离子	试件1	/	1.0	2.0	2.5	2.0	2.0
	试件2	/	2.0	2.0	2.0	2.5	3.0

图3-5显示了18次循环后总氯离子和自由氯离子的C_{max}及Δx随W/C的变化情况。从图3-5（a）中可以看出，总氯离子的C_{max}要稍微大于自由氯离子，且随着W/C的增大，两种氯离子的C_{max}都是先增大后逐渐趋于稳定，呈现出很好的双曲线关系。这样的变化规律与不同W/C试件的孔结构密切相关，两者的关系及原因将在后面的章节具体分析。如图3-5（b）所示，Δx与W/C则存在明显的线性关系，W/C越大，Δx也越大。而且，由表3-5可知，除了W35-C18-1和W45-C18-2，总氯离子和自由氯离子的Δx基本上是重合的，这说明两种氯离子出现富集现象的位置是基本一致的。值得说明的是，相比混凝土结构的服役时间，本章中试件的暴露时间较短。虽然得到了关于W/C对C_{max}及Δx影响的较为有意义的结果，但仍需要更长的暴露时间。

3）暴露时间

从图3-3中可以看出，经9次干湿交替后试件的氯离子含量显著小于经18次干湿交替后的试件，并且W40-C9和W50-C9的氯离子分布曲线中均出现了富集现象，而W30-C9中没有出现，其原因可能与上述W25没有出现的原因一样。

基于图3-3，也分别将不同暴露时间后试件的C_{max}及Δx列于表3-4和表3-5中。显然，9次循环后的C_{max}及Δx都要小于18次循环后的。为了更好地说明暴露时间对富集现象的影响，将本章的试验结果与部分已发表的试验数据绘制于图3-6中。如图3-6（a）

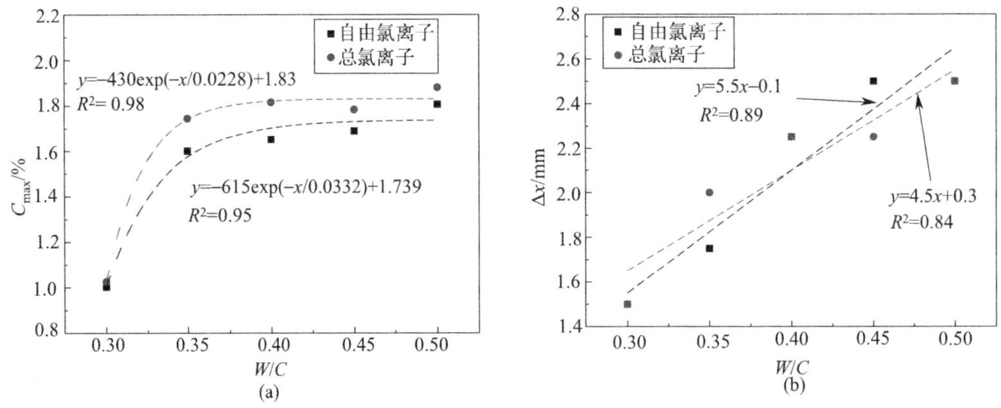

图 3-5 C_{max} 及 Δx 随 W/C 的变化规律

注：C_{max} 取两个试件的平均值。

所示，不管何种 W/C 及干湿环境，除了 David 的试验结果，本研究及 Amor、Costa、Meira 的试验结果都显示 C_{max} 是随着暴露时间呈线性增大的。只是由于干湿度的不同，本研究及 Amor 的结果中 C_{max} 的增大速度要大于 Costa 和 Meira 的结果。然而，David 的结果显示在暴露 5～25 年之间时，C_{max} 不再继续呈线性增大，而是趋于稳定。尤其在 10～25 年之间，C_{max} 基本维持在 5.3%。从图 3-6（b）可以看出，整体上 Δx 随暴露时间的变化情况与 C_{max} 基本一致。而随着时间的增大，Δx 增大变缓的趋势更加明显。Meria 的结果显示 Δx 在 6～18 个月内增大不明显。Costa 的结果中的 Δx 则在 48 个月时有所降低。尤其是 David 的结果，Δx 在 10～25 年内维持在 28mm 左右。因此，可以认为随着暴露时间的增大，不仅 C_{max} 会逐渐增大，而且其出现的位置也会随之向内迁移。但两者可能不会无限增大，而是在超过一定的暴露时间后，富集现象稳定存在于基体内某深度处。

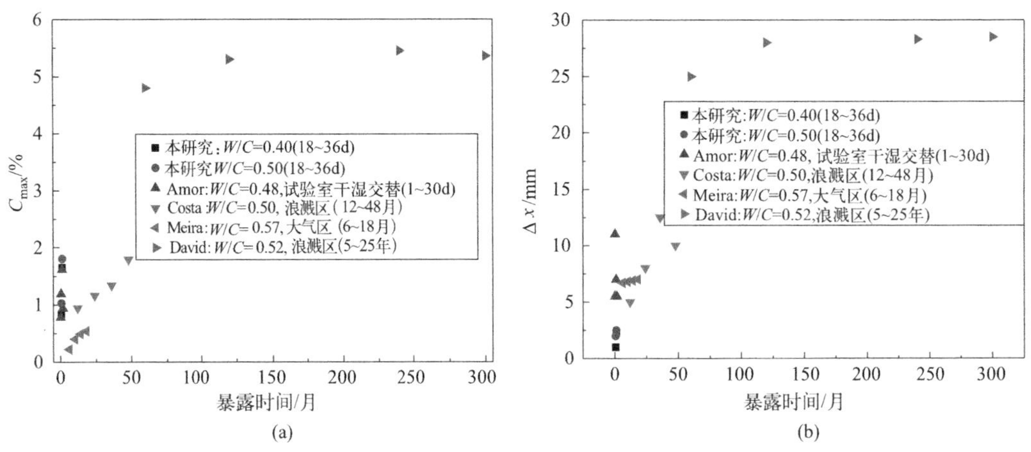

图 3-6 C_{max} 及 Δx 随暴露时间的变化规律

3.2.2　寿命预测相关参数的计算方法

针对出现氯离子富集现象的情况，首先采用三种不同的拟合方法得到扩散系数 D 和表面氯离子浓度 C_s。然后利用上述方法得到的三组 D 和 C_s 分别对氯离子分布情况进行预测并分析不同方法对寿命预测的影响。

方法一：直接利用基本扩散方程［式(1-12)］拟合氯离子分布曲线中所有数据，得到 D_{eff1} 和 C_{s1}，如图 3-7（a）所示。

方法二：先将表层氯离子增大阶段的氯离子含量去掉，然后利用式(1-12）仅拟合氯离子含量下降阶段，并且保持深度位置坐标不变，可以得到 D_{eff2} 和 C_{s2}，如图 3-7（b）所示。

方法三：与方法二相似，同样先去掉氯离子增大阶段，再对下降阶段拟合，但不同的是该方法拟合时要重新校准深度位置坐标，要以出现 C_{max} 的位置即 Δx 为零点进行拟合，可以得到 D_{eff3} 和 C_{s3}，如图 3-7（c）所示。

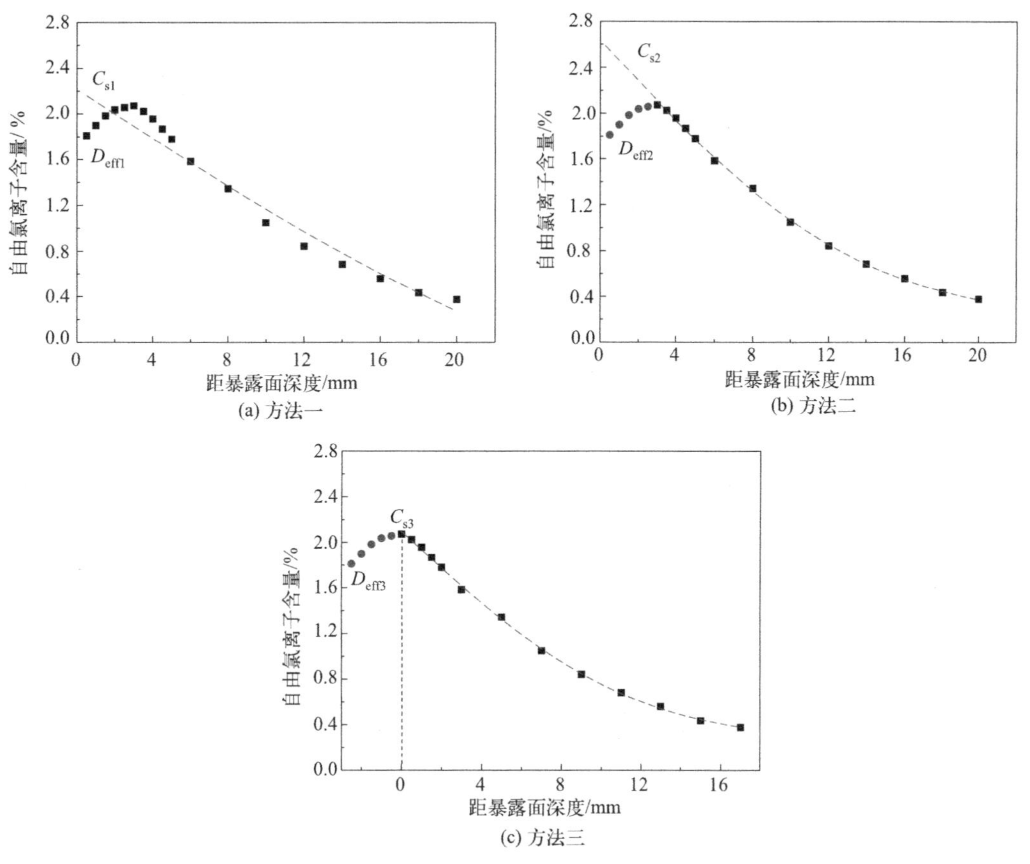

图 3-7　三种计算 D 和 C_s 的方法

通过三种方法得到的参数列于表 3-6 中。由表可知：第一，方法二和方法三的相关性要大于方法一，说明后两种方法更符合扩散规律，与实际情况一致；第二，三种方法得到的扩散系数从大到小依次为 D_{eff1}、D_{eff2}、D_{eff3}，这说明采用三种方法预测氯离子分布时，方法一的氯离子传输速率最大，方法二次之，方法三最小；第三，表面氯离子浓度从大到小则依次为 C_{s2}、C_{s1}、C_{s3}，那么当用三种方法预测氯离子分布时，在初始阶段同一深度处方法二对应的氯离子含量最大，方法一次之，方法三最小。因此利用三种方法得到的参数预测氯离子的分布情况时会出现不同的结果。此外，从表 3-6 中还可以看出 W/C 为 0.45 的两个试件采用第一种方法得到的 D 差别很大，而采用后两种方法得到的 D 则相差不大。这是因为方法一考虑了最表层的氯离子数据点，而表层的氯离子传输机制较为复杂，会导致该部分数据离散性较大，因此导致两个试件的 D 值差别较大。

D、C_s 及相关性系数 R^2 表 3-6

编号	氯离子扩散系数/(mm^2/year)			表面氯离子含量/(%cement)			相关性系数		
	D_{eff1}	D_{eff2}	D_{eff3}	C_{s1}	C_{s2}	C_{s3}	R_1^2	R_2^2	R_3^2
W30-C18-1	217.3	189.7	160.9	1.017	1.068	0.933	0.985	0.993	0.994
W30-C18-2	179.6	106.4	70.77	1.285	1.607	1.089	0.964	0.990	0.987
W35-C18-1	621.8	445.5	365.2	1.733	1.844	1.609	0.984	0.995	0.996
W35-C18-2	531.4	335.2	258.2	1.810	2.023	1.630	0.977	0.998	0.998
W40-C18-1	1132	424.0	316.0	1.619	1.924	1.519	0.943	0.998	0.998
W40-C18-2	1012	543.3	428.0	1.948	2.156	1.818	0.972	0.996	0.996
W45-C18-1	9300	716.7	547.2	1.554	1.763	1.520	0.927	0.977	0.977
W45-C18-2	1802	551.2	401.0	2.065	2.382	1.872	0.955	0.994	0.993
W50-C18-1	2483	780.0	617.0	1.738	1.928	1.678	0.956	0.994	0.994
W50-C18-2	2904	539.1	380.8	2.103	2.508	1.991	0.939	0.999	0.999

利用以三种方法得到的 D 和 C_s 预测 1 年后试件中氯离子的分布情况（以试件 W30-C18-2、W40-C18-1 和 W50-C18-2 为例），结果如图 3-8 所示。由图可知，同上面分析一致，方法一预测的氯离子传输速率最大，而初始阶段同一深度处方法二对应的氯离子含量最大。具体来说，由于 C_{s2} 最大，所以在 0～12mm 深度内，同一深度处的氯离子含量以方法二预测得最大。而由于 D_{eff1} 最大，氯离子传输最快，因此当深度大于 12mm 时，同一深度处的氯离子含量则变成以方法一预测的最大。当然，由于 D_{eff3} 和 C_{s3} 在三种方法中都是最小的，因此方法三预测的氯离子含量在任何深度都是最小的。总之，当利用三种方法预测服役寿命时，方法一和方法二预测的寿命要比方法三预测的短，这和 Andrade 的结果一致。而在保护层厚度小于某个深度（10～13mm）时，方法一预测的寿命要大于方法二；当保护层厚度大于这个深度时，则方法一预测的寿命就会小于方法二。方法一和方法二对应 D 的差值越大，这个“拐点”深度越大。

由于缺少更长期的试验数据，所以不能直接对三种方法预测氯离子分布的可靠性进行评价。但根据对三种方法的局限性分析还是可以判断出相对较为可靠的方法。图 3-9 分别显示了通过三种方法计算得到的不同 W/C 条件下的 D 值（同一 W/C 的试件取平均值）。由图可知，由于表层氯离子传输时毛细吸附占主导作用，不仅导致了方法一得到的扩散系数偏大，而且该方法得到的 D 也不稳定（例如在 W/C 为 0.45 处突然增大很多），没有呈

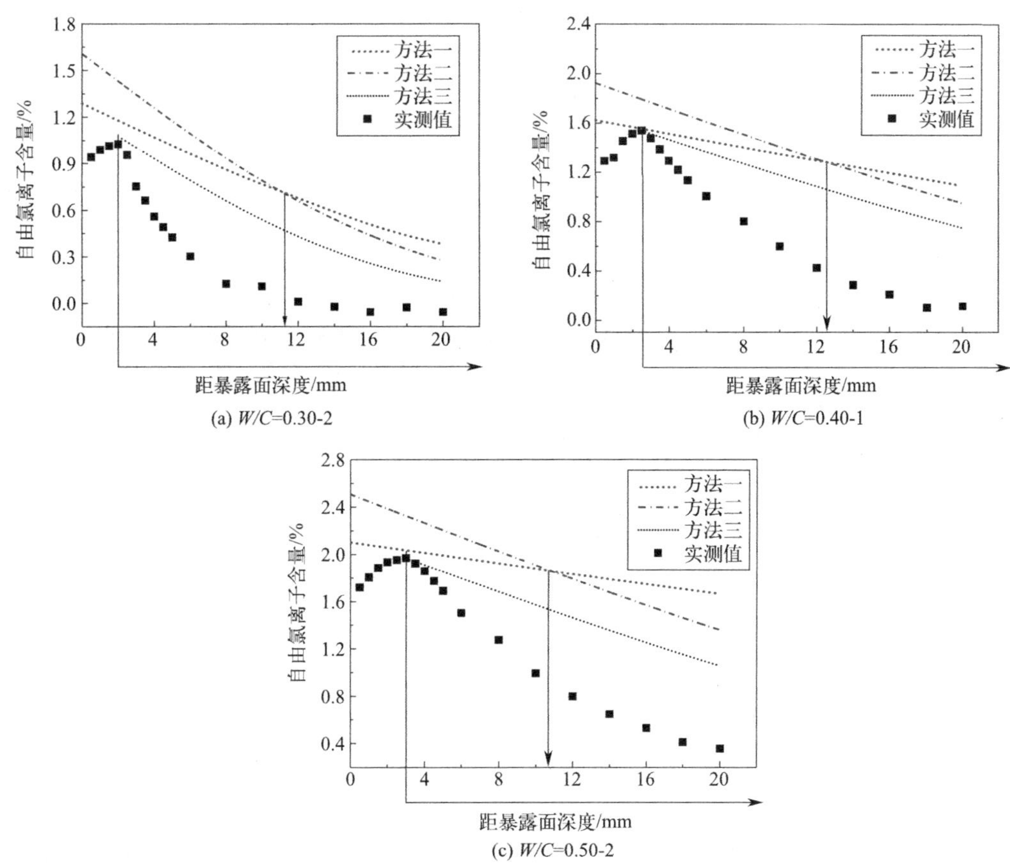

(a) W/C=0.30-2　(b) W/C=0.40-1　(c) W/C=0.50-2

图 3-8　三种方法计算得到的 1 年后氯离子分布结果

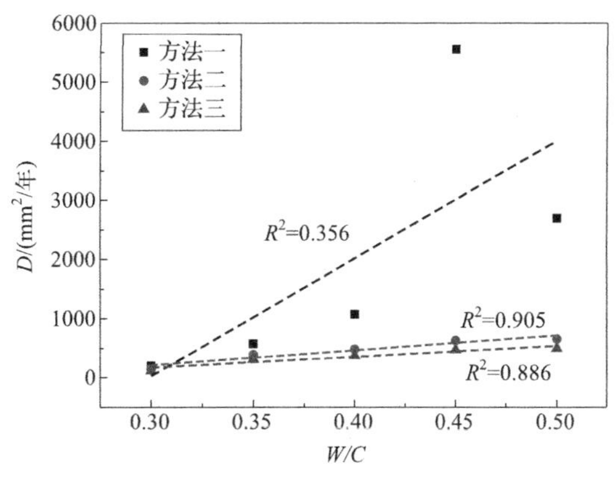

图 3-9　D 与 W/C 的关系

现出与 W/C 良好的相关性。相比而言，方法二和方法三得到的 D 与 W/C 呈现出较好的线性关系。但方法二存在明显的局限性，由于扩散的实际驱动力是最大氯离子浓度 C_{max} 减去最小氯离子含量，但通过拟合得到的 C_{s2} 与最小氯离子含量之差引起的驱动力要明显大于实际驱动力，与实际不符。如图 3-10 所示的 C_{max} 与 C_{s3} 的比较，C_{max} 与 C_{s3} 差别非常小，非常符合实际驱动力。因此综合来看，方法三计算得到的参数与 W/C 有较好的相关性，能反映不同 W/C 下氯离子的渗透情况，而且在相应区域的作用机制和驱动力两方面都更符合扩散原则。因此，相比而言，方法三更适合被应用于干湿交替环境下氯离子分布曲线中出现富集现象的情况。

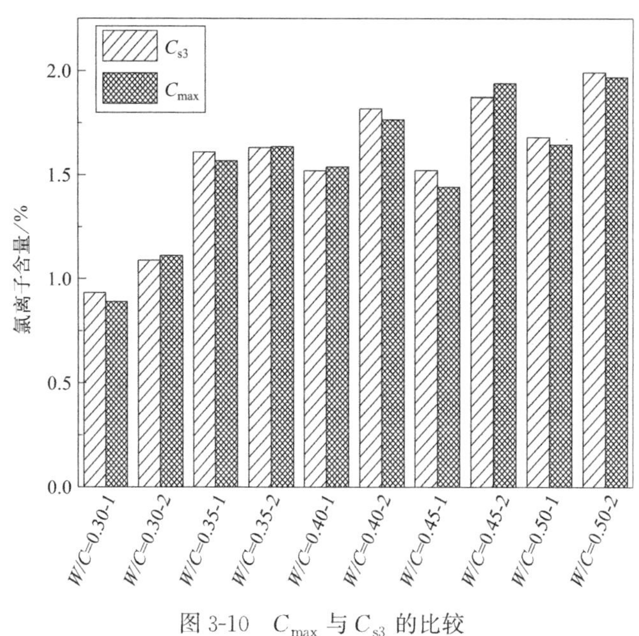

图 3-10　C_{max} 与 C_{s3} 的比较

3.3 孔结构对氯离子分布的影响

该部分首先通过两种方法表征了试件表层的孔结构特征，然后又分析了孔结构特征与富集现象的关系。由于孔结构对 D 的影响已经被广泛研究，所以就不再对这部分内容进行讨论，而是重点讨论孔结构相关参数与 C_{max} 及 Δx 的关系。由于总氯离子的变化趋势与自由氯离子基本相同，且是自由氯离子引起钢筋锈蚀，因此这部分讨论干湿交替 18 次后试件中自由氯离子的分布情况。

3.3.1 孔结构特征

1）MIP（压汞分析法）

图 3-11(a) 和图 3-11(b) 分别显示了净浆试件的孔径微分分布曲线及累计分布曲线，且将孔结构特征的两个重要参数总孔隙率及临界孔径列于表 3-7 中。可见，总孔隙率和临界孔径都是随着 W/C 的增大而增大。

孔结构参数　　表 3-7

W/C	0.30	0.35	0.40	0.45	0.50
总孔隙率/%	14.2	15.6	15.8	22.0	24.4
临界孔径/nm	30.6	31.1	34.3	42.4	49.0

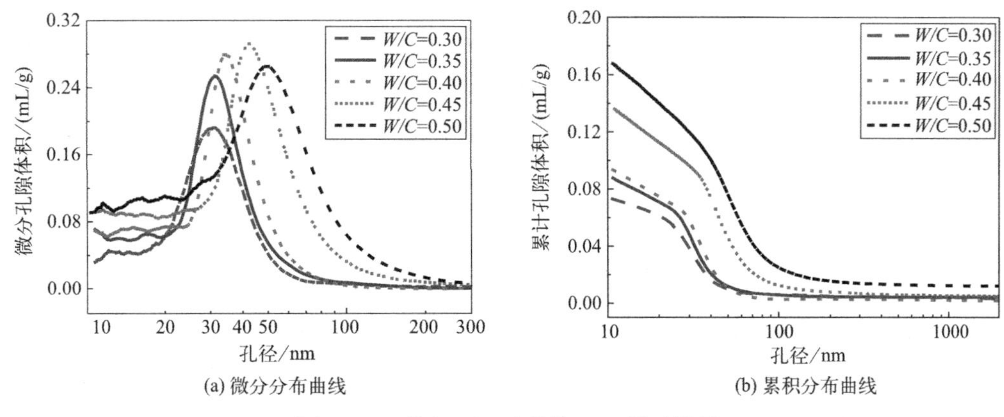

图 3-11　不同 W/C 试件的 MIP 测试结果

2）P_c（水吸附孔隙率）

图 3-12 显示了不同 W/C 试件的 P_c。由图可知，P_c 随着 W/C 的增加而增大，且两者存在很好的线性关系。

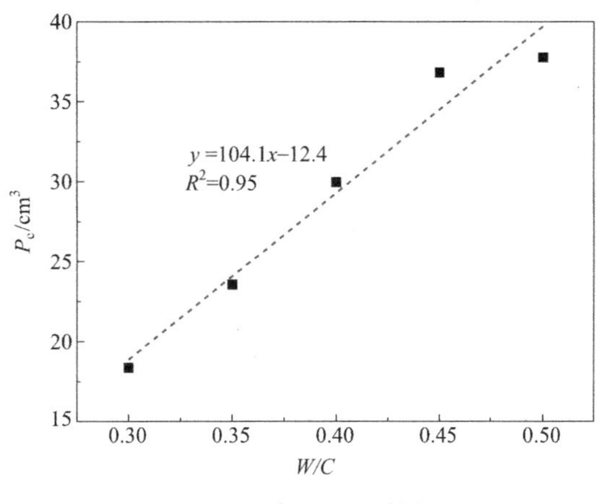

图 3-12　不同 W/C 试件的 P_c

3.3.2　孔结构参数与 C_{max} 及 Δx 的关系

1）总孔隙率及临界孔径

图 3-13(a) 显示了总孔隙率与 C_{max} 的关系，图 3-13(b) 显示了临界孔径与 Δx 的关系。从图 3-13(a) 可以看出，整体上 C_{max} 随着总孔隙率的增加而增大。当总孔隙率增大时，基体内部就会有更多的孔隙，那么在润湿时就会为更多盐溶液的进入提供更多的空间，干燥时也会为氯盐晶体的沉积提供更大的空间，因此随着干湿次数的累积，便会导致更大 C_{max} 的产生。如图 3-13(b) 所示，临界孔径的增大也会导致 Δx 的增加。与孔隙相比，临界孔径对氯离子传输的影响要更加重要，临界孔径越大，意味着基体的连通性越大或曲折性越小。因此临界孔径的增大不仅会导致盐溶液易进入表层并且会到达更深位置，而且更深位置的水分也更易蒸发出来。随着暴露时间的增加，氯离子不断在更深的位置积累，因而富集现象出现的位置会向内迁移，即 Δx 增大。

此外，如图 3-13(a) 所示，在总孔隙率增大的后期，如在 16%～24%之间，C_{max} 是逐渐趋于稳定的。这可能与基体的孔径分布有关。总孔隙率的增大往往会伴随着大孔径孔的增加［这可以通过图 3-11(a) 证明，图中总孔隙率更大的 W/C 在 0.45 和 0.50 的样品中，同样含有更多的大孔径孔］。根据式(3-10)，由于这些孔的孔径较大，那么其产生的毛细吸附作用就会减弱：

$$\Delta p=\frac{2\gamma\cos\theta}{r} \tag{3-10}$$

其中，r 为毛细孔半径（m）；θ 为接触角（°）；γ 为气液界面张力（N）；Δp 为毛细孔中弯曲液面中气液两相的压力差（Pa）。

因此考虑到这种情况，后期总孔隙的增大实际上并不能明显增大润湿过程的毛细吸附作用，继而进入基体的外部溶液量也不会明显增大，所以 C_{max} 的增大会变缓［由于 W/C 与孔结构密切相关，因此这也是为什么图 3-5(a) 中 C_{max} 随着 W/C 增大逐渐趋于稳定的原因］。此外，当孔隙率增大时，孔溶液与基体中 AFm 相及 C-S-H 凝胶接触的机会更大，因而就会分别产生更多的化学和物理结合氯离子，进一步降低了累积的自由氯离子含量。这也是导致 C_{max} 增大变缓的可能原因。而对于 Δx，随着临界孔径的增加其增大的速度也在变缓［图 3-13(b)］，同样是因为孔径变大。但相比 C_{max}，Δx 还是保持着更大的增长速率。这是因为临界孔径的增大幅度很小，仅从约 30nm 增大到约 50nm（表 3-7），这些孔始终能够产生的较强的毛细吸附作用。

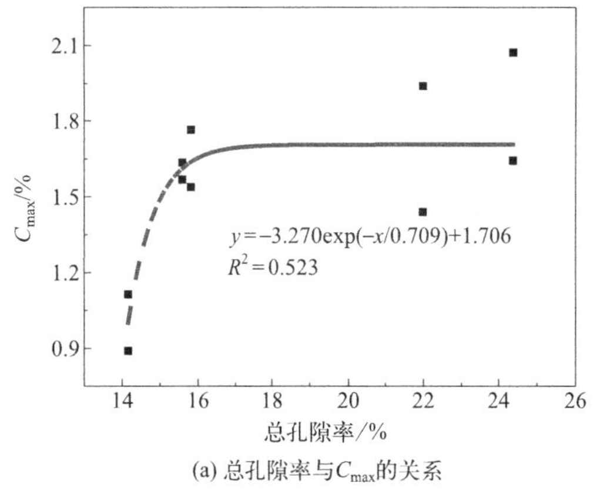

(a) 总孔隙率与C_{max}的关系

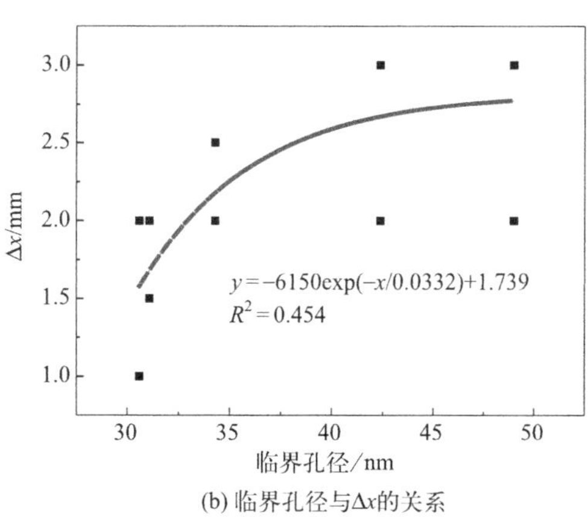

(b) 临界孔径与Δx的关系

图 3-13　孔结构参数与富集现象特征参数的关系

2）P_c

图 3-14(a) 和图 3-14(b) 分别显示了 P_c 与 C_{max} 及 Δx 的关系。如图 3-14(a) 所示，随着 P_c 的增加，C_{max} 先快速增大然后逐渐趋于稳定，两者的关系可以用指数函数来描述。而 Δx 与 P_c 的则呈现出较好的线性关系，P_c 越大，Δx 越大。至于产生上述现象的原因，一方面，P_c 表征的是毛细孔的体积，研究表明毛细孔对表层的传输性能有着重要的影响。P_c 的增大可以为氯离子的渗透及水分的蒸发提供更多的通道，因而会有更多的盐溶液进入到基体内部，干燥后沉积的氯盐结晶也会更多，循环往复就会使 C_{max} 增大。另一方面，Neithalath 的研究表明 P_c 与基体连通性有着密切关系，两者关系可用式

（3-11）描述：

$$\beta=\frac{\sigma_{\mathrm{eff}}}{\sigma_{\mathrm{pore}}}P_{\mathrm{c}} \tag{3-11}$$

其中，β 为连通性因子；σ_{pore} 为孔溶液电导率（S/m）；σ_{eff} 为有效电导率（S/m）。

显然，P_{c} 越大，连通性越大。而连通性的增大可使得盐溶液进入基体及达到更深位置变得容易，同时较深位置的水分也更易向外扩散，因此随着干湿交替的进行，富集现象就会出现在距暴露面深度更大的位置，即 Δx 增加。此外，$C_{\max}$ 随 P_{c} 后期增长变慢的原因与上述 $C_{\max}$ 随总孔隙率增长变慢的原因相同。

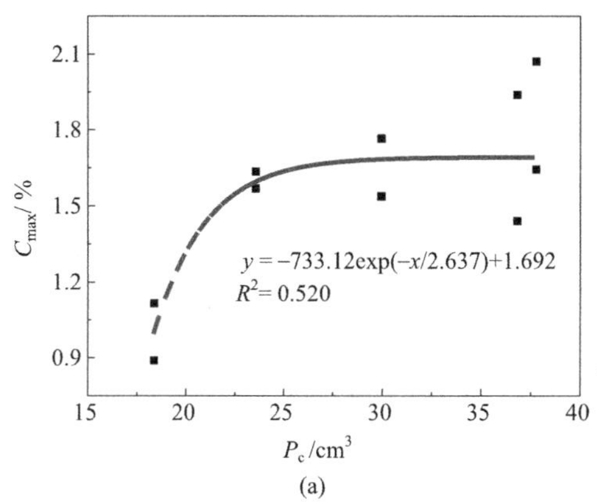

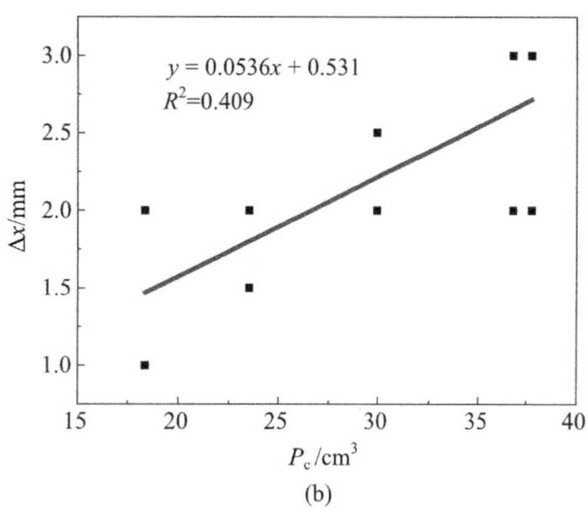

图 3-14　P_{c} 与 $C_{\max}$ 及 Δx 的关系

这部分孔结构的变化主要通过总孔隙率、临界孔径及 P_{c} 的变化来反映。这三个参数的变化带来的最重要的影响就是改变容纳外部溶液及沉积晶体的空间及外部溶液向内迁移的难易程度。因此前文主要基于上述关系阐述孔结构对富集现象的影响。此外，总孔隙率、临界孔径及 P_{c} 的增大同时也增大了容纳 CO_2 的空间及减小了 CO_2 进入基体内部的难度。因此 CO_2 有更多的机会与基体反应并会释放更多的结合氯离子，可能会导致 $C_{\max}$ 进一步增大；而且发生碳化的位置也会更深，从而也可能使得 Δx 增加。反之，较小的总孔隙率、临界孔径及 P_{c} 引起的碳化作用也随之减小，导致的 $C_{\max}$ 和 Δx 也较小。

3.4　水分分布对氯离子分布的影响

该部分首先通过两种方法表征了基体的水分分布情况，然后又分析了水分分布与富集现象的关系。由于水分分布对 D 的影响已经被广泛研究，所以就不再对这部分内容进行讨论，而是重点分析水分分布相关参数与 $C_{\max}$ 及 Δx 的关系。此外，这部分也采用干湿交替 18 次后试件中自由氯离子的分布情况来进行讨论。

3.4.1　水分分布

1）S_{non}

图 3-15(a) 显示了不同 W/C 试件在整个暴露过程中 S_{non} 的演变情况。由图可知，暴露初期，不同 W/C 试件干燥后的 S_{non} 一般小于 45%；随着暴露时间的增大，S_{non} 也在

逐渐增大；在暴露末期，不同试件的 S_{non} 均增大到 60%以上，而 W/C 较大的试件如 W/C 为 0.50 和 0.45 的试件，其 S_{non} 可以达到 80%。此外，在相同的暴露时间内，S_{non} 随着 W/C 的增大而增加。

试件经 18 次干湿交替后，只能测试得到一组该暴露龄期时的 C_{max} 及 Δx，但在此过程中，S_{non} 却是随着每一次干燥的发生而变化。因此，为了研究 S_{non} 对富集现象的影响，采用 S_{mean} 来代表整个暴露期间试件的未饱和度水平，并与 C_{max} 及 Δx 建立关系。S_{mean} 随 W/C 的变化情况如图 3-15(b) 所示。由图可知，两者存在较好的线性关系，W/C 越大，S_{mean} 越大。

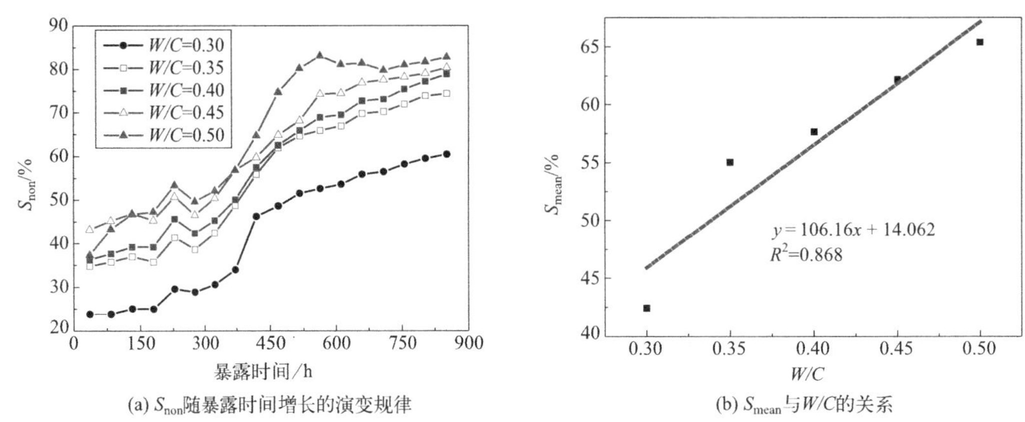

(a) S_{non}随暴露时间增长的演变规律　　(b) S_{mean}与W/C的关系

图 3-15　浆体非饱和度与暴露时间及 W/C 的相关性

2）RH（相对湿度）

图 3-16 显示了不同 W/C 的试件在干燥后距暴露面不同深度处的RH 随暴露时间的变化情况。由图可知：第一，虽然在不同暴露时间测得的 RH 具有一定的起伏性，但总体而言，随着暴露时间的增大，RH 是逐渐降低的，与上述这种制度下 S_{non} 逐渐增大相一致；第二，距暴露面的深度越小，RH 越低，越靠近暴露面，干燥过程中水分越易向外蒸发；第三，W/C 越小，相同深度处的 RH 越大，因为 W/C 越小的试件，其基体孔结构越密实，水分越不易向外蒸发。

试件经 18 次干湿交替后，只能测试得到一组该暴露时间时的 C_{max} 及 Δx，但在此过程中，RH 却是随着每一次的干燥发生变化。因此，为了研究 RH 对富集现象的影响，采用RH_{mean} 来代表整个暴露期间试件的湿度水平，并与 C_{max} 及 Δx 建立关系。RH_{mean} 随 W/C 的变化情况如图 3-17 所示。由图可知，RH_{mean} 与 W/C 呈现线性变化关系。

3.4.2　水分分布相关参数与 C_{max} 及 Δx 的关系

1）S_{mean}（平均非饱和度）

图 3-18(a) 和图 3-18(b) 分别显示了 S_{mean} 与 C_{max} 及 Δx 的关系。如图 3-18(a) 所示，C_{max} 随着 S_{mean} 呈线性增大。虽然图 3-18（b）中数据离散性较大，但也可以看出 Δx 也是随着 S_{mean} 的增加而增大的。至于产生这种关系的原因，一方面，是 S_{non} 与基体吸附作用存在密切关系，S_{non} 越大，吸附作用就越大。因此润湿过程中会有更多的盐溶液被吸附进基体内，并且图 3-19(a) 和图 3-19(b) 中的试验结果也很好地证明了这一点。

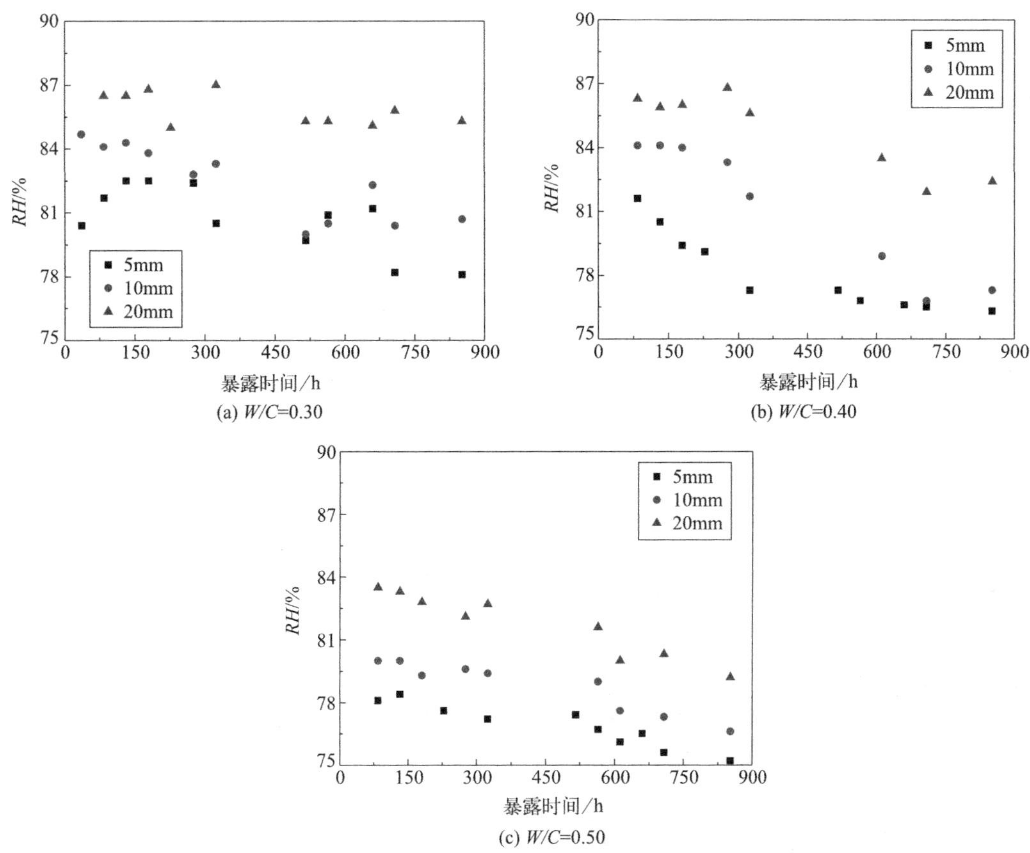

图 3-16　干燥后距暴露面不同深度处的 RH

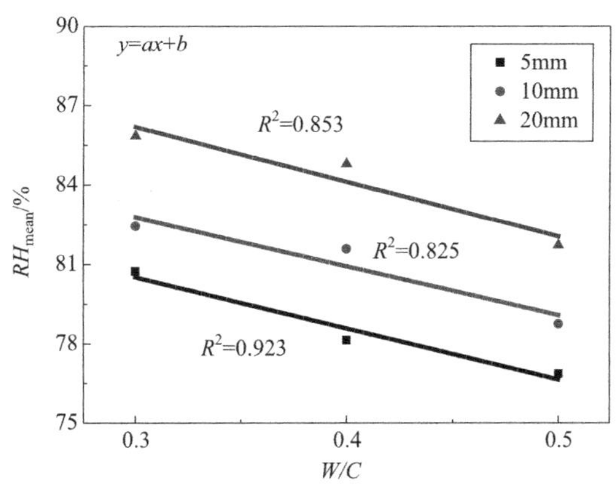

图 3-17　RH_{mean} 随 W/C 的变化情况

图 3-19，不仅 M_{abs} 随着 W/C 的增加而增大，而且 M_{abs} 与 S_{mean} 存在着很好的线性关系。M_{abs} 指整个暴露期间润湿过程内试件吸收盐溶液质量的平均值，因此如果 M_{abs} 增大了，这就意味着在干燥过程中将会有更多的氯盐沉积在基体内。进而随着干湿次数的增加，就会产生更大的 C_{max}。另一方面，对于 S_{mean} 与 Δx 的关系，研究表明未饱和度越大，水分

或溶液在相同时间内被吸附的深度越大，因此会导致富集现象出现在更深的位置，即 Δx 更大。

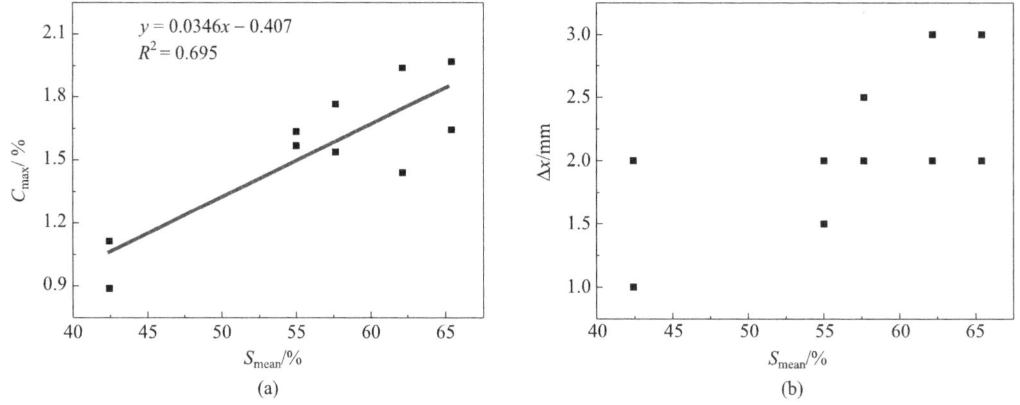

图 3-18 S_{mean} 与 $C_{\max}$ 及 Δx 的关系

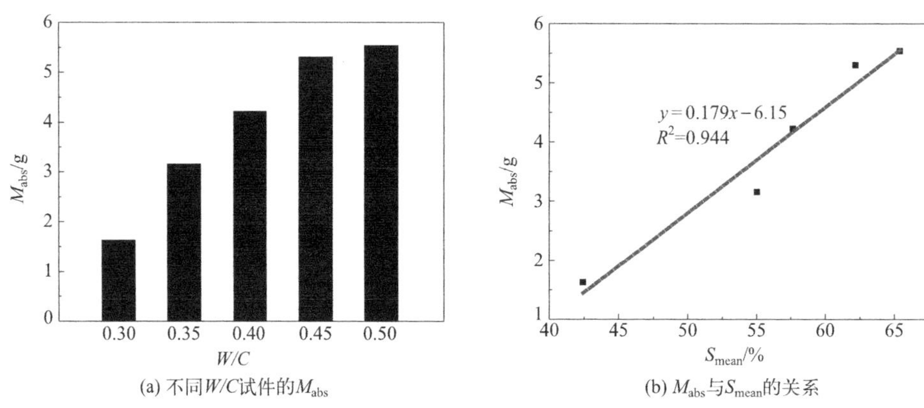

图 3-19 浆体 M_{abs} 与 W/C 及 S_{mean} 的相关性

2) RH_{mean}（平均相对湿度）

图 3-20 显示了 RH_{mean} 与 $C_{\max}$ 及 Δx 的关系。从图中可以看出，$C_{\max}$ 及 Δx 都是随着 RH_{mean} 的增大而降低的，这可以通过 Kelvin-Laplace 方程给出解释。根据式(3-12)，RH 越低，毛细吸附作用越大，即氯离子随溶液向内迁移的驱动力越大。因此，在相同时间内更多的氯盐溶液可以达到基体内部更深的位置，从而导致 $C_{\max}$ 及 Δx 均增大。

$$\Delta p = -\frac{RT\rho_l \cos\theta}{M}\ln RH \tag{3-12}$$

其中，M 为液相的摩尔质量（g/mol）；R 为理想气体常数［J/(mol·K)］；T 为热力学温度（K）；ρ_l 为液相密度（g/m^3）。

此外，从图 3-20 中还可以看出，深度 5.0mm 处的 RH_{mean} 与 $C_{\max}$ 及 Δx 均存在很高的线性相关性，但深度更大后相关系数 R^2 则会显著降低，这说明越靠近表层的湿度分布对 $C_{\max}$ 和 Δx 的影响越大，即表层的水分分布对富集现象有着更重要的影响。

该部分水分分布的变化主要通过 S_{non} 和 RH 的变化来反映。而这两个参数变化最直

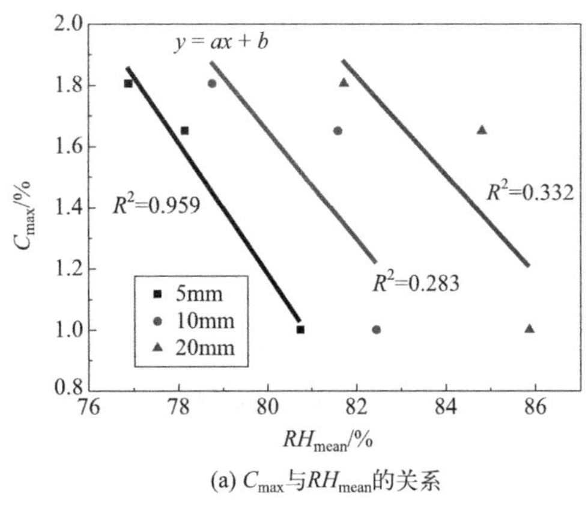

(a) C_{max}与RH_{mean}的关系

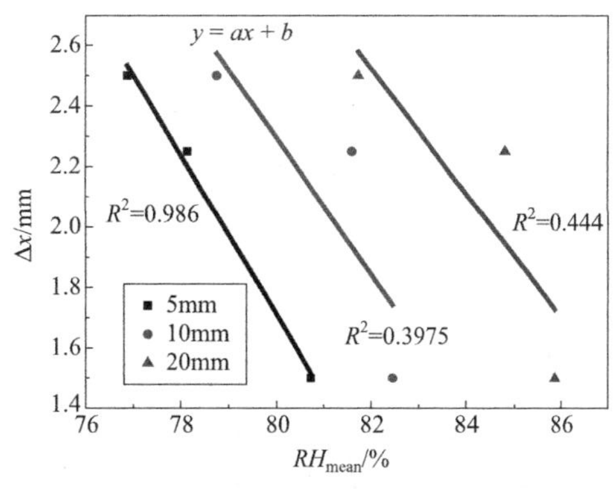

(b) Δx与RH_{mean}的关系(C_{max}和Δx取两个试件的平均值)

图 3-20　RH_{mean} 与 C_{max} 及 Δx 的关系

接的影响就是改变基体对外部盐溶液的吸附作用。因此上面主要从 S_{non} 及 RH 与吸附作用大小的关系来解释水分分布对 C_{max} 及 Δx 的影响。此外，碳化也可能是一个重要因素。当基体的 S_{non} 较大或 RH 较小时，外界 CO_2 以气态形式进入基体内部的量及达到的深度都会增大。那么碳化将结合氯离子转化为自由氯离子的量会增大，且发生碳化作用的深度也会增加，因此这种情况下碳化效应也可能导致 C_{max} 及 Δx 增大。反之，较小的 S_{non} 或较大的 RH 会产生较小的 C_{max} 及 Δx。

3.4.3　水灰比（W/C）及暴露时间、孔结构及水分分布及富集现象的关系

基于上述讨论分析可知，W/C 及暴露时间对富集现象产生的影响主要是通过改变基体的孔结构和水分分布实现。首先，W/C 大导致试件的总孔隙率、临界孔径（表 3-7）及 P_c（图 3-12）更大，因此 W/C 越大，C_{max} 及 Δx 越大，即富集现象越显著。此外，C_{max} 随着 W/C 的增大并不是一直线性增加，而是逐渐趋于稳定［图 3-5(a)］，这是因为 C_{max} 随着对应 W/C 试件的孔隙率及 P_c 的增大也是逐渐趋于稳定的［图 3-3(a)、图 3-14(a)］。其次，从图 3-15(a) 和图 3-16 中可以看出，暴露时间越长，S_{non} 越大及 RH 越小，因而 C_{max} 及 Δx 增加，富集现象更加明显。此外，当暴露时间无限增大后，干燥后 S_{non} 可能会逐渐达到 100%，因此使外部溶液向内迁移的驱动力也达到了最大值，这就可能导致最大 Δx 的出现，之后富集现象也将不会再向更深位置迁移。而且基体内孔隙会随着暴露时间的增长而逐渐饱和，其容纳溶液及沉积晶体的能力将变得非常有限，因此 C_{max} 也会达到最大值后而不继续增加。虽然本章的试验结果由于暴露时间较短不足以证明此推断，但 David 得到暴露于干湿交替环境下 5～25 年的氯离子分布结果与该推测一致（图 3-6），这在一定程度上说明了这一富集现象随时间发展的趋势的可靠性。

3.5　本章小结

1）暴露于全浸泡条件下的试件中均没有出现富集现象。而经干湿交替暴露后，几乎所有的试件在表层 1.0～3.0mm 处均出现了不同程度的富集现象，并且 W/C 越大，富集现象越明显，表现为 C_{max} 及 Δx 增大。此外，随着暴露时间的增大，C_{max} 和 Δx 都会有

所增大并逐渐趋于稳定。就氯离子类型而言，总氯离子和自由氯离子分布曲线中都出现了富集现象，并且出现的位置基本一致。

2）利用方法三预测得到的服役寿命最长；而当保护层厚度小于某一值时，方法一预测的寿命更长；而大于该值时，则方法二预测的寿命更长。总体而言，利用方法三得到的扩散参数能反映不同 W/C 下氯离子的传输能力，而且在相应区域的作用机制和驱动力两方面都更符合扩散原则，更适合被应用于出现富集现象的情况。

3）孔结构对富集现象的影响体现在三方面：总孔隙率、临界孔径、水吸附孔隙率。总孔隙率增加会为盐溶液及晶体沉积提供更大的空间，导致 C_{max} 增大；临界孔径的增大使得盐溶液更易达到基体内较深的位置，造成 Δx 增加；更大的 P_c 不仅会增加容纳盐溶液的空间，还可以提高基体连通性，导致 C_{max} 和 Δx 均增大。此外，三个孔结构参数的增大同时也增大了容纳 CO_2 的空间及减小了 CO_2 进入基体内部的难度，因此碳化作用也可能会进一步使富集现象增强。

4）基体水分分布对富集现象的影响体现在两方面：非饱和度 S_{non} 及内部相对湿度 RH。S_{non} 越大，相同时间内会有更多的盐溶液被吸附到更深的位置，从而导致 C_{max} 和 Δx 的增加；RH 的降低可以造成 C_{max} 和 Δx 的增大，而且距暴露面深度越小，该处的湿度分布与 C_{max} 及 Δx 的关系越紧密。此外，当基体的 S_{non} 较大或 RH 较小时，外界 CO_2 以气态形式进入基体内部的量及达到的深度都会增大，因此可能会导致富集现象更加明显。

本章参考文献

[1] Yu Z，Chen Y，Liu P，et al. Accelerated simulation of chloride ingress into concrete under drying-wetting alternation condition chloride environment [J]. Construction and Building Materials，2015，93：205-213.

[2] Polder R，Peelen W. Characterization of chloride transport and reinforcement corrosion in concrete under cyclic wetting and drying by electrical resistivity [J]. Cement and Concrete Composites，2002，24：427-435.

[3] Arya C，Bioubakhsh S，Vassie P. Chloride penetration in concrete subject to wet-dry cycling：influence of pore structure [J]. Structures and Buildings，2014，167（SB6）：343-354.

[4] Castro P，De Rincon O，Pazini E. Interpretation of chloride profiles from concrete exposed to tropical marine environments [J]. Cement and Concrete Research，2001，31：529-537.

[5] Meira G，Andrade M，Padaratz I，et al. Measurements and modeling of marine salt transportation and deposition in a tropical region in Brazil [J]. Atmospheric and Environment，2006，40：5596-5607.

[6] Saetta A，Scotta R，Vitaliani R. Analysis of chloride diffusion into partially saturated concrete [J]. ACI Materials Journal，1993，90（5）：441-451.

[7] Taheri-Motlagh A. Durability of reinforced concrete structures in aggressive marine environment [D]. The Netherlands：Delft University of Technology，1998.

[8] Costa A，Appleton J. Chloride penetration into concrete in marine environment-Part I：Main parameters affecting chloride penetration [J]. Materials and Structures，1999，32：252-259.

[9] Thomas M，Matthews J. Performance of PFA concrete in a marine environment-10-year results [J]. Cement and Concrete Composites，2004，26：5-20.

[10] McPolin D, Basheer P, Long A, et al. Obtaining progressive chloride profiles in cementitious materials [J]. Construction and Building Materials, 2005, 19: 666-673.

[11] Conciatori D, Sadouki H, Brühwiler E. Capillary suction and diffusion model for chloride ingress into concrete [J]. Cement and Concrete Research, 2008, 38: 1401-1408.

[12] Ben Fraj A, Bonnet S, Khelidj A. New approach for coupled chloride/moisture transport in non-saturated concrete with and without slag [J]. Construction and Building Materials, 2012, 35: 761-771.

[13] Safehian M, Akbar Ramezanianpour A. Assessment of service life models for determination of chloride penetration into silica fume concrete in the severe marine environmental condition [J]. Construction and Building Materials, 2013, 48: 287-294.

[14] Ožbolt J, Orsanic F, Balabanic G. Modeling influence of hysteretic moisture behavior on distribution of chlorides in concrete [J]. Cement and Concrete Composites, 2016, 63: 73-84.

[15] Lu C, Gao Y, Cui Z, et al. Experimental analysis of chloride penetration into concrete subjected to drying-wetting cycles [J]. Journal of Materials in Civil Engineering, 2015, 04015036.

[16] 徐可．不同干湿制度下混凝土中氯盐传输特性研究 [D]. 宜昌：三峡大学，2012.

[17] Zhang M, Li H. Pore structure and chloride permeability of concrete containing nano-particles for pavement [J]. Construction and Building Materials, 2001, 25: 608-616.

[18] Loser R, Lothenbach B, Leemann A, et al. Chloride resistance of concrete and its binding capacity-Comparison between experimental results and thermodynamic modeling [J]. Cement and Concrete Composites, 2010, 32: 34-42.

[19] Yu Z, Ye G. The pore structure of cement paste blended with fly ash [J]. Construction and Building Materials, 2013, 45: 30-35.

[20] Lunk P. Building materials report of capillary penetration of water and salt solutions into concrete [R]. Laboratory for Building Materials, 1997.

[21] Sosoro M, Reinhardt H. Fluid absorption properties of concrete in relation to the moisture content of the specimens and temperature [J]. Dtsch. Aussch. Stahlbeton, Heft, 1994, 445: 87-108.

[22] Arya C, Vassie P, Bioubakhsh S. Chloride penetration in concrete subject to wet/dry cycling: influence of moisture content [J]. Structures and Buildings, 2014, 167 (SB2): 94-107.

[23] Hwan-Oh B, Yup Jang S. Effects of material and environmental parameters on chloride penetration profiles in concrete structures [J]. Cement and Concrete Research, 2007, 37 (1): 47-53.

[24] Liu J, Xing F, Dong B, et al, Pan D. Study on water sorptivity of the surface layer of concrete [J]. Materials and Structures, 2014, 47: 1941-1951.

[25] Feldman R. Significance of porosity measurements on blended cement performance [C]. in: Proceedings of the CANMETIACI, First international conference on the use of fly ash, silica fume, slag and other mineral byproducts in concrete, 1983: 415-433.

[26] Rilem T. Absorption of water by immersion under vacuum [J]. Materials and Structures, 1984, 17: 391-394.

[27] Neithalath N, Jain J. Relating rapid chloride transport parameters of concretes to microstructural features extracted from electrical impedance [J]. Cement and Concrete Research, 2010, 40: 1041-1051.

[28] Jiang Z, Sun Z, Wang P. Internal relative humidity distribution in high-performance cement paste due to moisture diffusion and self-desiccation [J]. Cement and Concrete Research, 2006, 36: 320-325.

[29] Zhang J，H D，S W. Experimental study on the relationship between shrinkage and interior humidity of concrete at early age [J]. Magazine of Concrete Research，2010，62 (3)：191-199.

[30] Zhang J，Wang J，Gao Y. Moisture movement in early-age concrete under cement hydration and environmental drying [J]. Magazine of Concrete Research，2016，68 (8)：391-408.

[31] Martin-Perez B，Zibara H，Hooton R，et al. A study of the effect of chloride binding on service life predictions [J]. Cement and Concrete Research，2000，30 (8)：1215-1223.

[32] Goñi S，Guerrero A. Accelerated carbonation of Friedel's salt in calcium aluminate cement paste [J]. Cement and Concrete Research，2003，33 (1)：21-26.

[33] Kayyali O，Haque M. Effect of carbonation on the chloride concentration in pore solution of mortars with and without fly ash [J]. Cement and Concrete Research，1988，18 (4)：636-648.

[34] Andrade C，Climent M，de Vera G. Procedure for calculating the chloride diffusion coefficient and surface concentration from a profile having a maximum beyond the concrete surface [J]. Materials and Structures，2015，48：863-869.

[35] Hu J，Stroeven P. Proper characterisation of pore size distribution in cementitious materials [J]. Key Engineeriing Materials，2006，302-303：479-485.

[36] 孙伟，缪昌文. 现代混凝土理论与技术 [M]. 北京：科学出版社，2012.

[37] Rucker-Gramm P，Beddoe R. Effect of moisture content of concrete on water uptake [J]. Cement and Concrete Research，2010，40：102-108.

[38] Ipavec A，Vuk T，Gabrovšek R，et al. Chloride binding into hydrated blended cements：The influence of limestone and alkalinity [J]. Cement and Concrete Research，2013，48：74-85.

[39] Saillio M，Baroghel-Bouny V，Barberon F. Chloride binding in sound and carbonated cementitious materials with various types of binder [J]. Construction and Building Materials，2014，68：82-91.

[40] Balonis M，Lothenbach B，Le Saout G，et al. Impact of chloride on the mineralogy of hydrated Portland cement systems [J]. Cement and Concrete Research，2010，40：1009-1022.

[41] Lin G，Liu Y，Xiang Z. Numerical modeling for predicting service life of reinforced concrete structures exposed to chloride environments [J]. Cement and Concrete Composites，2010，32：571-579.

[42] JCI committee report. The committee's research report of the autogenous shrinkage of concrete [R]. JCI，2002.

[43] Parrott L. Variations of water absorption rate and porosity with depth from an exposed concrete surface：effects of exposure conditions and cement type [J]. Cement and Concrete Research，1992，22 (6)：1077-1088.

[44] Milani S，Sumanasooriya，Neithalath N. Pore structure features of pervious concretes proportioned for desired porosities and their performance prediction [J]. Cement and Concrete Research，2011，33：778-787.

[45] Cam H，Neithalath N. Moisture and ionic transport in concretes containing coarse limestone powder [J]. Cement and Concrete Research，2010，32 (7)：486-496.

[46] Backus J，McPolin D，B Muhammed，et al. Exposure of mortars to cyclic chloride ingress and carbonation [J]. Advances in Cement Research，2013，25 (1)：3-11.

[47] Geng J，Easterbrook D，Liu Q，et al. Effect of carbonation on release of bound chlorides in chloride contaminated concrete [J]. Magazine of Concrete Research，2015：1-11.

[48] 张庆章，顾祥林，张伟平，等. 混凝土中毛细压力-饱和度关系模型 [J]. 同济大学学报（自然科学版），2012，40 (12)：1753-1759.

第4章　碳化对水泥浆体氯离子结合能力的影响

海洋环境或除冰盐环境下氯离子诱导的钢筋锈蚀是导致混凝土结构的耐久性劣化的主要原因之一。众所周知，是自由氯离子在氧气和水分存在的情况下引起了钢筋锈蚀。而水泥基材料中结合氯离子的形成会相应地减少自由氯离子的含量，从而降低钢筋发生锈蚀的风险。因此，基体的氯离子结合能力对于混凝土结构耐久性具有重要影响。

氯离子结合的机制有两种：物理结合和化学结合。物理结合是指氯离子被吸附于水泥水化产物上，比如C-S-H凝胶，因其具有较大的比表面积而吸附氯离子；化学结合是指氯离子与水化产物中AFm相化合物（AFm是单硫型水化硫铝酸钙一族的缩写，Aluminate-ferrite-monosubstituent phases）发生化学反应生成含氯化合物，比如Friedel盐。结合氯离子的形成是一个相对复杂的过程，并且氯离子结合能力受多种因素影响。近期研究显示氯离子的结合能力与胶凝材料中铝相含量密切相关。这就是为什么一些含粉煤灰、矿渣及偏高岭土的样品的氯离子结合能力较强，而含硅灰的样品的结合能力很低。因为前三种矿物掺合料的铝相含量要显著高于普通硅酸盐水泥，而硅灰则低于普通硅酸盐水泥。

碳化也是影响混凝土耐久性的重要因素之一。一方面碳化可以降低混凝土的碱性，使得保护层失效，钢筋更易锈蚀。更严重的是，碳化还与氯离子侵蚀具有耦合作用。具体而言，就是碳化会释放结合氯离子到孔溶液中，增大自由氯离子含量，因而加快了钢筋锈蚀。

关于碳化对氯离子结合能力的影响，近年来已有一些研究。根据碳化和氯离子的作用顺序及方式，可以将之前的研究归纳为三种情况。第一种情况（以下简称C-Ⅰ）：样品硬化后先碳化再与氯离子接触。Hassan将预先碳化的净浆试件置于不同浓度的氯盐溶液中，结果显示这些净浆试件几乎不再具有氯离子结合能力。对于预先完全碳化的硬化浆体，Saillio得到了与Hassan一样的结论。此外，他还研究了局部碳化试件的氯离子结合能力，发现局部碳化的试件要比未碳化试件结合更少的氯离子，比完全碳化的试件结合更多的氯离子。第二种情况（以下简称C-Ⅱ）：浆体硬化后先与氯离子接触再碳化，这种情况也是较为接近自然界实际情况的。在C-Ⅱ下，Suryavanshi通过样品的成分分析发现含化学结合氯离子的Friedel盐具有pH依赖性，并且该盐的溶解性随着碳化程度的增大而增大，这说明在C-Ⅱ下碳化也可以降低基体的氯离子结合能力。但是这种情况下对于氯离子结合能力能降低到何种程度并没有给出说明。而Zhu和Yoon的结果则显示这种情况下碳化后剩余结合氯离子能力低于初始结合能力的20%。第三种情况（以下简称C-Ⅲ）：样品成型时掺入氯离子，硬化后再碳化，这也是研究者常用的研究方式。Goñi的结果显示碳化时 Friedel 盐的分解可以引起自由氯离子增多，但增多效果并不是很显著，说明自由氯离子的大量增加不仅仅来自 Friedel 盐的分解。Geng 持有相同的观点，其试验结果表明 C-Ⅲ下碳化同样会导致水泥净浆中结合氯离子的释放，这不仅与 Friedel 盐的分解有关，还与碳化过程中 C-S-H 凝胶的分解有关。此外，Kayyali 还发现碳化使得掺粉煤灰的及不掺粉煤灰的砂浆试件中的自由氯离子均有所增多，且结合氯离子是随着自由氯离子的增多而减少的。

总之，三种情况下碳化都会降低氯离子结合能力。但是在碳化后三种情况下氯离子结合能力分别能降低到什么程度尚不清楚。而且由于这三种情况下碳化和氯离子的作用顺序及方式不同，在相同的碳化条件下，氯离子结合能力受碳化的影响可能存在着一定差别，而目前还缺少统一对比三种情况下碳化对氯离子结合能力影响的研究。此外，样品硬化后浸泡氯盐溶液与成型时掺入氯离子在结合氯离子的方式方面也不完全相同，因此对于碳化前这两种情况下的氯离子结合能力也需要进一步研究。

开展本章研究的另一个重要原因是后文的富集现象形成机制分析和传输模型相关参数取值涉及碳化对结合氯离子的影响，而目前已有研究还缺少相关试验数据，如前文所述，碳化后三种情况下氯离子结合能力分别能降低到什么程度尚不清楚。因此为了为富集现象形成的机制探讨提供试验基础以及进一步探明碳化对结合氯离子的影响，本章对比研究了不同水胶比（W/B）及不同掺合料的硬化浆体在三种情况下碳化对氯离子结合能力的影响，测试了相应样品的 pH，建立了氯离子结合能力与 pH 的关系，并通过定量 XRD 分析讨论了不同情况下产生相关结果的原因。

4.1 试验方案

4.1.1 原材料及配合比

采用的水泥为南京江南小野田水泥公司生产的 P・Ⅱ 52.5 硅酸盐水泥。所使用的矿物掺合料有两种，分别为细度 423m^2/kg 的矿粉（SL）以及细度 625m^2/kg 的粉煤灰（FA）。水泥及矿物掺合料的化学成分见表 4-1。此外，成型时内掺氯离子试件所用的拌合盐溶液为质量比 3.5%的 NaCl 溶液，其他试件的拌合水为去离子水。

研究采用了九个不同的净浆配合比，净浆试件的配合比见表 4-2。

水泥及矿物掺合料的化学成分/%　　表 4-1

水泥及掺合料	SiO_2	Al_2O_3	CaO	Fe_2O_3	K_2O	MgO	Na_2O	TiO_2
P・Ⅱ 52.5	20.0	4.46	63.8	2.99	0.660	0.510	0.110	0.262
SL	32.1	16.7	39.3	0.746	0.348	6.41	0.151	0.895
FA	45.4	36.3	6.97	5.30	0.864	0.599	0.314	1.65

净浆试件的配合比　　表 4-2

编号	W30	W40	W50	W60	W70	SL20	SL40	FA20	FA40
水泥/%			100			80	60	80	60
矿粉/%			0			20	40	0	0
粉煤灰/%			0			0	0	20	40
W/B	0.30	0.40	0.50	0.60	0.70			0.50	

4.1.2 试件准备

净浆试件的成型尺寸为 40mm×40mm×160mm。为了防止水分蒸发，在成型后立即用薄膜和胶带密封。

1）C-Ⅰ：先碳化再浸泡

拆模后，将试件放入 $Ca(OH)_2$ 饱和溶液中养护 56d，养护温度为 20±1℃。养护后，利用精密切割机将试件切成厚度为 1.0mm 的薄片，薄片样口图 4-1 所示。将薄片放入 45℃真空干燥箱中干燥 7d，然后放入 CO_2 浓度为 20%，湿度为 65%～70%的加速碳化箱中分别碳化 14d、28d、56d。达到相应的碳化时间后，将不同配合比的薄片放入 3.5% NaCl 溶液中浸泡 112d。

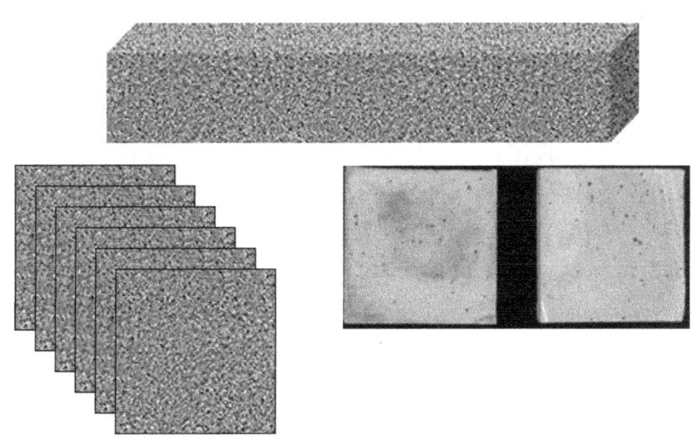

图 4-1　薄片样品

2）C-Ⅱ：先浸泡再碳化

该情况下的试件养护、切割处理与 C-Ⅰ相同。在切割后，先将薄片放入 3.5% NaCl 溶液中浸泡 112d。达到浸泡时间后，进行与 C-Ⅰ相同的干燥处理，然后放入相同条件的加速碳化箱中分别碳化 14d、28d、56d。

3）C-Ⅲ：先内掺再碳化

拆模后，为了尽量防止成型时掺入的氯离子损失，选择在高湿度（湿度大于 95%）环境中养护 112d，避免试件与水直接接触造成氯离子流失。养护后同样将试件切成薄片，经相同的干燥处理后放入碳化箱碳化 14d、28d、56d。需要注意的是，该条件下切割薄片过程不能与水接触，可使用无水乙醇对切割部位降温。

根据 Thomas 的研究，水灰比为 0.30 的浆体在浸泡 56d 时氯离子结合就可以达到平衡，而其他大水灰比浆体只需要 28d。由于本书采用的是硬化浆体薄片而非颗粒或粉末样品，在 C-Ⅰ和 C-Ⅱ下氯离子的结合过程可能需要更长的时间以达到平衡，因而三种情况下样品与氯离子接触的时间均设为 112d。

最后，在达到试验龄期后，将薄片置于 45℃真空干燥箱干燥至恒重；然后将薄片破碎并磨成粉末用于测试氯离子含量、pH、XRD。

4.1.3 结合氯离子转化率（R_b）

自由氯离子含量和总氯离子含量的测定均采用第 3 章描述的硝酸银滴定法。利用式（4-1）计算不同样品在不同条件下的结合氯离子转化率 R_b，其表示样品氯离子结合能力大小：

$$R_b=\frac{C_t-C_f}{C_t}\times 100\% \tag{4-1}$$

其中，R_b 为结合氯离子转化率（%）；C_t 为总氯离子含量（%）；C_f 为自由氯离子含量（%）。

4.1.4 pH

每组样品取 1g 粉末，加入 10mL 的去离子水充分搅拌后在振荡器上连续振荡 2h；然后静置 22h 后取滤液，利用 pHS-3C 精密 pH 计检测样品的 pH。

4.1.5 XRD

XRD 可以被用来检测水化产物中晶体相物质，如氢氧化钙、碳酸钙等。而随着 Rietveld 全谱拟合方法的不断完善，通过 XRD 图谱可以定量表征水泥基材料中各个物相。Rietveld 全谱拟合是指在假设混合物多种晶体的含量、每个晶体的结构参数和设备参数的基础上，调整这些参数使得多晶体衍射图谱能与试验获得的图谱相符合，从而反推出试验图谱中各晶体的真实含量。

本章采用 Al_2O_3 作为已知相，与样品以 1∶9 的比例充分混合并干燥，然后利用 Bruker 08 Advance 测试各样品中物相组成，最后利用全谱拟合得到各晶体的实际含量。由于 C-S-H 凝胶为非晶体，不能被直接定量计量，因此本书认为晶体外的其他物质均为 C-S-H 凝胶，从而可以计算得到 C-S-H 凝胶的百分含量。测试中设置扫描速度为 0.3s/步，步长约为 0.02°，扫描范围为 5°～80°。

4.2 三种碳化制度下浆体氯离子结合能力

4.2.1 C-Ⅰ下氯离子结合能力

图 4-2(a) 显示了不同配合比的样品预碳化 28d 后的 pH 及 R_b，图 4-2(b) 显示了这些预碳化的样品在 3.5% NaCl 溶液中浸泡 112d 后的 R_b。由图可知，R_b 的变化与对应样品的 pH 变化呈现出较好的一致性，R_b 随着 pH 的减小而降低，这与 Suryavanshi 的研究结果一致。由 pH 的结果还可知，所有样品的 pH 还都大于 7.0，表明碳化 28d 并不能将

样品完全碳化。而对应样品也还都具有一定的 R_b，其中最小值为 FA40 的 3.04%。这说明加速碳化 28d 后，样品依然具有一定的氯离子结合能力。而且在这种条件下，W/B 越大，R_b 越小，而且同一 W/B 时，掺 SL 或 FA 的样品的 R_b 更小。

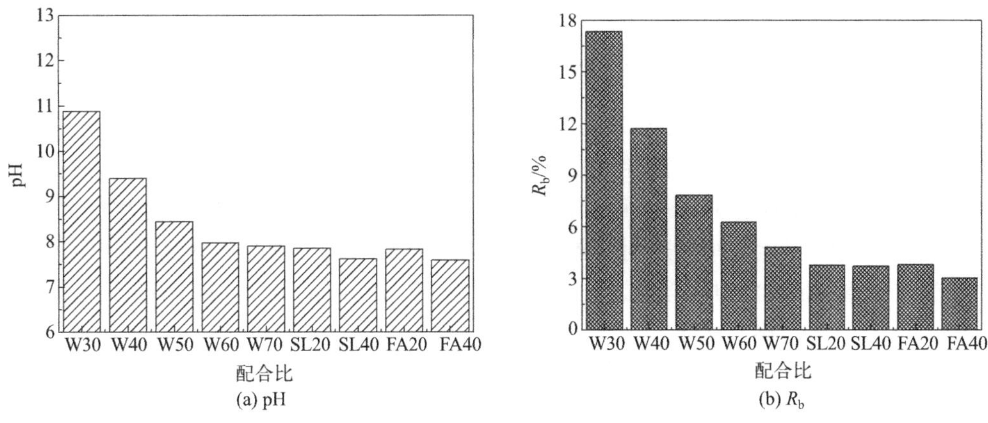

图 4-2　不同配合比的样品预碳化 28d 后的 pH 及 R_b

图 4-3(a) 显示了不同预碳化时间后试件的 pH，图 4-3(b) 显示了不同预碳化时间后 R_b 的变化情况。从图 4-3(a) 可以看出 pH 是随着碳化时间的增大而逐渐降低的。并且碳化 56d 后样品的 pH 降低到 7.0 附近，表明样品已完全碳化。对于氯离子结合能力，从图 4-3(b) 可以看出，相比预碳化 0d 样品的 R_b，预碳化 14d、28d 样品的 R_b 依次显著降低；而由于预碳化 28d 时样品同样接近完全碳化，因此，相比预碳化 28d 的 R_b，预碳化 56d 的 R_b 降低程度明显变小，尤其是掺 FA 或 SL 的样品。显然，样品的氯离子结合能力是随着预碳化时间的增大逐渐降低的。此外，完全预碳化的样品，样品的 R_b 均小于 0.3%，表明在 C-Ⅰ下样品预碳化后再结合氯离子的能力非常小，这与 Saillio，Hassan 的研究结果一致。

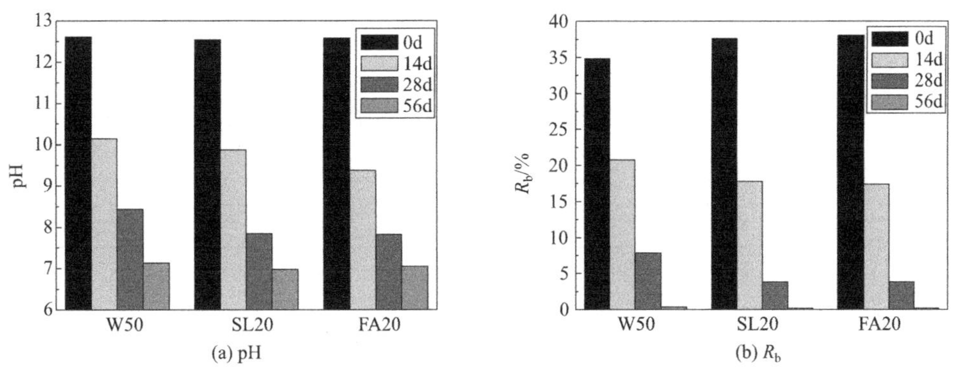

图 4-3　不同预碳化时间后样品 W50、SL20、FA20 的 pH 及 R_b

4.2.2　C-Ⅱ下氯离子结合能力

图 4-4(a) 显示了不同样品浸泡 112d 再碳化 28d 后的 pH，图 4-4(b) 显示了这些样品碳化 28d 前后的 R_b 变化情况。对于参比样品，碳化前的 pH 均在 12.5 以上。在这种情

况下，其对应的 R_b 均很高，其中 FA40 的 R_b 最大，可以达到 40.17%。而且，除了 W30，不同 W/B 的 R_b 基本相同，大致在 34.5%左右，这与 Dousti 的试验结果基本一致。这表明在达到平衡后，W/B 对氯离子结合能力的影响很微弱。而 W30 的 R_b 偏小，可能是因为 W/B 太小，该 W/B 薄片状的样品在 112d 内还未达到平衡，因此结合氯离子形成偏少，导致 R_b 偏低。此外，相同 W/B 时，掺 FA 或 SL 的样品的 R_b 更大。这是因为 FA 或 SL 的铝含量更高，与 Thomas 及 Saillio 的试验结果一致。

对于碳化 28d 后的样品，同 C-Ⅰ下的结果一样，R_b 与 pH 的变化趋势基本一致，不过相比 C-Ⅰ下预碳化 28d 后各样品的 pH，C-Ⅱ下对应样品的 pH 均略大。这是因为 C-Ⅱ下的样品在碳化前会先浸泡 112d，这 112d 的持续水化作用会使得薄片样品更加密实，因此在相同的碳化时间内达到的碳化程度可能略低（此种情况同样适合于 C-Ⅲ）。

此外，从图 4-4(b) 中可以看出，碳化后 28d 所有样品的 R_b 都显著降低，且最小值为 FA40 的 2.78%，略小于 C-Ⅰ下的最小值。而且，W/B 越大，R_b 越小；同一 W/B 时，掺 FA 或 SL 样品的 R_b 要小于不掺的。此外，碳化 28d 前后 R_b 的差值 ΔR_b 见表 4-3。ΔR_b 随 W/B 及矿物掺合料的变化规律与上述 R_b 的变化情况相同。因此，可以认为在 C-Ⅱ下，碳化会导致氯离子结合能力的显著降低，而且碳化程度越大，碳化释放的结合氯离子越多。

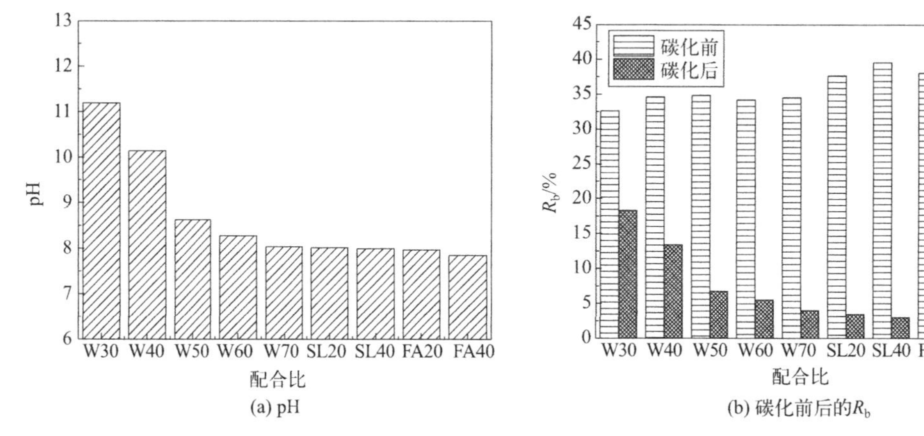

图 4-4 浸泡 112d 并碳化 28d 后不同样品的 pH 及 R_b

不同样品碳化 28d 前后的氯离子结合转化率之差 ΔR_b/% 表 4-3

样品	W30	W40	W50	W60	W70	SL20	SL40	FA20	FA40
C-Ⅱ	14.29	21.20	28.09	28.66	30.55	33.53	36.56	35.17	37.39
C-Ⅲ	19.48	24.01	28.83	31.85	32.58	34.61	38.10	36.22	37.85

图 4-5(a) 显示了不同碳化时间下样品的 pH，图 4-5(b) 显示了不同碳化时间下样品 R_b 的变化情况。显然，随着碳化时间的增加，样品的 pH 是逐渐降低的，直到在 56d 降低至 7.0 左右。此外，从图 4-5 (b) 可以看出，同一样品的 R_b 随着碳化时间的增大而降低，且 0～28d 降低显著，28～56d 略有降低，并在碳化 56d 时最小达到 0.13% (SL20)。因此说明，在 C-Ⅱ下，对于完全碳化的样品，其结合氯离子基本完全被释放。这与 Yoon 试验结果有些差别，其显示完全碳化后样品仍保留一定的结合能力。这可能是因为后者的

碳化程度实际上并未达到完全碳化。

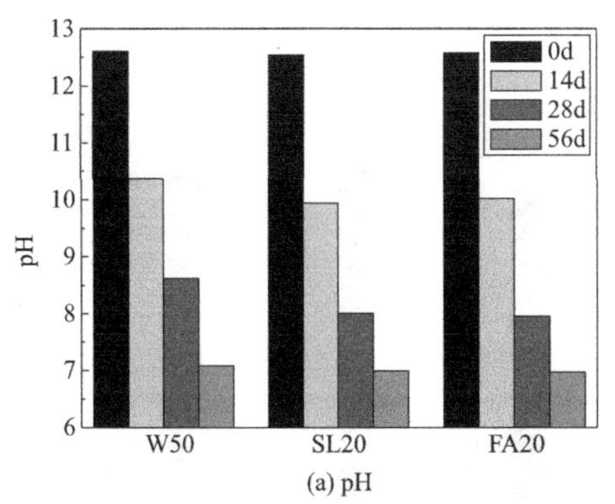

(a) pH

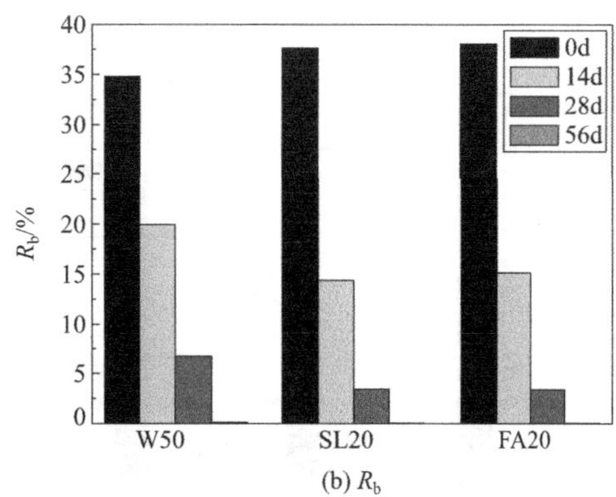

(b) R_b

图 4-5　样品 W50、SL20、FA20 碳化不同时间后的 pH 及 R_b

4.2.3　C-Ⅲ下氯离子结合能力

图 4-6 显示了内掺氯离子的样品养护 112d 再碳化 28d 后的 pH 及 R_b。对于参比样品，碳化前所有样品的 pH 均在 12.5 以上。从图 4-6(b) 中可以看出，这种情况下参比样品的 R_b 均很高，最大值为 SL40 的 40.89%。且与 C-Ⅱ中参比样品的 R_b 相比，C-Ⅲ中参比样品的 R_b 整体上要更大，其原因会在后面的部分进行讨论。而且，不同 W/B 样品的 R_b 差别较小，可见在内掺氯离子的情况下，W/B 对于氯离子结合能力的影响同样很小。此外，W/B 相同时，掺 FA 或 SL 样品的 R_b 更大。

对于碳化 28d 后的样品，其样品的 pH 明显降低。在这种情况下，从图 4-6(b) 中可以看出，所有样品的 R_b 也都显著降低。而碳化 28d 后样品的 R_b 随 W/B 及 SL 或 FA 的变化规律与 C-Ⅱ下的相同，且碳化前后 ΔR_b（表 4-3）的变化规律也相同。区别主要在于碳化 28d 后 C-Ⅲ下 R_b 的值整体上都要略大于 C-Ⅱ下的。

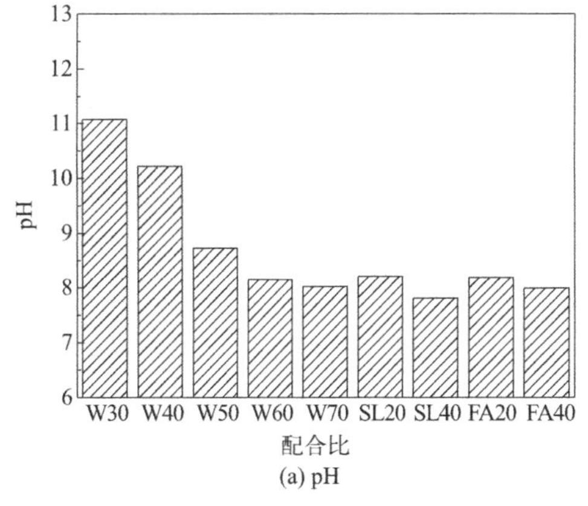

(a) pH

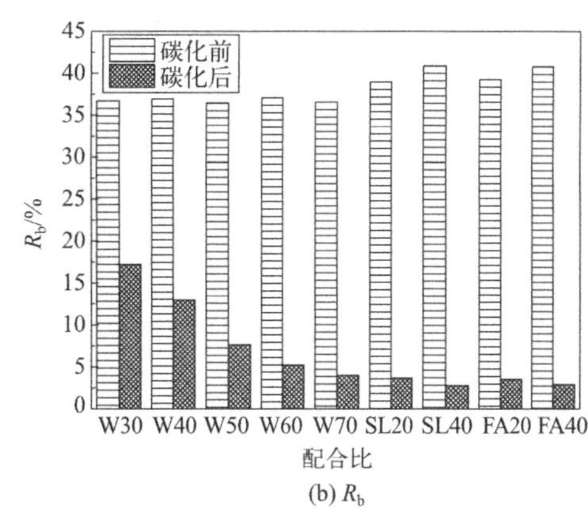

(b) R_b

图 4-6　内掺氯离子的样品碳化 112d 再碳化 28d 后的 pH 及 R_b

图 4-7(a) 显示了内掺氯离子并养护 112d 的样品在不同碳化时间后的 pH。图 4-7(b) 显示了不同碳化时间下样品 R_b 的变化情况。C-Ⅲ下碳化时间对 R_b 及 pH 的影响与 C-Ⅱ

的影响大致相同，这里就不再重复描述。需要指出的是在碳化 56d 时 C-Ⅲ下的样品同样达到了完全碳化，并且 R_b 最小值达到 0.16%（FA20），样品中的结合氯离子在碳化过程中也几乎被全部释放。

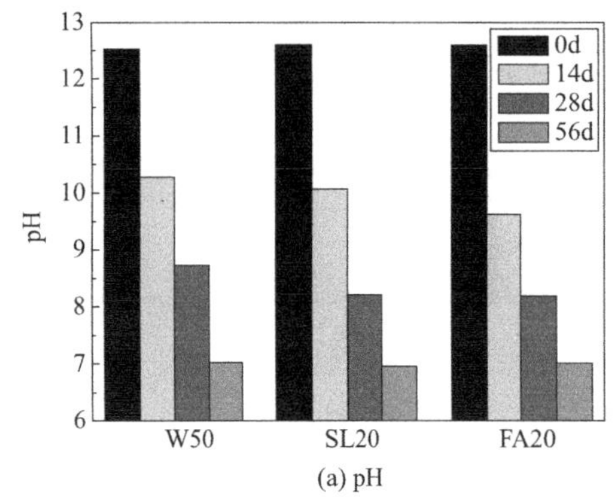

(a) pH

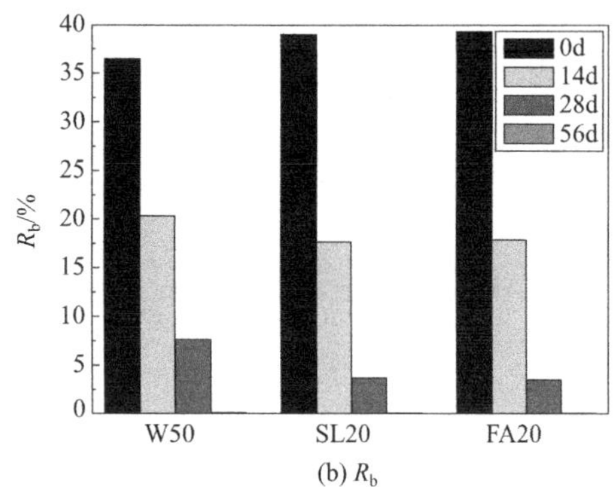

(b) R_b

图 4-7　不同碳化时间后样品 W50、SL20、FA20 的 pH 及 R_b

4.2.4　R_b 与 pH 的关系

将三种情况不同碳化程度下样品的 R_b 与 pH 的关系呈现在图 4-8 中。由图可知，样品的 R_b 随着 pH 的降低而降低，且两者的关系可以用公式 $y=a+be^{-x/c}$ 表示，相关性系数达到 0.97。更重要的是，通过观察三种情况下 R_b 的分布可知：在完全碳化后，即 pH 降低到 7.0 左右时，三种条件下的 R_b 均趋于零，表明三种条件下完全碳化后样品的氯离子结合能力的降低程度基本一致，都不再具有结合氯离子的能力。这也是造成一些现场暴露试验结果中表面氯离子含量非常少的部分原因。对于暴露于自然侵蚀环境（如海洋大气区、除冰盐环境）下的混凝土结构，其还会受到碳化的影响，尤其是在除冰盐环境中，汽车会排放出大量 CO_2。如果暴露时间较长，那么混凝土表层则会发生较大程度的碳化，从而导致基体表层的结合氯离子含量减少且表层的氯离子以自由氯离子为主，因此测得的总的表面氯离子含量会降低。

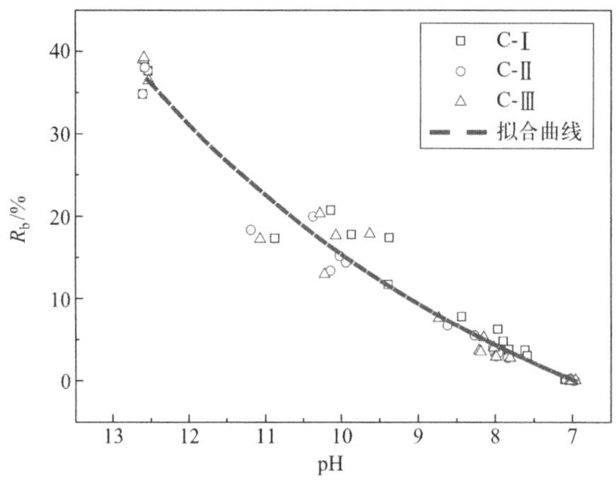

图 4-8　pH 和 R_b 的关系

4.3 碳化影响氯离子结合能力的机制分析

4.3.1 C-Ⅱ和C-Ⅲ下参比样品的氯离子结合能力

比较C-Ⅱ和C-Ⅲ下参比样品的 R_b［图4-4(b) 和图4-6(b)］可知，在达到平衡后，成型时内掺氯离子得到的 R_b 要略大于浆体硬化后浸泡氯盐溶液得到的 R_b，即前者样品内结合氯离子的相对含量要稍微大于后者。众所周知，结合氯离子的含量为化学结合氯离子含量和物理结合氯离子含量之和。前者主要依赖于Friedel盐和Kuzel盐的量，而后者主要依赖于C-S-H凝胶的含量。由于Balonis及Glasser的研究表明Kuzel盐［$C_3A \cdot 0.5CaCl_2 \cdot 0.5CaSO_4 \cdot 11H_2O$］在氯离子浓度很小时才会形成，而本研究样品中氯离子浓度较高，从而形成Kuzel盐的可能性很小。因此将不考虑Kuzel盐中的结合氯离子对总结合氯离子含量的贡献。此外，由于关于氢氧化钙和钙矾石的氯离子结合能力仍然存在争议，所以对这两种物质涉及的结合氯离子也不予考虑。因此，C-Ⅱ和C-Ⅲ下碳化前同一配合比样品中结合氯离子的含量主要由Friedel盐以及C-S-H凝胶的含量决定。

Friedel盐的形成与AFm相密切相关。AFm的结晶层结构衍生自氢氧化钙［$Ca(OH)_2$］，但其中1/3的 Ca^{2+} 被三价离子取代，通常为 Al^{3+} 或 Fe^{3+}。由此引起的电位不平衡导致结晶层带正电，从而需要内部的负电荷（如 SO_4^{2-}，OH^-，Cl^-，CO_3^{2-} 等）补偿。此外，结晶层之间被水分子填充。AFm的组成可以用［$Ca_2(Al,Fe)(OH)_6 \cdot X \cdot xH_2O$］表示，其中X代表一个一价阴离子或0.5个二价阴离子，而 x 表示水分子的个数。在C-Ⅱ下，侵入的氯离子通过化学替代形成Friedel盐（$C_3A \cdot CaCl_2 \cdot 10H_2O$），即此时的X为一个 Cl^-。而在C-Ⅲ下，除了通过上述方式形成Friedel盐外，还会通过NaCl与铝酸三钙之间的反应形成Friedel盐［式(4-2) 和式(4-3)］，因为C-Ⅲ下氯离子是在成型时被掺入，在水泥水化过程中就可以参与反应。因此，C-Ⅲ下形成的Friedel盐可能要多于C-Ⅱ下形成的。

$$Ca(OH)_2 + 2NaCl \longrightarrow CaCl_2 + 2Na^+ + 2OH^- \tag{4-2}$$

$$3CaO \cdot Al_2O_3 + CaCl_2 + 10H_2O \longrightarrow 3CaO \cdot Al_2O_3 \cdot CaCl_2 \cdot 10H_2O \tag{4-3}$$

关于C-S-H凝胶含量的分析。C-Ⅱ和C-Ⅲ下参比样品的实际水化时间分别为140d和112d，虽然C-Ⅱ下样品水化的时间更长，但后期的水化对水化程度影响较小，因此看起来前者样品的水化程度要略大于后者，但不会很明显，即同一配合比样品的C-S-H凝胶含量差别不会太大。综上分析，Friedel盐的含量在决定两种条件下相同配合比样品结合氯离子含量的高低上可能会起到主导作用。

图4-9显示了C-Ⅱ和C-Ⅲ下参比样品各物相的累积百分含量，通过Rietveld全谱拟合方法并结合其他分析手段得到。由图可知，两种条件下相同配合比样品的C-S-H凝胶含量差别较小，与上述分析结果一致。因此样品的结合氯离子含量主要取决于Friedel盐的含量。而C-Ⅲ下同一样品中Friedel盐的含量均大于C-Ⅱ下的，尤其是SL20，高出约4%。这表明C-Ⅲ下同一样品的结合氯离子含量要高于C-Ⅱ下的，这与对应样品的 R_b 的试验结果一致。此外，从图中还可以看出，无论是Friedel盐的含量还是Friedel盐与C-S-H

凝胶的总含量，掺 SL 或 FA 的样品都要大于未掺的。这说明掺 SL 或 FA 的样品的结合氯离子含量都大于不掺的，这也与对应样品的 R_b 结果一致。

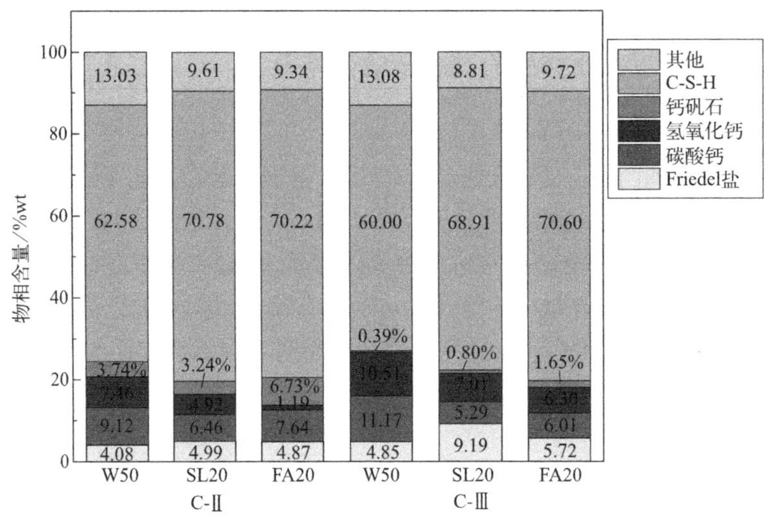

图 4-9　C-Ⅱ和 C-Ⅲ下样品 W50、SL20、FA20 碳化前的 XRD 定量分析结果

4.3.2　三种条件下碳化后氯离子结合能力

由图 4-10 可知，在相同的碳化时间下（除了未碳化时的 0d 和完全碳化时的 56d），整体上 C-Ⅰ下的 R_b 最大，其次为 C-Ⅲ下的，C-Ⅱ下的最小。这表明，三种条件下相同碳化时间内样品的氯离子结合能力受碳化的影响程度不同，即完全碳化前，相同碳化时间后 C-Ⅰ下的样品中会残留更多的结合氯离子，其次是 C-Ⅲ，最后是 C-Ⅱ。

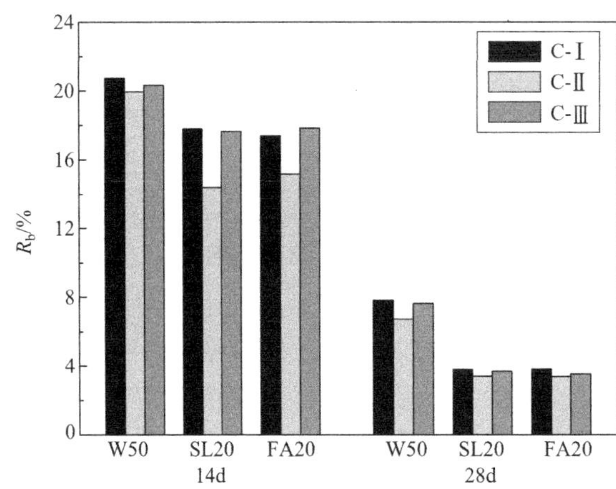

图 4-10　三种情况下样品 W50、SL20、FA20 碳化 14d 和 28d 后的 R_b

碳化降低结合氯离子含量的原因可以从两方面说明：碳化导致化学结合氯离子的减少和碳化导致物理结合氯离子的减少。前者主要是指 Friedel 盐的分解或无法形成，后者主要是指 C-S-H 凝胶在碳化过程中可能会由于表面状况改变而丧失部分吸附氯离子的能力。需要说明的是，一些研究显示，由于 Friedel 盐的量相对于 C-S-H 凝胶含量较少，碳化过

程中 Friedel 盐会被优先分解。

三种条件下碳化对氯离子结合能力的影响都是基于上述原因，但它们的作用方式有所不同。这里以碳化 28d 的样品为例。首先是三种情况下碳化对 Friedel 盐的影响。对于 C-Ⅰ，由于样品先碳化，所以样品中的 AFm 结合 CO_3^{2-} 先形成单碳铝酸盐相（Monocarboaluminate phases，Mc），且不会剩下多余的 AFm 相与氯离子结合生成 Friedel 盐。然而在接下来的浸泡氯盐溶液过程中，关于氯离子能否重新取代 Mc 中的 CO_3^{2-} 而产生 Friedel 盐存在异议。Birnin 和 Wang 认为碳酸根在 AFm 结构中比 Cl^- 具有更强的结合力，因此即使后来出现了氯离子也不会再生成 Friedel 盐。然而，Balonis 认为当氯离子浓度增大后，Cl^- 仍然有能力从 Mc 中将 CO_3^{2-} 替换出来并重新形成 Friedel 盐，但是重新生成的 Friedel 盐的量非常有限。Saillio 的试验结果也显示这部分转换形成的 Friedel 盐太少而无法通过氯离子结合等温线观察到。因此，根据上述分析无论何种情况均可以不考虑这部分 Friedel 盐。对于 C-Ⅱ 和 C-Ⅲ，碳化前 Friedel 盐在样品中均已形成，那么碳化过程中 CO_3^{2-} 会逐渐将 Friedel 盐中的 Cl^- 替换出来，直到 Friedel 盐被完全分解。因此认为这两种条件下，碳化后也将不存在 Friedel 盐中的结合氯离子。其次是三种条件下碳化对 C-S-H 凝胶的影响。在 C-Ⅰ 下部分 C-S-H 凝胶首先被碳化，而未碳化的 C-S-H 凝胶负责吸附结合氯离子；而在 C-Ⅱ 和 C-Ⅲ 下都是 C-S-H 凝胶先吸附结合氯离子，然后在碳化过程中释放部分结合氯离子。因此，根据上述分析，在假设 Friedel 盐无法形成或被全部分解的情况下，碳化后样品中剩余结合氯离子的含量主要取决于未碳化 C-S-H 凝胶的含量。

图 4-11 为三种情况下样品 W50、SL20、FA20 碳化 28d 的定量 XRD 分析结果。

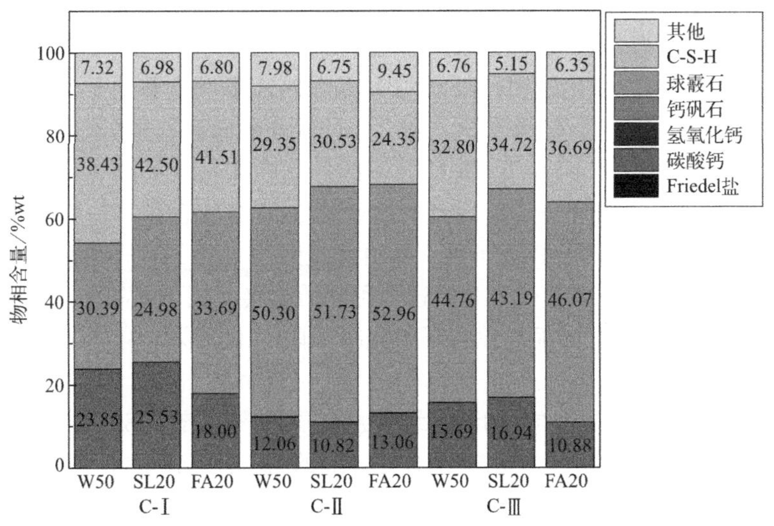

图 4-11　三种情况下样品 W50、SL20、FA20 碳化 28d 的定量 XRD 分析结果

由图可知，三种情况下的氢氧化钙（Portlandite）和钙矾石（Ettringite）的含量均为零，说明 28d 碳化程度很大。而且，三种条件下的 Friedel 盐的含量都趋于零，表明 Friedel 盐在碳化过程中均被完全分解，与分析结果一致。此外，从图 4-11 中还可以看到碳酸钙（Calcite）和球霰石（Vaterite）这两种物质的含量很高。Calcite 和 Vaterite 都是

C-S-H 凝胶碳化的产物，它们的出现表明已有部分 C-S-H 凝胶由于碳化反应而分解。尤其是高含量 Vaterite 的出现进一步说明了很大一部分 C-S-H 凝胶会因碳化而失去大量结合氯离子。更重要的是，对比碳化前后 C-S-H 凝胶的含量可知，碳化后 C-S-H 凝胶的含量显著降低。而且同一配合比样品中未碳化 C-S-H 凝胶的含量以 C-Ⅰ中最高，C-Ⅲ中次之，C-Ⅱ中最少。因此，综合来看，认为三种情况下碳化 28d 后剩余结合氯离子含量的大小顺序依次为 C-Ⅰ、C-Ⅲ、C-Ⅱ，这与前文 R_b 的结果一致。

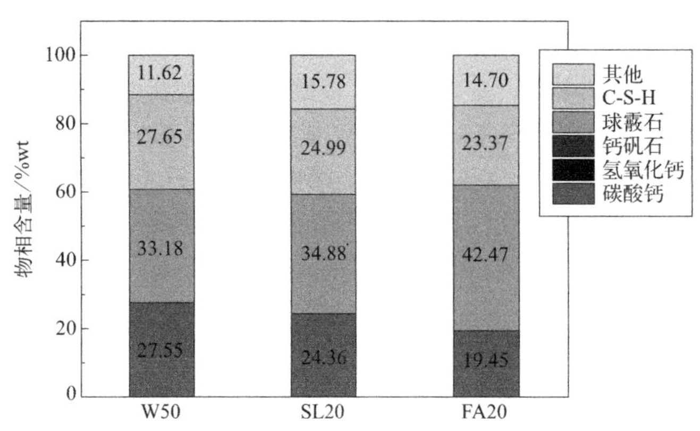

图 4-12　C-Ⅰ下样品 W50、SL20、FA20 碳化 28d 后浸泡氯盐溶液前的定量 XRD 分析结果

对于 C-Ⅰ，由于碳化时的实际养护龄期比其他两种情况下碳化时的要小，碳化后剩余的 C-S-H 凝胶含量本应更少或差别较小（这一点被 C-Ⅰ下碳化 28d 后浸泡前样品的 XRD 结果证实，其剩余 C-S-H 凝胶含量比 C-Ⅲ和 C-Ⅲ下的要略小，如图 4-11 和图 4-12 所示），但实际上在浸泡 112d 后其 C-S-H 凝胶含量却高于了其他两个条件下的。这可能是后期的浸泡诱发了持续水化作用，因而浸泡后 C-S-H 凝胶含量会提高。那么如果假设 C-Ⅰ下的样品在碳化前已达到完全水化，那么相同碳化时间后其剩余的结合氯离子与其他两个条件下的应大致相同。而 C-Ⅱ 和 C-Ⅲ下的样品在碳化前的 C-S-H 凝胶含量是相近的，那么在相同的碳化条件下碳化后得到的剩余 C-S-H 凝胶含量本应相差不大。但 C-Ⅲ下的 C-S-H 凝胶含量却略高于 C-Ⅱ下的。这可能是因为 C-Ⅲ下存在更多的 Portlandite 和 Friedel 盐（图 4-10），因此碳化优先分解这两种物质时会消耗更多的 CO_2，那么就会相对更少地去碳化 C-S-H 凝胶，因而导致相同碳化时间内 C-Ⅲ下未碳化的 C-S-H 凝胶相对于 C-Ⅱ下更多一些。

此外，就相同条件下不同样品的剩余结合氯离子而言，掺了 SL 或 FA 样品的 C-S-H 凝胶含量基本都小于不掺的，这与对应配合比样品的 R_b 的试验结果同样保持一致。

对于完全碳化的样品，试验结果显示所有样品的 R_b 均趋于零，这表明样品基本不再具有结合氯离子的能力。那么根据上述分析，不仅样品中的 Friedel 盐被完全分解，而且 C-S-H 凝胶也将基本被完全碳化。三种情况下样品 W50 碳化 56d 后的定量 XRD 分析结果如图 4-13 所示。由图可知，三种情况下 Friedel 盐含量均为零，Calcite 和 Vaterite 的含量更高，且三种情况下未碳化 C-S-H 凝胶的含量也变得非常少。不过还是能看出 C-Ⅰ下的 C-S-H 凝胶含量要比其他两个条件下的略高一点。然而这些未碳化 C-S-H 凝胶由于含量过少因而对结合氯离子的贡献基本可忽略。

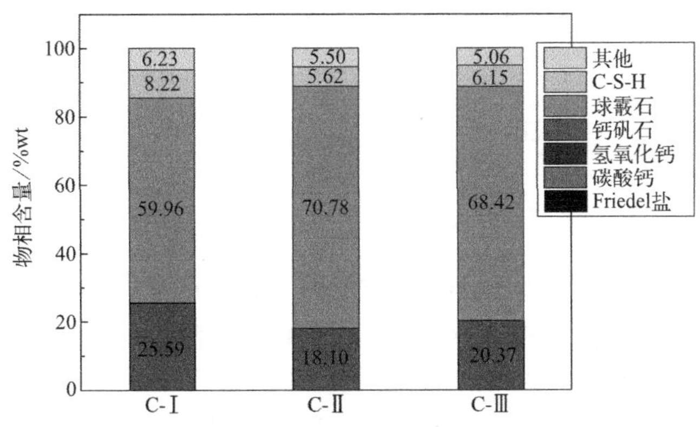

图 4-13 三种情况下样品 W50 碳化 56d 后的定量 XRD 分析结果

4.3.3 C-S-H 凝胶吸附氯离子占总结合氯离子的比例

为了计算 C-S-H 凝胶吸附的氯离子占总结合氯离子的比例，三种条件下不同碳化时间后样品 W50 中的 R_b 及 C-S-H 凝胶含量见表 4-4。由于条件 C-Ⅰ下样品先碳化后与氯离子接触，其碳化 0d 时的 R_b 及 C-S-H 凝胶含量与条件 C-Ⅱ下的应基本相同，因此为了计算方便，条件 C-Ⅰ下样品 W50 碳化 0d 时的 R_b 及 C-S-H 凝胶含量分别假设为 35.0% 和 61.0%。

三种条件下不同碳化时间后样品 W50 中的 R_b 及 C-S-H 凝胶含量 **表 4-4**

项目	碳化时间/d	C-Ⅰ	C-Ⅱ	C-Ⅲ
R_b/%	0	35.00	34.82	36.46
	28	7.83	6.73	7.63
	56	0.34	0.11	0.12
ΔR_b/% (28～56d)		7.49	6.62	7.51
CSH/%	0	61.00	62.58	60.00
	28	27.65	29.35	32.80
	56	8.22	5.62	6.15
$R_{b,CSH}$/%		23.51	17.46	16.91
$R_{b,CSH}$ 平均值/%			19.29	
P_{CSH}/%		67.17	50.14	46.38
P_{CSH} 平均值 /%			54.56	

样品中的结合氯离子主要由 Friedel 盐中的化学结合氯离子以及 C-S-H 凝胶中的物理结合氯离子组成。图 4-11 显示在碳化 28d 后，三种条件下样品 W50 中 Friedel 盐几乎已经被完全分解，其含量接近为零。那么可以认为在接下来碳化的 28d 内（从第 29d 到第 56d）样品中结合氯离子的继续减少完全来自于 C-S-H 凝胶的分解。因此，在已知碳化 28～56d 内 R_b 的减小量以及对应的 C-S-H 凝胶的减小量，那么就可以计算得到单位 C-S-H 凝胶可以吸附氯离子的含量。进而在已知碳化 0d 时样品中 C-S-H 凝胶含量的情况下，可以

得到C-S-H凝胶中结合氯离子的量占总结合氯离子含量的比例。具体计算过程见式(4-4) 和式(4-5)：

$$R_{b,CSH}=\frac{R_{b,28}-R_{b,56}}{CSH_{28}-CSH_{56}}\times CSH_0 \tag{4-4}$$

$$P_{CSH}=\frac{R_{b,CSH}}{R_{b,0}}\times 100\% \tag{4-5}$$

其中，$R_{b,CSH}$ 为C-S-H凝胶吸附的结合氯离子占总氯离子的比例；$R_{b,x}$ 为碳化xd后结合氯离子转化率；CSH_x 为碳化xd后C-S-H凝胶的含量；P_{CSH} 为C-S-H凝胶吸附的结合氯离子占总结合氯离子的比例。

由表4-4可知，C-Ⅰ、C-Ⅱ、C-Ⅲ下样品W50的 $R_{b,CSH}$ 计算结果分别为23.51%、17.46%、16.91%，平均值为19.29%，则表明C-S-H凝胶所吸附的结合氯离子约占总氯离子的19.29%，那么Friedel盐中结合氯离子占总氯离子的比例约为16.14%。C-Ⅰ、C-Ⅱ、C-Ⅲ下样品W50的 P_{CSH} 计算结果分别为67.17%、50.14%、46.38%，平均值为54.56%，表明C-S-H凝胶所吸附的结合氯离子约占总结合氯离子的54.56%，那么Friedel盐所占的比例约为45.44%。虽然碳化过程中Friedel盐会被优先分解完，但C-S-H凝胶所吸附的结合氯离子为结合氯离子最主要的形式，与Baroghel的发现一致。

4.4 本章小结

1）碳化前，结合氯离子的含量主要取决于Friedel盐和C-S-H凝胶的含量。而同一配合比浆体成型时内掺氯离子形成的结合氯离子的含量要略大于浆体硬化后再与氯离子反应形成的结合氯离子含量，这是因为同一配合比浆体水化后的C-S-H凝胶含量基本相同，而前者形成的Friedel盐要多于后者。此外，W/B 对氯离子结合能力的影响有限，而FA或SL可以显著增大氯离子结合能力，样品中的结合氯离子含量最大可以达到总氯离子含量的40.89%（SL40），而不含掺合料的样品其最大结合氯离子含量为总氯离子含量的37.11%。

2）碳化过程中，三种情况下浆体中的Friedel盐会被优先分解或无法形成，那么剩余结合氯离子的含量主要取决于未碳化的C-S-H凝胶含量。那么根据未碳化C-S-H凝胶的含量，完全碳化前，相同碳化时间后C-Ⅰ下的样品中剩余的结合氯离子要比其他两种情况下的多，这主要是因为C-Ⅰ下的样品碳化前未完全水化，接下来与氯盐溶液接触过程中的后期水化作用会进一步增大其C-S-H凝胶含量。此外，C-Ⅲ与C-Ⅱ下剩余的结合氯离子含量差别微小。如果碳化前样品均已完全水化，那么三种情况下碳化后氯离子结合能力的降低程度是相同的。

3）完全碳化后，无论是先碳化再与氯离子反应还是先与氯离子反应再碳化，浆体中的结合氯离子含量均趋于零，表明碳化可以使浆体彻底失去结合氯离子的能力。

4）在不掺矿物掺合料的净浆样品中，达到氯离子结合平衡后，C-S-H凝胶吸附的结合氯离子约占总结合氯离子的54.56%，表明C-S-H凝胶吸附的结合氯离子是结合氯离子最主要的形式。

本章参考文献

[1] Ipavec A, Vuk T, Gabrovšek R, et al. Chloride binding into hydrated blended cements: The influence of limestone and alkalinity [J]. Cement and Concrete Research, 2013, 48: 74-85.

[2] Martín-Pérez B, Zibara H, Hooton R, et al. A study of the effect of chloride binding on service life predictions [J]. Cement and Concrete Research, 2000, 30 (8): 1215-1223.

[3] Lin G, Liu Y, Xiang Z. Numerical modeling for predicting service life of reinforced concrete structures exposed to chloride environments [J]. Cement and Concrete Composites, 2010, 32: 571-579.

[4] Florea M, Brouwers H. Chloride binding related to hydration products Part I: Ordinary portland cement [J]. Cement and Concrete Research, 2012, 42 (2): 282-290.

[5] Larsen C. Chloride binding in concrete-effect of surrounding environment and concrete composition [D]. Norway: The Norwegian University of Science and Technology, 1998.

[6] Thomas M, Hooton R, Scott A, et al. The effect of supplementary cementitious materials on chloride binding in hardened cement paste [J]. Cement and Concrete Research, 2012, 42 (1): 1-7.

[7] Yuan Q, Shi C, Schutter G, et al. Chloride binding of cement-based materials subjected to external chloride environment-A review [J]. Construction and Building Materials, 2009, 23: 1-13.

[8] Saillio M, Baroghel-Bouny V, Barberon F. Chloride binding in sound and carbonated cementitious materials with various types of binder [J]. Construction and Building Materials, 2014, 68: 82-91.

[9] Simčič T, Pejovnik S, Schutter G, et al. Chloride ion penetration into fly ash modified concrete during wetting-drying cycles [J]. Construction and Building Materials, 2015, 93: 1216-1223.

[10] Baroghel-Bouny V, Wang X, Thiery M, et al. Prediction of chloride binding isotherms of cementitious materials by analytical model or numerical inverse analysis [J]. Cement and Concrete Research, 2012, 42 (9): 1207-1224.

[11] Dousti A, Shekarchi M, Alizadeh R, et al. Binding of externally supplied chlorides in micro silica concrete under field exposure conditions [J]. Cement and Concrete Composites, 2011, 33: 1071-1079.

[12] Goñi S, Guerrero A. Accelerated carbonation of friedel's salt in calcium aluminate cement paste [J]. Cement and Concrete Research, 2003, 33 (1): 21-26.

[13] Balonis M, Lothenbach B, Le G, et al. Impact of chloride on the mineralogy of hydrated portland cement systems [J]. Cement and Concrete Research, 2010, 40 (7): 1009-1022.

[14] Kayyali O, Haque M. Effect of carbonation on the chloride concentration in pore solution of mortars with and without fly ash [J]. Cement and Concrete Research, 1988, 18 (4): 636-648.

[15] Hassan Z. Binding of external chloride by cement pastes [D]. Toronto: Department of Building Materials, University of Toronto, Canada, 2001.

[16] Suryavanshi A, Narayan R. Stability of friedel's salt in carbonation in carbonated concrete structural elements [J]. Cement and Concrete Research, 1996, 26 (5): 717-27.

[17] Zhu X, Zi G, Cao Z, et al. Combined effect of carbonation and chloride ingress in concrete [J]. Construction and Building Materials, 2016, 110: 369-380.

[18] Yoon I. Deterioration of concrete due to combined reaction of carbonation and chloride penetration: Experimental study [J]. Key Engineering Materials, 2007, 348-349: 729-732.

[19] Geng J, Easterbrook D, Liu Q, et al. Effect of carbonation on release of bound chlorides in chloride contaminated concrete [J]. Magazine of Concrete Research, 2016, 68 (7): 353-363.

[20] Noirfontaine D, Dunstetter F, Courtial M, et al. Polymorphism of tricalcium silicate, the major compound of portland cement clinker: Modelling alite for rietveld analysis, an industrial challenge [J]. Cement and Concrete Research, 2006, 36 (1): 54-64.

[21] Scrivener L, Füllmann T, Gallucci E, et al. Quantitative study of portland cement hydration by X-ray diffraction/Rietveld analysis and independent methods [J]. Cement and Concrete Research, 2004, 34 (9): 1541-1547.

[22] Whitfield S, Mitchell D. Quantitative Rietveld analysis of the amorphous content in cement and clinkers [J]. Journal of Materials Science, 2003, 38 (21): 4415-4421.

[23] Walenta G, Füllmann T. Advances in quantitative XRD analysis for clinker, cement, and cementitious additions [J]. Powder Diffraction, 2004, 19 (1): 40-44.

[24] Glasser F, Kindness A, Stronach S. Stability and solubility relationships in AFM phases-Part I. chloride, sulfate and hydroxide [J]. Cement and Concrete Research, 1999, 29 (6): 861-866.

[25] Ekolu S, Thomas M, Hooton R. Pessimum effect of externally applied chlorides on expansion due to delayed ettringite formation: Proposed mechanism [J]. Cement and Concrete Research, 2006, 36 (4): 688-696.

[26] Hirao H, Yamada K, Takahashi H, et al. Chloride binding of cement estimated by binding isotherms of hydrates [J]. Journal of Advanced Concrete Technology, 2005, 3: 77-84.

[27] Birnin-Yauri U, Glasser F. Friedel's salt, $Ca_2Al(OH)_6(Cl, OH) \cdot 2H_2O$: Its solid solutions and their role in chloride binding [J]. Cement and Concrete Research, 1998, 28 (12): 1713-1723.

[28] Nagataki S, Otsuki N, Wee H, et al. Condensation of chloride ion in hardened cement matrix materials and on embedded steel bars [J]. ACI Materials Journal, 1993, 90 (4): 323-332.

[29] 耿建，莫利伟. 碳化环境下矿物掺合料对固化态氯离子稳定性的影响 [J]. 硅酸盐学报，2014，42 (4): 500-505.

[30] 王绍东，黄煜镔，王智. 水泥组分对混凝土固化氯离子能力的影响 [J]. 硅酸盐学报，2000，28 (6): 570-574.

[31] Šauman Z. Carbonizaiton of porous concrete and its main binding components [J]. Cement and Concrete Research, 1971, 1: 645-662.

[32] Cole W, Kroone B. Carbon dioxide in hydrated portland cement [J]. ACI Journal, 1960, 31: 1275-1295.

[33] Borges P, Costa J, Milestone N, et al. Carbonation of CH and C-S-H in composite cement pastes containing high amounts of BFS [J]. Cement and Concrete Research, 2010, 40: 284-292.

[34] Groves G, Rodway D, Richardson I. The carbonation of hardened cement pastes [J]. Advances in Cement Research, 1990, 3 (11): 117-125.

[35] Villain G, Thiery M, Platret G. Measurement methods of carbonation profiles in concrete: Thermogravimetry, chemical analysis and gammadensimetry [J]. Cement and Concrete Research, 2017, 37 (8): 1182-1192.

[36] Chi J, Huang R, Yang C. Effects of carbonation on mechanical properties and durability of concrete using accelerated testing method [J]. Journal of Marine Science and Technology, 2002, 10 (1): 14-20.

[37] Sanjuan M, Andrade C, Cheyrezy M. Concrete carbonation tests in natural and accelerated conditions [J]. Advances in Cement Research, 2003, 15 (4): 171-180.

[38] Conciatori D, Sadouki H, Brühwiler E. Capillary suction and diffusion model for chloride ingress into concrete [J]. Cement and Concrete Research, 2008, 38 (12): 1401-1408.

[39] Meira G, Andrade C, Padaratz I, et al. Chloride penetration into concrete structures in the marine atmosphere zone-relationship between deposition of chlorides on the wet candle and chlorides accumulated into concrete [J]. Cement and Concrete Research, 2007, 29 (9): 667-676.

[40] Castro P, Rincon O, Pazini E. Interpretation of chloride profiles from concrete exposed to tropical marine environments [J]. Cement and Concrete Research, 2001, 31 (4): 529-537.

[41] Kuosa H, Ferreira R, Holt E, et al. Effect of coupled deterioration by freeze-thaw, carbonation and chlorides on concrete service life [J]. Cement and Concrete Composites, 2014, 47: 32-40.

第 5 章　毛细吸附-水分蒸发与碳化导致富集现象形成的机制

第 3 章的研究结果表明，在不存在“Skin”效应及雨水冲刷作用的影响时，仅干湿交替作用便可以导致氯离子富集现象的形成。考虑到每一次干湿交替氯离子的分布都是在毛细吸附-水分蒸发及碳化这两种机制的共同作用下完成的（干和湿在每次循环中被执行一次，CO_2 也会在每次干燥过程中进入基体并发生碳化反应），因此认为干湿交替过程中毛细吸附-水分蒸发及碳化作用是导致氯离子富集现象形成的根本机制。然而正是由于两种作用始终同时作用于干湿交替过程，所以目前还未探明究竟是毛细吸附-水分蒸发或者碳化的单独作用导致了富集现象的出现，还是两者的共同作用导致了该现象的形成。

毛细吸附-水分蒸发的交替作用不仅会导致氯离子在表层大量累积，而且交替过程引起的水分延迟效应可能使得氯离子累积量最大处出现在表层某个深度处。虽然有的研究基于该理论建立了模型并计算得到了富集现象，但是在试验验证时存在两个问题。一是试验结果中没有出现富集现象，或者出现的富集现象不明显，与计算结果并不符合。二是即使计算结果与试验结果基本一致，也不能证明该理论是完全正确的。因为建立的模型只考虑了毛细吸附-水分蒸发，而试验结果除了受该作用的影响外，还受到碳化的影响，尤其是对于含有火山灰材料的复合水泥。考虑碳化的模型也计算得到了氯离子富集现象，并且一些研究发现富集现象会随着碳化作用的增强而变得更加显著，更有意思的是氯离子浓度峰出现的位置与碳化的前沿深度很接近。因此对于干湿交替环境下氯离子富集现象的形成，碳化也可能起着至关重要的作用。

事实上，碳化对氯离子传输的影响主要体现在物理作用和化学作用两方面。物理作用是指碳化反应的产物会沉积在孔结构中，导致基体孔隙率降低及孔径重分布，阻碍氯离子的传输。化学作用是指碳化反应分解固化在氯铝化合物尤其是 Friedel 盐中的结合氯离子上，并溶于孔溶液中。这两种作用在氯离子富集现象形成过程中各自产生的影响尚不清楚，也需要进一步阐明。

为了揭示干湿交替环境下毛细吸附-水分蒸发及碳化导致氯离子富集现象形成的作用机制，本章采用了不同水胶比（W/B）及矿物掺合料的净浆和砂浆试件，并将试件暴露于四种不同的条件下。为了反映氯离子分布情况与碳化的关系，测试了不同条件下同一试件的自由氯离子分布曲线及对应的 pH 分布曲线。此外，还分别利用 MIP 和 XRD 表征了样品的孔结构特征及物相变化，用于辅助分析富集现象的形成机制。

5.1 试验方案

5.1.1 原材料及配合比

采用的水泥为南京江南小野田水泥公司生产的 P·Ⅱ 52.5 硅酸盐水泥。所使用的矿物掺合料有两种，分别为细度 $423m^2/kg$ 的矿粉（SL）以及细度 $625m^2/kg$ 粉煤灰（FA）。细骨料为河砂，其细度模数为 2.20。水泥及矿物掺合料的化学成分见表 4-1。

采用了 8 个不同的净浆和砂浆配合比，每个配合比的 W/B 及含矿物掺合料情况见表 5-1。

净浆和砂浆的配合比 **表 5-1**

配合比编号		W40	W50	W60	W70	SL20	SL40	FA20	FA40
水泥/%		100	100	100	100	80	60	80	60
SL 掺量/%		0	0	0	0	20	40	0	0
FA 掺量/%		0	0	0	0	0	0	20	40
净浆	W/B	0.40	0.50	0.60	0.70	0.50	0.50	0.50	0.50
砂浆	W/B	0.40	0.50	0.60	0.70	0.50	0.50	0.50	0.50
	砂胶比	3	3	3	3	3	3	3	3

5.1.2 试件准备

净浆试件的成型尺寸为 100mm×100mm×100mm。砂浆试件的成型尺寸为 70mm×70mm×70mm。为了防止水分蒸发，成型后也用薄膜和胶带密封表面。经 24h 硬化后拆模，并将净浆和砂浆试件放于 20±1℃的饱和氢氧化钙水溶液中养护 28d。养护完成后，利用精密切割机将尺寸为 100mm×100mm×100mm 的净浆试件切割成 40mm×40mm×40mm 的试件，并将切割面作为干湿交替过程中的暴露面。同时，利用切割机从砂浆的成型面切除 20mm 的表层，且将切割面作为暴露面。净浆和砂浆的处理以及采用的尺寸，既保证了基体的均匀性，又消除了大尺寸试件可能带来的不均匀性。此外，干湿交替条件前，需要使用环氧树脂密封试件中除了暴露面之外其他的五个面。最后将处理好的试件分别置于不同的暴露条件下。

5.1.3 暴露条件

本章设计了四种不同的暴露条件，见表 5-2。试验中所采用的氯盐溶液均为 3.5%（质量比）的 NaCl 溶液。干湿比为 6：1，一周循环一次。净浆和砂浆试件的暴露时间依次为 4 周（t1）、8 周（t2）、12 周（t3）。下面对每一种暴露条件的设计进行解释。

条件 A（以下简称 C-A）：作为参比条件，试件在饱水处理后完全浸没于氯离子溶液中。考虑到氯盐溶液中 CO_2 很少，碳化作用可以忽略，以及该条件下不存在毛细吸附-水分蒸发的作用，因此该条件下试件中的氯离子仅在扩散作用下传输。

条件 B（以下简称 C-B）：首先将试件置于碳化环境中，使试件表层高度碳化，然后将碳化后的试件再进行干湿交替。那么在接下来的干湿交替过程中试件的表层就不会再发生碳化作用，因此该条件下试件中氯离子的传输在毛细吸附-水分蒸发及扩散的共同作用下完成。通过对比C-B和C-A下试件中氯离子分布情况可以研究毛细吸附-水分蒸发作用对富集现象形成的影响。

条件C（以下简称C-C）：试件并没有预碳化处理，而是直接暴露于与C-B相同的干湿交替条件下。由于干燥过程中空气中的CO_2会直接进入基体内部，所以认为虽然CO_2的浓度较低（空气中CO_2浓度约为0.04%），但该条件下表层还是会发生碳化反应，且不可忽略。因此，该条件下试件中氯离子的传输由毛细吸附-水分蒸发、碳化及扩散共同控制。而碳化作用也是C-C和C-B的主要区别，故可以通过比较这两种条件下的氯离子分布研究碳化对富集现象的影响。

条件D（以下简称C-D）：该条件与C-C唯一的不同在于前者的干燥过程在高浓度CO_2（浓度约为20.0%）环境下进行。C-D下试件中氯离子的传输同样由毛细吸附-水分蒸发、碳化及扩散共同控制。因此可以通过比较这两种条件下的氯离子分布研究碳化程度对富集现象的影响。

暴露条件 **表5-2**

编号	暴露前试件准备	一次干湿循环	
		润湿条件	干燥条件
A	水养护28d，真空饱水	浸泡于3.5% NaCl溶液	
B	水养护28d，预碳化28d（碳化条件：20±1℃，65%～70% RH，20% CO_2浓度）	润湿1d 3.5%NaCl溶液	普通大气环境：干燥6d（20±1℃，65%～70% RH，0.04% CO_2浓度）
C	水养护28d，恒温恒湿环境放置28d（20±1℃，65%～70% RH）	润湿1d 3.5%NaCl溶液	普通大气环境：干燥6d（20±1℃，65%～70% RH，0.04% CO_2浓度）
D	水养护28d，恒温恒湿环境放置28d（20±1℃，65%～70% RH）	润湿1d 3.5%NaCl溶液	加速碳化环境：干燥6d（20±1℃，65%～70% RH；20% CO_2浓度）

注：RH指相对湿度。

5.1.4 自由氯离子含量

第3章的试验结果表明干湿交替环境下自由氯离子和总氯离子分布曲线中都出现了富集现象，且变化趋势基本一致；再考虑到是自由氯离子诱导了钢筋锈蚀，本章只测试了自由氯离子的分布情况。由于涉及表层氯离子富集现象机制的研究，对表层氯离子含量随位置分布的准确性要求更高，因此首先采用高精度磨粉装置（表层磨粉厚度设为0.5mm，误差小于0.02mm），然后利用第3章描述的硝酸银滴定法测定自由氯离子含量。

5.1.5 pH及碳化深度

1）pH

从试件每个深度处的样品中取1g粉末放入塑料瓶，加入10mL去离子水并放置于振荡器上连续振荡2h；然后静置22h后取滤液，利用pHS-3C精密pH计检测样品的pH。

去离子水的使用可能会在一定程度上稀释孔溶液，因此采用该方法测得的 pH 为相对值，主要用作不同条件下试件 pH 分布的比较。

2）碳化深度

通过在试件劈裂面喷洒酚酞溶液来测试不同条件下试件的碳化深度。喷洒 1%的酚酞溶液后，已经碳化的区域会保持基体原有颜色，而没有碳化的区域则会变为紫红色。接下来沿着劈裂面的边缘在不变色的区域均匀取 12 个点，然后利用游标卡尺依次测量得到 12 组从边缘到变色与未变色边界的深度值，并取平均值作为试件的碳化深度。只有暴露于 C-B 下经过预碳化处理的试件才测试碳化深度，其他条件下的试件测试 pH 分布。由于暴露于 C-B 的试件是干湿交替前预碳化，可以留有多余的试件专门测试碳化深度。而其他条件下的试件经暴露后需测试氯离子分布情况，喷涂酚酞试剂后可能会产生不利影响。而且，其他条件下的试件会测试 pH 分布，同样能反映试件的碳化程度，无需再测试碳化深度。

5.1.6　XRD

本章采用的 XRD 测试方法与第 4 章完全一致，即利用 Al_2O_3 作为已知相，与样品以 1/9 的比例充分混合并干燥，然后利用 Bruker D8 Advance 测试各样品中物相组成。最后利用全谱拟合得到各晶体的实际含量。测试中设置扫描速度为 0.3s/步，步长约为 0.02°，扫描范围为 5°～80°。

5.1.7　MIP

利用精密切割机在试件表层 0～15.0mm 内切取厚度小于 2.0mm 的薄片样品，然后再从薄片中切得直径为 1.0～3.0mm 的颗粒。将颗粒样品放入无水乙醇中浸泡 7d 以终止水化，然后放入 45℃真空干燥箱干燥备用。MIP 的测试采用设备 DV2000。测试中设置的表面张力为 480mN/m，接触角为 140°，压力范围为 0.50～46800.00psi。

5.2　四种暴露制度下氯离子分布情况

5.2.1　C-A 下氯离子分布情况

图 5-1(a)和图 5-1(b)分别显示了净浆和砂浆试件在 C-A 下浸泡 12 周后的氯离子分布曲线及其对应的 pH 分布曲线。由图可知，在这种条件下，氯离子传输的机制为扩散，净浆和砂浆中的自由氯离子含量都是随着距暴露面深度的增大而减小，并没有出现富集现象。此外，在全浸泡情况下，试件无法直接与空气中的 CO_2 接触，依旧保持高碱性，从图中可以看出，所有净浆和砂浆试件的 pH 几乎全部大于 12.50，且掺 SL 或 FA 的 pH 略小于不掺的。由于本章中在未碳化区域测得的 pH 均大于 12.50，因此认为 pH 小于 12.50 的区域都发生了不同程度的碳化，且 pH 越小，碳化程度越大。

5.2.2　C-B 下氯离子分布情况

1）净浆

图 5-2 显示了 C-B 下经预碳化的不同配合比净浆试件在暴露于干湿交替环境前的碳化

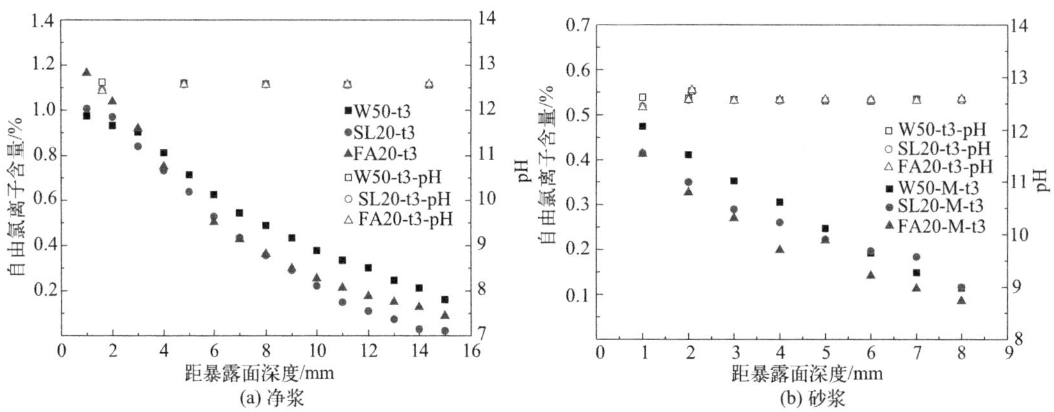

图 5-1　C-A 下净浆和砂浆试件的氯离子分布曲线及 pH 分布曲线

深度。从图中可以看出，经过 28d 的加速预碳化后，所有净浆试件的表层至少 0～8.0mm 内均已被碳化，而且掺入 SL 或 FA 的试件的碳化深度都超过了 19.8mm。因此，认为在接下来的干湿交替过程中，这些试件的表层已碳化区域将不会再发生碳化反应。此外，从图中还可以看出，W/B 越大，碳化深度越大；相同 W/B 时，掺 SL 或 FA 的试件的碳化深度要显著大于不掺的，且碳化深度随着掺量的增大而增加。

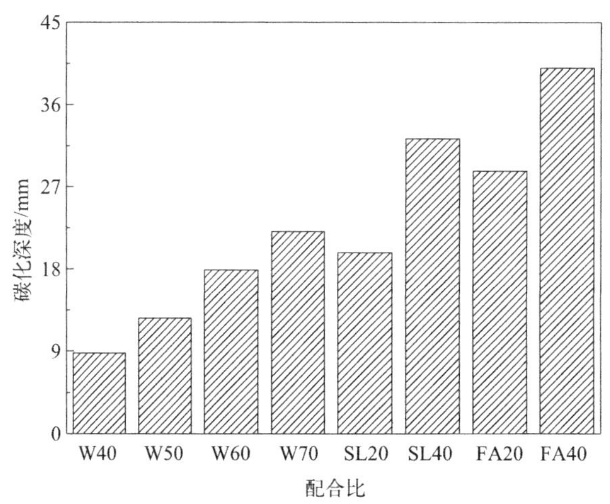

图 5-2　C-B 下经预碳化的不同配合比净浆试件在暴露于干湿交替环境前的碳化深度

图 5-3(a)、图 5-3(b) 及图 5-3(c) 依次显示了 C-B 下不同 W/B、矿物掺合料及暴露时间对预碳化净浆试件在暴露于干湿交替环境后的氯离子分布曲线。由图可知，氯离子含量随着 W/B、暴露时间的增大而增加，掺 SL 或 FA 试件的氯离子含量要明显高于不掺矿物掺合料的。此外，最重要的发现是，C-B 下所有净浆试件的氯离子含量都是随着距暴露面深度的增加而单调减少，氯离子分布曲线中并没有出现富集现象。

2）砂浆

图 5-4 显示了 C-B 下经预碳化的不同配合比砂浆试件在暴露于干湿交替环境前的碳化深度。由图可知，除了 W30 外，砂浆试件的碳化深度至少为 6.0mm，表明接下来的干湿

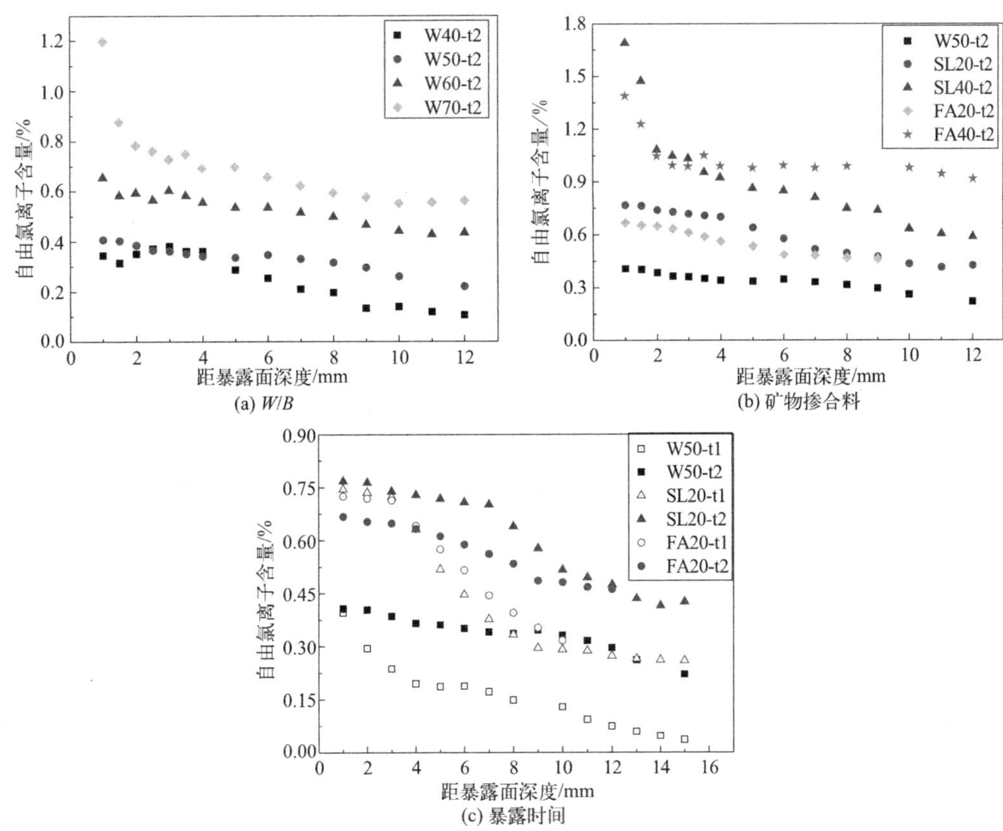

图 5-3 C-B 下预碳化净浆试件在暴露于干湿交替环境后的氯离子分布曲线

交替过程中，这些砂浆试件的表层 0～6.0mm 内不会再发生碳化反应。对比观察图 5-2 和图 5-4，发现砂浆试件的碳化深度略小于净浆试件，而其他变化情况则基本一致。

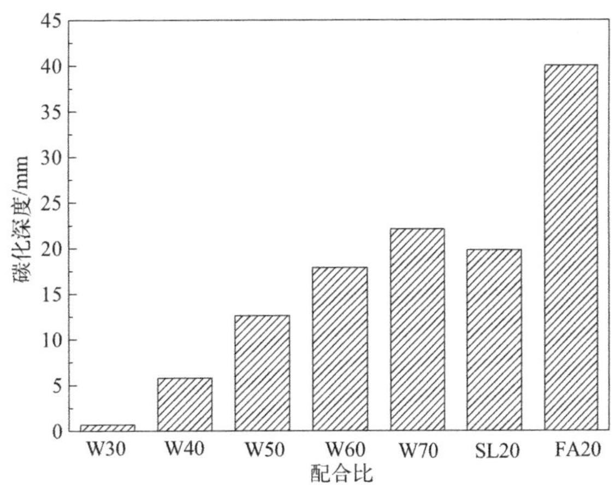

图 5-4 C-B 下经预碳化的不同配合比砂浆试件在暴露于干湿交替环境前的碳化深度

图 5-5(a)、图 5-5(b) 及图 5-5(c) 依次显示了 C-B 下不同 W/B、矿物掺合料及暴露时间对预碳化砂浆试件在暴露于干湿交替环境后的氯离子分布曲线。从图中可以看出，砂

浆试件中氯离子含量随 W/B、掺合料及暴露时间的变化规律与净浆试件相同，而且该条件下所有预碳化的砂浆试件中也没有出现氯离子富集现象。

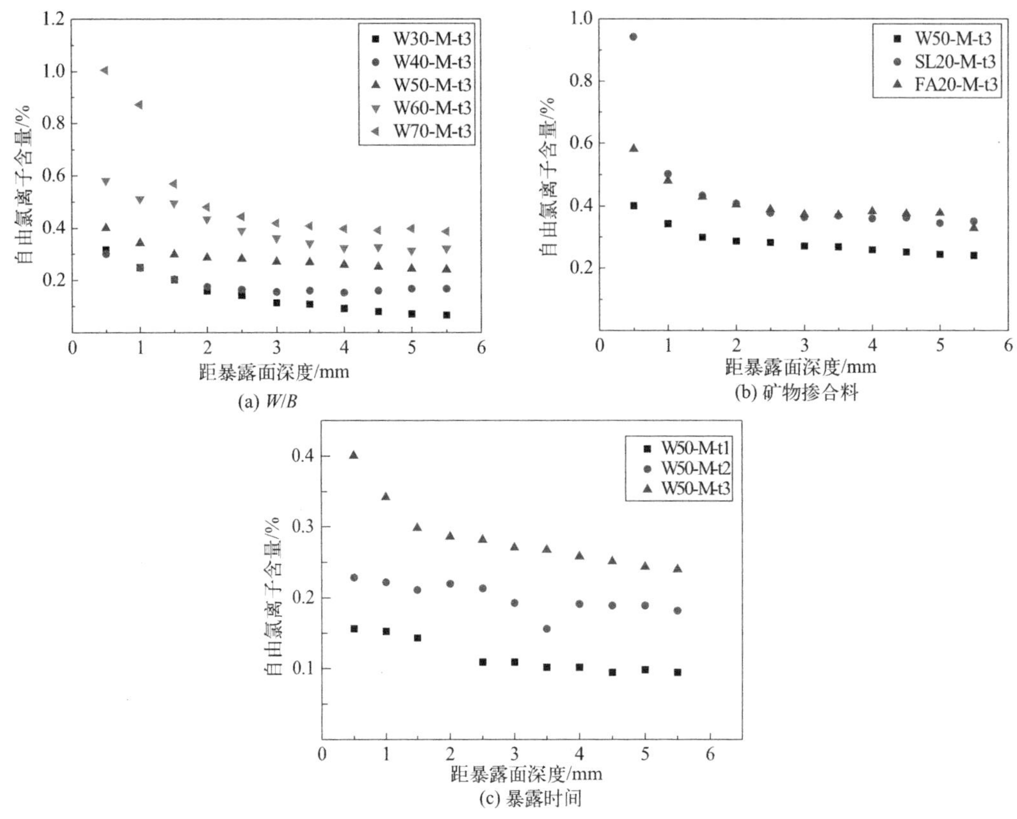

图 5-5 C-B 下预碳化砂浆试件在暴露于干湿交替环境后的氯离子分布曲线

5.2.3 C-C 下氯离子分布情况

1）净浆

图 5-6 为 C-C 下 12 周的净浆试件的 pH 分布曲线。从图中可以看出，所有试件的 pH

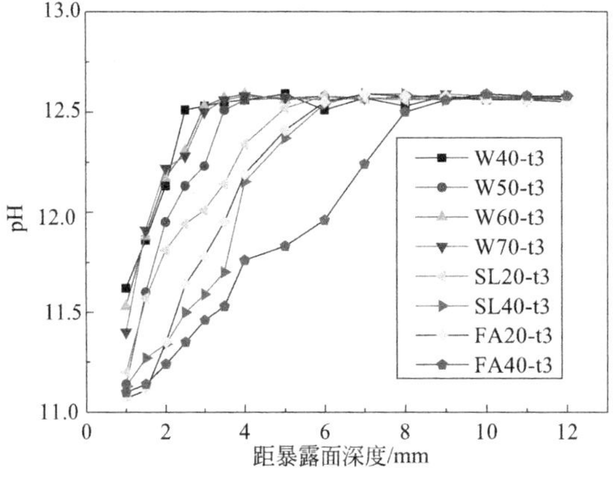

图 5-6 C-C 下 12 周的净浆试件的 pH 分布曲线

在表层 8.0mm 内有着不同程度的降低，最小能降低到 11.0。这说明在 C-C 下，虽然干燥过程中 CO_2 浓度较低，但碳化反应是确实发生的且不能被忽略。此外，W/B 越大，pH 越小，即碳化程度越高；掺 SL 或 FA 会使试件的碳化程度更高，且碳化程度会随着掺量的增加而进一步增大。

图 5-7(a)、图 5-7(b) 及图 5-7(c) 依次显示了 C-C 下 12 周的净浆试件在不同 W/B、矿物掺合料及暴露时间下的氯离子分布情况。由图可知，除了 FA20-t2，所有试件的氯离子分布曲线中都在 1.5～4.0mm 内出现了富集现象，这与之前的一些试验结果一致。将最大氯离子浓度值 C_{max} 及富集现象出现的深度 Δx 列于表 5-3 中。结合观察图 5-7 和表 5-3 可以发现，随着 W/B 的增大，C_{max} 也逐渐增大，且 Δx 略向内迁移。当试件的 W/B 相同时，掺 SL 或 FA 的 C_{max} 要明显大于不掺掺合料的，且 C_{max} 也会随着掺量的增加而增大，但 Δx 的变化却不明显。此外，暴露时间增加后，C_{max} 和 Δx 均会有所增大。

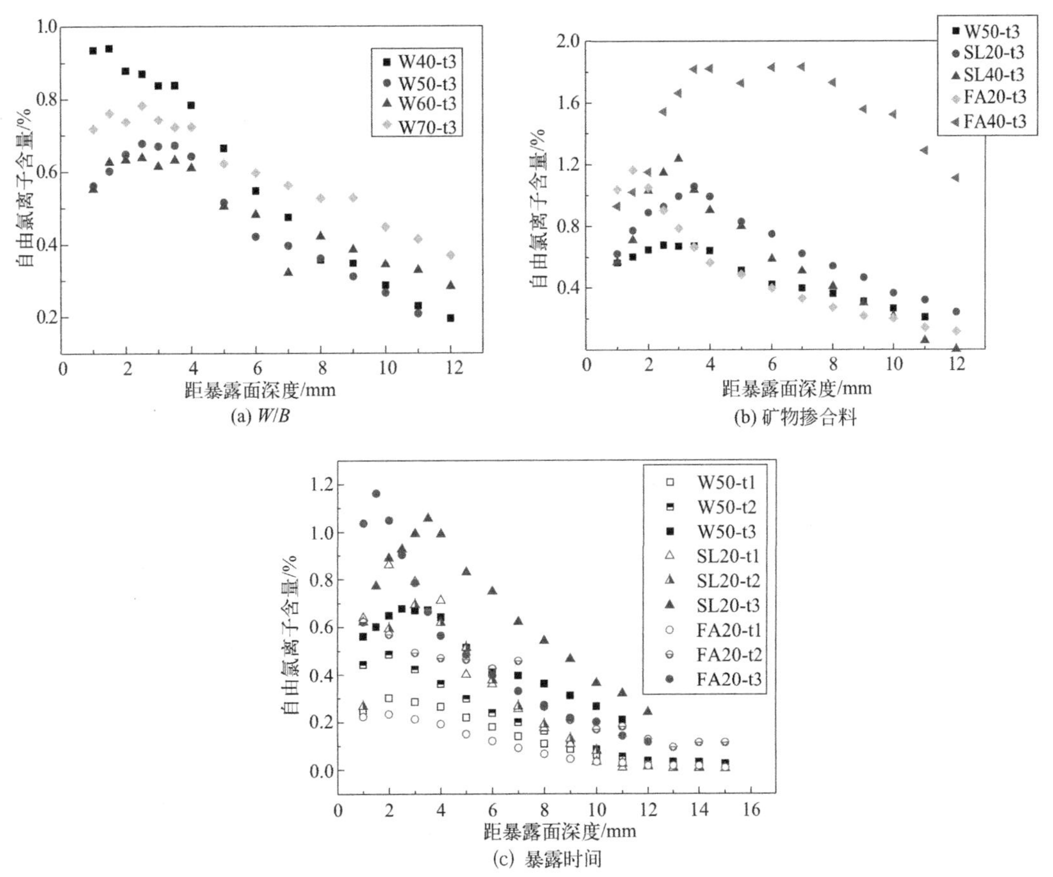

图 5-7　C-C 下净浆试件的氯离子分布曲线

仔细观察图 5-6 中 pH 及图 5-7 中氯离子的分布曲线，可以发现 pH 与氯离子含量在变化趋势上存在一定的相似性。当距暴露面的深度增大时，pH 和氯离子含量都是先增大；而当 pH 增大到在某一深度趋于稳定时，氯离子含量也在该深度附近增大到 C_{max} 并开始降低直至为零。因此利用 x_f 表示 pH 开始趋于稳定的深度，那么其与 Δx 可能存在着一定的关系。暴露于 C-C 下 12 周后净浆试件和砂浆试件的 Δx 与 x_f 比较如图 5-8 所示，

C-C 下 12 周净浆试件的 Δx 与 x_f 的关系如图 5-9 所示。可见，两者的变化趋势基本一致，x_f 增大时，Δx 也会增大，且所有试件的 Δx 均不大于对应的 x_f。此外，Δx 与 x_f 存在较好的线性关系。

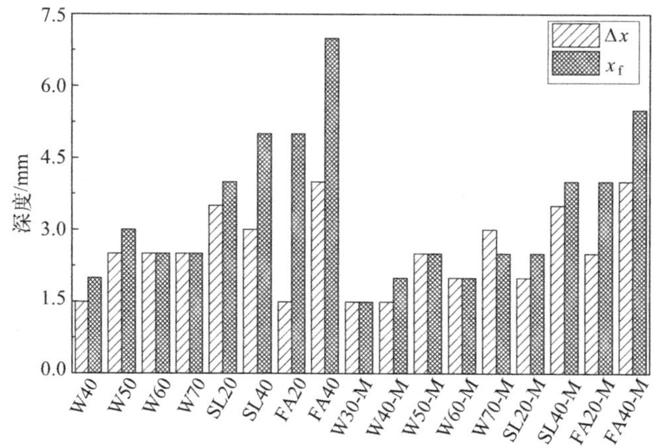

图 5-8 暴露于 C-C 下 12 周后净浆和砂浆试件的 Δx 和 x_f 比较

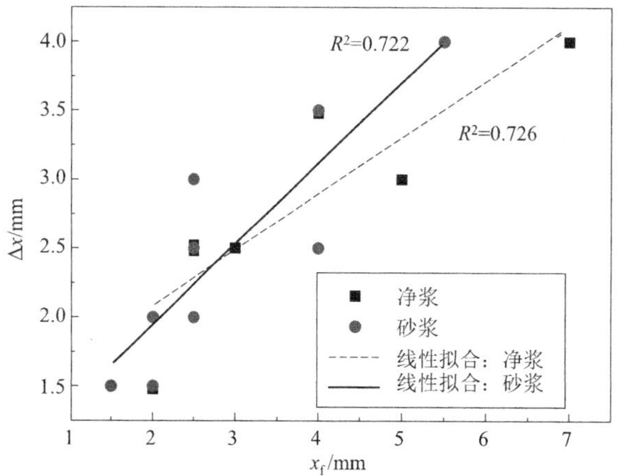

图 5-9 C-C 下 12 周净浆和砂浆试件的 Δx 与 x_f 的关系

C-C 下净浆和砂浆试件的 C_{max} 及 Δx 表 5-3

试件编号	C_{max}/%	Δx/mm	试件编号	C_{max}/%	Δx/mm
W40-t3	0.940	1.5	FA20-t3	1.163	1.5
W50-t1	0.303	2.0	FA40-t3	1.821	4.0
W50-t2	0.486	2.0	W30-M-t3	0.382	1.5
W50-t3	0.678	2.5	W40-M-t3	0.538	1.5
W60-t3	0.638	2.5	W50-M-t3	0.509	2.5
W70-t3	0.783	2.5	W60-M-t3	0.522	2.0
SL20-t1	0.861	2.0	W70-M-t3	0.417	3.0
SL20-t2	0.694	3.0	SL20-M-t3	0.568	2.0
SL20-t3	1.057	3.5	SL40-M-t3	0.582	3.5

续表

试件编号	$C_{max}/\%$	$\Delta x/mm$	试件编号	$C_{max}/\%$	$\Delta x/mm$
SL40-t3	1.236	3.0	FA20-M-t3	0.623	2.5
FA20-t1	0.234	2	FA40-M-t3	0.673	4.0
FA20-t2	—	—			

2）砂浆

图 5-10 为 C-C 下 12 周的砂浆试件的 pH 分布曲线。由图可知，除了 FA40-M-t3 的 pH 降低更加明显之外，砂浆试件 pH 的变化规律与净浆试件基本一致。这也说明了虽然 C-C 下试件在室内大气环境中干燥，但碳化反应不能被忽略。

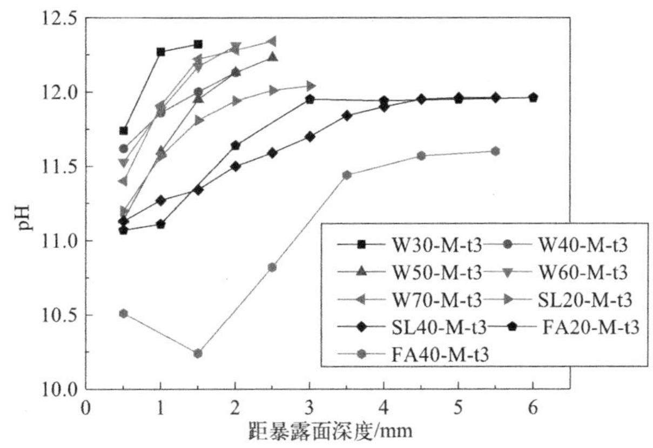

图 5-10 C-C 下 12 周的砂浆试件的 pH 分布曲线

图 5-11 为 C-C 下 12 周的砂浆试件在不同 W/B 和矿物掺合料下的氯离子分布曲线。从图中可以看出，所有的砂浆试件都在表层出现了较为明显的富集现象。砂浆试件的 C_{max} 及 Δx 也列于表 5-3 中。可知，W/B 越大，整体上砂浆试件的 C_{max} 及 Δx 也越大；相同 W/B 时，掺 SL 或 FA 的砂浆试件的 C_{max} 要大于不掺的，但它们的 Δx 变化不显著。此外，SL 或 FA 的掺量为 40%时，其 C_{max} 及 Δx 都有所增大。

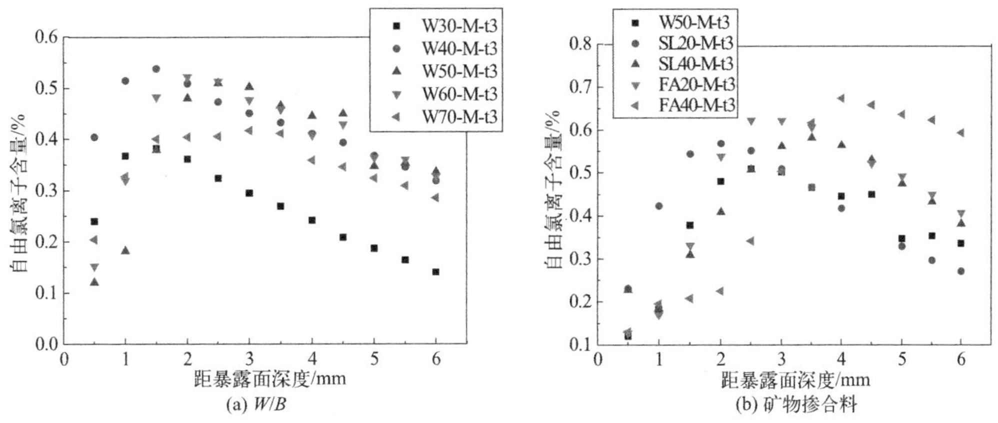

图 5-11 C-C 下 12 周的砂浆试件在不同 W/B 和矿物掺合料下的氯离子分布曲线

C-C 下砂浆试件的 Δx 与 x_f 的大小比较及两者的定量关系也分别显示于图 5-8 和图 5-9 中。可见，同净浆试件结果一样，砂浆的 Δx 随 x_f 的增大而增大且不大于 x_f，且两者具有较好的线性关系。

5.2.4 C-D 下氯离子分布情况

图 5-12(a) 和图 5-12(b) 分别为 C-D 下净浆和砂浆试件的 pH 分布曲线。显然，由于该条件下试件的干燥过程在高浓度 CO_2 环境下进行，pH 降低十分显著，试件表层小于 12.50 的厚度也显著增加。例如，FA40-t3 的 pH 在整个测试范围内均小于 12.50，碳化十分明显。此外，该条件下试件 W/B 越大，掺 SL 或 FA 越多，暴露时间越长，则 pH 越低，x_f 越大，碳化程度越大。

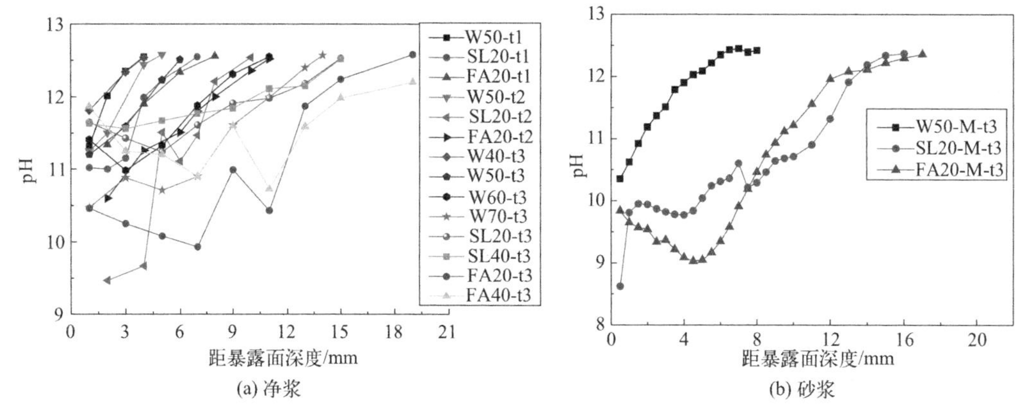

图 5-12 C-D 下净浆和砂浆试件的 pH 分布曲线

图 5-13(a)、图 5-13(b) 及图 5-13(c) 依次显示了 C-D 下的净浆试件在不同 W/B、矿物掺合料及暴露时间下的氯离子分布情况，图 5-14 为 C-D 下 12 周后砂浆试件的氯离子分布曲线。从图 5-13 和图 5-14 中可以发现，净浆和砂浆的氯离子分布出现了两种变化趋势。一种是前文描述的氯离子含量先增大后降低的富集现象；另一种变化趋势较为复杂，即随着距暴露面深度的增加，氯离子含量先降低，降低到曲线“谷底”时开始升高，升高到氯离子浓度峰时又开始降低并直至为零。第二种氯离子变化趋势在 Buakus 及牛荻涛的试验结果中也曾出现过，其形成的过程将在后面的章节详细讨论。基于第二种现象中也出现了氯离子浓度峰，因此本研究中也将该现象称为富集现象，则这种富集现象出现的位置为最大氯离子浓度峰对应的深度。C-C 下净浆和砂浆试件的 C_{max} 及 Δx 如表 5-4 所示。

C-C 下净浆和砂浆试件的 C_{max} 及 Δx 表 5-4

试件编号	C_{max}/%	Δx/mm	试件编号	C_{max}/%	Δx/mm
W40-t3	0.371	2.0	SL40-t3	1.181	11.0
W50-t1	0.196	3.0	FA20-t1	0.627	5.0
W50-t2	0.292	4.0	FA20-t2	0.624	7.0
W50-t3	0.486	4.0	FA20-t3	0.976	13.0
W60-t3	0.914	7.0	FA40-t3	1.477	15.0

续表

试件编号	C_{max}/ %	Δx/mm	试件编号	C_{max}/ %	Δx/mm
W70-t3	0.970	12.0	W50-M-t3	0.354	6.5
SL20-t1	0.434	5.0	SL20-M-t3	0.424	9.5
SL20-t2	0.719	9.0	FA20-M-t3	0.437	10.0
SL20-t3	1.027	11.0			

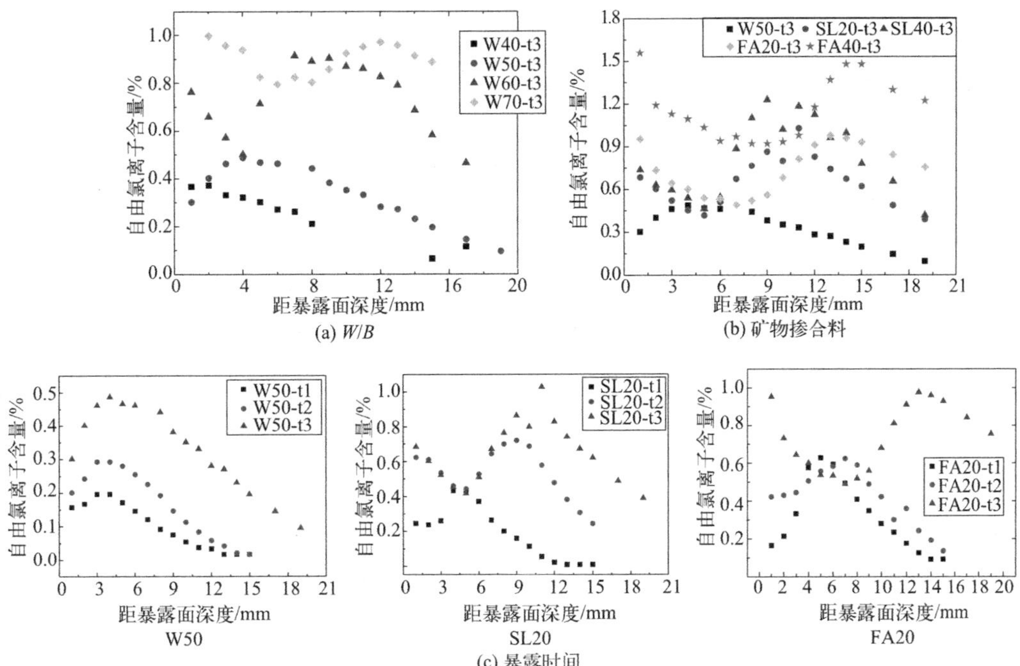

图 5-13　C-D 下净浆试件的氯离子分布曲线

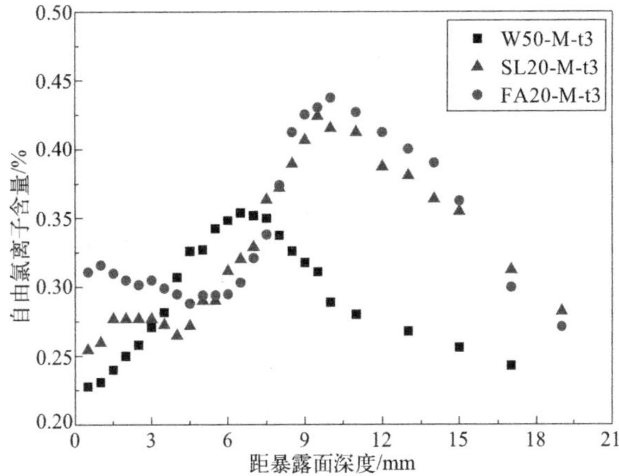

图 5-14　C-D 下 12 周后砂浆试件的氯离子分布曲线

图 5-15 显示了净浆试件的 C_{max} 及 Δx 随暴露时间及 W/B 的变化情况。从图中可以看出，随 W/B 及暴露时间的增大，C_{max} 及 Δx 均线性增大。从表 5-4 中还可以看出，无论是净浆还是砂浆试件，掺 SL 或 FA 可以显著增加 C_{max} 及使 Δx 向更深位置迁移。此外，对比观察表 5-3 和表 5-4 中两种条件下的 C_{max} 及 Δx 可以发现，相比 C-C，C-D 下的氯离子浓度略小，但 Δx 增大十分明显。如 C-C 下试件的最大 Δx 为 4.0mm，而 C-D 下最大的 Δx 则为 15.0mm。总体而言，C-D 下的氯离子富集现象要更加显著。

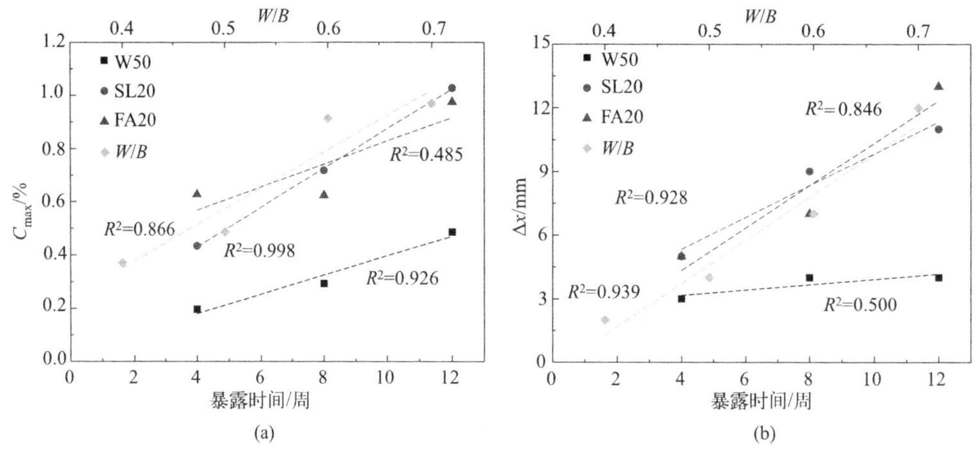

图 5-15 净浆试件的 C_{max} 与 Δx 随暴露时间及 W/B 的变化情况

C-D 下净浆及砂浆试件的 Δx 与 x_f 的大小比较及两者的定量关系分别显示于图 5-16 和图 5-17 中。从图中可以看出，同 C-C 下结果一样，净浆及砂浆的 Δx 随 x_f 的增加而增大且不大于 x_f，且两者具有更好的线性关系。

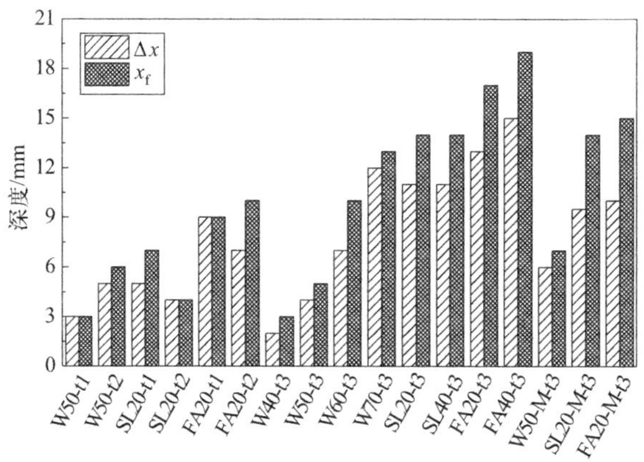

图 5-16 C-D 下净浆和砂浆试件的 Δx 和 x_f 比较

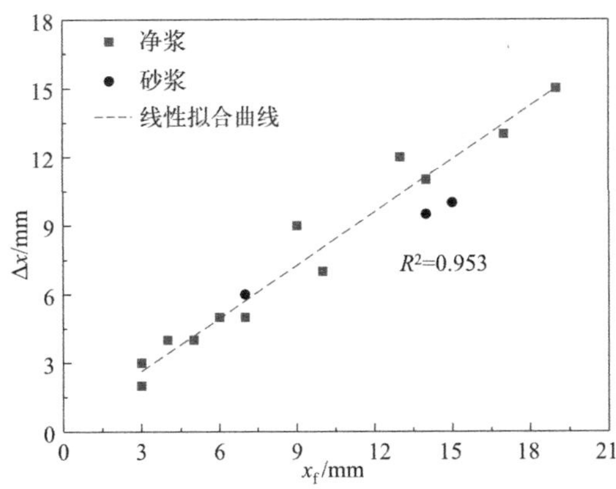

图 5-17　C-D 下净浆和砂浆试件的 Δx 与 x_f 的定量关系

5.3　氯离子富集现象形成机制分析

5.3.1　不同条件下氯离子分布情况

氯离子富集现象既没有在暴露于 C-A 下的试件中出现，也没有在暴露于 C-B 下的预碳化试件中形成，前者的氯离子传输由扩散控制，而后者则由毛细吸附-水分蒸发及扩散共同控制。尽管 C-B 下没有观察到富集现象的存在，但从个别试件如 W40-t2、FA20-t1、SL20-t2 的氯离子分布曲线上还是可以观察到氯离子的分布存在两个区域。这可能是基体表层的毛细吸附与内部的扩散在传输氯离子上存在差异造成的。至于 C-B 下存在两个区域的分布曲线中没有演变出富集现象的原因，一方面可能是预碳化导致试件表层孔结构密实，使得氯离子传输较为困难，富集现象不易形成。另一方面可能是由于干燥过程的环境湿度较高（65%～70%），不利于基体内外水分交换，无法形成明显的毛细吸附-水分蒸发作用，导致了富集现象无法在暴露期间形成。

首先，为了探究预碳化密实孔结构这一原因是否成立，本节测试了净浆试件表层 0～15.0mm 内碳化前后的孔结构特征，孔径分布结果及孔结构参数分别显示于图 5-18 和表 5-5 中。可以看出，整体上样品的总孔隙率及临界孔径在碳化后都显著降低，这与之前一些研究结果一致。然而，虽然已经碳化的样品 W60 比未碳化的样品 W40 既具有更大的总孔隙率又具有更大的临界孔径（表 5-5），但是当前者暴露于 C-B 而后者暴露于 C-C 时（两种条件下的干湿交替制度是完全一样的），富集现象却出现在总孔隙率及临界孔径更小的 W40 中。进一步地，由于 C-D 的干燥条件是加速碳化环境，C-C 则是普通大气环境，所以认为 C-D 下试件表层的孔结构要比 C-C 下试件的密实，但事实却是 C-D 下也出现了显著的富集现象（图 5-13）。因此说明碳化引起的基体孔结构密实可能会延缓富集现象形成的进程，但并不是导致干湿交替环境下氯离子富集现象无法形成的原因。

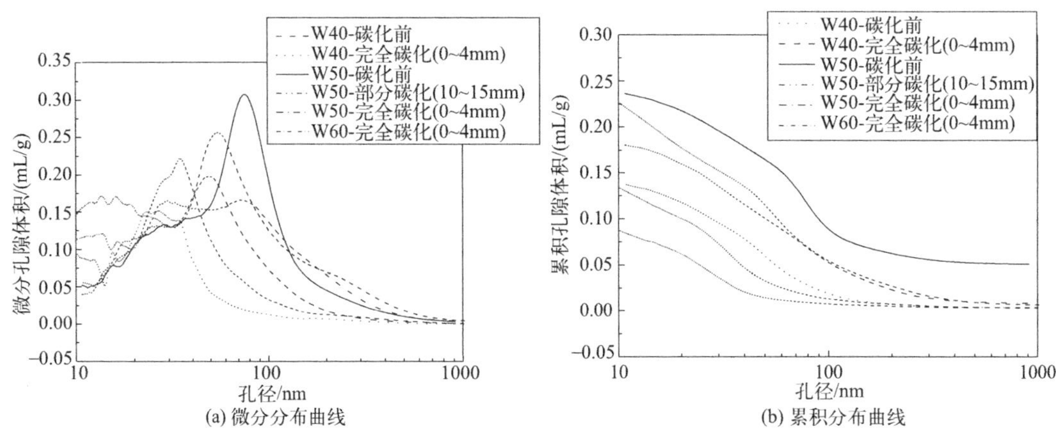

图 5-18　不同碳化程度净浆试件的孔结构

不同碳化程度净浆试件的孔结构参数　　　　表 5-5

样品	总孔隙率/%	临界孔径/nm
W40-碳化前	22.3	48.6
W40-完全碳化（0～4mm）	18.5	26.5
W50-碳化前	34.9	76.0
W50-部分碳化（10～15mm）	28.2	70.8
W50-完全碳化(0～4mm)	16.3	34.4
W60-完全碳化(0～4mm)	27.2	54.8

其次，虽然C-C与C-B具有相同的干燥湿度和暴露时间，但与C-B的结果不同，C-C下的曲线都显示出了富集现象的存在，因此认为干燥湿度也不是造成C-B下没有出现富集现象的原因。因此，这在一定程度上反映了毛细吸附-水分蒸发可能并不是干湿交替环境下富集现象形成的最有利条件。当然，经过更长的暴露时间后，毛细吸附-水分蒸发作用也可能会导致富集现象的出现。但就目前的试验结果来看，毛细吸附-水分蒸发在导致富集现象形成上的作用并不显著。此外，虽然毛细吸附-水分蒸发可以导致整个表层的氯离子含量显著增大，在内部形成两个不同的氯离子分布区域（例如SL20-t2，图5-3），但还没有证据证明该作用能够使得氯离子在内部某一个点处不断累积增多并形成浓度峰。

然而，上述说法看起来与其他一些学者的表述相矛盾。Ye认为不存在碳化反应的影响时，仅干湿交替作用就可以导致富集现象的形成。该结论的得到是假设干湿交替过程中不存在任何程度的碳化作用。然而通过仔细阅读相关文献及研究试验细节发现，其干燥过程是将试件先置于烘箱中干燥2d，然后又暴露于大气中干燥2d，这相当于每次循环在普通大气环境下发生了4d的碳化。根据本章C-C下干燥过程同样暴露于大气环境中的试件的pH分布曲线（图5-6和图5-10）可知，上述试验过程中存在的碳化作用是不能够忽略的。还有大量试验结果显示了干湿交替环境下富集现象的出现，但这些研究在进行干湿交替时也或多或少地存在碳化，因此并不能说明仅干湿交替可以导致富集现象的形成。此外，虽然一些研究在仅考虑毛细吸附-水分蒸发的情况下模拟得到了出现富集现象的氯离子分布曲线，但目前还没有排除碳化影响的干湿交替试验能够验证该计算结果，因此模拟结果不足以说明问题。

与 C-B 相比，C-C 下的试件在干湿交替过程中表层还会发生碳化作用，因此两种条件下的氯离子分布结果表明干湿交替过程中碳化与毛细吸附-水分蒸发的耦合作用在导致富集现象的形成上要比仅毛细吸附-水分蒸发作用更有利且更加具有决定性。大量观察富集现象的研究，或者暴露于自然干湿交替环境，或者暴露于室内干湿交替环境，这些环境中 CO_2 都可以直接接触基体，使基体发生不同程度的碳化。因此进一步说明了碳化作用的存在在引起富集现象形成上的重要性。而且，与 C-C 下的富集现象相比，C-D 下的富集现象更加显著，这说明该现象的显著程度与试件的碳化程度密切相关，碳化程度越大，富集现象越明显。

5.3.2 碳化引起 Friedel 盐分解的影响

C-B 下预碳化试件中不能形成富集现象的原因更可能与 Friedel 盐的形成及分解与否有关，即预碳化的试件表层既不能形成 Friedel 盐，也不能再因碳化反应而释放 Friedel 盐中的结合氯离子。Friedel 盐的形成主要取决于两方面：基体表层的 AFm 相，以及 AFm 与单碳铝酸盐相（Monocarboaluminate phases，Mc）的稳定性。首先，在 C-B 下的预碳化过程中，AFm 结合碳酸根 CO_3^{2-} 形成 Mc，且不会剩下多余的 AFm 再与氯离子结合生成 Friedel 盐。然而在接下来干湿交替过程中，关于氯离子能否重新取代 Mc 中的 CO_3^{2-} 而产生 Friedel 盐存在异议。根据第四章的分析讨论，这种情况下形成的 Friedel 盐可以忽略。其次，由于 C-B 下试件表层已经碳化，根据第 4 章的试验结果，那么在接下来的干湿交替过程中碳化反应就不会在表层发生，因此，即使表层仍然存在少量 Friedel 盐，其中的结合氯离子也不会因碳化而释放。相比 C-B，C-C 和 C-D 中的试件由于没有预碳化因而都有能力生成 Friedel 盐；而且根据两种条件下的 pH 测试结果（图 5-6、图 5-10 及图 5-12），试件都发生了不同程度的碳化，因此也存在着 Friedel 盐中的结合氯离子因碳化而释放的可能。再结合三种条件下的富集现象存在与否及显著程度，可以推测 Friedel 盐中的结合氯离子的释放是干湿交替环境下富集现象形成的关键因素。

为了证明上述分析，测试了不同条件下样品的 XRD 结果。图 5-19、图 5-20、图 5-21 依次为 C-B、C-C、C-D 下样品 W50、SL20、FA20 的 XRD 图谱，且各样品中 Friedel 盐的含量显示在图 5-22 中（其他条件下样品中的 Friedel 盐含量也显示于图 5-22 中）。可以看出该条件下 Friedel 盐的确形成了，但强度峰很弱且含量极小。由图 5-20 可知，图谱中存在较强的 Friedel 盐峰，且三种样品中 Friedel 盐的含量在 5%左右（图 5-22）。由于 C-C 下碳化过程发生在室内大气环境，因此碳化作用并不是很强，所以不能将 Friedel 盐完全分解。然而，该条件下的碳化作用也是确实存在的，因此必定有部分 Friedel 盐中的结合氯离子在表层因碳化被释放。在 C-D 下，XRD 图谱中几乎观察不到 Friedel 盐的强度峰（图 5-21），且图 5-22 中显示 W50、SL20、FA20 中 Friedel 盐的含量趋于为零，这意味着 C-D 下试件表层中的 Friedel 盐几乎被完全分解。综上可知，Friedel 盐含量的 XRD 定量结果与上述分析结果相同，且 C-B、C-C、C-D 下 Friedel 盐分解的量也与三种条件下富集现象的显著程度高度一致（C-B 下几乎没有 Friedel 盐的分解，C-C 下 Friedel 盐部分分解，C-D 下 Friedel 盐几乎全部分解）。

此外，从图 5-22 中还可以看出 C-C 下 SL20 和 FA20 中 Friedel 盐的含量要小于 W50。

然而，根据大量研究结果，在不受碳化的影响时，掺 SL 或 FA 的样品会形成更多的 Friedel 盐，这也可以被第 4 章碳化前样品 W50、SL20、FA20 中 Friedel 盐的含量大小证明（图 4-9）。但同时，掺 SL 或 FA 的样品也更易碳化，样品中的 Friedel 盐也更易因碳化而分解，因此可以推测，相比 W50，C-C 下 SL20 和 FA20 中有更多的 Friedel 盐被分解（同样适用于 C-D），因而 SL20 和 FA20 中 Friedel 盐的含量要略小于 W50 中的。更重要的是，SL20 和 FA20 中更多 Friedel 盐被分解与这两者的富集现象更显著一致，进一步说明了 Friedel 盐分解对富集现象形成的重要性。

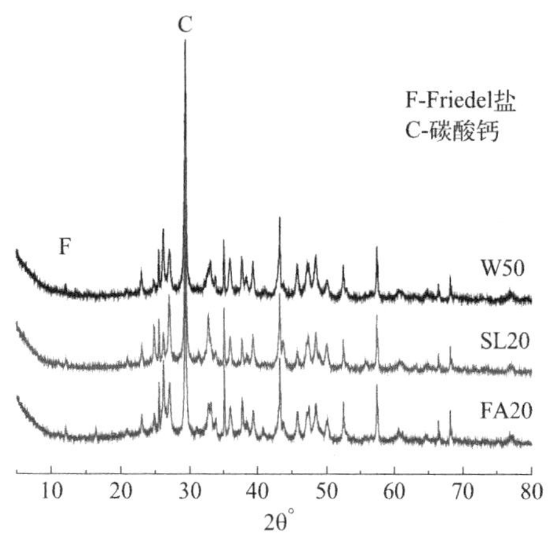

图 5-19　C-B 下预碳化样品 W50、SL20、FA20 的 XRD 图谱

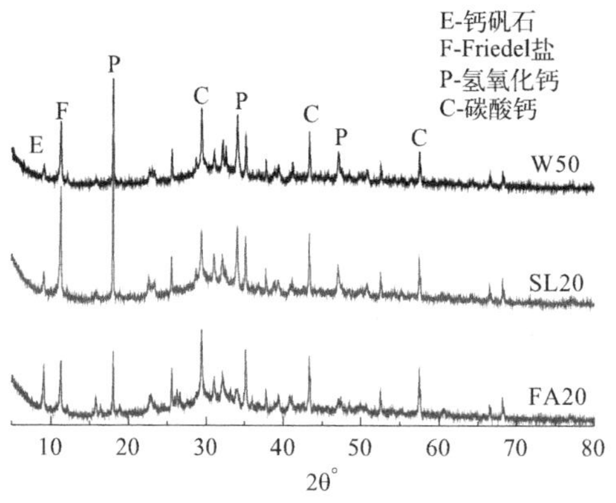

图 5-20　C-C 下样品 W50、SL20、FA20 的 XRD 图谱

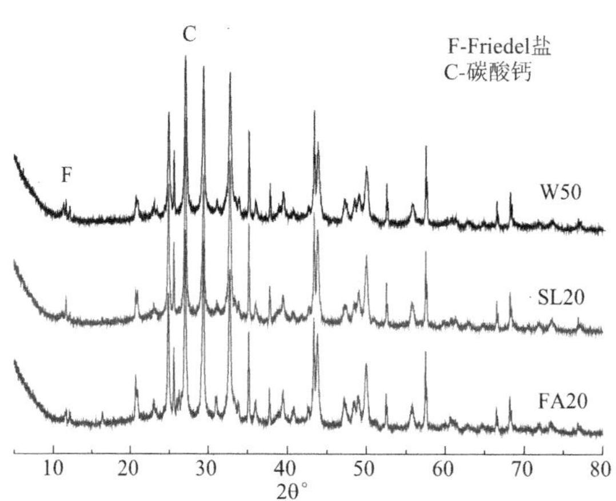

图 5-21　C-D 下样品 W50、SL20、FA20 的 XRD 图谱

5.3.3　碳化反应生成水的影响

式(5-1) 是碳化反应方程式：

$$CO_2+Ca(OH)_2=CaCO_3+H_2O \tag{5-1}$$

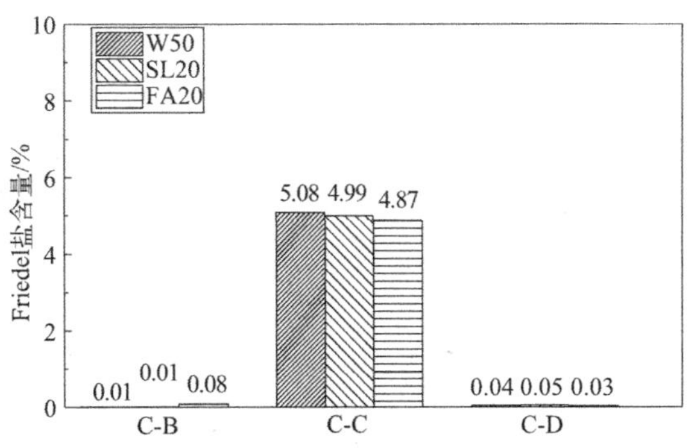

图 5-22　不同条件下样品 W50、SL20、FA20 中的 Friedel 盐含量

可知，碳化反应的同时会生成水。碳化生成的水会造成基体局部含水量增大，对氯离子的迁移可能会产生一定的影响。而且，考虑到 C-B 下表层不再发生碳化，即不会再有水的生成，而 C-C 下发生碳化会生成水，这方面的不同也可能对富集现象的形成造成影响。

为了对此说明，以 W40 为例，计算得到了试件内因碳化生成水分的最大质量 $m_{H_2O,max}$：CO_2 浓度为 0.04%时，$m_{H_2O,max}$ 约为 4.59×10^{-6}g；CO_2 浓度为 20%时，$m_{H_2O,max}$ 约为 2.29×10^{-3}g。具体计算过程见本书附录。可见，即使进行最大化处理，整个试件内因碳化生成的水分也很少。

而 Arya 和 Chang 测试了干湿交替过程中试件的质量变化，发现水灰比为 0.45 和 0.40 时，干燥过程损失的水分和润湿过程吸附的水分为 4.0～5.0g，这要远远大于碳化生成水的量。因此，即使碳化反应生成的水能够使碳化前达到部分饱和，但这部分水也会在干燥过程中快速蒸发掉。此外，由于不同研究中存在试件尺寸的影响，为了便于比较，将碳化生成水的质量及润湿吸附水的质量均转化为单位浆体质量对应的水的质量（$g_{水}/g_{样品}$），列于表 5-6 中。由表可知，碳化生成水与吸附水的质量相差巨大。即使碳化生成的水引起的含水量改变会使氯离子在浓度梯度下向内或向外迁移，但这部分迁移的氯离子要远远少于毛细吸附作用携带的氯离子，因此干湿交替环境下碳化反应释放的水分并不会对富集现象的形成产生实质性影响。

碳化反应生成的水以及润湿过程吸附的水（$g_{水}/g_{样品}$）　　表 5-6

条件	碳化释放水分		润湿吸附水	
项目	0.04% CO_2	20% CO_2	Arya	Chang
水的质量	3.67×10^{-8}	1.84×10^{-5}	8.96×10^{-3}	6.29×10^{-3}

5.3.4　富集现象形成过程

碳化和毛细吸附-水分蒸发的耦合作用要比仅毛细吸附-水分蒸发更容易导致干湿交替环境下富集现象的形成。由于碳化作用在试件表面最为明显，且会随着距暴露面深度的增加而逐渐减弱，因此试件表面因碳化而分解的 Friedel 盐释放的氯离子要多于内部，那么此时扩散就作为其中一个驱动力将这部分氯离子迁移到内部。

另一个能够将 Friedel 盐中释放的氯离子携带到内部的驱动力是毛细吸附，该作用也显著强于扩散。具体而言，润湿时外部溶液在毛细吸附作用下向内流动，那么表层 Friedel 盐分解释放的氯离子就会被携带到更深位置。假设干燥过程结束后，试件未饱和区域与饱和区域的界面处距暴露面的距离为 x_i（图 5-23），那么润湿时外部溶液能携带这部分来自 Friedel 盐分解的氯离子达到的深度 x_{max} 会在 $0\sim x_i$ 之间（因为通常情况下润湿过程不能使试件达到完全饱和）。由于 $0\sim x_i$ 区域未饱和，干燥过程中 CO_2 能以气态达到的位置为 x_i（不考虑 CO_2 溶解后在液态中的传输），所以碳化的影响范围主要在 $0\sim x_i$ 内。因此，$0\sim x_{max}$ 范围内 Friedel 盐分解释放的氯离子都会被携带到 x_{max} 附近，而 $x_{max}\sim x_i$ 内释放的氯离子主要会累积在原位置，部分向内扩散（由于碳化程度由内到外逐渐降低，$x_{max}\sim x_i$ 范围内 Friedel 盐分解的量要远小于 $0\sim x_{max}$ 内释放的，所以 $x_{max}\sim x_i$ 内释放的氯离子不会对富集出现的位置产生影响）。循环往复，表层 Friedel 盐分解释放的氯离子不断地被带到 x_{max} 附近，从而导致该处氯离子含量不断累积并超过试件中其他位置处的氯离子含量，从而形成富集现象。该分析过程中富集出现的深度 x_{max} 不大于碳化的影响深度 x_i，也与前文试验结果 Δx 不大于 x_f 完全一致（图 5-8 和图 5-16）。此外，Ye 和 Jonathon 的试验结果也显示出富集现象出现的深度小于碳化前沿深度，进一步证实了上述假设。然而，Castro 研究结果显示浓度峰的深度要大于测试的碳化深度，看起来与上述推测相反。但考虑到碳化深度表征的是 pH 小于 10.0 的位置，其值要明显小于碳化前沿深度（pH 开始降低的深度），因此这些研究中富集现象出现的深度也极可能小于碳化前沿深度。当然，x_{max} 处氯离子浓度最高，因此也会向低浓度处扩散，但向外扩散较少，主要会向内扩散。因为润湿过程中向外扩散的作用与向内毛细吸附的作用相比可以忽略；而干燥过程，$0\sim x_{max}$ 内湿度首先降低，扩散变得更加困难，尤其是当湿度不大于临界扩散湿度（70%）时，氯离子就很难再向外迁移。因此向外扩散很少并不会导致富集现象的消失。至于向内扩散，由于深度大于 x_{max} 的位置始终保持高湿度，尤其是大于 x_i 的位置，因此主要向内扩散。但 x_{max} 附近氯离子因向内扩散减少的量显然会小于因毛细吸附增多的量，因而向内扩散也不会导致富集现象的消失。

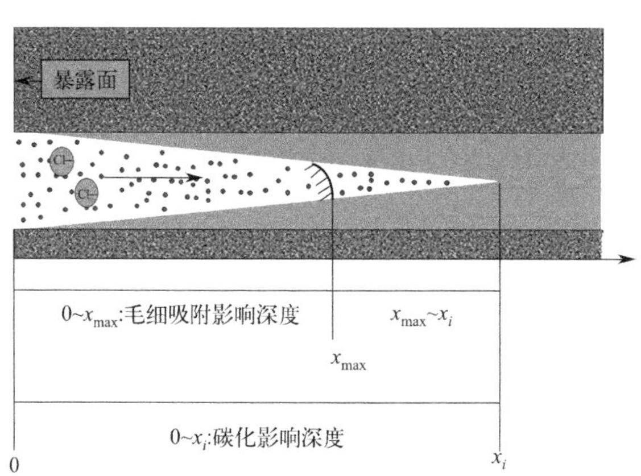

图 5-23　干湿交替环境下富集现象形成过程示意图

干湿交替环境下富集现象是随着暴露时间的增长逐渐形成的，与此同时试件的碳化程度也逐渐增大。尤其是在 CO_2 浓度很高的条件下，富集现象形成的时间会缩短，且表层的碳化程度会更大。然而，在第一种富集现象形成后，碳化的持续强化会使表层基体变得十分密实，阻断了氯离子向内传输的部分途径，以至于后期氯离子很难迁移到内部，而是不断地累积在近表面层，使表面氯离子含量显著增大，最终形成了第二种富集现象，如图 5-13 和图 5-14 所示。从图中可以看出，出现第二种富集现象的试件都是相同碳化时间内碳化程度更大的，如 W70、SL40、FA40、FA20-M，以及同一试件碳化时间更长的，如 FA20-t3。虽然 FA20-t1、FA20-t2 中只形成了第一种富集现象，但从它们的氯离子分布曲线的形状来看，都有演变成第二种现象的趋势。这些试验结果进一步佐证了上述分析。

5.4　本章小结

1）不同条件下净浆和砂浆试件的氯离子分布情况显示，条件 C-B 下预碳化的试件表层没有出现氯离子富集现象，而条件 C-C 和条件 C-D 下没有经过预碳化处理的试件表层均出现了不同程度的富集现象。这说明碳化与毛细吸附-水分蒸发的耦合作用要比仅毛细吸附-水分蒸发作用更利于导致了干湿交替下环境富集现象的形成，而且富集现象出现的位置深度会随着碳化程度的增大而显著增加。

2）MIP 的结果显示孔结构密实的试件中也出现了显著的富集现象，这说明碳化引起基体孔结构密实可能延缓富集现象形成的进程，但并不是导致干湿交替环境下氯离子富集现象无法形成的原因。进一步地，定量 XRD 分析结果显示，C-B 下预碳化试件表层几乎不存在 Friedel 盐的形成及分解，而 C-C 和 C-D 下试件表层的 Friedel 盐分别部分分解和几乎全部分解，这与三种条件下富集现象是否出现及出现程度相一致，说明碳化引起的 Friedel 盐分解释放氯离子是导致富集现象形成的关键机制。

3）基于 Friedel 盐分解释放氯离子这一条件，提出干湿交替条件下富集现象形成的过程。干湿交替环境下，表层因碳化分解 Friedel 盐释放的氯离子在毛细吸附作用下不断地被溶液携带到某一深度处，循环往复，该深度处的氯离子含量不断累积并超过其他任何位置处的氯离子含量，导致富集现象的出现。干燥过程内部湿度由外向内逐渐降低，使得浓度峰处的氯离子向外扩散较为困难，富集现象并不会因后期的扩散而消失。

4）整体上，最大氯离子浓度 C_{max} 及其出现的深度 Δx 随着 W/B、暴露时间的增加而增大，SL 或 FA 的掺入也可以增大 C_{max} 及 Δx。本章不同条件下所有净浆和砂浆试件中富集现象出现的深度在表层 1.5～15.0mm 内。此外，氯离子分布曲线的变化趋势与对应 pH 分布曲线的变化趋势具有相似性，Δx 随着 pH 趋于稳定的深度 x_f 增大而增大，但始终不大于 x_f，且两者具有很好的线性关系。

本章参考文献

[1] Castro P，Rincon O，Pazini E. Interpretation of chloride profiles from concrete exposed to tropical marine environments [J]. Cement and Concrete Research，2001，31 (4)：529-537.

[2] Meira G，Andrade C，Padaratz I，et al. Chloride penetration into concrete structures in the marine atmosphere zone-relationship between deposition of chlorides on the wet candle and chlorides accumulated into concrete [J]. Cement and Concrete Composites，2007，29：667-676.

[3] Polder R, Peelen W. Characterization of chloride transport and reinforcement corrosion in concrete under cyclic wetting and drying by electrical resistivity [J]. Cement and Concrete Composites, 2002, 24: 427-435.

[4] Pérez M. Service life modeling of R. C. highway structures exposed to chlorides [D]. Toronto: University of Toronto, 2009.

[5] Bamforth PB. The derivation of input data for modeling chloride ingress from eight-year UK coastal exposure trials [J]. Magazine of Concrete Research, 1999, 51 (2): 87-96.

[6] Ye H, Fu C, Jin N, et al. Influence of flexural loading on chloride ingress in concrete subjected to cyclic drying-wetting condition [J]. Computers and Concrete, 2015: 15 (2): 183-198.

[7] Nilsson L. A numerical model for combined diffusion and convection of chloride in non-saturated concrete [C]. In: PRO 19: 2nd International RILEM Workshop on Testing and Modelling the Chloride Ingress into Concrete, RILEM Publications, 2001: 261.

[8] Ožbolt J, Orsanic F, Balabanic G. Modeling influence of hysteretic moisture behavior on distribution of chlorides in concrete [J]. Cement and Concrete Composites, 2016, 63: 73-84.

[9] Lin G, Liu Y, Xiang Z. Numerical modeling for predicting service life of reinforced concrete structures exposed to chloride environments [J]. Cement and Concrete Composites, 2010, 32: 571-579.

[10] 李春秋. 干湿交替下表层混凝土中水分与离子传输过程研究 [D]. 北京: 清华大学, 2009.

[11] Meijers S, Bijen J, Borse R, et al. Computational results of a model for chloride ingress in concrete including convection, dying-wetting cycles and carbonation [J]. Materials and Structures, 2005, 38: 145-154.

[12] Zhu X, Zi G, Cao Z, et al. Combined effect of carbonation and chloride ingress in concrete [J]. Construction and Building Materials, 2016, 110: 369-380.

[13] Ye H, Jin X, Fu C, et al. Chloride penetration in concrete exposed to cyclic drying-wetting and carbonation [J]. Construction and Building Materials, 2016, 112: 457-463.

[14] Backus J, McPolin D, Basheer M, et al. Exposure of mortars to cyclic chloride ingress and carbonation [J]. Advances in Cement Research, 2013, 25 (1): 3-11.

[15] Geng J, Easterbrook D, Liu Q, et al. Effect of carbonation on release of bound chlorides in chloride contaminated concrete [J]. Magazine of Concrete Research, 2016, 62 (7): 353-363.

[16] Lee M, Jung S, Oh B. Effects of carbonation on chloride penetration in concrete [J]. ACI Materials Journal, 2013, 110 (5): 559-566.

[17] Yoon I. Deterioration of concrete due to combined reaction of carbonation and chloride penetration: experimental study [J]. Key Engineering Materials, 2007, 348-349: 729-732.

[18] Ngala V, Page C. Effects of carbonation on pore structure and diffusional properties of hydrated cement pastes [J]. Cement and Concrete Research, 1997, 27 (7): 995-1007.

[19] Ansticea D, Pageb C, Page M. The pore solution phase of carbonated cement pastes [J]. Cement and Concrete Research, 2005, 35: 377-383.

[20] Hyvert N, Sellier A, Duprat F, et al. Dependency of C-S-H carbonation rate on CO_2 pressure to explain transition from accelerated tests to natural carbonation [J]. Cement and Concrete Research, 2010, 40 (11): 1582-1589.

[21] Liu R, Jiang L, Xu J, et al. Influence of carbonation on chloride-induced reinforcement corrosion in simulated concrete pore solutions [J]. Construction and Building Materials, 2014, 56: 16-20.

[22] Fu C, Ye H, Jin X, et al. A reaction-diffusion modeling of carbonation process in self-compacting

concrete [J] . Computers and Concrete, 2015, 15 (5): 847-864.

[23] Malheiro R, Camões A, Ferreira R, et al. Effect of carbonation on the chloride diffusion of mortar specimens exposed to cyclic wetting and drying [C] . In: XIII DBMC, International Conference on Durability of Building Materials and Components, 2014: 482-489.

[24] McPolin D, Basheer P, Long A, et al. New test method to obtain pH profiles due to carbonation of concretes containing supplementary [J] . Journal of Materials in Civil Engineering, 2007, 19 (11): 936-946.

[25] Balonis M, Lothenbach B, Le Saout G, et al. Impact of chloride on the mineralogy of hydrated Portland cement systems [J] . Cement and Concrete Research, 2010, 40: 1009-1022.

[26] Feldman R. Significance of porosity measurements on blended cement performance [C] . In: Proceedings of the CANMETIACI. First international conference on the use of fly ash, silica fume, slag and other mineral by products in concrete, 1983: 344.

[27] 牛荻涛，孙丛涛．混凝土碳化与氯离子侵蚀共同作用研究 [J]．硅酸盐学报，2013，41 (8): 1094-1099.

[28] Saillio M, Baroghel-Bouny V, Barberon F. Chloride binding in sound and carbonated cementitious materials with various types of binder [J] . Construction and Building Materials, 2014, 68: 82-91.

[29] Birnin-Yauri U, Glasser F. Friedel's salt, $Ca_2Al(OH)_6(Cl,OH) \cdot 2H_2O$: Its solid solutions and their role in chloride binding [J] . Cement and Concrete Research, 1998, 28 (12): 1713-1723.

[30] 王绍东，黄煜镔，王智．水泥组分对混凝土固化氯离子能力的影响 [J]．硅酸盐学报，2000 (6): 570-574.

[31] Goni S, Guerrero A. Accelerated carbonation of Friedel's_salt in calcium aluminate cement paste [J]. Cement and Concrete Research, 2003, 33 (1): 21-26.

[32] Hassan Z. Binding of external chloride by cement pastes [D] . Toronto: Department of Building Materials, University of Toronto, 2001.

[33] Nagataki S, Otsuki N, Wee TH, et al. Condensation of chloride ion in hardened cement matrix materials and on embedded steel bars [J] . ACI Materials Journal, 1993, 90 (4): 323-332.

[34] Arya C, Buenfeld NR, Newman JB. Factors influencing chloride binding in concrete [J] . Cement and Concrete Research, 1990, 20 (2): 291-300.

[35] Byfors K. Chloride binding in cement paste [J] . Nordic Concrete Research, 1986, 5: 27-38.

[36] Dhir R, El-Mohr M, Dyer T. Developing chloride resisting concrete using PFA [J] . Cement and Concrete Research, 1997, 27 (11): 1633-1639.

[37] Thomas M, Hooton R, Scott A, et al. The effect of supplementary cementitious materials on chloride binding in hardened cement paste [J] . Cement and Concrete Research, 2012, 42 (1): 1-7.

[38] Baroghel-Bouny V, Wang X, Thiery M, et al. Prediction of chloride binding isotherms of cementitious materials by analytical model or numerical inverse analysis [J] . Cement and Concrete Research, 2012, 42 (9): 1207-1224.

[39] Kayyali O, Haque M. Effect of carbonation on the chloride concentration in pore solution of mortars with and without fly ash [J] . Cement and Concrete Research, 1988, 18 (4): 636-648.

[40] Climent M, Vera G, López J, et al. A test method for measuring chloride diffusion coefficients through nonsaturated concrete-Part I: The instantaneous plane source diffusion case [J] . Cement and Concrete Research, 2002, 32 (7): 1113-1123.

[41] Oh B, Jang S. Effects of material and environmental parameters on chloride penetration profiles in concrete structures [J] . Cement and Concrete Research, 2007, 37 (1): 47-53.

[42] Chang H, Mu S, Xie D, et al. Influence of pore structure and moisture distribution on chloride "maximum phenomenon" in surface layer of specimens exposed to cyclic drying-wetting condition [J]. Construction and Building Materials, 2017, 131: 16-30.

[43] Conciatori D, Sadouki H, Brühwiler E. Capillary suction and diffusion model for chloride ingress into concrete [J]. Cement and Concrete Research, 2008: 38 (12), 1401-1408.

[44] McPolin D, Basheer P, Long A, et al. Obtaining progressive chloride profiles in cementitious materials [J]. Construction and Building Materials, 2005, 19: 666-673.

[45] Fraj A, Bonnet S, Khelidj A. New approach for coupled chloride/moisture transport in non-saturated concrete with and without slag [J]. Construction and Building Materials, 2012, 35: 761-771.

[46] Safehian M, Ramezanianpour A. Assessment of service life models for determination of chloride penetration into silica fume concrete in the severe marine environmental condition [J]. Construction and Building Materials, 2013, 48: 287-294.

[47] Martín-Pérez B, Zibara H, Hooton R, et al. A study of the effect of chloride binding on service life predictions [J]. Cement and Concrete Research, 2000, 30 (8): 1215-1223.

[48] GB/T 50082-2009, Standard for test methods of long-term performance and durability of ordinary concrete [S], 2009.

[49] Arya C, Vassie P, Bioubakhsh S. Chloride penetration in concrete subject to wet/dry cycling: influence of moisture content [J]. Structures and Buildings, 2014, 167 (SB2): 94-107.

第 6 章 水分蒸发与碳化导致富集现象形成的机制

干湿交替过程包括润湿过程和干燥过程。润湿过程大量氯离子会进入基体内部，而其中部分氯离子又会在干燥过程以晶体形式沉积在孔隙内。值得注意的是，干燥过程存在两个作用，水分蒸发和碳化。碳化对氯离子的影响已经在第 4 章和第 5 章中详细介绍。至于水分蒸发，其可以引起基体含水量由表及里逐渐降低，而表层含水量的降低会使相应位置孔溶液氯离子浓度增大，从而氯离子会在浓度梯度下向内扩散，即水分蒸发会驱使表面的氯离子迁移到更深位置，可能导致富集现象的出现。因此，本章针对干湿交替的干燥过程，从水分蒸发和碳化角度探讨富集现象形成的机制。

本章采用内掺氯离子的净浆试件和普通净浆试件，前者分别暴露于三种干燥环境，即 N_2 环境、普通大气环境、加速碳化环境；后者暴露于干湿交替环境，其干燥过程也在 N_2 环境中进行。达到暴露龄期后，测试不同试件的氯离子分布曲线及对应的 pH 曲线，并测试试件表层样品的 XRD，辅助分析水分蒸发和碳化在导致富集现象形成中的作用。

6.1 试验方案

6.1.1 原材料及配合比

研究采用的水泥为南京江南小野田水泥公司生产的 P · Ⅱ 52.5 硅酸盐水泥。所使用的矿物掺合料有两种，分别为细度 423m²/kg 的矿粉（SL）以及细度 625m²/kg 粉煤灰（FA）。水泥及矿物掺合料的化学成分见表 4-1。此外，成型时内掺氯离子试件所用的拌合盐溶液为质量比 3.5%的 NaCl 溶液，其他试件的拌合水为去离子水。

研究采用了 5 个不同的净浆配合比，每个配合比的 W/B 及含矿物掺合料情况见表 6-1。

净浆的配合比 表 6-1

配合比编号	W50	W60	W70	SL20	FA20
P · Ⅱ 52.5 掺量/%	100	100	100	80	80
SL 掺量/%	0	0	0	20	0
FA 掺量/%	0	0	0	0	20
W/B	0.50	0.60	0.70	0.50	0.50

6.1.2 试件准备

净浆试件的尺寸为 40mm×40mm×40mm。为了防止水分蒸发，成型后用薄膜和胶带密封表面。经 24h 硬化后拆模，并将净浆试件放于温度 20±1℃及湿度大于 90%的密封箱中养护 56d。养护完成后，需使用环氧树脂密封试件中除了暴露面之外的其他五个面。最后将处理好的试件分别置于不同的暴露条件下。

6.1.3 暴露条件

内掺氯离子的试件分别暴露于三种干燥条件，即 N_2 环境、普通大气环境、加速碳化环境；普通试件暴露于干湿交替条件。四种暴露条件见表 6-2。三种干燥条件的温湿度以及干湿交替环境下干燥条件的温湿度完全一致，唯一的差别在于 CO_2 浓度的不同。此外，N_2 环境下的湿度是通过配制硝酸铵饱和溶液实现的，普通大气环境则是处于恒温恒湿室，而加速碳化环境则是处于加速碳化箱中。三种干燥环境如图 6-1 所示。

暴露条件 **表 6-2**

暴露条件	温度	相对湿度	CO_2 浓度	暴露时间
N_2 环境	20±1℃	65%～70%	0	8 周(t3)
普通大气环境	20±1℃	65%～70%	0.04%	8 周(t3)
加速碳化环境	20±1℃	65%～70%	20%	2 周(t1)、4 周(t2)、8 周(t3)
干湿交替环境	润湿条件	干燥条件	CO_2 浓度	暴露时间
	3.5%NaCl 溶液，1d	N_2 环境，6d	0	8 周(t3)

(a) 充满N_2的干燥皿

(b) 普通大气环境恒温恒湿室

(c) 碳化箱

图 6-1　三种干燥环境

6.1.4 自由氯离子含量

由于涉及表层富集现象形成机制的研究，对表层氯离子随位置分布的准确性要求更高，仍然采用高精度磨粉装置进行磨粉（表层磨粉厚度设为 1.0mm 或 0.5mm，误差小于 0.02mm），然后利用第 3 章描述的硝酸银滴定法测定自由氯离子含量。

6.1.5　pH

从试件每个深度处的样品中取 1g 粉末放入塑料瓶，加入 10mL 去离子水并放置于振荡器上连续振荡 2h；然后静置 22h 后取滤液，利用 pHS-3C 精密 pH 计检测样品的 pH。去离子水的使用可能会在一定程度上稀释孔溶液，因此采用该方法测得的 pH 为相对值，主要用作不同条件下试件 pH 分布的比较。

6.1.6　XRD

从试件表层 0～3mm 内取粉末样品，然后采用与第 4 章中相同的方法对样品进行 XRD 测试。

6.2　四种暴露环境下氯离子分布情况

6.2.1　N_2 环境

图 6-2 为 N_2 环境下净浆试件的 pH 分布曲线。由图可知，所有 pH 曲线在表层均没有降低的现象，表明没有碳化反应发生。这显然是因为 N_2 环境中不存在 CO_2。此外，由于 SL、FA 的化学成分与水泥不同，掺 SL 或 FA 的试件水化后的 pH 略低于不掺的试件。

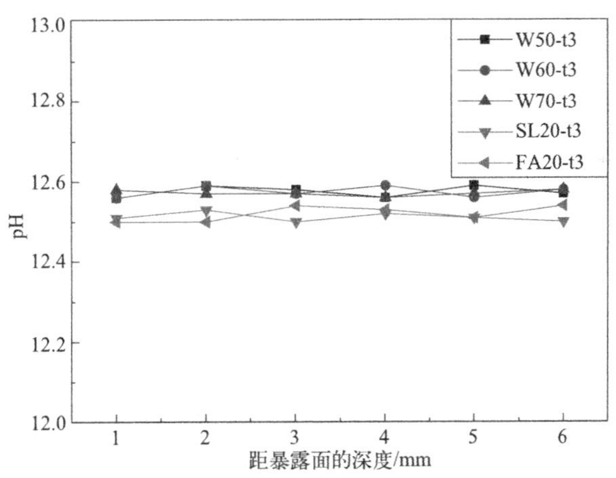

图 6-2　N_2 环境下净浆试件的 pH 分布曲线

图 6-3 为 N_2 环境下净浆试件暴露前后氯离子分布曲线。由图可知，暴露前净浆试件不同深度的氯离子含量基本一致，呈水平分布，这是由于氯离子在成型时被掺入试件中。更重要的是，暴露后所有试件的氯离子分布曲线都显示表层形成了富集现象，但形成的氯离子浓度峰不是很显著。将不同试件的最大氯离子浓度 C_{max} 及峰值对应的深度 Δx 列于表 6-3 中。由表可知，N_2 环境下不同配合比试件中富集现象出现的位置差别很小，均位于表层 1.5～2.0mm 内。此外，C_{max} 随着 W/B 的增大会有所增加，且掺 SL 或 FA 的试件的 C_{max} 要略大于不掺的。

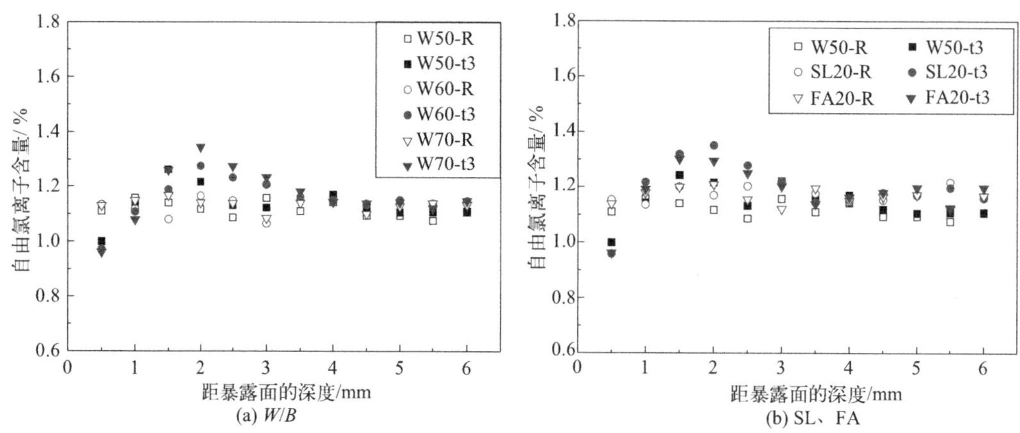

(a) W/B　(b) SL、FA

图 6-3　N_2 环境下净浆试件暴露前后氯离子分布曲线

注："-R" 表示暴露前的试件

N_2 环境、普通大气环境、加速碳化环境及干湿交替环境下不同配合比净浆试件的 C_{max} 及 Δx

表 6-3

暴露环境	C_{max} 及 Δx	W50-t1	W50-t2	W50-t3	W60-t3	W70-t3	SL20-t3	FA20-t3
N_2 环境	C_{max}/%	—	—	1.26	1.27	1.34	1.35	1.30
	Δx /mm	—	—	1.5	2.0	2.0	2.0	1.5
普通大气环境	C_{max}/%	—	—	1.29	1.32	1.38	1.35	1.31
	Δx /mm	—	—	1.5	2.0	2.0	2.0	1.5
加速碳化环境	C_{max}/%	1.66	1.74	1.77	1.82	1.84	1.91	1.85
	Δx /mm	2.0	2.0	1.5	2.5	2.5	2.0	2.0
干湿交替环境	C_{max}/%	—	—	0.50	—	—	0.54	0.53
	Δx /mm	—	—	1.0	—	—	2.0	1.5

6.2.2　普通大气环境

图 6-4 为普通大气环境下净浆试件的 pH 分布曲线。由图可知，表层 0～6.0mm 内所

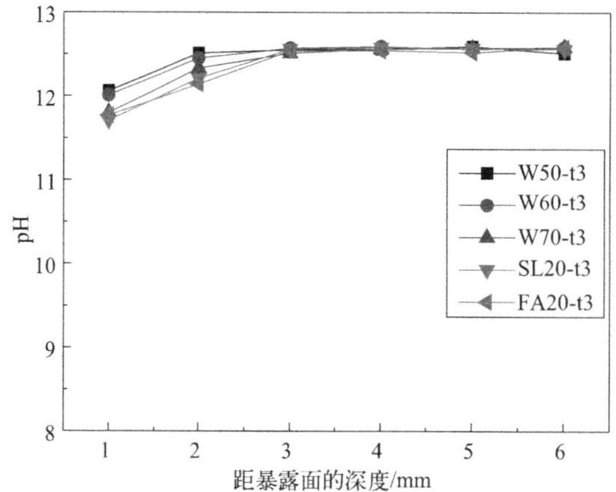

图 6-4　普通大气环境下净浆试件的 pH 分布曲线

有试件的 pH 均大于 11.7。可见，由于该条件下 CO_2 浓度很小，只发生了轻微的碳化反应，所以基体表层仍然保持高碱性。此外，表层 pH 的降低程度随着 W/B 的增加以及 SL 或 FA 的掺入而增大。

图 6-5 为普通大气环境下净浆试件暴露前后氯离子分布曲线。由图可知，在普通大气环境下暴露 8 周后，所有试件的表层都出现了富集现象，并且不显著，氯离子浓度峰只是微微凸起。将该环境下试件的 C_{max} 及 Δx 也列于表 6-3 中。由表可知，无论是富集现象出现位置的深度范围还是 C_{max} 随 W/B 及 SL、FA 的变化规律，普通大气环境下与 N_2 环境下基本一致。而两种环境下仅有的差别在于普通大气环境下的 C_{max} 要略大于 N_2 环境下的 C_{max}，但差距非常小。

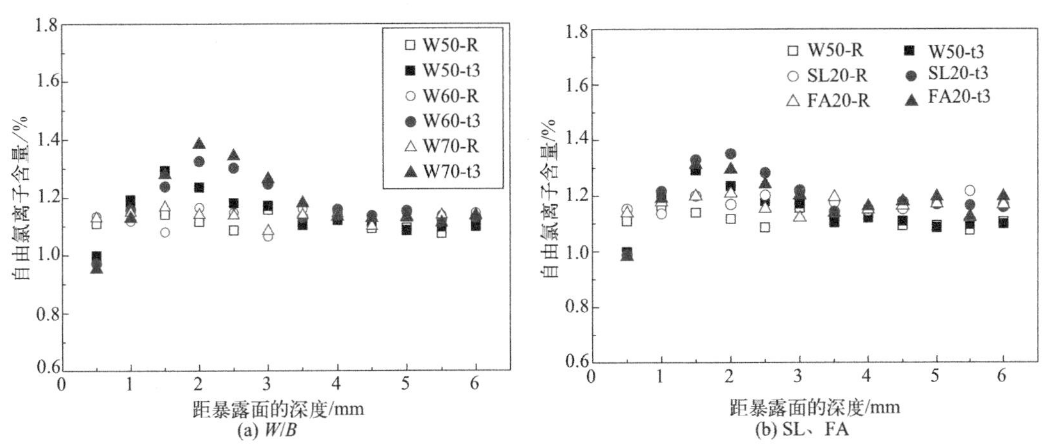

图 6-5　普通大气环境下净浆试件暴露前后氯离子分布曲线

6.2.3　加速碳化环境

图 6-6 为加速碳化环境下净浆试件的 pH 分布曲线。由图可知，在加速碳化条件下，碳化反应强烈，所有试件的 pH 降低显著，尤其是掺 SL 或 FA 的试件，其 pH 已经降低到 9.0 附近。此外，pH 降低程度也会随着暴露时间及 W/B 的增大而增大。

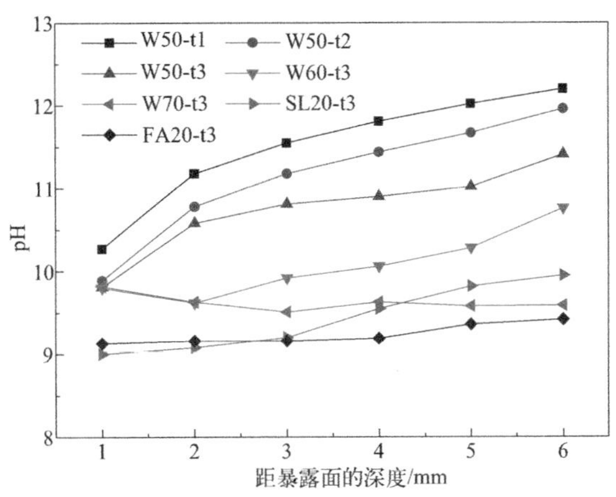

图 6-6　加速碳化环境下净浆试件的 pH 分布曲线

图 6-7 为加速碳化环境下净浆试件暴露前后氯离子分布曲线。由图可知，在加速碳化环境下暴露不同时间后，所有试件表层均形成了显著的富集现象，其浓度峰要明显高于 N_2 环境和普通大气环境下的。将该环境下试件的 C_{max} 及 Δx 也列于表 6-3 中。由表可知，加速环境下富集现象出现位置的深度范围在表层 1.5～2.5mm 内，与上述两种环境相比，富集位置稍微向基体内部迁移。就三种环境下的 C_{max} 而言，加速碳化环境下的 C_{max} 要显著大于其他两种环境下。此外，W/B 及暴露时间的增大，SL 或 FA 的掺入都会导致 C_{max} 有所增大。

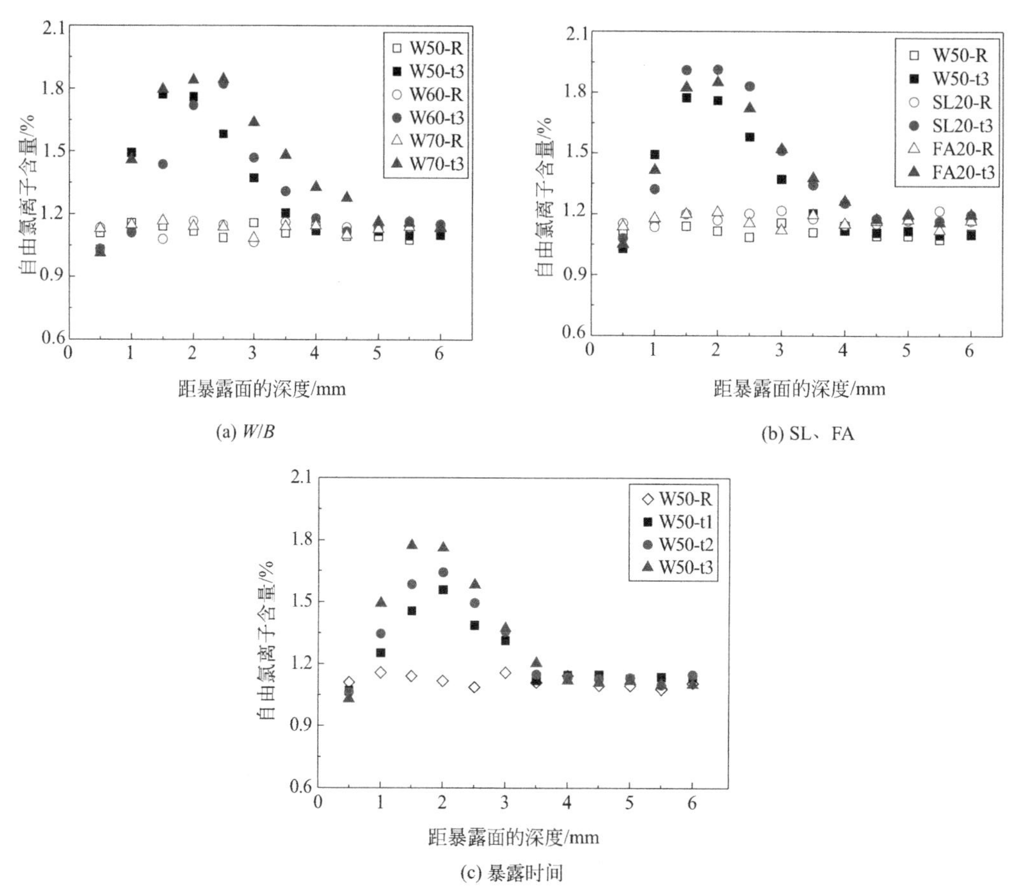

图 6-7　加速碳化环境下净浆试件暴露前后氯离子分布曲线

6.2.4 干湿交替环境

图 6-8 为干湿交替环境下净浆试件的 pH 分布曲线。由图可知，同 N_2 环境下一样，碳化反应无法发生，试件的 pH 也没有降低。

图 6-9 为干湿交替环境下净浆暴露前后氯离子分布曲线。由图可知，试件表层均出现了微弱的富集现象。将该环境下试件的 C_{max} 及 Δx 也列于表 6-3 中。可见，富集现象出现的位置在表层 1.0～2.0mm 内，且掺 SL 或 FA 的试件的 C_{max} 要稍微大于不掺的。

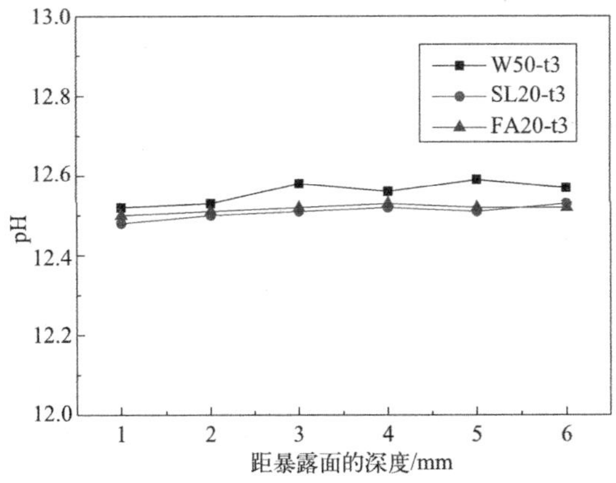

图 6-8　干湿交替环境下净浆试件的 pH 分布曲线

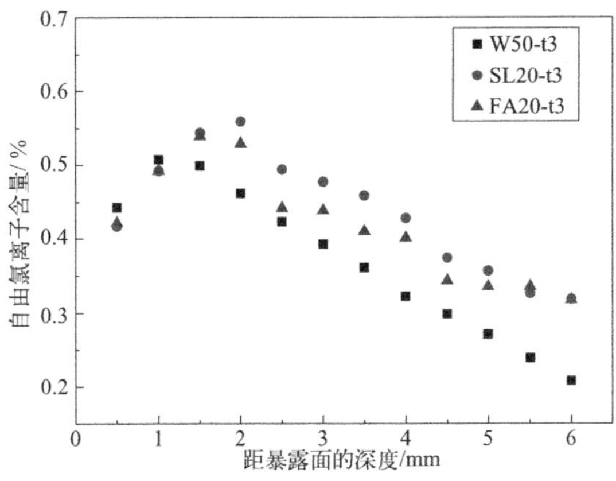

图 6-9　干湿交替环境下净浆试件氯离子分布曲线

6.3　富集现象形成机制分析

对于内掺氯离子的试件，暴露前样品内不同深度的氯离子含量是基本相同的，因此不存在氯离子的扩散迁移。在接下来的暴露过程中，不同干燥环境下的试件中均出现了富集现象，说明样品内部氯离子进行了重新分布。

试件内部湿度在暴露过程中会逐渐与干燥环境湿度达到平衡。由于在高湿度（大于90%）环境下养护，试件内部湿度要显著高于干燥环境湿度（65%～70%），因此试件中水分会不断向外蒸发，基体内部湿度逐渐减小，含水量也由外向内单调降低。而表层含水量的降低会使得孔溶液中氯离子的浓度增大，形成浓度梯度，驱动自由氯离子由表向里扩散。随着暴露时间增加，相同深度间隔内表层的实际氯离子含量会减少，而内部的则有所增大，从而会导致含有浓度峰形状的氯离子曲线的形成，这也是 N_2 环境中富集现象形成的唯一原因。因为 N_2 环境下水分蒸发引起的孔溶液浓度改变是导致氯离子迁移的唯一驱动力。与 N_2 环境相比，普通环境下还存在微弱的碳化反应，该作用也可以打破氯离子浓度平衡，从而使氯离子重分布。但由于碳化作用十分微弱，因此上述湿度改变导致氯离子由表及里迁移也是普通大气环境下富集现象形成的最主要原因。

然而，N_2 环境和普通大气环境下形成的富集现象并不显著（图 6-3 和图 6-5）。这是因为在湿度演变的影响下，即使孔溶液中的自由氯离子会由外到内迁移，但孔溶液中总的自由氯离子并不能增加，其可能会导致浓度峰的形成，但不会很显著。而与这两种环境相比，加速碳化环境下还存在显著的碳化作用（图 6-2、图 6-4 及图 6-6）。因此该条件下试件中十分显著浓度峰的形成可能主要归因于碳化释放结合氯离子的作用。本研究第 4 章及 Thomas、Baroghel 的研究结果显示，在氯离子结合反应达到平衡后，结合氯离子含量可以到达总氯离子含量的 40%左右。而且碳化较强时，几乎全部结合氯离子会被释放。因此，在加速碳化环境下，表层大量的结合氯离子被释放进入孔溶液，不仅使得总的自由氯离子显著增多，而且显著增大了扩散的驱动力，有助于显著浓度峰的形成。

众所周知，结合氯离子分为化学结合氯离子和物理结合氯离子。前者主要以 Friedel 盐的形式存在，而后者主要被吸附于 C-S-H 凝胶上。因此，对比三种干燥条件下暴露前后表层样品中 Friedel 盐及 C-S-H 凝胶的含量，可以知道结合氯离子在碳化过程中的释放情况。由于 N_2 环境下不存在碳化，因此该环境下试件表层样品的 XRD 结果可以作为暴露前样品 XRD 结果，用于对比分析。以 W50、SL20、FA20 为例，其暴露后的 XRD 结果如图 6-10 所示，并且将利用 Rietveld 拟合法得到的 Friedel 盐和 C-S-H 凝胶的含量列于表 6-4 中。

由图 6-10(a) 可知，N_2 环境下 W50、SL20、FA20 中存在很强的 Friedel 盐峰，且样品中的 Friedel 盐和 C-S-H 凝胶的含量都很高（表 6-4）。从图 6-10(b) 中可以看出，在普通大气环境下暴露后，W50、SL20、FA20 中也存在很强的 Friedel 盐峰，且 Friedel 盐的含量只有轻微减少，C-S-H 的含量基本不变（表 6-4）。这说明这种条件下因碳化被释放进入孔溶液的结合氯离子非常少，对富集现象形成的影响十分有限。这与该条件下的氯离子浓度峰较弱相符合。此外，经加速碳化的样品中没有观察到 Friedel 盐峰的存在[图 6-10(c)]，且 Friedel 盐含量几乎为零，C-S-H 的含量也明显减少（表 6-4）。这说明表层的化学结合氯离子几乎被全部释放到孔溶液中，物理结合氯离子也被部分释放到了孔溶液中，从而会显著增加孔溶液中的自由氯离子含量，导致显著富集现象的形成。这也与该条件下氯离子分布结果一致。此外，从表 6-4 中还可以看出，W50、FA20、SL20 经加速碳化前后 Friedel 盐被分解的量依次增大，考虑到三个样品 C-S-H 的减小量均约为 7%，说明三者释放的结合氯离子含量也依次增大，这与三者的 C_{max} 大小顺序相一致（表 6-3），进一步佐证了上述分析。

暴露后 W50、SL20、FA20 表层样品中 Friedel 盐和 C-S-H 凝胶的含量　　表 6-4

样品	Friedel 盐/%			C-S-H/%		
	N_2环境	普通大气环境	加速碳化环境	N_2环境	普通大气环境	加速碳化环境
W50	4.85	4.78	0.00	39.00	40.17	32.80
SL20	6.19	5.99	0.01	44.72	44.25	37.91
FA20	5.72	5.61	0.01	54.60	53.79	46.69

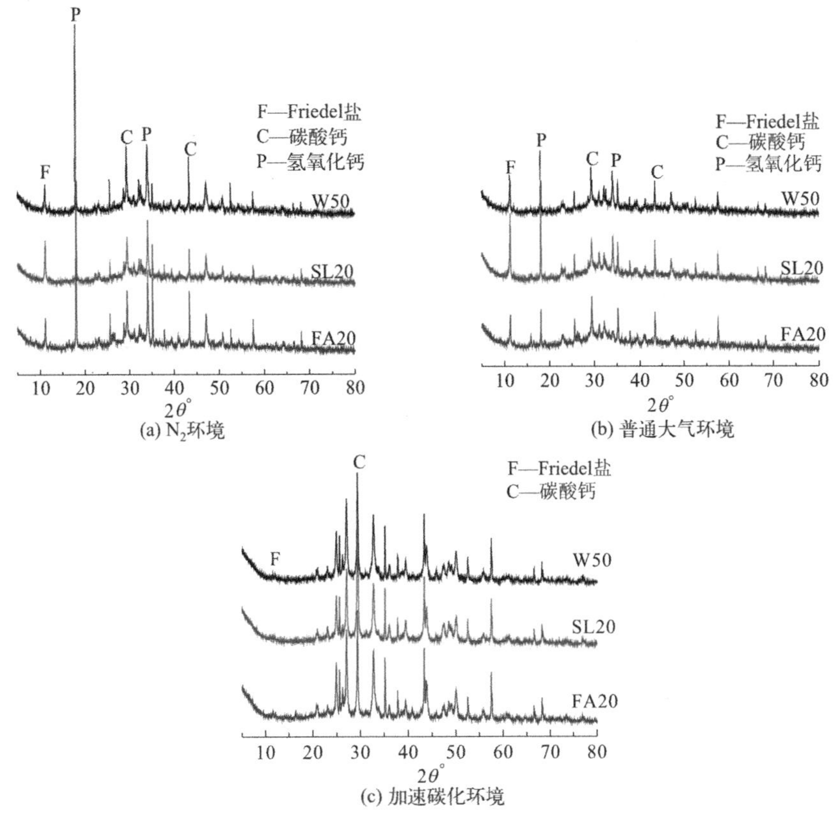

图 6-10　W50、SL20、FA20 表层样品的定量 XRD 结果

在加速碳化环境下，虽然碳化释放了大量的结合氯离子，显著增大了峰值氯离子浓度，但在碳化反应发生的同时也产生了部分水分，因此相比 N_2 环境和普通大气环境，加速碳化环境下试件内部的湿度降低程度要略小。这使得富集现象出现的位置并没有因孔溶液中自由氯离子含量的显著增大而明显向内迁移。此外，加速碳化环境下表面氯离子含量要大于其他两种环境的表面氯离子含量，除了由于碳化增加自由氯离子之外，也有部分归因于加速碳化条件下生成了更多水分。

基于上述分析可知，表层湿度降低导致含浓度峰形状的氯离子分布曲线的出现，碳化释放结合氯离子使得浓度峰更加显著。虽然此结论是根据内掺氯离子试件在干燥环境中暴露后的试验结果得出，但同样可以解释本章中干湿交替环境下出现的富集现象及大量干湿交替相关研究中出现的富集现象。干湿交替过程中，每一次润湿都会吸附氯离子并使表层含水量明显增大，而每一次干燥都会导致表层孔溶液浓缩并驱使氯离子向内迁移，且主要发生在干燥过程的碳化又会释放表层的结合氯离子进入孔溶液并向内迁移，因此导致了干湿交替环境下富集现象的形成。由于本章中干湿交替环境下不存在碳化的作用，因此认为循环往复的干燥过程引起的水分蒸发是导致富集现象产生的原因。而对于暴露于实际氯盐侵蚀环境中的混凝土结构，一方面高温或风吹都会导致表层含水量的快速降低（例如，海洋干湿交替环境下具有很强的风和日照），另一方面实际工程通常会长期暴露且环境中 CO_2 浓度较高（例如，由于机动车辆的缘故，除冰盐环境的 CO_2 浓度通常会达到普通大

气中 CO_2 浓度的几倍），混凝土结构碳化程度很高。这两方面就会引起显著富集现象的出现，与一些长期暴露于自然干湿交替环境下的混凝土中氯离子分布结果相一致。

6.4 本章小结

1）暴露于 N_2 环境、普通大气环境、加速碳化环境中的试件均在表层出现了不同程度的富集现象，且加速碳化环境下的氯离子浓度峰十分显著，而前两种环境下的浓度峰较为微弱。不同环境下浓度峰出现的位置深度差别不大，均在表层 1.5～2.5mm 内。

2）表层含水量的降低使得孔溶液中氯离子的浓度增大，形成浓度梯度，驱动自由氯离子由表向里扩散，导致相同深度间隔内表层的实际氯离子含量减少，利于氯离子浓度峰的形成。而且，碳化将表层大量的结合氯离子释放进入孔溶液，不仅使得总的自由氯离子显著增多，而且增大了扩散的驱动力，有助于显著浓度峰的形成。

3）水分蒸发和碳化作用可以很好地解释干湿交替环境下富集现象的形成。干湿交替时，每一次干燥都会导致表层孔溶液浓缩并驱使氯离子向内迁移，且主要发生在干燥过程的碳化又会释放表层的结合氯离子进入孔溶液并向内迁移，因此导致了干湿交替环境下富集现象的形成。

4）最大氯离子浓度 C_{max} 与碳化分解的 Friedel 盐及 C-S-H 凝胶的量有紧密关系。Friedel 盐及 C-S-H 凝胶被分解得越多，释放进入孔溶液的氯离子就越多，导致 C_{max} 越大。

本章参考文献

[1] Chang H. Chloride binding capacity of pastes influenced by carbonation under three conditions [J]. Cement and Concrete Composites, 2017, 84: 1-9.

[2] Hassan Z. Binding of external chloride by cement pastes [D]. Toronto: University of Toronto, 2001.

[3] Goni S, Guerrero A. Accelerated carbonation of Friedel's salt in calcium aluminate cement paste [J]. Cement and Concrete Research, 2003, 33 (1): 21-26.

[4] Thomas M, Hooton R, Scott A, et al. The effect of supplementary cementitious materials on chloride binding in hardened cement paste [J]. Cement and Concrete Research, 2012, 42 (1): 1-7.

[5] Baroghel-Bouny V, Wang X, Thiery M, et al. Prediction of chloride binding isotherms of cementitious materials by analytical model or numerical inverse analysis [J]. Cement and Concrete Research, 2012, 42 (9): 1207-1224.

[6] Yoon I. Deterioration of concrete due to combined reaction of carbonation and chloride penetration: experimental study [J]. Key Engineering Materials, 2007, 348: 729-732.

[7] Saillio M, Baroghel-Bouny V, Barberon F. Chloride binding in sound and carbonated cementitious materials with various types of binder [J]. Construction and Building Materials, 2014, 68: 82-91.

[8] Geng J, Easterbrook D, Liu Q, et al. Effect of carbonation on release of bound chlorides in chloride contaminated concrete [J]. Magazine of Concrete Research, 2016, 68 (7): 353-363.

[9] Suryavanshi A, Swamy R. Stability of Friedel's salt in carbonation in carbonated concrete structural elements [J]. Cement and Concrete Research, 1996, 26 (5): 717-727.

[10] Zhou Y, Hou D, Jiang J. Chloride ions transport and adsorption in the nano-pores of silicate calcium

hydrate: Experimental and molecular dynamics studies [J] . Construction and Building Materials, 2016, 126: 991-1001.

[11] Zhou Y, Hou D, Jiang J. Experimental and molecular dynamics studies on the transport and adsorption of chloride ions in the nano-pores of calcium silicate phase: The influence of calcium to silicate ratios [J] Micropores and Mesopores Materials, 2017.

[12] Saetta A, Scotta R, Vitaliani R. Analysis of Chloride Diffusion into Partially Saturated Concrete [J] . ACI Materials Journal, 1993, 90 (5): 441-451.

[13] Yu Z, Chen Y, Liu P, et al. Accelerated simulation of chloride ingress into concrete under drying-wetting alternation condition chloride environment [J] . Construction and Building Materials, 2015, 93: 205-213.

[14] Chanakya A, Samira B, Perry V. Modelling chloride penetration in concrete subjected to cyclic wetting and drying [J] . Magazine of Concrete Research, 2014, 66 (7): 364-376.

[15] Castro P, De Rincon O, Pazini E. Interpretation of chloride profiles from concrete exposed to tropical marine environments [J] . Cement and Concrete Research, 2001, 31 (4): 529-537.

[16] Meira G, Andrade C, Padaratz I, et al. Chloride penetration into concrete structures in the marine atmosphere zone-Relationship between deposition of chlorides on the wet candle and chlorides accumulated into concrete [J] . Cement and Concrete Composites, 2007, 29: 667-676.

[17] Polder R, Peelen W. Characterization of chloride transport and reinforcement corrosion in concrete under cyclic wetting and drying by electrical resistivity [J] . Cement and Concrete Composites, 2002, 24 (5): 427-435.

[18] Chang H, Mu S, Xie D, et al. Influence of pore structure and moisture distribution on chloride "maximum phenomenon" in surface layer of specimens exposed to cyclic drying-wetting condition [J] . Construction and Building Materials, 2017, 131: 16-30.

[19] Lu C, Gao Y, Cui Z, et al. Experimental analysis of chloride penetration into concrete subjected to drying-wetting cycles [J] . Journal of Materials in Civil Engineering, 2015, 27 (12): 04015036.

[20] Kuosa H, Ferreira R, Holt E, et al. Effect of coupled deterioration by freeze-thaw, carbonation and chlorides on concrete service life [J] . Cement and Concrete Composites, 2014, 47: 32-40.

[21] Conciatori D, Sadouki H, Bruehwiler E. Capillary suction and diffusion model for chloride ingress into concrete [J] . Cement and Concrete Research, 2008, 38 (12): 1401-1408.

[22] Costa A, Appleton J. Chloride penetration into concrete in marine environment-Part I: Main parameters affecting chloride penetration [J] . Materials and Structures, 1999, 32: 252-259.

第7章 干湿交替环境氯离子传输模型

7.1 氯离子传输数值模型

氯离子侵蚀引起钢筋锈蚀是钢筋混凝土结构耐久性劣化的重要原因之一。为了解决这个问题，掌握混凝土中氯离子的分布情况成为关键。近几十年来，研究人员在这方面做了大量工作，其中建立相应的数值模型预测氯离子在混凝土中的分布就是之一。

7.1.1 饱和状态下氯离子传输数值模型

数值模型的建立需要基于相应的基本原理及假设，主要通过偏微分方程来描述。对于饱和状态的混凝土，氯离子传输的机制主要是氯离子浓度梯度引起的扩散。很多研究者针对这种情况建立了氯离子传输模型。

1996年，Tang提出了一个综合性扩散模型，扩散方程基于Fick第一定律，同时将氯离子结合关系及环境条件和材料特征的影响考虑进来。但模型的计算过程比较复杂，在某种程度上限制了其在工程中的应用。基于此模型，Tang又提出了计算过程简化且更实用的传输模型，可以较好地预测饱和状态下氯离子的分布情况。Xi和Bazant运用多尺度模拟方法建立了一种针对饱和混凝土中氯离子传输的模型。该模型在宏观尺度上利用Fick第二定律表达氯离子扩散方程，在微观尺度上利用复合理论将骨料对氯离子扩散系数的影响考虑进来。此外，该模型还将水灰比、养护时间、水泥类型、温度、外部盐溶液浓度的影响考虑了进来。模型虽然复杂，但更符合实际情况，其计算结果也与饱和混凝土中氯离子分布的测试结果更加相符。除了考虑一些基本影响因素如温度、水灰比、氯离子浓度外，MartōÂn、Yuan及Tshida在建立传输模型时重点考虑了结合氯离子与自由氯离子的关系，分别采用线性关系、Langmuir（格缪尔朗）关系、Freundlich（弗罗因德利克因）关系建立模型，探究了氯离子结合性能对氯离子传输的影响。通过对比计算结果与测试结果发现运用Langmuir及Freundlich关系的计算结果可以更好地与实际结果吻合。此外，Young提出的饱和状态下氯离子传输模型中，主要考虑了混凝土中界面过渡区及骨料形状的影响，使其在微观尺度上更符合氯离子在混凝土中的传输路径。

7.1.2 非饱和状态下氯离子传输数值模型

实际上，混凝土大部分情况下处于非饱和状态，比如处于海洋环境或除冰盐环境下的混凝土结构。非饱和状态下氯离子传输的机制更加复杂，不仅存在浓度分布不均匀引起的扩散，而且存在水分传输引起的对流。尤其是干湿交替情况下，水分传输不仅包括润湿过程的毛细吸附作用，而且还存在干燥过程的水分蒸发作用。因此相应的氯离子随水分的迁移与沉积情况也变得更加复杂。

针对非饱和情况下混凝土中的氯离子传输，Saetta 结合扩散和对流作用建立了传输模型，模型中主要考虑了不同配合比参数及环境条件的影响。而 Costa 提出的传输模型可用于计算氯离子浓度分布、氯离子扩散系数，以及了解氯离子传输过程与暴露时间、暴露条件及混凝土性能的关系。Nielsen 通过修正氯离子扩散系数并在 Fick 第二定律的基础上也提出了可预测非饱和情况下氯离子分布的传输模型。此外，Ababneh 在 Xi 和 Bažant 提出的饱和状态扩散模型的基础上继续探索和延伸，建立了非饱和状态的多尺度传输模型，其控制方程中考虑了四个方面：氯离子结合能力、氯离子扩散系数、水分传输能力、水分扩散系数。

针对干湿交替情况，也有大量模型被提出。David 利用动力学方程表征毛细吸附产生的水分迁移，并将水分迁移转换为氯离子的迁移，同时在模型中还重塑了基体内的微气候条件，使模拟条件与实际情况更加吻合。Bastidas 在扩散和对流作用的基础上，又考虑了多方面因素的影响，如水泥基材料的氯离子结合能力，自然环境的时变效应，外部环境中温度、湿度及氯离子浓度的影响，龄期导致扩散性降低等，尽量使模型计算的结果能够反映真实的氯离子分布。

张奕考虑了水分扩散系数与孔隙中水分饱和度之间的非线性关系以及水分蒸发的迟滞效应，首先建立了水分在混凝土中的传输模型，随后结合非饱和状态下氯离子扩散与对流过程之间的耦合关系，建立了氯离子在干湿交替环境下的传输模型。与张奕建立氯离子传输模型的方法相似，李春秋则是从微观和宏观尺度对混凝土中水分传输的过程进行深入分析，指出了混凝土干燥和润湿过程在微观机理和宏观表现上的差异，进一步完善了干湿交替环境下混凝土内水分传输的数值模型，并在此基础上建立了干湿交替环境下氯离子的传输模型。Lin 除了在干湿交替环境下水分传输的基础上建立氯离子传输模型外，还考虑了混凝土结构劣化的影响。用衰减系数反映结构劣化对水分及氯离子扩散系数的影响，从而使模型更能体现混凝土结构的实际服役情况。Joško 提出的干湿交替环境下氯离子传输模型的建立则是基于水分扩散系数及氯离子扩散系数与孔隙中相对湿度的关系，并且同样考虑了干湿交替过程中的水分迟滞效应。

上述四种模型中，前三者的水分扩散系数为孔隙内水饱和度的函数，而 Joško 的扩散系数为孔隙内相对湿度的函数，虽然建立模型采用的基本变量不同，但孔隙水饱和度和相对湿度是可以相互转化的，因此这些模型的基本原理是一致的。根据张奕、李春秋、Lin 及 Joško 计算结果可知，计算得到的氯离子分布曲线中都在表层位置出现了富集现象。分析四个模型的共同点，可能是对干湿交替环境下水分迟滞效应的考虑造成该计算结果的产生。张奕、李春秋及 Lin 在润湿和干燥过程中分别采用不同的水分扩散系数，这是对水分迟滞效应的一种体现。而 Joško 直接利用扫描曲线的斜率来反映干湿交替环境下的水分迟滞效应。此外，虽然计算结果中都出现了氯离子富集现象，四种计算结果之间还是存在明显的差别，这可能是与计算时选取的参数有关。再者，四种模型的计算结果与相应试验结果的吻合程度也存在较大差异。张奕、李春秋及 Lin 的主要问题在于试验结果中并没有测试到富集现象，因此计算结果中出现富集现象位置处的氯离子分布情况无法得到验证。除此之外，更深位置的氯离子分布情况均与试验结果能够很好地吻合。Joško 的计算结果与试验结果基本吻合，但计算得到的富集现象的位置深度均要小于试验值，Joško 认为是由于模型中没有考虑碳化作用对结合氯离子的影响造成的。如果考虑碳化作用，那么碳化影响区域结合氯离子的含量就会进一步降低，从而促使富集现象向更深位置迁移。

7.1.3 耦合碳化作用的氯离子传输数值模型

海洋大气环境下混凝土结构的腐蚀情况较为明显，一方面氯离子可以通过水汽被携带到混凝土结构表面，另一方面混凝土也在不断地发生碳化。例如，海底隧道的入口通常处于严重的氯盐侵蚀条件下，而且该位置的 CO_2 浓度能达到普通大气环境中 CO_2 浓度的5～6倍，因此该处的混凝土结构还要遭受严重的碳化。另外一种既要遭受氯盐侵蚀又要遭受严重碳化影响的情况是城市中的除冰盐环境，由于工业及交通的密集，会有大量 CO_2 被排放出来。

碳化作用可以显著影响水泥基材料中氯离子的传输。虽然已经有大量试验探讨了碳化对氯离子传输的影响，但这些研究结果显示碳化的影响十分复杂，以至于很难说清楚碳化是会加速氯离子渗透还是会缓解氯离子侵蚀。

事实上，碳化对氯离子传输的影响主要体现在化学作用和物理作用两个方面。化学作用是指碳化反应分解固化在氯铝化合物尤其是 Friedel 盐中的结合氯离子，并溶于孔溶液中。从而增加孔溶液中的自由氯离子含量，诱导钢筋锈蚀的可能性增大。物理作用是指碳化反应的产物会沉积在孔结构中，导致基体孔隙率降低及孔径重分布，可能会阻碍氯离子的传输，从而降低钢筋发生锈蚀的风险。此外，碳化导致的孔结构变化还会影响基体的水分传输。而反过来基体含水量又会影响 CO_2 的扩散，从而影响碳化的进程。

目前考虑碳化作用的氯离子传输模型主要是用于分析碳化对氯离子扩散的影响。Puatatsananon 耦合氯离子扩散与碳化作用建立了数值模型，模型中重点考虑了碳化引起孔结构密实对氯离子传输的影响，因此计算结果显示碳化可以显著降低混凝土中氯离子的扩散速率。Yoon 建立了一个耦合多因素的氯离子扩散模型，同 Puatatsananon 一样，也是重点考虑碳化降低基体孔隙率给氯离子扩散带来的影响。而 Meijers 在建立氯离子传输模型时，将环境温湿度的变化、结合氯离子的影响、扩散、对流以及碳化作用全部考虑进来，旨在使模型适用于干湿交替环境下氯离子传输的情况。关于碳化的影响，Meijers 的计算分别考虑了三种情况：既考虑碳化对结合氯离子的影响又考虑碳化对水分迁移的影响；仅考虑碳化对结合氯离子的影响；仅考虑碳化对水分迁移的影响。计算结果显示，凡是考虑了碳化对结合氯离子影响的氯离子分布曲线均在表层位置出现了富集现象。由于相应的试验结果并没有出现富集现象，因此富集现象区域的计算结果也无法得到验证。Zhu 提出的干湿交替环境下氯离子的传输模型也耦合了碳化作用，并且同时考虑了碳化对基体孔隙率、曲折度、连通性的影响以及碳化对结合氯离子的影响。模型较为复杂，计算得到了含有富集现象的氯离子分布曲线，但表层曲线形状突兀，与试验结果差别较大。这可能是因为模型中干燥和润湿过程都使用了相同的水分扩散系数，并没有考虑到水分迟滞效应。

综上分析，在干湿交替环境下，伴随每次循环的干燥与润湿以及干燥过程 CO_2 直接进入基体内部都是不可避免的，而相应产生的水分迟滞效应及碳化作用必然对氯离子的传输产生影响，因此认为干湿交替环境下的氯离子传输模型需要同时耦合这两个作用才可能更加准确地对氯离子的分布进行预测。

7.2 耦合水分迟滞效应和碳化作用的氯离子传输数值模型

在干湿交替环境下，除了扩散作用外，伴随每次循环的干燥与润湿过程还会导致水分迟滞效应的产生。由于氯离子的传输是以水分为载体的，因此干湿交替过程中水分迟滞效应对氯离子的传输有着重要的影响。此外，不同于全浸泡情况，干湿交替环境下大气中的 CO_2 可以在干燥过程中直接进入基体内部并发生碳化反应，所以碳化对氯离子传输的影响也不能忽略。因此，干湿交替环境下的氯离子传输模型需要同时耦合水分迟滞效应与碳化作用才能更加准确地对氯离子的分布进行预测。

（1）水分迟滞效应

绝热情况下，由于动态湿度负荷加载过程的不同，在相同湿度时水泥基材料的含水量也可能不同。当暴露于恒温恒湿条件下，水泥基试件的内部条件会逐渐与外部环境达到平衡，例如基体孔隙内的湿度会逐渐变得与环境湿度相同。相对湿度与基体含水量的关系可以用等温吸附曲线来描述。通常情况下，等温吸附曲线是利用非常小的样品如薄片或粉末测得的，因为当环境湿度增大或减小时，这类样品会很快达到平衡。主吸附曲线的获得是将完全干燥的试件暴露于湿度逐渐增大的环境，记录湿度增大过程中平衡时对应的试件含水量，然后绘制主吸附曲线。而主脱附曲线则是将完全饱和的试件暴露于湿度逐渐降低的环境，记录湿度减小过程中平衡时对应的试件含水量，然后绘制主脱附曲线。主吸附曲线总是位于主脱附曲线的下方，如图 7-1 所示，这显示了即使湿度时，干燥过程对应的含水量要大于润湿过程的含水量，这就是干湿交替环境下的水分迟滞效应。然而，在干湿交替环境下，试件并不总是从完全干燥状态开始吸水或从完全饱和状态开始干燥，这种情况下对水泥基试件吸附和脱附过程通过位于主吸附和主脱附曲线中间的扫描曲线描述更符合实际。

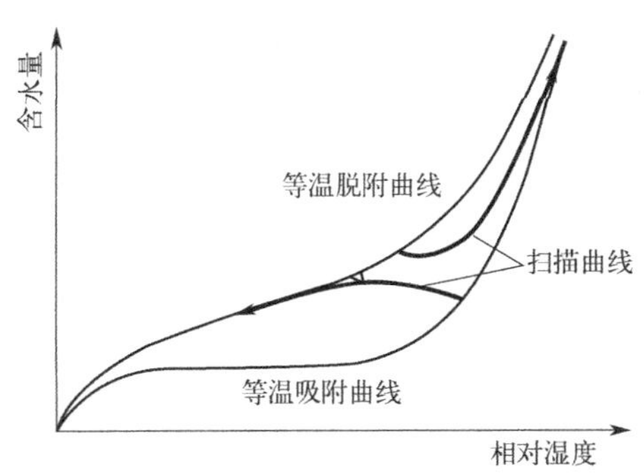

图 7-1　水泥基材料典型的等温吸附、脱附及扫描曲线示意图

目前很多研究水分传输的模型都考虑了水分迟滞效应，而且也有一些研究是在水分传输模型的基础上建立了氯离子传输模型，这些模型及其存在的问题已经在前文中详细介绍。值得说明的是，Joško 的模型在考虑迟滞效应后预测得到的富集现象与试验结果最为符合，但计算结果中氯离子浓度峰出现的深度均小于试验值。这可能是由模型中没有考虑碳化的影响造成的。

（2）碳化作用

碳化过程包括 CO_2 的扩散及其与水化产物如氢氧化钙[$Ca(OH)_2$]、C-S-H(3CaO ·

$2SiO_2 \cdot 3H_2O$)凝胶的反应。Papadakis 等人已经对碳化的基本化学反应进行全面的介绍，其中碳化的最主要的两个反应如式(7-1) 和式(7-2) 所示：

$$Ca(OH)_2+CO_2 \longrightarrow CaCO_3+H_2O \tag{7-1}$$

$$3CaO \cdot 2SiO_2 \cdot 3H_2O+3CO_2 \longrightarrow 3CaCO_3 \cdot 2SiO_2 \cdot H_2O \tag{7-2}$$

由前文可知，碳化对氯离子传输的影响主要体现在化学作用和物理作用两个方面。化学作用是指碳化反应分解固化在氯铝化合物尤其是 Friedel 盐中的结合氯离子，并使其溶于孔溶液中，从而增加孔溶液中的自由氯离子含量，诱导钢筋锈蚀的可能性增大。物理作用是指碳化反应的产物会沉积在孔结构中，导致基体孔隙率降低及孔径重分布，阻碍氯离子的传输，从而降低钢筋发生锈蚀的风险。此外，碳化导致的孔结构变化还会影响基体的水分传输。而反过来基体含水量又会影响 CO_2 的扩散，从而影响碳化的进程。因此，为了使模型更符合实际情况，需要将碳化对氯离子传输的两方面影响都考虑进来。

综上所述，有必要建立一个同时耦合水分迟滞效应和碳化效应的氯离子传输数值模型，用于研究干湿交替环境下氯离子的传输。因此，接下来将在 7.2.1 节中详细介绍该模型的数学表达式及推导过程；在 7.2.2 节中解释模型的求解方法；在 7.2.3 节中对比计算结果和试验结果，验证模型的准确性；在 7.2.4 节中通过计算结果分析关键参数对氯离子分布的影响。

7.2.1 模型建立

1）CO_2 传输

CO_2 传输的控制方程如下：

$$\frac{\partial(\phi-\theta_w)C_{CO_2}}{\partial t}=-\nabla \cdot \boldsymbol{J}_{CO_2}-I_{ch} \tag{7-3}$$

其中，C_{CO_2} 为孔隙中气态 CO_2 的摩尔浓度（mol/m^3 pore air）；ϕ 为混凝土孔隙率（m^3 pore volume/m^3 concrete），其会随碳化程度变化；θ_w 为混凝土中孔溶液体积含量或含水量（m^3 pore solution/m^3 concrete）；I_{ch} 为 CO_2 与 $Ca(OH)_2$ 反应的消耗速率。由于在碳化过程中，CO_2 更易于和 $Ca(OH)_2$ 发生反应，只有 CO_2 含量较大时才会消耗 C-S-H 凝胶，因此将 CO_2 的消耗简化为仅与 $Ca(OH)_2$ 反应的消耗。

$\boldsymbol{J}_{CO_2}$ 为 CO_2 的通量：

$$\boldsymbol{J}_{CO_2}=-D_{CO_2}^{car}\nabla C_{CO_2} \tag{7-4}$$

其中，$D_{CO_2}^{car}$ 为 CO_2 的扩散系数（m^2/s），与碳化程度有关。本章中采用式(7-5) 来计算$D_{CO_2}^{car}$：

$$D_{CO_2}^{car}=1.64\times10^{-6}\phi_p^{1.8}(1-h)^{2.2} \tag{7-5}$$

其中，ϕ_p 为硬化浆体的孔隙率；h 为基体内部相对湿度。ϕ_p 与 ϕ 的关系可用式(7-6) 表示：

$$\phi_p=\phi\left[1+\frac{(a/c)(\rho_c/\rho_a)}{1+(W/B)(\rho_c/\rho_w)}\right] \tag{7-6}$$

其中，a/c 为集料与水泥质量的比；W/B 为水胶比；ρ_a 为集料的密度（kg/m^3）；ρ_c 为混凝土的密度（kg/m^3）；ρ_w 为水的密度（kg/m^3）。

ϕ 与碳化程度的关系可以用式(7-7) 表示：

$$\phi=\phi_0-\Delta\phi_c\alpha_c \tag{7-7}$$

其中，ϕ_0 为未碳化混凝土的孔隙率；$\Delta\phi_c$ 为完全碳化后混凝土孔隙率的减小量；α_c 为碳化程度。$\Delta\phi_c$ 可以通过式(7-8) 计算：

$$\Delta\phi_c=([C_{CaO}]_0-3[C_{CSH}]_0\Delta V_{ch}+[C_{CSH}]_0)\Delta V_{CSH} \tag{7-8}$$

其中，$[C_{CaO}]_0$ 为混凝土中总的 CaO 的初始摩尔浓度（mol/m^3）pore solution；$[C_{CSH}]_0$ 为 C-S-H 凝胶的初始摩尔浓度（mol/m^3）pore solution；ΔV_{ch} 为 $Ca(OH)_2$ 与 CO_2 反应后的摩尔体积变化（m^3/mol）；ΔV_{CSH} 为 C-S-H 凝胶与 CO_2 反应后的摩尔体积变化（m^3/mol）。其中 $[C_{CaO}]_0$ 与 $[C_{CSH}]_0$ 的关系如式(7-9) 所示：

$$[C_{CSH}]_0=\frac{P_{CSH}[C_{CaO}]_0}{3} \tag{7-9}$$

其中，P_{CSH} 为以 C-S-H 凝胶形式存在的 CaO 占总 CaO 含量的比例，其值与配合比密切相关。

通常碳化程度的变化可以通过溶液中 $Ca(OH)_2$ 的消耗来反映：

$$\alpha_c=1-\frac{C_{ch,d}}{[C_{ch,d}]_0} \tag{7-10}$$

其中，$C_{ch,d}$ 为孔溶液中 $Ca(OH)_2$ 的摩尔浓度（mol/m^3 pore solution）。

在碳化过程中，除了 CO_2 扩散与消耗的平衡关系外，孔溶液中的 $Ca(OH)_2$ 还存在如下平衡关系：

$$\frac{\partial\theta_w C_{ch,d}}{\partial t}=-\nabla\cdot \boldsymbol{J}_{ch,d} \tag{7-11}$$

$$\boldsymbol{J}_{ch,d}=-D_{ch,d}\nabla\cdot C_{ch,d} \tag{7-12}$$

其中，$\boldsymbol{J}_{ch,d}$ 为溶解的 $Ca(OH)_2$ 的通量[$mol/(m^2\cdot s)$]；$D_{ch,d}$ 为溶解的 $Ca(OH)_2$ 的扩散系数（m^2/s）。

此外，式(7-3) 中的 I_{ch} 可以依次通过式(7-13) 计算：

$$I_{ch}=\phi f_w r_c C_{CO_2} H(C_{ch,d}) \tag{7-13}$$

其中，f_w 为孔隙表面水膜体积占孔隙总体积的比，可取 0.05；r_c 为与温度有关的反应参数。$H(t)$ 为单位阶梯函数，$t>0$ 时，为 1；$t<0$ 时为 0；$t=0$ 时可为 0 或 0.5，本章取为 0。其中 r_c 可通过阿伦尼乌斯方程计算：

$$r_c=A_c\exp\left(\frac{E_c}{RT}\right) \tag{7-14}$$

其中，A_c 为反应的比例因子，359/s；E_c 为反应的活化能，442J/mol；R 为气体常数，8.314J/(mol·K)；T 为绝对温度（K）。

2）水分传输

干湿交替过程中，假设水泥基试件仅仅考虑试件暴露环境湿度的变化，而不考虑宏观压力驱动的水的流动。基于此假设，基体内水分的迁移被视作水蒸气的传输，因此对于温度均匀分布的非饱和试件而言，水分传输的通量可以表示为式(7-15)：

$$\boldsymbol{j}_{w,mass}=-\delta_v(h)p_{v,sat}\nabla h \tag{7-15}$$

其中，$j_{w,mass}$ 为水分通量[kg/(m^2·s)]；$\delta_v(h)$为水蒸气渗透系数[kg/(m·s·Pa)]；$p_{v,sat}$ 为水蒸气饱和压力（Pa）。

$\delta_v(h)$受温度的影响可表示为：

$$\delta_v(h)=\alpha_0 f_1(h) \tag{7-16}$$

其中，α_0 为 25℃时的参比渗透系数，对于成熟的硬化浆体，其取值范围为 10^{-10}～10^{-14}kg/(m·s·Pa)；$f_1(h)$为水分传输影响函数，其反映了在吸附水层内的水分传输情况，并且其可以通过式(7-17) 表示：

$$f_1(h)=\alpha+\frac{1-\alpha}{1+\left(\frac{1-h}{1-h_c}\right)^4} \tag{7-17}$$

其中，$\alpha\approx0.05$；25℃时$h_c\approx0.75$。

当考虑碳化影响时：

$$\delta_v^{car}(h)=\delta_v(h)f_p(\Omega,\delta) \tag{7-18}$$

其中，$f_p(\Omega，\delta)$为孔结构变化对水分传输参数的影响函数。根据研究：

$$f_p(\Omega,\delta)=\frac{\delta}{\delta_0}\cdot\frac{\Omega_0}{\Omega} \tag{7-19}$$

其中，δ 和Ω 分别为孔结构的阻碍率和曲折度；δ_0 和Ω_0 分别为碳化前孔结构的初始阻碍率和初始曲折度。并且由研究可知：

$$\Omega=-b_1\tanh\left[b_2(\phi-b_3)\right]+b_4 \tag{7-20}$$

$$\delta=c_1\tanh\left[c_2(log\bar{r}_p+c_3)\right]+c_4 \tag{7-21}$$

$$\bar{r}_p=r_p/r_{p,ref} \tag{7-22}$$

其中，$\bar{r}_p$ 为最可几孔径（无量纲）；r_p 为不同碳化程度时的最可几孔径；$r_{p,ref}$=1m，为参比孔径，为消除量纲问题引入。此外，$b_1=1.5$，$b_2=8.0$，$b_3=0.25$，$b_4=0.25$，$c_1=0.395$，$c_2=4.0$，$c_3=5.95$，$c_4=0.405$。

假设r_p 与碳化程度呈线性变化关系：

$$r_p=5\times10^{-8}r_{p,ref}\left[(\bar{r}_{p,c}-\bar{r}_{p,0})\alpha_c+\bar{r}_{p,0}\right] \tag{7-23}$$

其中，$\bar{r}_{p,0}$ 和$\bar{r}_{p,c}$ 分别为碳化前后最可几孔径，其大小与水胶比有关：

$$\bar{r}_{p,0}=f_h(W/B) \tag{7-24}$$

$$\bar{r}_{p,c}=f_h(W/B)f_c(W/B) \tag{7-25}$$

其中，$f_h(W/B)$ 为评估无碳化混凝土中不同水胶比下的最可几孔径函数；$f_c(W/B)$为碳化引起的水胶比对最可几孔径影响的函数。其具体表达式如下：

$$f_h(W/B)=-4.66(W/B)^2+8.72(W/B)-1.78\quad 0.3\leqslant W/B\leqslant0.55 \tag{7-26}$$

$$f_c(W/B)=10.59(W/B)^2-11.36(W/B)+4.29\quad 0.3\leqslant W/B\leqslant0.55 \tag{7-27}$$

此外，式(7-15) 中具有温度依赖性的水蒸气饱和压力可以用式(7-28) 表示：

$$p_{v,sat}=610.8\cdot e^{\frac{17.08085\cdot\tau}{234.175+\tau}} \tag{7-28}$$

其中，τ 为温度（℃）。

综上，考虑碳化影响的水分传输控制方程见式(7-29)：

$$\frac{\partial \rho_w \theta_w(h)}{\partial t} = -\nabla \cdot \boldsymbol{j}_{w,mass}^{car} + \dot{I}_{w_e} \tag{7-29}$$

其中，$\boldsymbol{j}_{w,mass}^{car}$ 为考虑碳化影响的水分传输通量[kg/(m^2 · s)]；I_{w_e} 为由 $Ca(OH)_2$ 与 CO_2 反应释放水分的速率。两者的表达式分别见式(7-30) 和式(7-31)：

$$\boldsymbol{j}_{w,mass}^{car} = -\delta_v^{car}(h) p_{v,sat} \nabla h \tag{7-30}$$

$$I_{w_e} = \kappa I_{ch} M(H_2O) \tag{7-31}$$

其中，κ 为碳化产生的气相水的校正系数，本章中取 1.0；$M(H_2O)$ 为水的摩尔质量，为 18g/mol。

于是有：

$$\rho_w \frac{\partial \theta_w(h)}{\partial h} \frac{\partial h}{\partial t} = \nabla \cdot \left[\delta_v^{car}(h) p_{v,sat} \nabla h\right] + \kappa I_{ch} M(H_2O) \tag{7-32}$$

其中，$\rho_w \dfrac{\partial \theta_w(h)}{\partial h} = \xi$ 表示水分储存能力，通过对吸附及脱附曲线求导得到。

式(7-32) 的解给出的是相对湿度的分布情况，而不是毛细孔中含水量的分布。由于混凝土中水分传输是一个缓慢的过程，任何时间混凝土孔中不同相的水分几乎都处于热力学平衡状态，因此可以通过等温曲线得到某一湿度对应的水含量。然而，像混凝土之类的水泥基材料，在干燥和润湿过程中存在着不同的等温曲线，即在干湿交替过程中出现了水分迟滞效应。因此为了更加准确地计算混凝土湿度分布，需要将水分迟滞现象考虑进干湿交替过程中。

对于存在水分迟滞效应的混凝土材料，干湿交替过程中水分储存能力由扫描曲线的斜率决定。在该模型中，扫描曲线斜率的表达式采用 Pedersen 提出的经验公式：

$$\xi_{hys,a} = \frac{0.1(\theta_w - \theta_{wa})^2 \xi_d + (\theta_w - \theta_{wd})^2 \xi_a}{(\theta_{wd} - \theta_{wa})^2} \tag{7-33}$$

$$\xi_{hys,d} = \frac{(\theta_w - \theta_{wa})^2 \xi_d + 0.1(\theta_w - \theta_{wd})^2 \xi_a}{(\theta_{wd} - \theta_{wa})^2} \tag{7-34}$$

其中，ξ_{hys}（$\xi_{hys,a}$、$\xi_{hys,d}$）为在某一相对湿度下的水分储存能力；θ_{wa} 和θ_{wd} 为在某一湿度下，分别由主吸附曲线和主脱附曲线计算得到的水分含量；$\xi_a = \rho_w \dfrac{\partial \theta_{wa}}{\partial h}$ 和$\xi_d = \rho_w \dfrac{\partial \theta_{wd}}{\partial h}$为在某一湿度下，分别由主吸附曲线和主脱附曲线求导得到的水分储存能力。此外，式中的θ_w 会随着干湿交替的进行不断变化。

在求解控制方程式(7-32) 时，如果水分演变情况显示在之前的两个时间步长上含水量是递增的，即为润湿过程，那么水分储存能力 ξ 就采用$\xi_{hys,a}$；如果两个时间步长上含水量是递减的，即为干燥过程，那么水分储存能力 ξ 就采用$\xi_{hys,d}$。考虑数值计算过程中的连续两个时间点是为了更加可靠地确保水分演变的进程。

混凝土主吸附曲线和主脱附曲线可用式(7-35)～式(7-38) 表示：

$$\theta_{wa}(h) = 0.01 \cdot \frac{\rho_c}{\rho_w} \cdot u_a(h) \tag{7-35}$$

$$u_a(h)=4.79\cdot e^{-\frac{1}{1.13}\cdot\ln(1-\frac{\ln(h)}{0.214})} \tag{7-36}$$

$$\theta_{wd}(h)=0.01\cdot\frac{\rho_c}{\rho_w}\cdot u_d(h) \tag{7-37}$$

$$u_d(h)=4.76\cdot e^{-\frac{1}{0.18}\cdot\ln(1-\frac{\ln(h)}{4.85})} \tag{7-38}$$

其中，u_a 和u_d 分别为吸附和脱附时的水分质量含量（与干混凝土质量相比）。

位于主吸附曲线和主脱附曲线中间的扫描曲线所表示的含水量可以通过式(7-39）计算得到：

$$\theta_w=\theta_{w0}+\xi_{hys}\cdot\Delta h \tag{7-39}$$

其中，θ_{w0} 为基体初始含水量；Δh 为在空间点 i 时，时间 $j+1$ 和 j 之间的湿度差，其取决于选定的时间步长。

3）氯离子传输

考虑碳化影响后扩散引起的氯离子通量$\boldsymbol{j}_{c,diff}^{car}$ 为：

$$\boldsymbol{j}_{c,diff}^{car}=-D_c^{car}\nabla C_f \tag{7-40}$$

其中，D_c^{car} 为考虑碳化影响的自由氯离子扩散系数（m^2/s）；C_f 为孔溶液中自由氯离子的浓度（kg/m^3 pore solution)。而：

$$D_c^{car}=D_c f_p(\Omega,\delta) \tag{7-41}$$

其中，D_c 为不考虑碳化时的氯离子扩散系数（m^2/s)：

$$D_c=D_{c,ref}h_1(h)h_2(T)h_3(t_e) \tag{7-42}$$

其中，$D_{c,ref}$ 为参比氯离子扩散系数（m^2/s)；$h_1(h)$、$h_2(T)$、$h_3(t_e)$依次为基体相对湿度、温度及龄期对扩散系数的影响函数。上述参数的具体表达式见式(7-43)～式(7-47)：

$$D_{c,ref}=\frac{10^{[1.776+1.364(W/B)]}+[581-1869(W/B)]}{3.1536\times10^{13}} \tag{7-43}$$

$$h_1(h)=\left[1+\frac{(1-h)^4}{(1-h_c)^4}\right] \tag{7-44}$$

$$h_2(T)=exp\left(\frac{U_C}{RT_{c,ref}}-\frac{U_C}{RT}\right) \tag{7-45}$$

$$h_3(t_e)=\left(\frac{t_{ref}}{t_e}\right)^m \tag{7-46}$$

$$m=0.2+0.4[FA/0.5] \tag{7-47}$$

其中，U_c 为氯离子扩散过程的活化能，与水胶比相关，其取值范围在 32.0～44.6kJ/(mol・K)；$T_{c,ref}$ 为测试$D_{c,ref}$ 时的参比温度，298K；t_{ref} 为测试$D_{c,ref}$ 时的参比龄期，28d；t_e 表示实际龄期（d)；m 为反映龄期减小系数的参数，与配合比有关。

考虑碳化影响后水分传输引起的氯离子传输通量$\boldsymbol{j}_{c,w}^{car}$：

$$\boldsymbol{j}_{c,w}^{car}=C_f V_w \tag{7-48}$$

其中，V_w 为孔隙中水分传输速率（m/s)。

因此，氯离子总通量$\boldsymbol{j}_c^{car}$ 为：

$$\boldsymbol{j}_{\mathrm{c}}^{\mathrm{car}}=\boldsymbol{j}_{\mathrm{c,diff}}^{\mathrm{car}}+\boldsymbol{j}_{\mathrm{c,w}}^{\mathrm{car}}=C_{\mathrm{c}}V_{\mathrm{w}}-D_{\mathrm{c}}^{\mathrm{car}}\nabla C_{\mathrm{c}} \tag{7-49}$$

根据氯离子质量守恒方程：

$$\frac{\partial C_{\mathrm{t}}}{\partial t}=-\nabla\cdot\theta_{\mathrm{w}}\boldsymbol{j}_{\mathrm{c}}^{\mathrm{car}}=-\nabla\cdot(\theta_{\mathrm{w}}V_{\mathrm{w}}C_{\mathrm{f}}-\theta_{\mathrm{w}}D_{\mathrm{c}}^{\mathrm{car}}\nabla C_{\mathrm{f}}) \tag{7-50}$$

其中，C_{t} 为总氯离子含量（$\mathrm{kg/m^3}$ concrete）。

又因为：

$$\theta_{\mathrm{w}}V_{\mathrm{w}}=\boldsymbol{j}_{\mathrm{w,vol}}^{\mathrm{car}}=\frac{\boldsymbol{j}_{\mathrm{w,mass}}^{\mathrm{car}}}{\rho_{\mathrm{w}}}=-\frac{\delta_{\mathrm{v}}^{\mathrm{car}}(h)}{\rho_{\mathrm{w}}}p_{\mathrm{v,sat}}\nabla h \tag{7-51}$$

其中，$\boldsymbol{j}_{\mathrm{w,vol}}^{\mathrm{car}}$ 为考虑碳化影响的水分体积通量$[\mathrm{m^3/(m^2\cdot s)}]$。

因此将式(7-51) 代入式(7-50)，有：

$$\frac{\partial C_{\mathrm{t}}}{\partial t}=\nabla\cdot\left[\frac{\delta_{\mathrm{v}}^{\mathrm{car}}(h)}{\rho_{\mathrm{w}}}p_{\mathrm{v,sat}}\nabla hC_{\mathrm{f}}\right]+\nabla\cdot(\theta_{\mathrm{w}}D_{\mathrm{c}}^{\mathrm{car}}\nabla C_{\mathrm{f}}) \tag{7-52}$$

此外，总氯离子含量C_{t} 为：

$$C_{\mathrm{t}}=\theta_{\mathrm{w}}C_{\mathrm{f}}+C_{\mathrm{b}} \tag{7-53}$$

其中，C_{b} 为结合氯离子含量（$\mathrm{kg/m^3}$ of concrete）。

考虑到结合氯离子与自由氯离子的关系，以及结合氯离子受碳化的影响，那么结合氯离子不仅是自由氯离子的函数，而且也是碳化程度的函数，因此有：

$$\frac{\partial C_{\mathrm{t}}}{\partial t}=\frac{\partial\theta_{\mathrm{w}}C_{\mathrm{f}}}{\partial t}+\frac{\partial C_{\mathrm{b}}}{\partial C_{\mathrm{f}}}\frac{\partial C_{\mathrm{f}}}{\partial t}+\frac{\partial C_{\mathrm{b}}}{\partial\alpha_{\mathrm{c}}}\frac{\partial\alpha_{\mathrm{c}}}{\partial t} \tag{7-54}$$

那么氯离子传输的控制方程为：

$$\frac{\partial\theta_{\mathrm{w}}C_{\mathrm{f}}}{\partial t}+\frac{\partial C_{\mathrm{b}}}{\partial C_{\mathrm{f}}}\frac{\partial C_{\mathrm{f}}}{\partial t}+\frac{\partial C_{\mathrm{b}}}{\partial\alpha_{\mathrm{c}}}\frac{\partial\alpha_{\mathrm{c}}}{\partial t}=\nabla\cdot\left[\frac{\delta_{\mathrm{v}}^{\mathrm{car}}(h)}{\rho_{\mathrm{w}}}p_{\mathrm{v,sat}}\nabla hC_{\mathrm{f}}\right]+\nabla\cdot(\theta_{\mathrm{w}}D_{\mathrm{c}}^{\mathrm{car}}\nabla C_{\mathrm{f}}) \tag{7-55}$$

结合氯离子与自由氯离子的关系采用 Langmuir 方程表示：

$$C_{\mathrm{b}}=\frac{\alpha_{\mathrm{L}}\theta_{\mathrm{w}}C_{\mathrm{f}}}{1+\beta_{\mathrm{L}}\theta_{\mathrm{w}}C_{\mathrm{f}}} \tag{7-56}$$

其中，α_{L} 和β_{L} 为参数，与混凝土配合比相关。不掺矿物掺合料时，$\beta_{\mathrm{L}}=4.0$，$\alpha_{\mathrm{L}}=11.8$。

α_{L} 是决定混凝土氯离子结合能力的关键参数，而且碳化会导致氯离子结合能力降低，因此假设氯离子结合能力的降低与碳化程度呈线性关系，那么有：

$$C_{\mathrm{b}}=\frac{\alpha_{\mathrm{L}}(1-d\alpha_{\mathrm{c}})\theta_{\mathrm{w}}C_{\mathrm{f}}}{1+\beta_{\mathrm{L}}\theta_{\mathrm{w}}C_{\mathrm{f}}} \tag{7-57}$$

其中，d 为碳化引起的氯离子结合能力降低因子。

根据第 4 章的试验结果，无论先碳化再与氯离子接触，还是先与氯离子接触再碳化，完全碳化后水泥基材料样品中几乎不再具有结合氯离子的能力，因此认为混凝土完全碳化时的α_{L} 为 0，那么：

$$d=1-\frac{\alpha_{\mathrm{L,c}}}{\alpha_{\mathrm{L}}}=1 \tag{7-58}$$

其中，$\alpha_{\mathrm{L,c}}$ 为混凝土完全碳化时的α_{L}。

进一步：

$$\frac{\partial C_b}{\partial C_f}=\frac{\alpha_L(1-d\alpha_c)\theta_w}{(1+\beta_L\theta_w C_f)^2} \tag{7-59}$$

$$\frac{\partial C_b}{\partial \alpha_c}=-\frac{d\alpha_L\theta_w C_f}{1+\beta_L\theta_w C_f} \tag{7-60}$$

此外：

$$\frac{\partial \alpha_c}{\partial t}=-\frac{\frac{\partial C_{ch,d}}{\partial t}}{[C_{CaO}]_0}=\frac{I_{ch}}{[C_{CaO}]_0} \tag{7-61}$$

4）边界条件

由于CO_2、水分和氯离子的传输是互相影响的，因此需要同时定义三者的边界条件。干湿交替情况不同于全浸泡情况，干燥过程和润湿过程的边界条件必须分别定义。首先是干燥过程。试件接触外部环境，水分和CO_2能够在基体-大气界面处交换而氯离子则不能进出界面，因此：

$$CO_2\text{传输}:C_{CO_2}(x=0,t)=C_{CO_2e} \tag{7-62}$$

$$\text{水分传输}:h(x=0,t)=h_e \tag{7-63}$$

$$\text{氯离子传输}:\left[\frac{\delta_v^{car}(h)}{\rho_w}p_{v,sat}\frac{\partial h}{\partial x}C_f+\theta_w D_c^{car}\frac{\partial C_f}{\partial x}\right]\Bigg|_{x=0}=0 \tag{7-64}$$

其中，C_{CO_2e}为外部环境中CO_2浓度（%）；h_e为环境湿度。此外，式(7-64）表示界面处的氯离子通量为零。

润湿过程中基体表面与氯盐溶液接触，此时认为CO_2无法传输，水分和氯离子均可以进出界面，因此：

$$CO_2\text{传输}:C_{CO_2}(x=0,t)=0 \tag{7-65}$$

$$\text{水分传输}:h(x=0,t)=1.0 \tag{7-66}$$

$$\text{氯离子传输}:C_f(x=0,t)=C_e \tag{7-67}$$

其中，C_e为外部环境中盐溶液氯离子浓度（%）。

7.2.2 模型计算

本章采用有限差分法对上述偏微分方程求解。CO_2、水分及氯离子传输的控制方程的差分公式如下。

CO_2传输：

$$\begin{aligned}C_{co_2}(i,j+1)=&C_{CO_2}(i,j)\\&+\frac{dt}{\phi(i,j)-\theta_w(i,j)}\left[\frac{D_{CO_2}^{car}(i+1,j)+D_{CO_2}^{car}(i,j)}{2}\cdot\frac{C_{CO_2}(i+1,j)-C_{CO_2}(i,j)}{dx}\right.\\&-\frac{D_{CO_2}^{car}(i,j)+D_{CO_2}^{car}(i-1,j)}{2}\cdot\frac{C_{CO_2}(i,j)-C_{CO_2}(i-1,j)}{dx}\\&\left.-I_{ch}(i,j)\right]\end{aligned} \tag{7-68}$$

水分传输：

$$
\begin{aligned}
h(i,j+1)=&h(i,j)\\
&+\frac{\mathrm{d}t}{\xi_{\mathrm{hys}}(i,j)}\left[\left(\frac{detap(i+1,j)+detap(i,j)}{2}\cdot\frac{h(i+1,j)-h(i,j)}{\mathrm{d}x}\right.\right.\\
&\left.-\frac{detap(i,j)+detap(i-1,j)}{2}\cdot\frac{h(i,j)-h(i-1,j)}{\mathrm{d}x}\right)\frac{1}{\mathrm{d}x}\\
&\left.+I_{\mathrm{W_e}}(i,j)\right]
\end{aligned}
\tag{7-69}
$$

其中：

$$detap=\delta_{\mathrm{v}}^{\mathrm{car}}(h)p_{\mathrm{v,sat}}$$

$$\rho_{\mathrm{w}}\frac{\partial\theta_{\mathrm{w}}(h)}{\partial h}=\xi_{\mathrm{hys}}$$

氯离子传输：

$$
\begin{aligned}
C_{\mathrm{f}}(i,j+1)=&C_{\mathrm{f}}(i,j)+\frac{\mathrm{d}t}{(C_{\mathrm{b}}C_{\mathrm{f}}(i,j)+\theta_{\mathrm{w}}(i,j))\cdot\rho_{\mathrm{w}}}\\
&\cdot\left[\frac{detap(i+1,j)\cdot C_{\mathrm{f}}(i+1,j)+detap(i,j)\cdot C_{\mathrm{f}}(i,j)}{2}\right.\\
&\cdot\frac{h(i+1,j+1)-h(i,j+1)}{\mathrm{d}x}\\
&-\frac{detap(i,j)\cdot C_{\mathrm{f}}(i,j)+detap(i-1,j)\cdot C_{\mathrm{f}}(i-1,j)}{2}\\
&\left.\cdot\frac{h(i,j+1)-h(i-1,j+1)}{\mathrm{d}x}\right]\cdot\frac{1}{\mathrm{d}x}\\
&+\left[\frac{D_{\mathrm{c}}^{\mathrm{car}}(i+1,j)\cdot\theta_{\mathrm{w}}(i+1,j)+D_{\mathrm{c}}^{\mathrm{car}}(i,j)\cdot\theta_{\mathrm{w}}(i,j)}{2}\cdot\frac{C_{\mathrm{f}}(i+1,j)-C_{\mathrm{f}}(i,j)}{\mathrm{d}x}\right.\\
&\left.-\frac{D_{\mathrm{c}}^{\mathrm{car}}(i,j)\cdot\theta_{\mathrm{w}}(i,j)+D_{\mathrm{c}}^{\mathrm{car}}(i-1,j)\cdot\theta_{\mathrm{w}}(i-1,j)}{2}\cdot\frac{C_{\mathrm{f}}(i,j)-C_{\mathrm{f}}(i-1,j)}{\mathrm{d}x}\right]\\
&+[C_{\mathrm{b}}\alpha_{\mathrm{c}}(i,j)\cdot\alpha_{\mathrm{c}}t(i,j)]
\end{aligned}
\tag{7-70}
$$

其中：

$$C_{\mathrm{b}}C_{\mathrm{f}}=\frac{\partial C_{\mathrm{b}}}{\partial C_{\mathrm{f}}}$$

$$C_{\mathrm{b}}\alpha_{\mathrm{c}}=\frac{\partial C_{\mathrm{b}}}{\partial\alpha_{\mathrm{c}}}$$

$$\alpha_{\mathrm{c}}t=\frac{\partial\alpha_{\mathrm{c}}}{\partial t}$$

具体求解步骤如下：

1）根据第 j 步求解结果，首先求解第 $j+1$ 步湿度 h 及 CO_2 浓度 C_{CO_2} 的分布；

2）根据第 j 步氯离子浓度 C_{f} 求解结果，以及第 $j+1$ 步 h 和 C_{CO_2} 的求解结果，求解第 $j+1$ 步 C_{f} 的分布；

3）根据第 j 步含水量 θ_{w} 的求解结果及第 $j+1$ 步 h 的求解结果，求解第 $j+1$ 步 θ_{w}

的结果；

4）根据 θ_w 的演变判断第 $j+2$ 步是否为润湿过程，根据判断结果更新 CO_2、水分及氯离子传输的边界条件；

5）返回 1）进行下一步计算。

氯离子传输迭代过程示意图如图 7-2 所示。

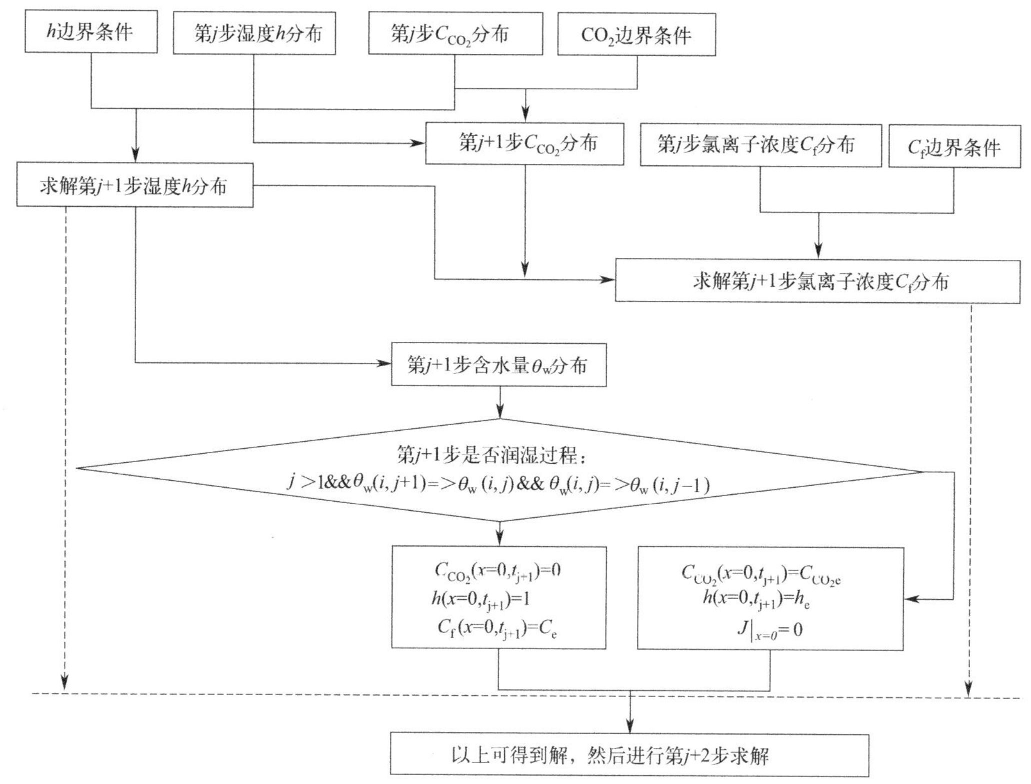

图 7-2 氯离子传输迭代过程示意图

7.2.3 模型验证

以 W/B 为 0.5 的混凝土为例，计算考虑不同作用时的氯离子分布结果。将计算过程中所采用的主要参数值列于表 7-1 中。

用于计算氯离子分布的主要参数及取值 表 7-1

参数	值	参数	值
a/c	3	E_c	442J/mol
W/B	0.5	a_c	11.489m²/g
ρ_a	2580kg/m³	V_{CSH}	15×10^{-5}m³/mol
ρ_c	2300kg/m³	V_{CH}	3.37×10^{-5}m³/mol
ρ_w	1000kg/m³	α_0	10^{-12}s
ϕ_0	0.25	α	0.05
R	8.314J/(mol·K)	h_c	0.75
T	298K	Ω_0	2.13
C_e	3.5%	δ_0	0.38

续表

参数	值	参数	值
h_{env}	70%	τ	23℃
ρ_{CO_2}	$1.977kg/m^3$	κ	1.0
$M(CO_2)$	44g/mol	$M(H_2O)$	18g/mol
P_{CO_2}	0.04%	θ_{w0}	0.1
$[C_{CaO}]_0$	$2970mol/m^3$ concrete	U_C	44.6kJ/(mol K)
P_{CSH}	38.8%	$T_{c,ref}$	298K
ΔV_{ch}	$3.85\times10^{-6}m^3/mol$	t_{ref}	28d
ΔV_{CSH}	$15.39\times10^{-6}m^3/mol$	t_e	120d
f_w	0.05	β_L	4.0
$H(C_{ch,d})$	1	$\alpha_{L,c}$	0
A_c	359/s	$D_{ch,d}$	$1.0\times10^{-13}m^2/s$
C_{CO_2e}	0.04%,20%		

1）不同作用机制下氯离子分布的计算结果

图 7-3 为仅考虑扩散作用时氯离子分布的计算结果。显然，图中不存在氯离子富集现象。随着距暴露面深度的增大，氯离子快速单调降低；随着时间的增长，氯离子含量逐渐增加。

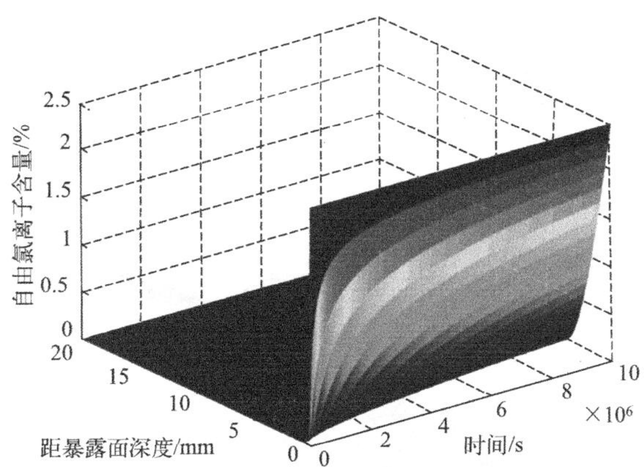

图 7-3　仅考虑扩散作用时氯离子分布的计算结果

图 7-4 为考虑扩散和水分传输（不考虑水分迟滞效应）时氯离子分布的计算结果。针对这种情况下的水分传输，含水量θ_w 与相对湿度 h 的关系不再通过扫描曲线描述，而是由式(7-71) 表示，因此氯离子分布的计算结果中将不存在水分迟滞效应的影响。从图中可以看出，由于增加了水分传输的影响，相比仅在扩散作用下，相同暴露深度和时间情况下的氯离子含量都增加明显，但计算结果中并没有出现氯离子富集现象。

$$\theta_w=\frac{Ck_mV_mh}{(1-k_mh)[1+(C-1)]k_mh} \tag{7-71}$$

其中，C、k_m 及V_m 为相关参数。水化时间t_e 大于 5d 且 $0.3\leqslant W/B\leqslant0.5$ 时，这些参数可以通过式(7-72)～式(7-75)得到：

$$C=\exp(855/T) \tag{7-72}$$

$$k_m=\frac{C(1-1/n_w)-1}{C-1} \tag{7-73}$$

$$n_w=(2.5+15/t_e)(0.33+2.2W/B) \tag{7-74}$$

$$V_m = (0.068 - 0.22/t_e)(0.85 + 0.45W/B) \tag{7-75}$$

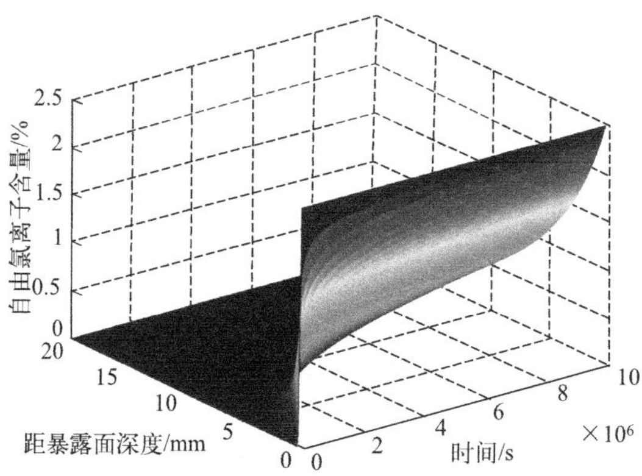

图 7-4　考虑扩散和水分传输（不考虑水分迟滞效应）时氯离子分布的计算结果

图 7-5 为考虑扩散和水分迟滞效应时氯离子分布的计算结果。由图可知，与不考虑迟滞效应的氯离子分布结果相比（图 7-4），相同时间和位置的氯离子含量有所增大。更重要的是考虑水分迟滞效应的计算结果中显示了氯离子富集现象的存在，不过富集现象比较微弱，氯离子浓度峰比较扁平，且仅出现在表层 0～1.0mm 内。

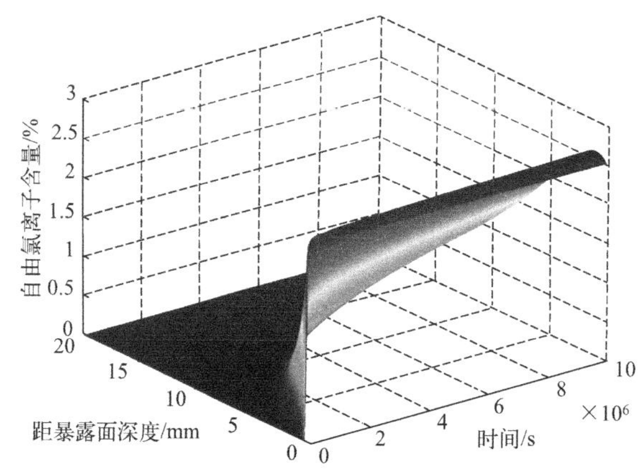

图 7-5　考虑扩散和水分迟滞效应时氯离子分布的计算结果

图 7-6 为考虑耦合扩散、水分迟滞以及碳化效应时氯离子分布的计算结果。由图可知，与不考虑碳化效应的计算结果相比（图 7-5），耦合碳化效应后氯离子分布结果中出现了明显的富集现象，表面氯离子浓度降低，氯离子浓度峰变得陡峭，且浓度峰出现的深度 Δx 有所增大。对比图 7-6(a) 和图 7-6(b) 还可以看出，当碳化效应增强时，表面氯离子浓度进一步降低，Δx 显著增加，富集现象变得十分显著。此外，最大氯离子浓度 C_{max} 及 Δx 都随着时间的增加而增大。

2）验证

图 7-7 为考虑不同机制时氯离子分布计算结果的代表性曲线。该图可以清晰地反映出不同机制对氯离子分布的影响。最重要的是，不同机制下氯离子含量随暴露深度变化所呈现出来的规律与第 3 章、第 5 章及第 6 章中试验结果的变化规律基本一致。

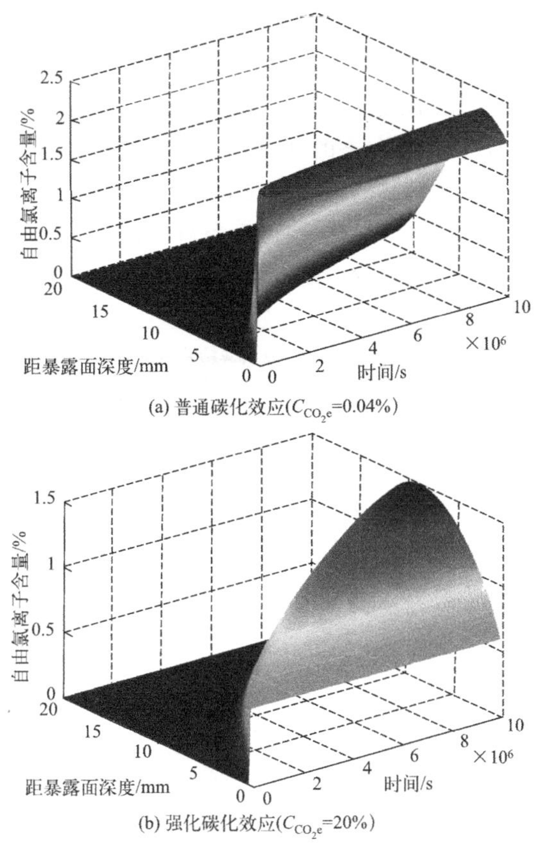

(a) 普通碳化效应(C_{CO_2e}=0.04%)

(b) 强化碳化效应(C_{CO_2e}=20%)

图 7-6　考虑耦合扩散、水分迟滞以及碳化效应时氯离子分布的计算结果

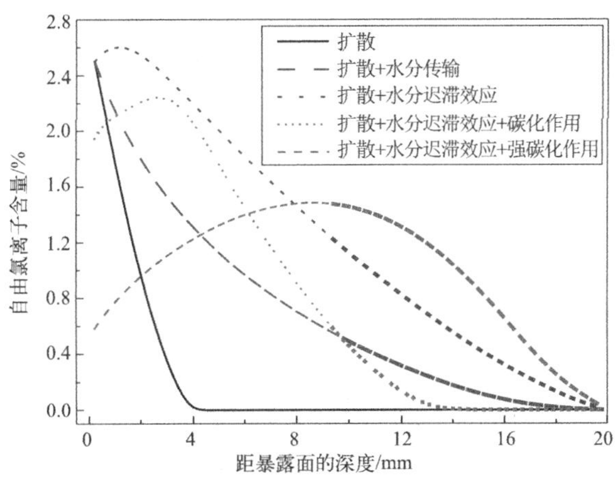

图 7-7　考虑不同机制时氯离子分布计算结果的代表性曲线

首先全浸泡状态下不出现富集现象（图 3-3 和图 5-1）。

其次，不存在碳化作用时，第 5 章中预碳化试件经干湿交替后没有出现富集现象（图 5-3），而第 6 章中普通试件在充满 N_2 的干湿交替条件下暴露后出现了微弱的富集现象（图 6-9）。如第 5 章所述，预碳化对孔结构的改变并不会导致富集现象不出现，但可能会造成该现象出现的时间延迟。第 5 章中 C-B 下氯离子分布曲线存在两个不同的区域[图 5-3(a)]

即预示着富集现象可能在更长暴露时间后出现。因此第 5 章和第 6 章关于不存在碳化作用时的氯离子分布结果并不矛盾。又考虑到第 6 章中试件本身的参数特征与模型的设计更为符合（第 6 章中试件的初始孔结构及初始氯离子结合能力均没有改变，第 5 章中 C-B 下试件这两方面的特征均已发生变化），而该情况下的计算结果也预测得到了氯离子浓度峰较为扁平且富集深度很小的富集现象，因此计算结果和试验结果是一致的。图 7-8(a) 显示了无 CO_2 的干湿交替环境下水灰比为 0.50 的试件的试验结果与对应计算结果。由图可知，计算结果和试验结果中表层氯离子的分布较为吻合，富集现象出现的深度均较小。

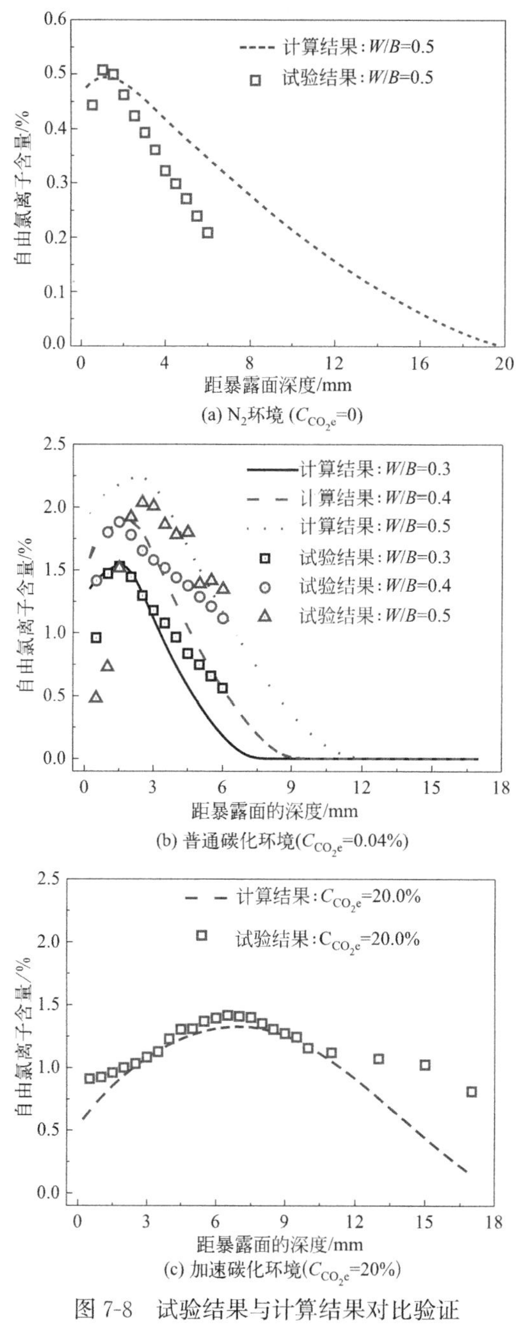

图 7-8 试验结果与计算结果对比验证

最后，暴露于试验室大气环境时，试验中存在一定的碳化反应并且试验结果中出现了明显的富集现象（图 3-3、图 5-7 及图 5-11），而考虑碳化效应的计算结果也出现了富集现象。图 7-8(b) 显示了普通碳化条件下三个水灰比砂浆试件的试验结果与计算结果。可见两种结果在表层的变化趋势较为一致，尤其是氯离子浓度峰出现的位置。而当暴露于加速碳化环境下，试验结果中出现了十分显著的富集现象，其出现的位置向基体内部迁移显著，而计算结果也清楚地显现了这一变化。图 7-8(c) 显示了加速碳化环境下水灰比为 0.50 的砂浆试件的试验结果与计算结果。可知虽然计算的氯离子含量略小于试验值，但两种氯离子分布曲线中富集现象出现的位置均明显向深处迁移并且十分一致。综上分析可知，理论计算和试验结果的一致性说明该耦合水分迟滞效应和碳化效应的综合性数值模型具有较高的可靠性，可用于预测干湿交替条件下氯离子的分布情况。

目前关于干湿交替条件下氯离子富集现象的模拟计算，Joško 建立的考虑水分迟滞效应的数值模型得到的结果与试验结果最为吻合。该模型计算结果出现了明显的富集现象，并且氯离子含量与试验结果十分接近，但计算的氯离子浓度峰出现的深度均要小于试验结果。而本章提出的模型在水分迟滞效应的基础上耦合了碳化效应，计算结果也显示出富集现象出现的位置在碳化作用下会向内迁移，且与本章中试验测得的富集深度较为一致，因此本章提出的数值模型更加完善，更符合实际，进一步推动了干湿交替条件下氯离子分布预测研究的发展，具有重要的意义。

7.2.4　影响因素分析

1）CO_2 浓度（C_{CO_2e}）

图 7-9 为不同 C_{CO_2e} 对氯离子分布的影响。由图可知，随着 C_{CO_2e} 的增大，氯离子浓度峰逐渐变得凸出，富集现象出现的深度逐渐增大，但氯离子含量却逐渐减小。由于随着碳化的进行，基体的孔隙率是逐渐减小的，而且 C_{CO_2e} 越大，相同时间和空间内碳化程度越大，相应的孔隙率减小更明显，因此导致氯离子含量减少。

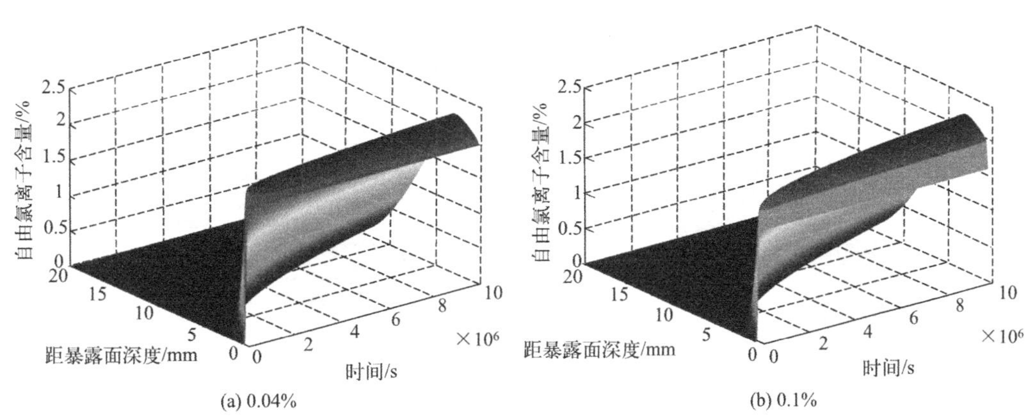

图 7-9　不同 C_{CO_2e} 对氯离子分布的影响（一）

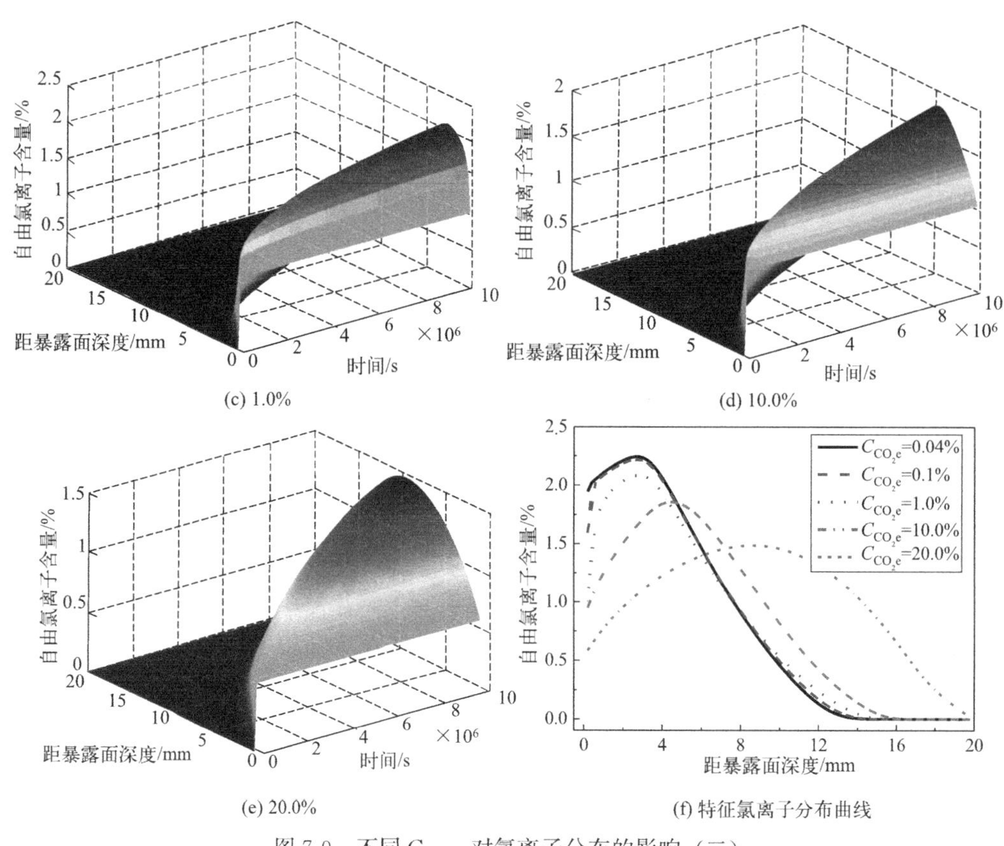

(c) 1.0%　(d) 10.0%

(e) 20.0%　(f) 特征氯离子分布曲线

图 7-9　不同 C_{CO_2e} 对氯离子分布的影响（二）

2）初始湿度（h_i）

图 7-10 为 h_i 对氯离子分布的影响。由图可知，初始湿度越小，富集现象越明显。无论是最大氯离子浓度值 C_{max} 的大小还是出现的深度 Δx，都是随着 h_i 的增大而变小。尤其当 h_i 为 90%时，富集现象变得非常微弱。

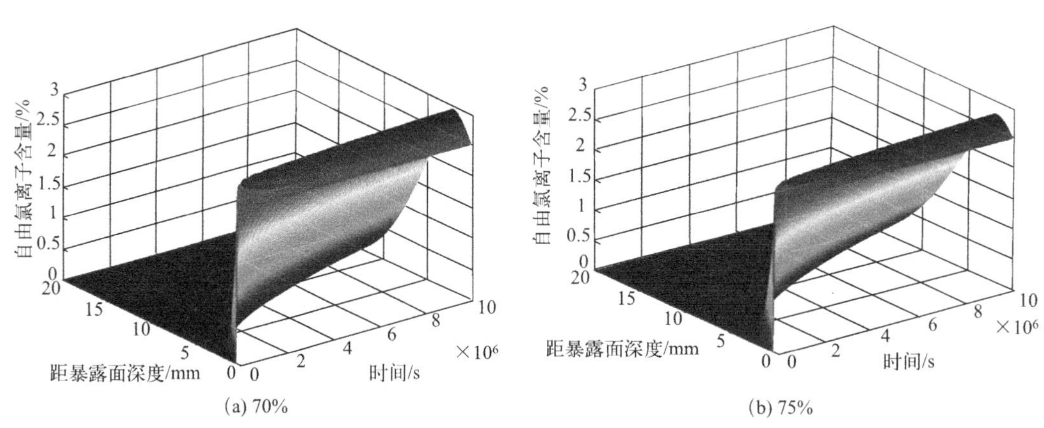

(a) 70%　(b) 75%

图 7-10　h_i 对氯离子分布的影响（一）

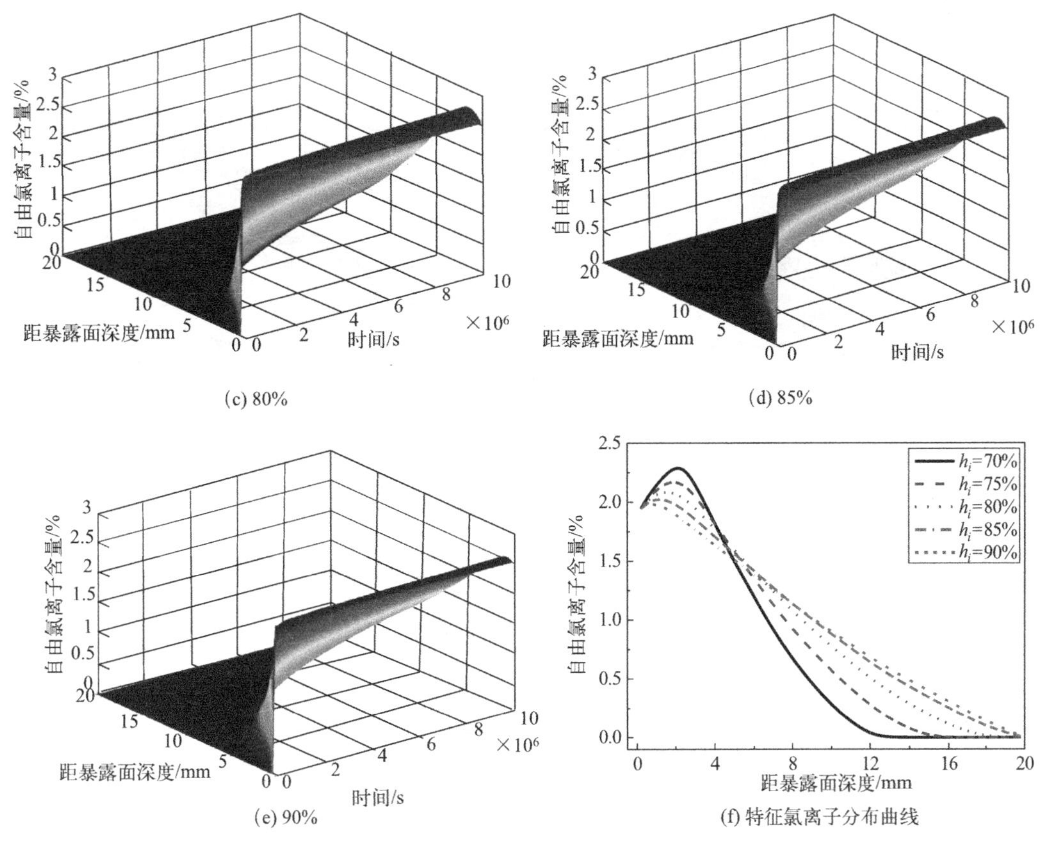

图 7-10　h_i 对氯离子分布的影响（二）

3）W/B

图 7-11 为 W/B 对氯离子分布的影响。从图中可以看出，随着 W/B 的增大，$C_{\max}$ 逐渐增加，Δx 也有所增加。总之，W/B 越大，富集现象越明显。

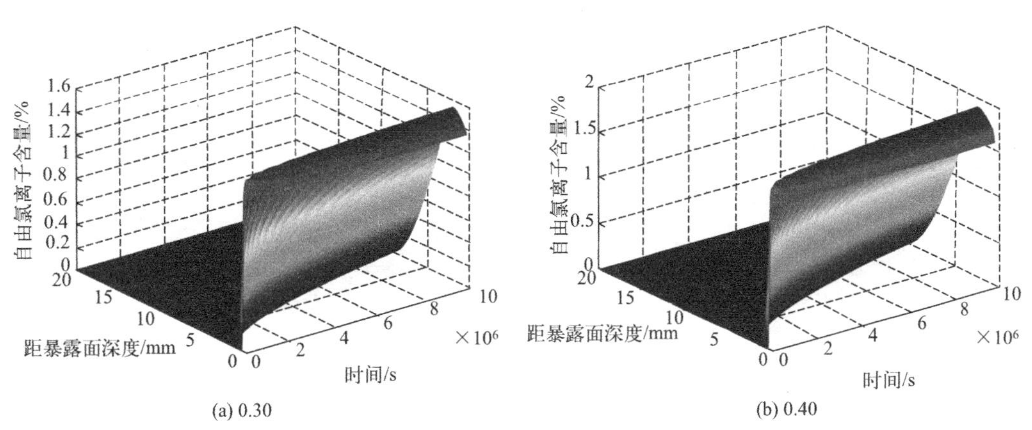

图 7-11　W/B 对氯离子分布的影响（一）

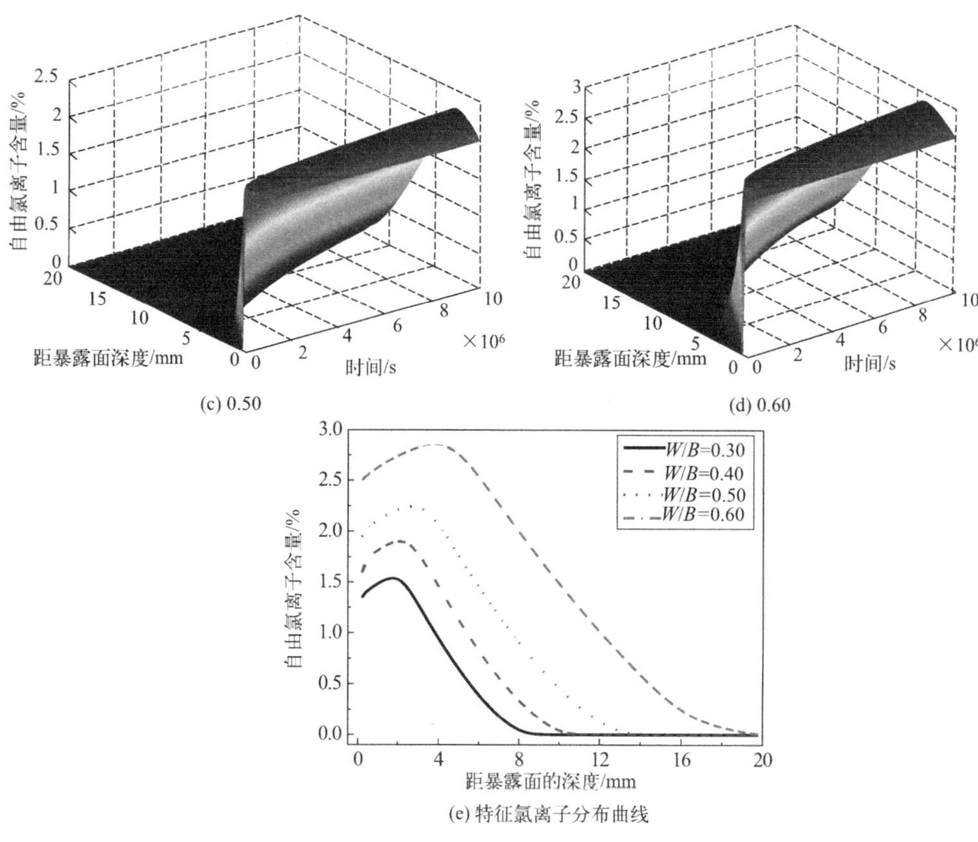

(c) 0.50

(d) 0.60

(e) 特征氯离子分布曲线

图 7-11 W/B 对氯离子分布的影响（二）

4）外部盐溶液浓度（C_e）

图 7-12 为 C_e 对氯离子分布的影响。由图可知，当 C_e 增大后，相同时间和空间的氯离子含量也随之增大，但 C_{max} 出现的位置 Δx 基本不变。

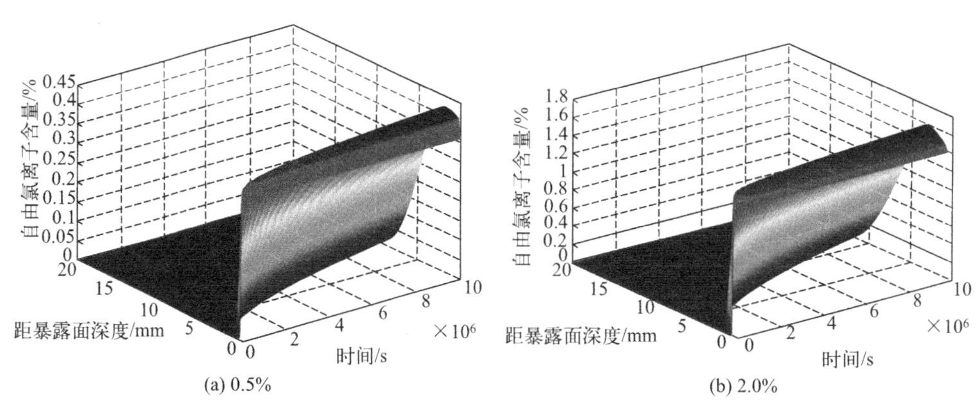

(a) 0.5%

(b) 2.0%

图 7-12 C_e 对氯离子分布的影响（一）

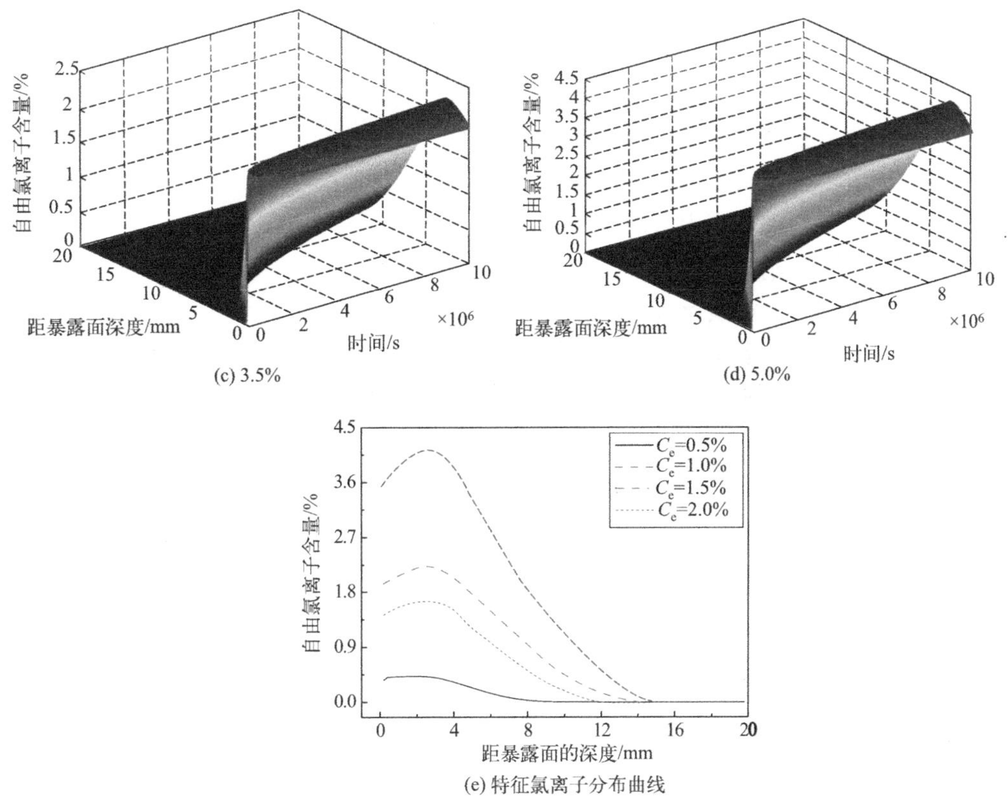

图 7-12　C_e 对氯离子分布的影响（二）

7.3　本章小结

1）本章耦合水分迟滞效应及碳化作用对氯离子迁移的影响，建立了干湿交替环境下的氯离子传输数值模型。该模型的计算结果与不同碳化条件下的试验结果能够很好地吻合，尤其在富集现象出现的深度上高度一致，这也弥补了富集现象预测一直存在的缺陷。说明本章提出的数值模型更加完善，更符合实际，在干湿交替环境下氯离子传输的预测研究上更进一步。

2）考虑不同机制时的计算结果显示，仅考虑扩散作用时没有出现富集现象；考虑扩散和水分传输但不考虑水分迟滞效应时也没有出现富集现象；考虑扩散和水分迟滞效应时出现了微弱的富集现象，氯离子浓度峰较为扁平，Δx 非常小；考虑扩散、水分迟滞及碳化效应时出现了明显的富集现象，且碳化效应增强后浓度峰变得凸出且 Δx 会显著增大。

3）不同参数下的计算结果显示，干燥环境中 CO_2 浓度越大，Δx 越大，但 C_{max} 越小；基体内初始湿度增加可导致 Δx 及 C_{max} 有所减小；Δx 及 C_{max} 均会随着 w/b 的增大而明显增加；外界盐溶液浓度增大会显著增加 C_{max}，但 Δx 基本不变。

符号注释

C_{CO_2}	混凝土内二氧化碳浓度(%)
h	混凝土内相对湿度
C_f	混凝土内自由氯离子含量(kg/m^3 pore solution)
C_b	结合氯离子含量(kg/m^3 concrete)
C_t	总氯离子含量(kg/m^3 concrete)
ϕ	混凝土孔隙率
θ_w	混凝土含水量或孔溶液体积含量(m^3 pore solution/m^3 concrete)
I_{ch}	CO_2 与 $Ca(OH)_2$ 反应的消耗速率
J_{CO_2}	CO_2 的通量[mol/(m^2·s)]
$D_{CO_2}^{car}$	CO_2 的扩散系数(m^2/s)
$\Delta\phi_c$	混凝土完全碳化后孔隙率的减小量
α_c	碳化程度
$C_{ch,d}$	混凝土中溶解的 $Ca(OH)_2$ 的摩尔浓度(mol/m^3 pore solution)
$J_{ch,d}$	溶解的 $Ca(OH)_2$ 的通量[mol/(m^2·s)]
r_c	温度依赖性参数
$j_{w,mass}$	水分通量[kg/(m^2·s)]
$\delta_v(h)$	水蒸气渗透性[kg/(m·s·Pa)]
$p_{v,sat}$	水蒸气饱和压力(Pa)
$f_1(h)$	水分传输影响函数
$f_p(\Omega,\delta)$	孔结构变化对水分传输参数的影响函数
δ	孔结构的阻碍率
Ω	孔结构的曲折度
r_p	不同碳化程度时的最可几孔径(nm)
$f_h(W/B)$	评估无碳化混凝土中不同水胶比下的最可几孔径函数
$f_c(W/B)$	碳化引起的水胶比对最可几孔径影响的函数
$j_{w,mass}^{car}$	考虑碳化影响后的水分通量[kg/(m^2·s)]
I_{w_e}	碳化反应释放水分的速率
ξ	水分储存能力
ξ_{hys}	与扫描曲线相对应的水分储存能力
θ_{wa}	在给定湿度下,由主吸附曲线计算得到的孔溶液体积含量
θ_{wd}	在给定湿度下,由主脱附曲线计算得到的孔溶液体积含量
ξ_a	与主吸附曲线相对应的水分储存能力
ξ_d	与主脱附曲线相对应的水分储存能力
u_a	吸附时混凝土中水分含量(质量比)

u_d	脱附时混凝土中水分含量(质量比)
θ_{w0}	初始孔溶液体积含量
D_c^{car}	受碳化影响的自由氯离子扩散系数(m^2/s)
D_c	无碳化时的自由氯离子扩散系数(m^2/s)
$D_{c,ref}$	参比自由氯离子扩散系数(m^2/s)
$h_1(h)$	湿度对扩散系数的影响函数
$h_2(T)$	温度对扩散系数的影响函数
$h_3(t_e)$	龄期对扩散系数的影响函数
m	反映龄期降低系数的参数
$j_{c,conv}^{car}$	因水分传输而引起的氯离子通量[$kg/(m^2 \cdot s)$]
V_w	孔溶液传输速率(m/s)
j_c^{car}	氯离子总通量[$kg/(m^2 \cdot s)$]
$j_{w,vol}^{car}$	考虑碳化影响的水分体积通量[$m^3/(m^2 \cdot s)$]
α_L	氯离子结合曲线的参数
d	碳化引起的氯离子结合能力降低因子
C_e	外界盐溶液浓度(%)
C_{CO_2e}	环境 CO_2 浓度(%)
h_e	环境湿度(%)

本章参考文献

[1] Sergi G, Yu S, Page C. Diffusion of chloride and hydroxyl ions in cementitious materials exposed to a saline environment [J]. Magazine of Concrete Research, 1992, 44 (158): 63-69.

[2] Masi M, Colella D, Radaelli G, et al. Simulation of chloride penetration in cement-based materials [J]. Cement and Concrete Research, 1997, 27 (10): 1591-1601.

[3] Khatri R, Sirivivatnanon V. Characteristic service life for concrete exposed to marine environments [J]. Cement and Concrete Research, 2004, 34 (5): 745-752.

[4] Song H, Shim H, Petcherdchoo A, et al. Service life prediction of repaired concrete structures under chloride environment using finite difference method [J]. Cement and Concrete Composites, 2009, 31 (2): 120-127.

[5] Marchand J, Samson E. Predicting the service-life of concrete structures-limitations of simplified models [J]. Cement and Concrete Composites, 2009, 31 (8): 515-521.

[6] L. Tang. Chloride transport in concrete-measurements and prediction [D]. Göteborg, Sweden: Chalmers tekniska högskola, 1996.

[7] Tang L. Engineering expression of the ClinConc model for prediction of free and total chloride ingress in submerged marine concrete [J]. Cement and Concrete Research, 2008, 38 (8-9): 1092-1097.

[8] Xi Y, Bazant Z. Modeling chloride penetration in saturated concrete [J]. Journal of Materials in Civil Engineering, 1999, 11 (1): 58-65.

[9] Xi Y, Willam K, Frangopol D. Multi-scale modeling of interactive diffusion processes in concrete [J]. Journal of Engineering Mechanics, 2000, 126 (3): 258-265.

[10] Xi Y, Jennings H. Shrinkage of cement paste and concrete modeled by a multi-scale effective homo-

geneous theory [J]. Materials and Structures, 1997, 30: 329-339.

[11] MartōÂn-PeÂrez B, Zibara H, Hooton R, et al. A study of the effect of chloride binding on service life predictions [J]. Cement and Concrete Research, 2000, 30 (8): 1215-1223.

[12] Yuan Qiang. Fundamental studies on test methods for the transport of chloride ions in cementitious materials [D]. Gent: University Gent, 2009.

[13] Ishida T, Iqbal P, Anh H. Modeling of chloride diffusivity coupled with non-linear binding capacity in sound and cracked concrete [J]. Cement and Concrete Research, 2009, 39 (10): 913-923.

[14] Cheol Choi Y, Park B, Pang G, et al. Modelling of chloride diffusivity in concrete considering effect of aggregates [J]. Construction and Building Materials, 2017, 136: 81-87.

[15] Saetta A, Scotta R, Vitaliani R. Analysis of chloride diffusion into partially saturated concrete [J]. ACI Materials Journal, 1993, 90 (5): 441-451.

[16] Costa A, Appleton J. Chloride penetration into concrete in marine environment-Part II: Prediction of long term chloride penetration [J]. Materials and Structures, 1999, 32: 354-359.

[17] Nielsen E, Geiker M. Chloride diffusion in partially saturated cementitious material [J]. Cement and Concrete Research, 2003, 33 (1): 133-138.

[18] Ababneh A, Benboudjema F, Xi Y. Chloride penetration in nonsaturated concrete [J]. Journal of Materials in Civil Engineering, 2003, 15 (2): 183-191.

[19] Conciatori D, Sadouki H, Brühwiler E. Capillary suction and diffusion model for chloride ingress into concrete [J]. Cement and Concrete Research, 2008, 38 (12): 1401-1408.

[20] Ngala V, Page C. Effects of carbonation on pore structure and diffusional properties of hydrated cement pastes [J]. Cement and Concrete Research, 1997, 27 (7): 995-1007.

[21] Bastidas-Arteaga E, Chateauneuf A, Sánchez-Silva M, et al. A comprehensive probabilistic model of chloride ingress in unsaturated concrete [J]. Engineering Structures, 2011, 33: 720-730.

[22] 张奕. 氯离子在混凝土中的输运机理研究 [D]. 杭州：浙江大学，2008.

[23] 李春秋. 干湿交替下表层混凝土中水分与离子传输过程研究 [D]. 北京：清华大学，2009.

[24] Lin G, Liu Y, Xiang Z. Numerical modeling for predicting service life of reinforced concrete structures exposed to chloride environments [J]. Cement and Concrete Composites, 2010, 32: 571-579.

[25] Ožbolt J, Orsanic F, Balabanic G. Modeling influence of hysteretic moisture behavior on distribution of chlorides in concrete [J]. Cement and Concrete Composites, 2016, 63: 73-84.

[26] Brunauer S, Skalny J, Bodor E. Adsorption on non-porous solids [J]. Journal of Colloid and Interface Science, 1969, 30 (4): 546-552.

[27] Kurt Kielsgaard Hansen. Sorption Isotherms: A Catalogue [D]. Danish: Danish Technical University, 1986.

[28] Pedersen C. Combined heat and moisture transfer in building constructions [D]. Lyngby: Denmark Teknisk Hoejskole, 1990.

[29] Baroghel-Bouny V. Water vapour sorption experiments on hardened cementitious materials: part I: Essential tool for analysis of hygral behavior and its relation to pore structure [J]. Cement and Concrete Research, 2007, 37 (3): 414-437.

[30] Backus J, McPolin D, Basheer M, et al. Exposure of mortars to cyclic chloride ingress and carbonation [J]. Advances in Cement Research, 2013, 25 (1): 3-11.

[31] Chindaprasirt P, Rukzon S, Sirivivatnanon V. Effect of carbon dioxide on chloride penetration and chloride ion diffusion coefficient of blended Portland cement mortar [J]. Construction and Building

Materials, 2008, 22 (8): 1701-1707.

[32] Wan X, Wittmann F, Zhao T, et al. Chloride content and pH value in the pore solution of concrete under carbonation [J]. Journal of Zhejiang University Science. 2013, 4 (1): 71-78.

[33] Lee M, Jung S, Oh B. Effects of carbonation on chloride penetration in concrete [J]. ACI Materials Journal, 2013, 110 (5): 559-566.

[34] Yoon I. Deterioration of concrete due to combined reaction of carbonation and chloride penetration: Experimental study [J]. Advances in Fracture and Damage Mechanics Ⅵ, 2007, 348-349: 729-732.

[35] Tumidajski P, Chan G. Effect of sulfate and carbon dioxide on chloride diffusivity [J]. Cement and Concrete Research, 1996, 26 (4): 551-556.

[36] Yuan C, Niu D, Luo D. Effect of carbonation on chloride diffusion in fly ash concrete [J]. Computers and Concrete, 2012, 5 (4): 312-316.

[37] Delnavaz A, Ramezanianpour A. The assessment of carbonation effect on chloride diffusion in concrete based on artificial neural network model [J]. Magazine of Concrete Research, 2012, 64 (10): 877-884.

[38] Hassan Z. Binding of external chloride by cement pastes [D]. Canada: University of Toronto, 2001.

[39] Suryavanshi A, Narayanswamy R. Stability of Friedel' s salt in carbonation in carbonated concrete structural elements [J]. Cement and Concrete Research, 1996, 26 (5): 717-727.

[40] Geng J, Easterbrook D, Liu Q, et al. Effect of carbonation on release of bound chlorides in chloride contaminated concrete [J]. Magazine of Concrete Research, 2016, 68 (7): 353-363.

[41] Ye H, Jin X, Fu C, et al. Chloride penetration in concrete exposed to cyclic drying-wetting and carbonation [J]. Construction and Building Materials, 2016, 112: 457-463.

[42] Ansticea D, Pageb C, Page M. The pore solution phase of carbonated cement pastes [J]. Cement and Concrete Research, 2005, 35 (2): 377-383.

[43] Hyvert N, Sellier A, Duprat F, et al. Dependency of C-S-H carbonation rate on CO_2 pressure to explain transition from accelerated tests to natural carbonation [J]. Cement and Concrete Research, 2010, 40 (1): 1582-1589.

[44] Liu R, Jiang L, Xu J, et al. Influence of carbonation on chloride-induced reinforcement corrosion in simulated concrete pore solutions [J]. Construction and Building Materials, 2014, 56: 16-20.

[45] Fu C, Ye H, Jin X, et al. A reaction-diffusion modeling of carbonation process in self-compacting concrete [J]. Computers and Concrete, 2015, 15 (5): 847-864.

[46] Malheiro R, Camões A, Ferreira R, et al. Effect of carbonation on the chloride diffusion of mortar specimens exposed to cyclic wetting and drying [C], in: International Conference on Durability of Building Materials and Components, XIII DBMC, 2014: 482-489.

[47] Zhu X, Zi G, Cao Z, et al. Combined effect of carbonation and chloride ingress in concrete [J]. Construction and Building Materials, 2016, 110: 369-380.

[48] Meijers S, Bijen J, de Borse R, et al. Computational results of a model for chloride ingress in concrete including convection, dying-wetting cycles and carbonation [J]. Materials and Structures, 2005, 38: 145-154.

[49] Yoon I. Simple approach to calculate chloride diffusivity of concrete considering carbonation [J]. Computers and Concrete, 2009, 6 (1): 1-18.

[50] Puatatsananon W, Saouma V. Nonlinear coupling of carbonation and chloride diffusion in concrete [J]. Journal of Materials in Civil Engineering ASCE, 2005, 17 (3): 264-275.

[51] De Belie N，Kratky J，Van Vlierberghe S. Influence of pozzolans and slag on the microstructure of partially carbonated cement paste by means of water vapor and nitrogen sorption experiments and BET calculations [J]. Cement and Concrete Research，2010，40 (2)：1723-1733.

[52] Baroghel-Bouny V. Water vapour sorption experiments on hardened cementitious materials. Part I：Essential tool for analysis of hygral behaviour and its relation to pore structure [J]. Cement and Concrete Research，2007，37 (3)：414-437.

[53] Maruyama I，Igarashi G. Mechanism of moisture sorption hysteresis of hardened cement paste [J]. Cement Science and Concrete Technology，2011，64：96-102.

[54] Mualem Y. A conceptual model of hysteresis [J]. Water Resources Research，1974，10 (3)：514-520.

[55] Hansen K. Sorption Isotherms - a Catalogue [D]. Denmark，Denish Technical University，1986.

[56] Xi Y，Bazant Z，Jennings H. Moisture diffusion in cementitious materials adsorption isotherms [J]. Advance Cement Based Materials，1994，1 (6)：248-257.

[57] Ranaivomanana H，Verdier J，Sellier A，et al. Toward a better comprehension and modeling of hysteresis cycles in the water sorptiondesorption process for cement based materials [J]. Cement and Concrete Research，2011，41 (8)：817-827.

[58] Bazant M，Bazant Z. Theory of sorption hysteresis in nanoporous solids：Part II molecular condensation [J]. Journal of Mechanics and Physics Solids，2012，60 (9)：1660-1675.

[59] Derluyn H，Derome D，Carmeliet J，et al. Hysteretic moisture behavior of concrete：Modeling and analysis [J]. Cement and Concrete Research，2012，42 (10)：1379-1388.

[60] Li C. Study on Water and Ionic Transport Processes in Cover Concrete under Drying-wetting Cycles [D] Beijing：Tsinghua University，2009.

[61] Dullien F. Porous media：Fluid transport and pore structure [M]. San Diego：Academic Press，1992.

[62] Espinosa R，Franke L. Inkbottle Pore-method：Prediction of hygroscopic water content in hardened cement paste at variable climatic conditions [J]. Cement and Concrete Research，2006，36 (10)：1954-1968.

[63] Thomas M，Bamforth P. Modeling chloride diffusion in concrete：Effect of fly ash and slag [J]. Cement and Concrete Research，1999，29 (4)：487-495.

[64] Brue F，Davy C，Skoczylas F，et al. Effect of temperature on the water retention properties of two high performance concretes [J]. Cement and Concrete Research，2012，42 (2)：384-396.

[65] Ishida T，Maekawa K，Kishi T. Enhanced modeling of moisture equilibrium and transport in cementitious materials under arbitrary temperature and relative humidity history [J]. Cement and Concrete Research，2007，37：565-578.

[66] Papadakis V，Vayenas C，Fardis M. Fundamental modeling and experimental investigation of concrete carbonation [J]. ACI Materials Journal，1991，88 (4)：363-373.

[67] Papadakis V，Vayenas C，Fardis M. A reaction engineering approach to the problem of concrete carbonation [J]. Journal of America Instructions and Engineering，1989，35 (10)：1639-1650.

[68] Papadakis V，Vayenas C，Fardis M. Physical and chemical characteristics affecting the durability of concrete [J]. ACI Materials Journal，1991，88 (2)：186-196.

[69] Niu D，Chen L，Zhang C. Computational model of gas diffusion coefficient in concrete [J]. Journal of Xian University of Architecture and Technology，2007，39 (6)：741-745.

[70] Duprat F，Vu N，Sellier A. Accelerated carbonation tests for the probabilistic prediction of the durability of concrete structures [J]. Construction and Building Materials，2014，66：597-605.

[71] Saetta A，Vitaliani R. Experimental investigation and numerical modeling of carbonation process in

reinforced concrete structures part I: Theoretical formulation [J]. Cement and Concrete Research, 2004, 34 (4): 571-579.

[72] Kwiatkowski J, Woloszyn M, Roux J. Modelling of hysteresis influence on mass transfer in building materials [J]. Buildings and Environments, 2009, 44: 633-642.

[73] Bažant Z, Kaplan M. Concrete at High Temperatures [J]. Longman Group Limited, 1996.

[74] Bažant Z, Najjar L. Nonlinear water diffusion in nonsaturated concrete [J]. Materials and Structures, 1972, 5: 3-20.

[75] Bažant Z. Pore pressure, uplift and failure analysis of concrete dam [C], in: Proceeding. Symposium On Criteria & Assumptions for Numerical Analysis of Dam, 1975: 781-808.

[76] Zhu X, Zi G, Cao Z, et al. Combined effect of carbonation and chloride ingress in concrete [J]. Construction and Building Materials, 2016, 110: 369-380.

[77] Ishida T, Iqbal P, Anh H. Modeling of chloride diffusivity coupled with nonlinear binding capacity in sound and cracked concrete [J]. Cement and Concrete Research, 2009, 39 (10): 913-923.

[78] Nakarai K, Ishida T, Maekawa K. Multi-scale physicochemical modeling of soil-cementitious material interaction [J]. Soils Found, 2006, 46 (5): 653-663.

[79] Ochs F, Heidemann W, Müller-Steinhagen H. Effective thermal conductivity of moistened insulation materials as a function of temperature [J]. International Journal of Heat and Mass Transfer, 2008, 5: 539-552.

[80] Martín-Peréz B, Pantazopoulou S, Thomas M. Numerical solution of mass transport equations in concrete structures [J]. Computers and Structures, 2001, 79 (13): 1251-1264.

[81] Saillio M, Baroghel-Bouny V, Barberon F. Chloride binding in sound and carbonated cementitious materials with various types of binder [J]. Construction and Building Materials, 2014, 68: 82-91.

[82] Goñi S, Guerrero A. Accelerated carbonation of Friedel' s salt in calcium aluminate cement paste [J]. Cement and Concrete Research, 2003, 33 (1): 21-26.

[83] Kayyali O, Haque M. Effect of carbonation on the chloride concentration in pore solution of mortars with and without fly ash [J]. Cement and Concrete Research, 1988, 18 (4): 636-648.

第 8 章　考虑氯离子富集现象的寿命预测模型

8.1　富集现象对寿命预测的影响

处于干湿交替氯盐侵蚀环境下的混凝土结构，当氯离子分布存在富集现象时，认为可应用 Fick 第二定律基本扩散方程进行寿命预测的实际区域为 $\Delta x \sim x$，而扩散区有效表面氯离子浓度为而 C_{max} 不是 C_s，有效保护层厚度为（x_0—Δx）而不是设计保护层厚度 x_0，如图 1-4(b) 所示。

正如前文所述，由于获得混凝土表面氯离子浓度的传统拟合法以及有效保护层厚度的确定并未考虑到氯离子富集现象的影响，因此针对出现了富集现象的混凝土结构，直接依据 Fick 第二定律基本扩散方程确定 C_s 以及直接选择 x_0 作为有效保护层厚度的传统做法的可靠性较低，最终会导致混凝土结构耐久性评价与服役寿命预测的偏差。

Ann 已通过相关研究与分析验证了上述观点，其研究结果表明：在氯离子扩散系数设为定值的条件下，若取潮汐区中暴露时间长达 60 年的表面氯离子浓度值为常数值进行寿命预测，则混凝土结构服役寿命的初始期将被明显低估；而基于时间依赖性与富集现象的有效表面氯离子浓度，更符合混凝土结构的寿命预测。Arya 通过具体的计算说明了表面氯离子浓度增大后混凝土结构的服役寿命会大大缩短，表面氯离子浓度对保护层厚度和钢筋开始锈蚀时间的影响见表 8-1。假设有效表面氯离子浓度为 0.1%（相比混凝土质量），那么要满足钢筋不锈蚀的时间为 100 年时，就要求有效保护层厚度为 60mm。而当有效表面氯离子浓度增大到 0.3%时，要想满足 100 年，则有效保护层厚度则要增加到 145mm，显然这在实际工程中不易实现。而若此时的保护层厚度还为 60mm 时，那么钢筋开始锈蚀的时间就会大大缩短为 18 年。同样当有效表面氯离子浓度为 1.35%时，所需要的保护层厚度大到不切实际，而钢筋开始锈蚀的时间也极大地缩短。因此，当富集现象出现时，选取 C_s 还是 C_{max} 作为有效表面氯离子浓度，预测得到的混凝土的服役寿命会有很大的差别。

表面氯离子浓度对保护层厚度和钢筋开始锈蚀时间的影响　　表 8-1

表面氯离子浓度/%	100 年服役寿命所需保护层厚度/mm	侵蚀 60mm 保护层厚度所需时间/年
0.10	60	100
0.30	145	18
1.35	225	7

注：假设 $D_{app}=2\times10^{-12}m^2/s$，钢筋锈蚀临界氯离子浓度为 0.06%。

此外，在 Arya 假设的基础上，根据 Fick 第二定律扩散方程计算了有效保护层厚度对钢筋开始锈蚀时间的影响，保护层厚度对钢筋开始锈蚀时间的影响见表 8-2。从表中可以看出，有效保护层厚度降低 5.0mm，钢筋开始锈蚀时间就会降低 14 年，寿命损失较为明显。

因此，考虑干湿交替环境下混凝土表层氯离子富集现象对表面氯离子及保护层厚度的影响，建立考虑富集现象的混凝土结构服役寿命预测模型，具有重要的理论价值与实际意义。

保护层厚度对钢筋开始锈蚀时间的影响　　**表 8-2**

设计保护层厚度/mm	对流区深度/mm	有效保护层厚度/mm	钢筋锈蚀时间/年
x_0	Δx	$x-\Delta x$	t
60	0	60	100
60	5	55	86
60	10	50	72

注：假设 $D_{app}=2\times10^{-12}\text{m}^2/\text{s}$，钢筋锈蚀临界氯离子浓度为 0.06%，有效表面氯离子浓度为 0.1%。

8.2　考虑富集现象的扩散方程的建立

基于 Andrade 提出的计算出现富集现象的混凝土结构服役寿命的方法以及结合 Ye 的相关研究，将 Fick 第二定律基本扩散方程[式(1-12)]修正为考虑富集现象影响的氯离子扩散方程：

$$C_{(x,t)}=C_0+(C_{max}-C_0)\left(1-erf\left[\frac{x_0-\Delta x}{2\sqrt{Dt}}\right]\right) \tag{8-1}$$

式中各参数含义已在前文表述。从式中可以看出，D、C_{max} 及 Δx 是影响预测模型可靠性的关键因子。但是，大量调研结果显示 D、C_{max} 及 Δx 这三个参数不是稳定不变的，而是会随着配合比，暴露位置，暴露时间等因素变化。而在对干湿交替环境下的混凝土结构进行耐久性评估和寿命预测时，如果将所有影响因素都考虑进来将会非常困难，所以该部分重点考虑 D、C_{max} 及 Δx 随时间的变化规律，提出更加完善的扩散方程。

1）D（氯离子扩散关系）

水泥基材料的 D 是随着时间的增大而逐渐减小的。这是因为持续的水泥水化会降低孔隙率及细化孔径，而且一些水化产物与氯离子反应生成 Friedel 盐等化合物沉积在孔隙中也会阻碍氯离子在基体内的传输。此外，氯盐结晶填充在孔隙中也会对其传输产生影响。很多关于 D 的时间效应模型被应用于计算氯离子传输，其中 Manget 于 1994 年提出的经时模型应用较为广泛。该部分也采用式(8-2)：

$$D=D_i t^{1-m} \tag{8-2}$$

其中，D 为 t 时刻对应的表观扩散系数（mm^2/s）；D_i 为 i 时刻对应的表观扩散系数（mm^2/s）；m 为经验系数，与 W/B 密切相关。

2）C_{max}

C_{max} 的变化可能主要与水泥基体持续水化及氯离子侵蚀导致的孔结构变化和氯离子累积有关。目前还没有研究能够提出较为合理的 C_{max} 与时间的函数关系。因此，基于图 2-11(a) 中 C_{max} 与暴露时间的大量调研数据，分别利用线性函数[式(8-3)]、幂函数[式(8-4)]、对数函数[式(8-5)]对数据进行拟合，得到 C_{max} 与时间的经验公式，C_{max} 与时间的三种函数关系的拟合参数见表 8-3。由于幂函数拟合得到的相关性系数最大，因此该部分选用式(8-4) 表示 C_{max} 与时间的函数关系：

$$y=a+b\cdot t \tag{8-3}$$

$$y=a+b\cdot \sqrt{t} \tag{8-4}$$

$$y=a+b\cdot \ln(t) \tag{8-5}$$

C_{max} 与时间的三种函数关系的拟合参数　　　表 8-3

函数类型	a	b	R^2
线下函数	33.5	0.0117	0.508
幂函数	1.29	0.231	0.603
对数函数	0.553	1.14	0.528

3) Δx

由于目前较为合理的 Δx 与时间的函数关系还没有被提出，因此同样基于图 2-11(b) 的大量数据，采用与 C_{max} 相同的方法对数据拟合，Δx 与时间的三种函数关系的拟合参数见表 8-4。可见，对数函数的相关性最高，因此该部分采用式(8-5) 表述 Δx 与时间的关系。

Δx 与时间的三种函数关系的拟合参数　　　表 8-4

函数类型	a	b	R^2
线下函数	5.08	0.0394	0.335
幂函数	3.83	0.569	0.450
对数函数	3.04	1.44	0.585

4) 考虑富集现象的扩散方程的建立

将式(8-2)、式(8-4)、式(8-5) 依次代入到式(8-1) 中，并令 C_{max} 和 Δx 所对应的参数分别表示为 a_1、b_1，a_2、b_2，则得到考虑富集现象的扩散方程：

$$C(x,t)=C_0+(a_1+b_1\sqrt{t}-C_0)\left[1-erf\left(\frac{x_0-b_2\ln t-a_2}{2\sqrt{D_i t^{1-m}}}\right)\right] \tag{8-6}$$

利用该修正的扩散方程对表 8-5 中不同配合比和不同干湿条件下的氯离子分布进行拟合，对不同氯离子分布情况的拟合结果如图 8-1 所示。由图 8-1 和表 8-5 可知，拟合曲线与试验结果十分接近，且相关性系数都很高，因此说明该扩散方程可以较为准确地对干湿交替环境下出现富集现象的混凝土结构的服役寿命进行预测。

不同暴露条件、时间、W/B、相关性系数 R^2　　　表 8-5

暴露环境	时间	W/B	R^2	文献
海洋干湿交替环境	36 月	0.50	0.973	Costa
试验室干湿交替环境	75 天	0.40	0.995	Hong
试验室干湿交替环境	48 周	0.50	0.939	McPolin
海洋干湿交替环境	18 月	0.50	0.984	Meira
试验室干湿交替环境	30 天	0.48	0.989	Amor
试验室干湿交替环境	24 周	0.45	0.996	Arya

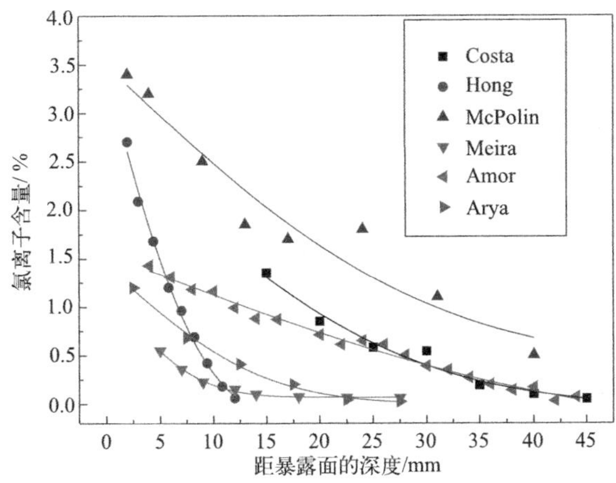

图 8-1　对不同氯离子分布情况的拟合结果

本章参考文献

[1]　徐可．不同干湿制度下混凝土中氯盐传输特性研究［D］．宜昌：三峡大学，2012.

[2]　Arya C，Bioubakhsh S，Vassie P. Modelling chloride penetration in concrete subjected to cyclic wetting and drying［J］. Magazine of Concrete Research，2014，66（7）：364-376.

[3]　Ann K，Ahn J，Ryou J. The importance of chloride content at the concrete surface in assessing the time to corrosion of steel in concrete structures［J］. Construction and Building Materials，2009，23（1）：239-245.

[4]　Andrade C，Díez J，Alonso C. Mathematical modeling of a concrete surface "Skin Effect" on diffusion in chloride contaminated media［J］. Advanced Cement Based Materials，1997，6（2）：39-44.

[5]　Yoon I. Theoretical approach to calculate surface chloride content C_s of submerged concrete under sea water laden environment［C］. Advances in Fracture and Damage Mechanics Vii Seoul：Trans Tech Publications，2008：181-184.

[6]　余红发．盐湖地区高性能混凝土的耐久性、机理与使用寿命预测方法［D］．南京：东南大学，2004.

[7]　张俊芝，王建泽，孔德玉，等．水工混凝土氯离子侵蚀及扩散系数的随机模型［J］．人民长江，2008，39（11）：105-108.

[8]　刘荣桂，陆春华．海工预应力混凝土氯离子侵蚀模型及耐久性［J］．江苏大学学报（自然科学版），2005，26（6）：525-528.

[9]　Arya C，Vassie P，Bioubakhsh S. Chloride penetration in concrete subject to wet-dry cycling：influence of moisture content［J］. Structures and Buildings，2014，167（SB2）：94-107.

[10]　Arya C，Bioubakhsh S，Vassie P. Chloride penetration in concrete subject to wet-dry cycling：influence of pore structure［J］. Structures and Buildings，2014，167（SB6）：343-354.

[11]　刘春秋．干湿交替下表层混凝土中水分与离子传输过程研究［D］．北京：清华大学，2009.

[12]　Hobbs D，Matthews J. Minimum requirements for concrete to resist deterioration due to chloride-induced corrosion［C］. in：Minimum Requirements for Durable Concrete. British Cement Association，1998：43-89.

[13]　BSI（2006）BS8500-1. Concrete-Complementary British Standard to BS EN 206-1：Part 1- Method of

specifying and guidance for the specifier [S], 2006.

[14] Andrade C, Climent M, Vera G. Procedure for calculating the chloride diffusion coefficient and surface concentration from a profile having a maximum beyond the concrete surface [J]. Materials and Structures, 2015, 48: 863-869.

[15] Ye H, Jin N, Jin X, et al. Model of chloride penetration into cracked concrete subject to drying - wetting cycles [J]. Construction and Building Materials, 2012, 36: 259-269.

[16] Ye H, Tian Y, Jin N, et al. Influence of cracking on chloride diffusivity and moisture influential depth in concrete subjected to simulated environmental conditions [J]. Construction and Building Materials, 2013, 47: 66-79.

[17] Ye H, Fu C, Jin N, et al. Influence of flexural loading on chloride ingress in concrete subjected to cyclic drying-wetting condition [J]. Computers and Concrete, 2015: 15 (2): 183-198.

[18] Garboczi E. Computational materials science of cement-based materials [J]. Materials and Structures, 1993, 26: 191-195.

[19] Winslow D, Cohen M, Bentz D, et al. Percolation and pore structure in mortars and concrete [J]. Cement and Concrete Research, 1994, 24 (1): 25-37.

[20] Maruya T, Tangtermsirikul S, Matsuoka Y. Modeling of chloride ion movement in the surface layer of hardened concrete [J]. Concrete Library of JSCE, 1998, 32: 69-84.

[21] TWRL. Technical report of concrete in the oceans: Marine durability survey of the tongue sand tower [R]. Cement and Concrete Association, 1980.

[22] Tang L, Gulikers J. On the mathematics of time-dependent apparent chloride diffusion coefficient in concrete [J]. Cement and Concrete Research, 2007, 37 (4): 589-595.

[23] ACI Committee 365. State of the art report of service-life prediction: Manual of concrete practice [R]. American Concrete Institute, 2000.

[24] Mangat P, Molloy B. Prediction of long term chloride concentration in concrete [J]. Materials and Structures, 1994, 27: 338-346.

[25] Hong K, Hooton R. Effects of cyclic chloride exposure on penetration of concrete cover [J]. Cement and Concrete Research, 1999, 29 (9): 1379-1386.

[26] Song H, Lee C, Ann K. Factors influencing chloride transport in concrete structures exposed to marine environments [J]. Cement and Concrete Composites, 2008, 30: 113-121.

[27] Costa A, Appleton J. Chloride penetration into concrete in marine environment-Part I: Main parameters affecting chloride penetration [J]. Materials and Structures, 1999, 32: 252-259.

[28] McPolin D, Basheer P, Long A, et al. Obtaining progressive chloride profiles in cementitious materials [J]. Construction and Building Materials, 2005, 19: 666-673.

[29] Meira G, Andrade C, Padaratz I, et al. Chloride penetration into concrete structures in the marine atmosphere zone-Relationship between deposition of chlorides on the wet candle and chlorides accumulated into concrete [J]. Cement and Concrete Composites, 2007, 29: 667-676.

[30] Fraj A, Bonnet S, Khelidj A. New approach for coupled chloride/moisture transport in non-saturated concrete with and without slag [J]. Construction and Building Materials, 2012, 35: 761-771.

附录　整个试件中因碳化反应生成的水

以样品 W40 为例，其试件尺寸为 40mm×40mm×40mm，孔隙率 P 为 22.3%，CO_2 浓度为 0.04%。

由式 5-1 可知，1mol 的 CO_2 可以生成 1mol 的水，则通过计算试件中 CO_2 的量就可以得到生成水的量。这里把生成水的量最大化，因此假设干燥过程中试件内所有孔隙均被空气填充，且 CO_2 全部反应。

试件中空气的体积 V_{air} 为：

$$V_{air}=V_{specimen}\times P=40\times40\times40\times22.3\%=1.43\times10^{-2}(\mathrm{L})$$

则试件中 CO_2 的体积 V_{CO_2} 为：

$$V_{CO_2}=V_{air}\times0.04\%=5.71\times10^{-6}(\mathrm{L})$$

则 CO_2 的摩尔数为：

$$n_{CO_2}=V_{CO_2}/V_{m,CO_2}=5.71\times10^{-6}/22.4=2.55\times10^{-7}(\mathrm{mol})$$

则整个试件内部因碳化生成水的最大质量 $m_{H_2O,max}$ 为：

$$m_{H_2O,max}=n_{H_2O}\times M_{H_2O}=n_{CO_2}\times M_{H_2O}=2.55\times10^{-7}\times18=4.59\times10^{-6}(\mathrm{g})$$

因此 CO_2 浓度为 20%时：

$$m_{H_2O,max}=4.59\times10^{-6}\times(20\%/0.04\%)=2.29\times10^{-3}(\mathrm{g})$$

住房和城乡建设部“十四五”规划教材

高等学校土木工程专业高性能结构与绿色建造系列教材

材料计算与模拟

王　臣　主编
杨英姿　主审

中国建筑工业出版社

图书在版编目(CIP)数据

材料计算与模拟 / 王臣主编. — 北京 ：中国建筑工业出版社，2023.12

住房和城乡建设部“十四五”规划教材 高等学校土木工程专业高性能结构与绿色建造系列教材

ISBN 978-7-112-29362-9

Ⅰ. ①材… Ⅱ. ①王… Ⅲ. ①材料科学—高等学校—教材 Ⅳ. ①TB303

中国国家版本馆 CIP 数据核字（2023）第 225932 号

责任编辑：赵　莉　吉万旺

责任校对：芦欣甜

住房和城乡建设部“十四五”规划教材

高等学校土木工程专业高性能结构与绿色建造系列教材

材料计算与模拟

王　臣　主编

杨英姿　主审

*

中国建筑工业出版社出版、发行（北京海淀三里河路 9 号）

各地新华书店、建筑书店经销

北京红光制版公司制版

建工社（河北）印刷有限公司印刷

*

开本：787 毫米×1092 毫米　1/16　印张：9½　字数：206 千字

2024 年 8 月第一版　　2024 年 8 月第一次印刷

定价：**30.00** 元（赠教师课件）

ISBN 978-7-112-29362-9

（42133）

材料计算与模拟是一门新型交叉学科，是材料科学、物理学、计算机科学、数学、化学以及机械工程学相结合的产物。 材料计算科学以计算机技术为工具和手段，运用数值预测的各种方法解决材料学中遇到的复杂问题，从而弥补了实验科学的不足。

全书共分为 6 章，分别为绪论、量子力学及应用、单电子近似与能带计算、分子动力学模拟、蒙特卡洛方法、有限元方法。

针对配套多媒体教学课件，选用此教材的老师可以通过以下方式获取：1. 邮箱：jckj@cabp. com. cn; 2. 电话：（010）58337285。

*　　　*　　　*

出版说明

党和国家高度重视教材建设。2016 年，中办国办印发了《关于加强和改进新形势下大中小学教材建设的意见》，提出要健全国家教材制度。2019 年 12 月，教育部牵头制定了《普通高等学校教材管理办法》和《职业院校教材管理办法》,旨在全面加强党的领导，切实提高教材建设的科学化水平，打造精品教材。住房和城乡建设部历来重视土建类学科专业教材建设，从“九五”开始组织部级规划教材立项工作，经过近 30 年的不断建设，规划教材提升了住房和城乡建设行业教材质量和认可度，出版了一系列精品教材，有效促进了行业部门引导专业教育，推动了行业高质量发展。

为进一步加强高等教育、职业教育住房和城乡建设领域学科专业教材建设工作，提高住房和城乡建设行业人才培养质量，2020 年 12 月，住房和城乡建设部办公厅印发《关于申报高等教育职业教育住房和城乡建设领域学科专业“十四五”规划教材的通知》（建办人函〔2020〕656 号），开展了住房和城乡建设部“十四五”规划教材选题的申报工作。经过专家评审和部人事司审核，512 项选题列入住房和城乡建设领域学科专业“十四五”规划教材（简称规划教材）。2021 年 9 月，住房和城乡建设部印发了《高等教育职业教育住房和城乡建设领域学科专业“十四五”规划教材选题的通知》（建人函〔2021〕36 号）。为做好“十四五”规划教材的编写、审核、出版等工作，《通知》要求：（1）规划教材的编著者应依据《住房和城乡建设领域学科专业“十四五”规划教材申请书》（简称《申请书》）中的立项目标、申报依据、工作安排及进度，按时编写出高质量的教材；（2）规划教材编著者所在单位应履行《申请书》中的学校保证计划实施的主要条件，支持编著者按计划完成书稿编写工作；（3）高等学校土建类专业课程教材与教学资源专家委员会、全国住房和城乡建设职业教育教学指导委员会、住房和城乡建设部中等职业教育专业指导委员会应做好规划教材的指导、协调和审稿等工作，保证编写质量；（4）规划教材出版单位应积极配合，做好编辑、出版、发行等工作；（5）规划教材封面和书脊应标注“住房和城乡建设部‘十四五’规划教材”字样和统一标识；（6）规划教材应在“十四五”期间完成出版，逾期不能完成的，不再作为《住房和城乡建设领域学科专业“十四五”规划教材》。

住房和城乡建设领域学科专业“十四五”规划教材的特点：一是重点以修订教育部、住房和城乡建设部“十二五”“十三五”规划教材为主；二是严格按照专业标准规范要求编写，体现新发展理念；三是系列教材具有明显特点，满足不同层次和类型的学校专业教学要求；四是配备了数字资源，适应现代化教学的要求。规划教材的出版凝聚了作者、主审及编辑的心血，得到了有关院校、出版单位的大力支持，教材建设管理过程有严格保障。希望广大院校及各专业师生在选用、使用过程中，对规划教材的编写、出版质量进行反馈，以促进规划教材建设质量不断提高。

住房和城乡建设部“十四五”规划教材办公室

2021年11月

前　言

材料计算与模拟是一门新型交叉学科，是材料科学、物理学、计算机科学、数学、化学以及机械工程学相结合的产物。 材料计算科学以计算机技术为工具和手段，运用数值预测的各种方法解决材料学中遇到的复杂问题，从而弥补了实验科学的不足。

本书可作为土木工程学院、材料科学与工程学科研究生和高年级本科学生的教材使用，也可供相关领域科技工作者参考。 在内容编排上采用以基本理论作指导、以研究方法作辅助的深入浅出的叙述手段，读者在学习理论知识的同时，还可掌握具体实施方法。

本书共分 6 章。 第 1 章为绪论。 第 2 章介绍量子力学基本概念，建立数学模型的基本步骤、原则和方法。 第 3 章主要介绍常用能带理论，并对布洛赫原理和布洛渊区进行了阐述。 第 4 章介绍分子动力学方法，分析其运动方程和求解方法及涉及的系综。 第 5 章分析适用于随机事件的蒙特卡洛方法，包括蒙特卡洛方法的起源、随机数的产生、随机数的误差以及不同系综下的情况。 第 6 章介绍有限元方法，对有限元方程的建立和求解方法进行了阐述。

本书主要是在材料计算与模拟教学、科研实践的基础上，结合对文献资料的理解编写而成的。 在本书编写过程中，哈尔滨工业大学土木工程学院给予了大力支持，在此一并表示感谢!

由于计算材料学的发展日新月异，新方法、新应用层出不穷，加之编者水平有限，书中可能会有不当之处，敬请读者批评指正。

本书的出版得到了哈尔滨工业大学土木工程学院教材出版基金的资助。

2023 年 4 月

目 录

第 6 章 有限元方法 110

第 1 章
绪 论

材料的应用与创造是人类文明进步与科技发展的重要标志。一般而言，材料的成分、工艺决定结构（或组织），结构（或组织）决定材料的性能。材料的组成、结构、性能、服役性能是材料研究的四大要素，传统的材料研究以实验室研究为主，是一门实验科学。通过研究各种配方、工艺条件，开展性能测试验证等进行试错筛选，具有一定的盲目性。但是，随着对材料性能的要求不断提高，材料研究的空间尺度在不断变小，微米级的显微结构研究在揭示材料性能的本质特性方面存在诸多不足，而纳米结构、原子像已成为材料研究的内容，对功能材料甚至要研究到电子层次。然而实践上，构成原子的像是极其困难的，是因为 TEM（透射电子显微镜）中的物镜难以达到完美。有一个很好的比喻来阐明它的质量：经过磁透镜看物体就好比拿起塑料可乐瓶的瓶底去看人。因此，材料研究越来越依赖于高端仪器设备与测试技术，而研究难度和成本也越来越高。另外，研究材料与服役环境的相互作用及其对材料性能的影响也日益重要。新技术条件下的材料应用趋向环境的复杂化、极端化，也使得材料服役性能的实验室研究变得困难重重。总之，单纯的材料实验研究已难以满足新材料研究和发展的要求。

然而，随着理论科学与计算机的发展，计算机模拟仿真技术可以依据基本理论，在计算机虚拟环境下从微观、介观、宏观尺度对材料进行多层次模拟仿真研究，也可以模拟超高温、超高压等极端环境下多因素耦合作用的材料服役性能，模拟材料在服役条件下的性能演变规律、失效机理，进而实现材料服役性能的改善和材料设计与表征。因此，在当今材料科学与工程研究领域中，计算机“预研与实验”已成为与实验研究具有同样重要地位的研究手段。

仿真科学与技术是以建模与仿真理论为基础，建立并利用模型，采用计算机系统、物理效应设备及仿真器作为工具，对对象进行分析、设计、运行和评估的一门综合性、交叉性学科。分析仿真是信息时代认识与改造客观世界的第三种方法，美国国家科学基金会原主任 Rita Colwell 提出：过去认为科学通常包含理论和实验两方面的努力；现在，科学还包含第三个方面的内容，即计算机仿真，并由计算机仿真将理论和实验两方面接起来。

基于模拟与仿真技术的材料计算学，其快速发展无论是在材料理论上还是在实验手段上都使原有的研究方法得以大幅的提升。理论研究不可避免地存在烦琐的理论推导与解析以及复杂边界条件限制，材料计算与模拟科学可以使理论研究从各种束缚中解脱出来，同时，使实验研究方法发生根本性改变，使实验建立在更加客观、科学的基础上，更有利于从实验现象中揭示本征规律，证实本征规律。因此，材料计算与模拟是材料研究领域理论研究与实验研究的桥梁，不仅为理论研究提供了新途径，而且使实验研究进入了一个新的阶段。计算机模拟也是基础研究和工程应用的桥梁。

复杂性是科学发展的必然结果，研究体系的复杂性表现在多个方面，从低自由度体系转变到多维自由度体系，从标量体系扩展到矢量、张量系统，从线性到非线性系统的研究都使传统解析方法显现诸多缺陷而逐渐失去效力。因此，计算机的计算与模拟恰好成为可能解决问题的唯一途径。材料计算科学的产生和发展是必然趋势，其重要作用和现实意义的最好例证是一些重要科学问题得到了圆满解决，计算机模拟指出了未来材料科学发展的方向。

材料计算科学涉及的学科领域广泛。计算材料科学除数值计算以外，还有许多的应用领域，其中计算机模拟是一个潜力巨大的发展方向。计算机模拟能够揭示材料科学和工程的不同方面。“科学计算已经是继理论科学、实验科学之后，人类认识与征服自然的第三种科学方法。”“现代理论和计算机的进步，使得材料科学与工程的性质正在发生变化。”材料的计算机分析与模型化的进展，将使材料科学从定性描述逐渐进入定量描述阶段。

根据 Moore 定律，计算机 CPU 的运算速度每 1.5 年增加 1 倍。计算机软、硬件条件的飞速发展为科学计算提供了有力保证。量子力学、量子化学等基础理论的发展为科学计算奠定了理论基础，使科学计算成为可行且有效的方法。

1.1 材料模拟理论的起源、发展

1. 计算物理

计算物理起源于 20 世纪 40 年代，由于战争的需要开始了核武器研制工作。涉及的众多计算问题主要包括：流体动力学过程、核反应过程、中子输运过程、光辐射输运过程、物态变化过程等；需要在短时间内进行大量复杂的数值计算，促使了计算机的诞生和新物理学科的形成。世界上第一台电子管计算机 ENIAC 于 1946 年初投入运行，运算速度为每秒 5000 次加法。电子计算机的出现，为计算物理奠定了物质基础。

物理学家费米发现中子核反应，于 1938 年获得诺贝尔物理学奖。费米于 1952 年夏天设计了一个计算机实验并在 MANIAC 计算机上实现计算。许多人认为这是计算物理的正式起点，从此，物理问题的计算与计算机相互促进，开始蓬勃发展。

1963 年，美国 Beini，Alder 等人开始编辑出版《计算物理方法》丛书，内容涉及统计物理、量子力学、流体力学、核物理、天体物理、固体物理、等离子体物理、地球物理和大气环流等。新概念的不断提出、新物理现象的发现，说明计算物理的目的不仅是计算出结果，还在于理解、预言和发现新的物理现象，寻求物理规律。因此，计算物理与传统的实验物理和理论物理的差别只在于工具和方法。

2. 科学计算

1983 年，以美国著名数学家拉克斯为首的专家委员会向美国政府提出报告，强调“科学计算是关系到国家安全、经济发展和科技进步的关键性环节，是事关国家命脉的大事”。

高速计算机的广泛使用，推动了科学与技术方面的两大突出进展：

（1）大量用于设计工作的实验被数学模型逐步取代，如航天飞机设计、反应堆设计、人工心瓣膜设计等；

（2）能获取和存储空前大量的数据，并能提取出隐含的信息，如计算机层析 X 射线摄影，核磁共振等。

因此，所有这些计划，都是为大规模科学计算创造条件、促使科学计算高速发展。

3. 战略计算

1995 年，美国为了确保核库存的性能、安全性、可靠性和更新需要，开始实施“加速战略计算创新计划”，通过逼真的建模和模拟计算来取代传统的反复试验的工程处理方法，这必须有先进的数值计算和模拟能力，应用程序必须达到高分辨、三维、全物理和全系统的水平。

1995 年，美国能源部采购一台世界上最快的计算机（运算速度超过万亿次）交付 Sendia 实验室，并建成三个防务实验室之间的第一个高速数据网络。

1997 年，美国战略计算创新计划的学术战略合作计划（ASAP），通过招标和签订合同方式，建立多家合作中心。

1998 年，时任美国副总统戈尔在演讲中指出：“在发明计算机之前，用实验和理论的方法进行研究很受限制。许多实验科学家想研究的现象都很难观察到，它们不是太小就是太大，不是太快就是太慢，有的一秒钟之内就发生了十次，而有的十多年才发生一次。另一方面，纯理论又不能预报复杂的自然现象所产生的结果，如雷雨或飞机上空的气流”。“有了高速计算机这个新工具，我们就可能模拟以前不可能观察到的现象，同时能更准确地理解观察到的数据。这样，计算科学使我们能超越实验与理论科学的局限，建模与模拟给了我们一个深入理解正在收集的有关地球的各种数据的新天地”。

1999 年初，美国国家科学技术委员会提出一项题为“21 世纪的信息技术：对美国未来的大胆投资”的报告。重点投资的三个领域是：

（1）长期信息技术研究；

（2）用于科学、工程和国家的高级计算；

（3）信息革命的经济和社会意义研究。

该报告设想，通过努力在超级计算机、数学模拟、网络等方面取得突破性进展，从而开创一个迈向自然世界的窗口，使得计算作为科学发现的一种工具，与实验和理论有同等的价值。

4. 理论方法

量子力学等基础理论的发展为科学计算奠定了理论基础。

1913 年，Niels Bohr 建立了原子的量子模型；

20 世纪二三十年代，量子力学的建立和发展，奠定了计算材料学的理论基础。1927 年，原子电子结构的 Thomas-Fermi 理论首先得到应用。1928 年，Felix Bloch 将量子理论应用于固体。

1928—1930 年，Hatree-Fock 采用平均场近似求解电子结构问题。

提出了相对论量子力学波动方程的诺贝尔奖得主 P. A. M. Dirac 曾说过："用于大部分物理和全部化学的数学理论基本规律现在已经完全知道了，困难只是在于应用这些规律所得到的方程太复杂，无法解。"

H. Shull 等人用手摇计算机，花了 2 年完成了对氮分子在 Hatree-Fock 量级的近似计算。

L. Pauling 也说过："也许我们可以相信理论物理学家，物质的所有性质都应当用薛定谔方程来计算。但事实上，自从薛定谔方程发现以来的 30 年中，我们看到，化学家感兴趣的物质性质只有很少几个作出了准确而又非经验性的量子力学计算。"

1998 年，诺贝尔化学奖授予美国科学家科恩和英国科学家波普尔，科恩发展了电子密度泛函理论，波普尔发展了量子化学计算方法。瑞典皇家科学院对科恩的评价是：科恩的理论工作为简化描述原子键合的数学，即密度泛函理论（DFT）奠定了基础。该方法的简单性使得研究非常大的分子成为可能。瑞典皇家科学院对波普尔的评价是：波普尔将量子化学发展为一种可供普通化学家使用的工具，从而将化学带入了一个实验和理论可以共同探索分子系统特性的新时代。化学不再是纯粹的实验科学。

5. 高性能计算机的发展奠定科学计算的基础

(1) 计算机硬件条件的飞速发展为科学计算的广泛应用提供了有力保证

世界第一台电子计算机（ENIAC）于 1946 年 2 月 14 日问世，由 17468 个电子管、6 万个电阻器、1 万个电容器和 6 千个开关组成，重达 30t，占地 160m^2，耗电 174kW，耗资 45 万美元。其每秒只能运行 5 千次加法运算，主要用于炮弹弹道轨迹计算。

图 1-1　中国"天河"超级计算机

根据 Moore 定律，计算机 CPU 的运算速度每 1.5 年增加一倍。由于计算机技术的高速发展，超级计算机的出现，科学计算与模拟已今非昔比，一日千里。例如："天河二号"是由国防科学技术大学研制的超级计算机系统，以峰值计算速度每秒 5.49×10^{16} 次、持续计算速度每秒 3.39×10^{16} 次双精度浮点运算的优异性能位居榜首，成为 2013 年全球最快超级计算机（图 1-1）。

此外，“神威·太湖之光”超级计算机（图 1-2）安装了 40960 个中国自主研发的“申威 26010”众核处理器，该众核处理器采用 64 位自主申威指令系统，峰值性能为 12.5 亿亿次/秒，持续性能为 93 亿亿次/秒。2016 年 6 月 20 日，在法兰克福世界超算大会上，国际 TOP500 组织发布的榜单显示，“神威·太湖之光”超级计算机系统列榜单之首，不仅速度比第二名“天河二号”快出近两倍，其效率也比其高 3 倍。2016 年 11 月 18 日，我国科研人员依托“神威·太湖之光”超级计算机的应用成果首次荣获“戈登·贝尔”奖，实现了我国高性能计算应用成果在该奖项上零的突破。

而后蝉联四年世界超级计算机 500 强第一名的“神威 · 太湖之光”，在 2020 年被反超。日本的富岳超级计算机异军突起，成功夺得榜首。

中国超算的未来：E 级超级计算机——“天河三号”的计算速度可以达到每秒百亿亿次，这将彻底打破超级计算机千万亿次计算速度的格局。在芯片方面，其采用我国自主研发的飞腾 FT2000 芯片。在架构方面，其同样采用自主研发的天河高速互联通信，真正实现了超算的全国产。

图 1-2　中国“神威·太湖之光”

（2）材料研究中的尺度

材料计算涉及材料的各个方面，在进行计算时，首先要根据所要计算的对象、条件、要求等因素选择适当的方法。目前，主要有两种分类方法：一是按理论模型和方法分类，二是按材料计算的特征空间尺寸（Characteristic Space Scale）分类。材料的性能在很大程度上取决于材料的微结构，材料的用途不同，决定其性能的微结构尺度会有很大的差别。因此，材料计算与模拟的研究对象的特征空间尺度从埃到米。时间是计算材料学的另一个重要的参量。对于不同的研究对象或计算方法，材料计算的时间尺度可从 10^{-15} s（如分子动力学方法等）到年（如对于腐蚀、蠕变、疲劳等的模拟）。对于具有不同特征空间、时间尺度的研究对象，均有相应的材料计算方法。

空间尺度主要包括：

纳观尺度——指物质的原子层次；

微观尺度——指物质小于晶粒的尺寸；

介观尺度——指晶粒尺寸大小；

宏观尺度——指物质的宏观试样尺寸。

时间尺度主要包括：原子振动频率；宏观时间尺度。

图 1-3 给出了计算材料学在空间尺度的对应关系。

图 1-4 给出了计算材料学在空间和时间尺度的对应关系。在不同空间/时间尺度范围内

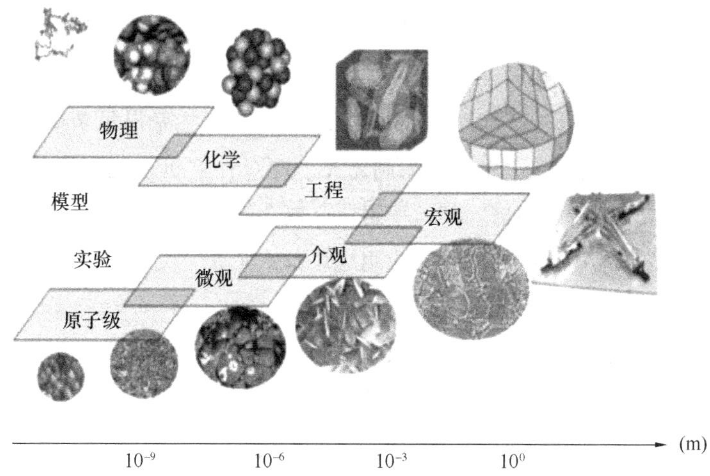

图 1-3　计算材料学在空间尺度的对应关系

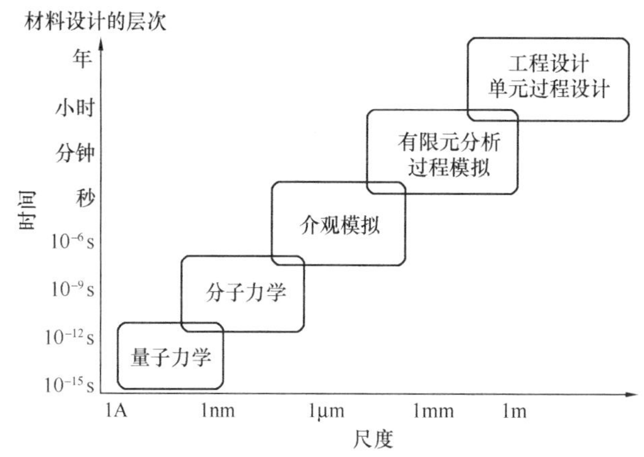

图 1-4　计算材料学在空间和时间尺度的对应关系

所用的计算材料学方法包括了量子力学第一性原理计算、分子动力学、蒙特卡洛模拟、计算热力学/动力学和连续介质力学等。不同空间/时间尺度范围的计算方法常常是交叉和联合的，常见的有 Concurrent 多尺度和 Sequential 多尺度问题。

1.2　材料计算模拟方法及重要性

1. 计算材料学的概念

计算材料学是近年飞速发展的一门新兴交叉学科。它综合了凝聚态物理、材料物理学、理论化学、材料力学和工程力学、计算机算法等多个相关学科。本学科是利用现代高速计算机，模拟材料的各种物理化学性质，深入理解材料从微观到宏观多个尺度的各类现象与特征，并对于材料的结构和物性进行理论预言，从而达到设计新材料的目的。

2. 材料计算模拟内容

材料计算模拟包括两个方面的内容：一方面是计算模拟，即从实验数据出发，通过建立数学模型及数值计算，模拟实际过程；另一方面是材料的计算机设计，即直接通过理论模型和计算，预测或设计材料结构与性能。前者使材料研究不是停留在实验结果和定性的讨论上，而是使特定材料体系的实验结果上升为一般的、定量的理论。后者则使材料的研究与开发更具方向性、前瞻性，有助于原始性创新，可以大大提高研究效率。

3. 材料计算与模拟的内涵

材料计算与模拟的内涵主要包括：

（1）通过模型化与计算实现对材料制备、加工、结构、性能和服役表现等参量或过程的定量描述；

（2）理解材料结构与性能和功能之间的关系；

（3）设计新材料；

（4）缩短材料研制周期；

（5）降低材料制造过程成本。

4. 材料计算与模拟的重要功能

（1）可以研究、分析材料的基本性质；

（2）可以研究与分析材料的电子结构；

（3）可以研究与分析材料的力学性能；

（4）可以进行材料的相图计算；

（5）可以进行材料的结构计算；

（6）可以预测新的结构相；

（7）可以研究、解释相变机制；

（8）可以进行极端条件下的物质模拟；

（9）对国家安全具有重要影响。

5. 计算机模拟的概念与步骤

（1）明确所要研究的物理现象；

（2）发展合适的理论和数学模型描述该现象；

（3）将数学模型转换成适于计算机编程的形式；

（4）发展和/或应用适当的数值算法；

（5）编写模拟程序；

（6）开展计算机实验，分析结果。

6. 材料计算模拟展望

计算和模拟对材料研究具有两方面的重要作用：（1）为高技术新材料研制提供理论基础

和优选方案，对新型材料与新技术的发明产生先导性和前瞻性的重大影响；（2）促进材料科学与工程由定性描述跨入定量预测的阶段，提高材料性能与质量，大幅缩短从研究到应用的周期，对经济发展和国防建设作出重要贡献。

计算材料学的发展是与计算机科学与技术的发展密切相关的。随着计算材料学的不断进步与成熟，材料的计算机模拟与设计已不仅仅是材料物理以及材料计算理论学家的热门研究课题，更将成为一般材料研究人员的一个重要研究工具。由于模型与算法的成熟、通用软件的出现，材料计算的广泛应用成为现实。因此，计算材料学基础知识的掌握已成为现代材料工作者必备的技能之一。

本书主要介绍材料模拟计算的量子力学、能带理论、分子动力学方法、蒙特卡洛方法、有限元数值方法等。

第 2 章
量子力学及应用

经典物理学在研究宏观物体运动时，采用物体的位置坐标、运动的速度和加速度来进行状态定义。如果对于质量极小的微观粒子，如分子、原子、电子等的运动仍采用经典物理量描述，这将存在“驱骥捕鼠”的问题，因为微观粒子不同于宏观物体的性质，其具有量子化和波粒二象性。19 世纪末，量子力学的发展，使人们对物质的结构以及其相互作用的理解发生根本性改变，许多物理现象才得以真正地被解释，新的、无法直观想象出来的现象被预言，而且后来也获得了非常精确的实验证明。量子力学是描述微观物质的一个物理学理论，与相对论一起被认为是现代物理学的两大基本支柱。

2.1 量子力学的建立

进入 18 世纪，以牛顿三定律为基础的力学体系继续发展，到 19 世纪末，尽管经典物理已经发展得十分完善，经典力学是一套完备的理论体系，但对黑体辐射、光电效应、原子的光谱线系及固体在低温下的比热容等现象还无法用经典物理来解释，这体现了经典物理学的局限性。任何物体都吸收、发射和反射电磁波，能够吸收外来一切电磁辐射的物体称为黑体，如图 2-1 所示。由于物质中的分子、原子受到热激发而发射电磁波的现象称为热辐射，物体热辐射的能量按波长的分布随温度而变化。

瑞利-金斯根据经典电磁场理论和经典统计物理计算了波长从 λ 到 $\lambda + d\lambda$ 的辐射能量，得到如下公式：

$$M_{\lambda}(T)d\lambda = \frac{2\pi c}{\lambda^4}kT d\lambda \tag{2-1}$$

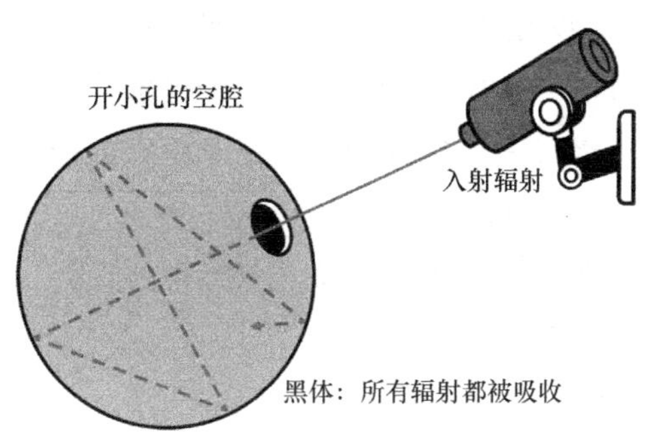

图 2-1　维恩黑腔

由图 2-2，瑞利-金斯公式在长波部分符合得较好，随波长变短，实验与理论曲线相差较大，这称为“紫外灾难”，即为经典物理遇

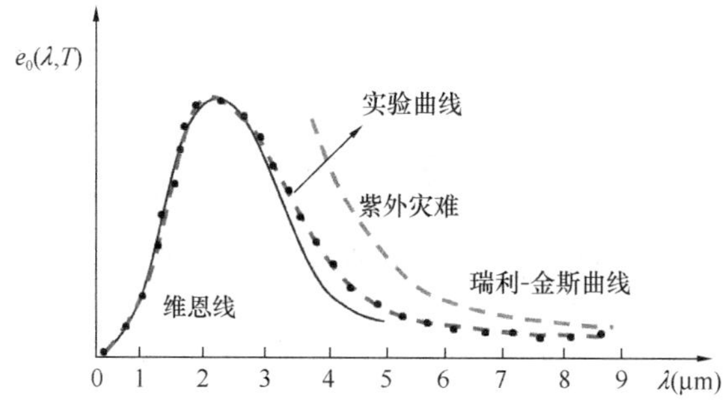

图 2-2　瑞利-金斯曲线与实验曲线

到的困难。

德国物理学家普朗克（Max Planck）于 1900 年提出量子的概念，为了得到与实验曲线相一致的公式，提出了与经典物理学概念截然不同的新假设：黑体中的原子、分子在作简谐振动，它吸收或发射电磁辐射能量时，是不连续的，是与振动的频率 υ 呈正比的能量子 $\varepsilon_0 = h\upsilon$ 的整数倍，其中 $h = 6.626 \times 10^{-34}$ J·s，h 称为普朗克常数。在此假设下得到的理论公式与实验曲线符合得很好。此外，在光电效应实验中，金属表面在光辐照作用下产生发射电子的效应，发射出来的电子称为光电子。实验研究发现，发射电子的能量取决于光的波长而与光强度无关，光强度只决定了光电流的大小。光频率大于某一临界值时方能发射电子，即极限频率，该临界值取决于材料的金属特性。

1905 年，爱因斯坦发表了针对光子的研究成果，解释了实验现象中的光电效应原理。爱因斯坦指出光的能量是不连续的、量子化的。其最小单位为 $\varepsilon_0 = h\upsilon$，大小取决于光的频率，光的最小单位简称“光子”。一个光子能量可写为 $E = h\upsilon$。并且认为光是一束以光速 C 行进的光子流，其强度取决于单位体积内光子的数目，即光子的密度。光子不但有能量，还有质量（静止质量为 0）及动量。

至此，光电效应就有了圆满的物理学解释。当光照射金属表面后，光子的能量全部被电子所吸收：

$$h\upsilon = m\upsilon^2/2 + W_0 \tag{2-2}$$

当入射光的频率较小，不足以克服电子逸出功 W_0 时，光电流不会产生。入射光频率越大，电子逸出金属表面后的动能也越大。光的强度越大，则单位体积内通过的光子数目就越多，因而光电流也越大，光子学说成功地解释了光电效应。

1923 年，法国物理学家德布罗意（L. de Broglie）在光的波粒二象性的启发下，提出了电子及其他实物粒子皆具有波动性的假说，即实物粒子也具有波粒二象性。光的波粒二象性可由以下二式表现：

$$E = h\upsilon \tag{2-3}$$

$$p = h/\lambda \tag{2-4}$$

德布罗意假设：实物粒子在静止时质量不等于零，实物粒子也有波粒二象性，如果粒子质量为 m，速度为 v，满足公式：

$$E = hv = \bar{h}\omega \tag{2-5}$$

$$p = mv = \frac{h}{\lambda}n = \bar{h}k \tag{2-6}$$

$$k = \frac{2\pi}{\lambda}n \tag{2-7}$$

$$\lambda = h/p = h/mv \tag{2-8}$$

式中，角频率为 $\omega = 2\pi v$；$\bar{h} = h/2\pi = 1.0545 \times 10^{-34}\,\mathrm{J \cdot s}$；$n$ 是沿动量方向的单位向量；k 为波矢。与运动的实物微粒相联系的波称为德布罗意物质波，简称德布罗意波或物质波，其波长称为德布罗意波长 λ。德布罗意关系式（2-5）和式（2-6）将实物粒子的波动性和粒子性联系起来，等式左边描述的是粒子性（能量和动量），等式右边描述的是波动性（频率和波长）。自由粒子的能量和动量都是常数，由德布罗意关系式可知，与自由粒子相联系的德布罗意波的波矢和频率也是常数，这个波是一个平面波。

经典粒子强调的是颗粒性，即粒子在空间运动时有确切的轨道。经典波在空间上呈周期性变化分布，其显著特征是干涉和衍射现象，即相干叠加性。在经典概念下，在一个客体上不能同时呈现粒子性与波动性。然而，粒子的波粒二象性并非经典概念下的粒子性与波动性，这里的粒子性是指微观粒子具有“颗粒性”，而不是指运动具有确切的轨道；波动性是指微粒具有干涉、衍射现象，即“相干叠加性”，而不是某物理量在空间分布的周期性变化。

德布罗意假设首先由汤姆逊的电子衍射实验所证明。实验是电子的晶体衍射实验，电子被电场加速后，以晶体的晶格作为光栅，观测电子波通过的晶格光栅衍射花样，如图 2-3 所示。

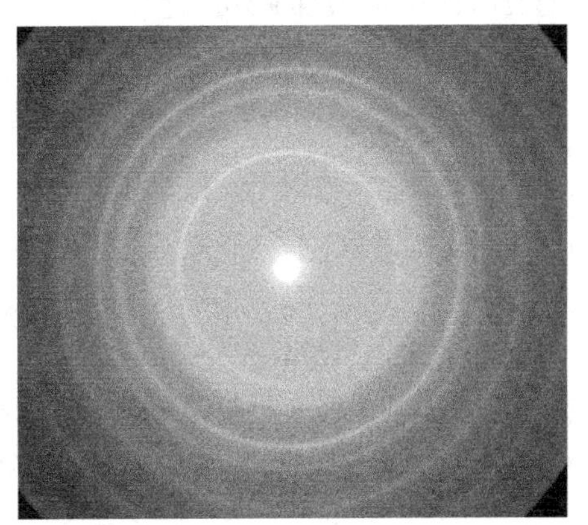

图 2-3　汤姆逊的电子衍射实验图像

通过晶体的电子衍射现象，汤姆逊测量了运动电子的波长，并验证德布罗意关系。

1. 实物粒子的波函数及概率学原理

一般而言，实物粒子都具有波粒二象性，为了体现粒子的波动性，用德布罗意波的函数来描述粒子的状态，称为波函数或状态函数，微观粒子运动状态 $\psi(x, y, z, t)$ 是位置坐标和时间的函数。玻恩（M. Born）于 1926 年提出了波函数的概率学原理：波函数在空间某一点的强度（模的平方）和在该点找到粒子的概率呈正比。依据这一原理，描述粒子的波是一种概率波，如果已知粒子的波函数，由波函数的模的平方 $|\psi|^2$ 可以得到在空间任意一点找到粒子的概率。实物微粒波的强度只是反映了微粒出现的概率，能量不是时间函数的状态称为定态，其波函数可变量分离为：

$$\psi(x,y,z,t) = \psi(x,y,z) \cdot \Phi(t) \tag{2-9}$$

可以证明：

$$|\psi(x,y,z,t)|^2 = |\psi(x,y,z) \cdot \Phi(t)|^2 \tag{2-10}$$

因此，处于定态的粒子在空间各点出现的概率分布不随时间而变。$\psi(x,y,z)$ 称为定态波函数，由它可以得到微观体系处于该状态时的全部信息。

$\psi(x,y,z)$ 的复函数形式为：

$$\psi(x,y,z) = f + ig \tag{2-11}$$

式中，f、g 为坐标的实函数，因此有：

$$\psi(x,y,z)^2 = \psi \cdot \psi^* = (f+ig) \cdot (f-ig) = f^2 + g^2 \tag{2-12}$$

式（2-12）为正实数。ψ^* 是 ψ 的复数共轭。

$$\rho = \psi \cdot \psi^* = |\psi|^2 \tag{2-13}$$

式中，ρ 是在（x,y,z）点附近单位体积 $d\tau$ 内发现粒子的概率，称为概率密度，这正是玻恩提出的波函数的概率学原理。

由于 $\rho = |\psi|^2$ 是粒子出现的概率密度，波函数在变量的全域内应满足 3 个条件：有限性、连续性和单值性。这 3 个条件称为波函数的标准条件。除了标准条件外，波函数还应满足边界条件和归一化条件。

2. 实物微粒的运动规律——薛定谔方程

1926 年，奥地利物理学家薛定谔（A. Schrödinger）提出了在势场 $V(r)$ 中运动的微观粒子的波函数 ψ 所满足的微分方程。

设自由粒子（单色平面波）：

$$\psi(x,t) = A\cos 2\pi(x/\lambda - \nu t) \tag{2-14}$$

式中，λ 为波长；ν 为频率。将德布罗意关系 $E = h\nu$ 和 $p = h/\lambda$ 代入，得到描述自由粒子行为的德布罗意波函数：

$$\psi(x,t) = A\cos\left[\frac{2\pi}{h}(xp_x - Et)\right] \tag{2-15}$$

将式（2-15）对 x 进行两次微分，得到：

$$\frac{\partial^2\psi}{\partial x^2} = \frac{-p_x^2}{\bar{h}^2}\psi = \frac{-2mT}{\bar{h}^2}\psi \tag{2-16}$$

由 $\bar{h} = h/2\pi$，整理后得：

$$-\frac{\partial^2\psi}{\partial x^2}\frac{\bar{h}^2}{2m} = \psi T \tag{2-17}$$

对于非自由粒子，体系能量 $E = T + V$，T 为动能，V 为体系势能，可得：

$$\frac{\partial^2\psi}{\partial x^2} = \frac{-2m(E-V)}{\bar{h}^2}\psi \tag{2-18}$$

整理后可得：

$$\left[-\frac{\hbar^2}{2m}\cdot\frac{\partial^2}{\partial x^2}+V\right]\psi=E\psi \tag{2-19}$$

上式是一维变量的微分方程，如果将其推广到三维定态：

$$\left[-\frac{\hbar^2}{2m}\left(\frac{\partial^2}{\partial x^2}+\frac{\partial^2}{\partial y^2}+\frac{\partial^2}{\partial z^2}\right)+V\right]\psi(x,y,z)=E\psi(x,y,z) \tag{2-20}$$

引入拉普拉斯算符 $\nabla^2=\frac{\partial^2}{\partial x^2}+\frac{\partial^2}{\partial y^2}+\frac{\partial^2}{\partial z^2}$，式（2-20）变为：

$$\left[-\frac{\hbar^2}{2m}\nabla^2+V\right]\psi(x,y,z)=E\psi(x,y,z) \tag{2-21}$$

它可以描述微观粒子运动的稳定态，这就是著名的定态薛定谔方程。若要讨论某原子和分子结构，先求解其定态的薛定谔方程，从其解中可以得出一系列有意义的结论。在求解定态薛定谔方程时，为了使求出的波函数是合理的，必须满足以下条件：

（1）由于粒子在空间出现的概率是连续的，波函数 ψ 也应该是连续的。

（2）由于粒子在空间出现的概率是单值的，波函数 ψ 也应该是单值的。

（3）波函数 ψ 是有限的，且满足正交归一化条件，即：

$$\int\psi_i^*\psi_j\,\mathrm{d}\sigma=\begin{cases}1 & i=j\\0 & i\neq j\end{cases} \tag{2-22}$$

这是因为 $\rho=|\psi|^2$ 是概率密度，而且一个粒子在整个空间出现的总概率应是 100%。

2.2 定态薛定谔方程的算符与力学量

算符是一种运算符号，例 dx，sin，log 等，它作用到一个函数上，使其变为新的函数，可表示为：

（算符）（函数）＝ 新函数

量子力学中经常用到算符的概念，例如：

$$\hat{F}\psi(x)=\phi(x)$$

式中，$\psi(x)$ 和 $\phi(x)$ 是函数（x 代表所有变量），$\hat{F}$ 代表某种运算符号，称为算符。$\phi(x)$ 是任意函数。

算符 $\hat{F}$ 与 $\hat{G}$ 满足算符的加法与乘法：

$$(\hat{F}+\hat{G})\phi=\hat{F}\phi+\hat{G}\phi \tag{2-23}$$

$$(\hat{F}\hat{G})\phi=\hat{F}(\hat{G}\phi) \tag{2-24}$$

若算符 $\hat{F}$ 作用于波函数 ψ 等于某一常数 λ 乘以 ψ，即：

$$\hat{F}\psi = \lambda\psi \tag{2-25}$$

则称式（2-25）为算符 $\hat{F}$ 的本征方程，λ 称为算符 $\hat{F}$ 的本征值，ψ 为属于本征值 λ 的本征函数。算符 $\hat{F}$ 的本征函数所描述的状态称为 $\hat{F}$ 的本征状态，本征值是与体系所处的本征状态相对应的。全部本征值的集合称为本征值谱。本征值谱可以是离散的，也可以是连续的，或者两者兼而有之。

对于任意函数 ψ 和 ϕ，如果算符 $\hat{F}$ 满足：

$$\hat{F}(a\psi + b\phi) = a\hat{F}\psi + b\hat{F}\phi \tag{2-26}$$

则称 $\hat{F}$ 为线性算符。此外，若算符 $\hat{F}$ 满足：

$$\int \psi^* \hat{F}\phi \mathrm{d}x = \int \hat{F}\psi\phi \mathrm{d}x \tag{2-27}$$

则称 $\hat{F}$ 为厄密算符。式（2-27）是所有变量在整个区域范围内的积分，x 代表所有的变量。

厄密算符具有下列基本性质：

（1）厄密算符的本征值是实数，如果 λ 是厄密算符 $\hat{F}$ 的本征值，即存在函数 $\phi(x)$，满足式（2-28）：

$$\hat{F}\phi(x) = \lambda\phi(x) \tag{2-28}$$

则 $\lambda = \lambda^*$。

（2）厄密算符属于不同本征值的本征函数是相互正交的。如果 λ_k，λ_l 是厄密算符 $\hat{F}$ 的本征值，ϕ_k，ϕ_l 是相应的本征函数，即：

$$\hat{F}\phi_k = \lambda_k\phi_k \tag{2-29}$$

$$\hat{F}\phi_l - \lambda_l\phi_l \tag{2-30}$$

且 $\lambda_k \neq \lambda_l$，则：

$$\int \phi_k^* \phi_l \mathrm{d}\tau = 0 \tag{2-31}$$

本征函数的这一性质称为算符本征函数的正交性。如果厄密算符 $\hat{F}$ 的本征函数均已归一化，即：

$$\int \phi_k^* \phi_k \mathrm{d}\tau = 1 \tag{2-32}$$

则：

$$\int \phi_k^* \phi_l \mathrm{d}\tau = \delta_{kl} = \begin{cases} 1 & k = l \\ 0 & k \neq l \end{cases} \tag{2-33}$$

式（2-33）体现的性质称为厄密算符本征函数的正交归一性关系，适用于 $\hat{F}$ 的本征值谱为离散谱的情况。

如果厄密算符 $\hat{F}$ 的本征值谱是连续的，本征函数可归一化为函数 φ_λ，与式（2-33）对应，其正交归一关系可表达为：

$$\int \phi_\lambda^* \phi'_\lambda \mathrm{d}\tau = \delta(\lambda - \lambda') \tag{2-34}$$

对于可以满足式（2-33）或式（2-34）的函数系 $\{\varphi_k\}$ 或 $\{\varphi_\lambda\}$，称为正交归一函数系（正交归一系）。

（3）厄密算符的本征函数组成完全系。完全性定理（数学已证明）：满足一定条件的厄密算符的全体本征函数构成完备的正交归一函数系 $\{\varphi_n(x)\}$，使得任意函数 $\psi(x)$ 可以用它展开成傅里叶级数：

$$\psi(x) = \sum_n C_n \varphi_n(x) \tag{2-35}$$

在式（2-35）中，C_n 是与 x 无关的，并且根据 $\{\varphi_n(x)\}$ 的正交归一性，可得：

$$C_n = \int \varphi_n^*(x)\psi(x)\mathrm{d}x \tag{2-36}$$

这一性质称为本征函数的完全性（或完备性），式（2-36）给出的是离散谱情况下的本征值谱。对于连续情况下的本征值谱与式（2-35）和式（2-36）相对应，其关系分别为：

$$\psi(x) = \int C_\lambda \varphi_\lambda(x)\mathrm{d}x \tag{2-37}$$

$$C_\lambda = \int \varphi_\lambda^*(x)\psi(x)\mathrm{d}x \tag{2-38}$$

量子力学基本假设：如果用算符 $\hat{F}$ 表示力学量 F，当体系处于 $\hat{F}$ 下的本征态 ψ 时，力学量 F 有确定值，这个值就是 $\hat{F}$ 在状态 ψ 中的本征值。

表示力学量的算符的本征值是这个力学量的可能值，而力学量的数值都是实数，所以表示力学量的算符的本征值必须是实数。前面介绍的厄密算符具有本征值为实数的性质，满足这一要求。另外，为了满足态叠加原理的要求，应采用线性算符来表示力学量。因此，在量子力学中，表示力学量的算符必须是线性厄密算符，即体系的每一个可观测量都有一个线性厄密算符与之对应，坐标、动量、能量的算符对应如下：

$$r \rightarrow \hat{r} = r \tag{2-39}$$

$$p \rightarrow \hat{p} = -i\hbar \nabla \tag{2-40}$$

$$T \rightarrow \hat{T} = \frac{\hat{p}^2}{2\mu} = \frac{\hbar^2}{2\mu}\nabla^2 \tag{2-41}$$

$$E \rightarrow \hat{E} = i\hbar \frac{\partial}{\partial t} \tag{2-42}$$

如果量子力学中的力学量 F 在经典力学中有对应的力学量，将其经典表达式 $F(r,p)$ 中的 r,p 分别换成算符 $\hat{r},\hat{p}$，可得到力学量 F 的算符 $\hat{F}$，即：

$$F(r,p) \to \hat{F} = (\hat{r},\hat{p}) = F(\hat{r}, -i\hbar\nabla) \tag{2-43}$$

对于定态薛定谔方程，如式（2-44）中：

$$\left[-\frac{\hbar^2}{2m}\nabla^2 + V\right]\psi(x,y,z) = E\psi(x,y,z) \tag{2-44}$$

如果令 $\hat{H} = -\frac{\hbar^2}{2m}\nabla^2 + V$，则定态薛定谔方程的算符表达式为：

$$\hat{H}\psi(x,y,z) = E\psi(x,y,z) \tag{2-45}$$

式中，$\hat{H}$ 称为哈密顿算符，它作用在波函数上等于能量 E 乘以波函数。由于经典力学中将体系的动能函数与势能函数之和称为哈密顿函数，故称 $\hat{H}$ 为哈密顿算符，又称为能量算符。定态薛定谔方程（2-45）就是哈密顿算符的本征方程，哈密顿算符的本征值就是体系的能量 E，满足该方程的波函数 ψ 是哈密顿算符的本征函数，即体系处于状态 ψ 时，具有确定的能量 E。

可以证明，若 $\psi_1(x,y,z)$ 和 $\psi_2(x,y,z)$ 都是薛定谔方程的解，如果：

$$C_1\psi_1(x,y,z) + C_2\psi_2(x,y,z) \tag{2-46}$$

则式（2-46）仍是薛定谔方程的解，其中 C_1，C_2 是常数，这表示哈密顿算符是线性算符。

如果所讨论的体系是含有 N 个粒子（$N > 1$），以 $r_1,r_2,\cdots,r_N$ 表示 N 个粒子的坐标，描述体系状态的波函数为 $\psi(r_1,r_2,\cdots,r_N)$，体系的能量为：

$$E = \sum_{i=1}^{N}\frac{p_i^2}{2m_i} + V(r_1,r_2,\cdots,r_N) \tag{2-47}$$

式中，m_i 是第 i 个粒子的质量，p_i 是第 i 个粒子的动量，$V(r_1,r_2,\cdots,r_N)$ 是体系的势能，它包括体系在外场中的势能和粒子间的相互作用能。

根据力学量算符的假设，可得多粒子体系的哈密顿算符：

$$\hat{H} = -\sum_{i=1}^{N}\frac{\hbar_i^2}{2m_i}\nabla_i^2 + V(r_1,r_2,\cdots,r_N) \tag{2-48}$$

式中，∇_i 是对第 i 个粒子坐标微商的梯度算符，在直角坐标系中：

$$\nabla_i = i\frac{\partial}{\partial x_i} + j\frac{\partial}{\partial y_i} + k\frac{\partial}{\partial z_i}$$

将多粒子体系的哈密顿算符代入，得到多粒子体系的薛定谔方程：

$$i\hbar\frac{\partial\psi}{\partial t} = -\sum_{i=1}^{N}\frac{\hbar^2}{2m_i}\nabla_i^2\psi + V\psi \tag{2-49}$$

对于微观粒子，只有当它处于某力学量算符的本征态时，该力学量才有确定值，这个值就是该本征态下算符的本征值，当粒子处于任意波函数描述的状态时，力学量的取值不是确定的，而是存在着概率分布。

设某一粒子处于任意波函数 ψ 状态下，由厄密算符的性质可知，与力学量 F 对应的厄密算符 $\hat{F}$ 的本征函数系 $\{\varphi(x)\}$ 是正交归一完全系，$\varphi(x)$ 满足：

$$\hat{F}\varphi_n(x)=\lambda_n\varphi_n(x) \qquad n=1,2,\cdots,i,\cdots \tag{2-50}$$

对于任意波函数 $\psi(x)$，可按 $\hat{F}$ 的本征函数 $\{\varphi_n(x)\}$ 展开。因此，任意状态 $\psi(x)$ 都可以用 $\hat{F}$ 的本征函数的线性叠加表示，$\varphi_n(x)$ 相当于一个多维空间的基矢，$\psi(x)$ 相当于这个多维空间中的一个向量，C_n 相当于 $\psi(x)$ 在 $\varphi_n(x)$ 轴上的投影。

力学量与算符关系的一个基本假设为：量子力学中表示力学量的算符都是线性厄密算符，本征函数组成完全系。当微观体系处于任意波函数 $\psi(x)$ 所描述的状态 $\psi(x)=\sum_n C_n\varphi_n(x)$，且 $\hat{F}\varphi_n(x)=\lambda_n\varphi_n(x)$ 时，测量力学量 F 所得的数值，必定是其对应算符 $\hat{F}$ 的本征值 $\{\lambda_n\}$ 之一，测得 λ_n 的概率是 $|C_n|^2$，这是因为 $\psi(x)$ 具有归一化性质。由于整个理论与实验结果相符合，此假设的正确性得到验证。依据假设，在一般状态下，力学量存在一系列可能值，并且每个可能值以一定的概率出现，其概率与体系所处的状态有关，而且可能值就是表示这个力学量的算符的本征值。

由概率求平均值的法则可知，力学量 F 在 $\psi(x)$ 态中的平均值 $\bar{F}$ 为：

$$\bar{F}=\sum_n\lambda_n|C_n|^2 \tag{2-51}$$

$$\bar{F}=\int\psi^*(x)\hat{F}\psi(x)\mathrm{d}x \tag{2-52}$$

力学量平均值的一般公式为式（2-52），其中 $\psi(x)$ 是归一化的波函数。如果没有实现归一化，应乘以归一化因子，式（2-52）改写为：

$$\bar{F}=\frac{\int\psi^*(x)\hat{F}\psi(x)\mathrm{d}x}{\int\psi^*(x)\psi(x)\mathrm{d}x} \tag{2-53}$$

可以直接用算符和体系所处的状态，用式（2-52）和式（2-53）计算出力学量在这个状态中的平均值。

除上述离散谱外，对于本征值的连续谱情况，其表达式为：

$$\bar{F}=\int\lambda|C_n|^2\mathrm{d}x \tag{2-54}$$

任何力学量 F 都有相应的算符 $\hat{F}$，如果将其作用到波函数上，可以得到：

$$\hat{F}\psi=F\psi \tag{2-55}$$

则该力学量在此状态 ψ 就有确定值 F。

事实上，薛定谔方程并不是经过严格推导得出的，它是量子力学的一个基本假设。因此，在对各种情况求解时，应将薛定谔方程所做出的结论与实验测试结果进行比较，以得到验证。

薛定谔方程的物理意义为：对于一个质量为 m，在势能为 V 的场中运动的微粒来说，其每一个定态可以用满足这个方程合理解的波函数来描述，与每一个函数对应的常数 E 就是微粒子处于该定态时的总能量，如式（2-21）所示。

2.3 态叠加原理

由于微观粒子呈现特有的波粒二象性，经典力学的局限性实际上已无法准确描述微观粒子的状态，波函数描述体现了独特而本质的一面。波函数的概率性是波粒二象性的一个体现，在量子力学中，微观粒子的波粒二象性还体现在状态的基本原理，即态叠加原理中。

如果 ψ_1、ψ_2、ψ_3… 是体系可能的状态，且分别具有本征值 a_1、a_2、a_3…。则其线性组合为：

$$\psi = C_1\psi_1 + C_2\psi_2 + C_3\psi_3 \cdots \tag{2-56}$$

式中，C_1，C_2，C_3… 是复数，表现为量子力学的态叠加原理，也是体系的可能状态。则该体系处于状态 ψ 时的力学量平均值可用下式求得：

$$\bar{a} = \int \psi^* \hat{A}\psi \mathrm{d}\sigma = |C_1|^2 a_1 + |C_2|^2 a_2 + |C_3|^2 a_3 \cdots \tag{2-57}$$

因此体系处于任意态 ψ 时，力学量有许多可能值，每个可能值均以确定的概率 $|C_1|^2$ 出现，这些可能值都是这个力学量算符的本征值，并可以扩展为体系的多个状态的叠加。正是由于波函数满足态叠加原理，才可以采用波函数线性组合的方法构建新的波函数。

量子力学的态叠加不同于经典物理中波动的叠加。在经典物理中，如果存在两个波动过程如 Φ_1 和 Φ_2，$a\Phi_1 + b\Phi_2$ 是线性叠加结果，是单纯的物理量的叠加。然而，在量子力学中，某微观粒子同时处于态 ψ_1 和态 ψ_2 时，其线性叠加态结果为 ψ。其只表明粒子既可以处在态 ψ_1，又可以处在态 ψ_2，实验测量时将会发现，粒子分别以一定的概率处在态 ψ_1 和态 ψ_2，具有不确定性，是一个概率过程。

2.4 电场中的电子运动

2.4.1 角动量算符及角动量量子数与磁量子数

依据力学量的算符表示的基本假设，量子力学中角动量算符的表达式可表示为：

$$\hat{L} = \hat{r} \times \hat{P} \tag{2-58}$$

直角坐标系中角动量的分量为 $\hat{L}_x$，$\hat{L}_y$，$\hat{L}_z$。定义角动量平方的算符 $\hat{L}^2$ 和经典力学中矢量的平方的定义是一样的，角动量的平方算符为：

$$\hat{L}^2 = \hat{L}_x^2 + \hat{L}_y^2 + \hat{L}_z^2 \tag{2-59}$$

为了求解角动量算符的本征方程，把角动量算符用球坐标（r，θ，φ）来表示，直角坐标系和球坐标系之间的函数关系（坐标关系）即：$x = r\sin\theta\cos\varphi$，$y = r\sin\theta\sin\varphi$，$z = r\cos\theta$，其中 $r \in [0, \infty)$，$\theta \in [0, \pi]$，$\varphi \in [0, 2\pi]$。

$$\hat{L}_x = i\hbar\left(\sin f \frac{\partial}{\partial\theta} + \cot\theta\cos f \frac{\partial}{\partial\theta}\right) \tag{2-60}$$

$$\hat{L}_y = -i\hbar\left(\cos f \frac{\partial}{\partial\theta} - \cot\theta\sin f \frac{\partial}{\partial\theta}\right) \tag{2-61}$$

$$\hat{L}_z = -i\hbar \frac{\partial}{\partial f} \tag{2-62}$$

$$\hat{L}^2 = -\hbar^2\left[\frac{1}{\sin\theta}\frac{\partial}{\partial\theta}\left(\sin\theta\frac{\partial}{\partial\theta}\right) + \frac{1}{\sin^2\theta}\frac{\partial^2}{\partial f}\right] \tag{2-63}$$

以上算符与 r 无关，对 $\hat{L}_z$ 的本征值和本征函数进行求解，$\hat{L}_z$ 的本征值为 $m\hbar$，其本征函数为 $\psi_m(\varphi)$，则本征方程为：

$$\hat{L}_z\psi_m = m\hbar\psi_m \tag{2-64}$$

将 $\hat{L}_z$ 在球坐标下的表达形式（2-62）代入本征方程，便得到：

$$\frac{\partial\psi_m}{\partial\varphi} = \mathrm{i}m\psi_m \tag{2-65}$$

因此 $\psi_m(\varphi) = C\mathrm{e}^{\mathrm{i}m\varphi}$，由于 φ 是一个角度，转过 2π 的角度后仍然是同样的角度，同样的角度应对应同样的波函数值，也就是 $C\mathrm{e}^{im\varphi} = C\mathrm{e}^{\mathrm{i}m\varphi+2\pi}$，便得到 $\mathrm{e}^{im2\pi} = 1$，这就意味着 $m = 0$，± 1，$\pm 2\cdots$，也即本征值谱是离散的。

由归一化条件：

$$\int_0^{2\pi} |\psi_m(\varphi)|^2 \mathrm{d}\varphi = 1 \tag{2-66}$$

容易得到 $C = 1/\sqrt{2\pi}$，则：

$$\psi_m(\varphi) = \frac{1}{\sqrt{2\pi}}\mathrm{e}^{\mathrm{i}m\varphi} \tag{2-67}$$

由于 $\hat{L}_z$ 的本征值正比于 $\hbar$，由对易关系可知，$\hat{L}^2$ 的本征值正比于 $\hbar^2$，记为 $\lambda\hbar^2$，其本征函数记为 $Y(\theta,\varphi)$，则本征方程为：

$$\hat{L}^2 Y = \lambda\hbar^2 Y \tag{2-68}$$

$Y(\theta,\varphi)$ 同时是 $\hat{L}_z$ 的本征函数（对易的算符具有共同本征函数），因此可以进行分离变量：

$$Y(\theta,\varphi)=P(\theta)\mathrm{e}^{\mathrm{i}m\varphi} \tag{2-69}$$

把它代入本征方程式（2-68）中，$\mathrm{e}^{\mathrm{i}m\varphi}$ 在等号两边可以消去，得到分离变量 $P(\theta)$，且满足：

$$\frac{1}{\sin\theta}\frac{1}{\mathrm{d}\theta}\left(\sin\theta\frac{\mathrm{d}P}{\mathrm{d}\theta}\right)+\frac{m^2}{\sin^2\theta}P(\theta)=-\lambda P(\theta) \tag{2-70}$$

引入 $\omega=\cos\theta,\omega\in[-1,1]$：

$$\frac{1}{\mathrm{d}\omega}\left[(1-\omega^2)\frac{\mathrm{d}P}{\mathrm{d}\omega}\right]+\left(\lambda-\frac{m^2}{1-\omega^2}\right)P(\omega)=0 \tag{2-71}$$

式（2-72）称为缔合（Associated）勒让德（Legendre）方程。观察可知 $\omega=\pm1$ 是方程的奇点，则 λ 取以下特定值时 $P(\omega)$ 有解：

$$\lambda=l(l+1),\ l=|m|,|m|+1,\cdots \tag{2-72}$$

因此，得到角动量算符 $\hat{L}^2$ 的本征值为 $l(l+1)\bar{h}^2(l=0,1,2,\cdots)$，相应的本征函数是球谐函数 $Y_{lm}(\theta,\varphi)$，即：

$$Y_{lm}(\theta,f)=(-1)^{\frac{m+|m|}{2}}N_{lm}P_l^{|m|}(\cos\theta)\mathrm{e}^{\mathrm{i}mf}\quad(l=0,1,2\cdots,m=0,\pm1,\pm2,\cdots,\pm l) \tag{2-73}$$

式中，$P_l^{|m|}$ 是缔合勒让德多项式，N_{lm} 是归一化常数，由 $Y_{lm}(\theta,f)$ 的归一化条件：

$$\int_{\theta=0}^{p}\int_{\varphi=0}^{2p}Y_{lm}^*(\theta,f)Y_{lm}(\theta,f)\sin\theta\mathrm{d}\theta\mathrm{d}f=1 \tag{2-74}$$

可以得到 N_{lm}：

$$N_{lm}=(-1)^m\sqrt{\frac{(2l+1)(l-m)!}{4\pi(l+m)!}} \tag{2-75}$$

因此，$\hat{L}^2$ 的本征方程为：

$$\hat{L}^2Y_{lm}(\theta,f)=l(l+1)\bar{h}^2Y_{lm}(\theta,f) \tag{2-76}$$

将角动量算符 $\hat{L}_z$ 的表达式（2-62）作用于 $Y_{lm}(\theta,f)$，则有：

$$\hat{L}_z^2Y_{lm}(\theta,f)=m\bar{h}Y_{lm}(\theta,f) \tag{2-77}$$

根据式（2-76）和式（2-77），$Y_{lm}(\theta,f)$ 是角动量算符 $\hat{L}^2$ 和 $\hat{L}_z$ 共同的本征函数，l 取不同值时，$\hat{L}^2$ 的本征值 $l(l+1)\bar{h}^2$ 不同；m 取不同值时，$\hat{L}_z$ 的本征值 $m\bar{h}$ 不同。根据厄密算符属于不同本征值的本征函数相互正交的性质，球谐函数 $Y_{lm}(\theta,f)$ 组成正交归一系，即：

$$\int_{\theta=0}^{\pi}\int_{\varphi=0}^{2\pi}Y_{lm}^*(\theta,\varphi)Y_{l'm'}(\theta,\varphi)\sin\theta\mathrm{d}\theta\mathrm{d}\varphi=\delta_{ll'}\delta_{l'm'} \tag{2-78}$$

角动量量子数（副量子数）为：

$$L=\sqrt{l(l+1)\bar{h}}\quad (l=0,1,2,\cdots,n-1)$$

它决定了电子绕核运动的角动量的大小。l 为角量子数，表征角动量的大小。

磁量子表示为：

$$L_z=m\cdot\bar{h}\quad (m=0,\pm1,\pm2,\pm3,\cdots,\pm l)$$

它决定电子绕核运动的角动量矢量在外磁场中的取向。m 为磁量子数，表征角动量在 z 方向投影的大小，磁相互作用与角动量的投影呈正比。把对应于一个本征值有一个以上的本征函数的情况称为简并，把对应于同一本征值的不同本征函数的数目称为简并度。由上述可知，对应于一个 l 值，m 可以取 $2l+1$ 个值，因而对应于 $\hat{L}^2$ 的一个本征值 $l(l+1)\bar{h}^2$，有 $2l+1$ 个不同的本征函数 $Y_{lm}(\theta,f)$。因此，$\hat{L}^2$ 的本征值是 $2l+1$ 重简并度。

一般将 $l=0,1,2,3$ 的状态依次称为 s,p,d,f 态，处于这些状态的电子依次简称为 s,p,d,f 电子。

2.4.2 电子在库仑场中的波函数方程

原子核产生的库仑场是一种特殊的中心力场，电子在中心力场中运动，其势能函数为 $V(r)$。如果原子核外只有一个电子，$\mu=m_e$（电子的质量），带电荷 e，取原子核为坐标原点，如图 2-4 所示。

电子受原子核吸引的势能为：

$$V(r)=-\frac{Ze_s}{r^2}\tag{2-79}$$

式中，在国际单位制（SI）中，$e_s=e(4\pi\varepsilon_0)^{-0.5}$

在高斯单位制（CGS）中，$e_s=e$。

r 是电子到核的距离，Z 是核电荷数，$Z=1$ 时，体系是氢原子；$Z>1$ 时，体系称为类氢离子，如 He^+（$z=2$），Li^+（$z=3$）。于是，电子在库仑场中的哈密顿算符为：

图 2-4　电子在库仑场中的运动

$$\hat{H}=-\frac{\bar{h}^2}{2\mu}\nabla^2-\frac{Ze_s}{r^2}\tag{2-80}$$

如果波函数为 ψ，$\hat{H}$ 的本征方程可写成：

$$\left(-\frac{\bar{h}^2}{2\mu}\nabla^2-\frac{Ze_s^2}{r^2}\right)\psi=E\psi\tag{2-81}$$

将其转换为球极坐标系，其形式为：

$$-\frac{\bar{h}^2}{2\mu}\left[\frac{\partial}{\partial r}\left(r^2\frac{\partial}{\partial r}\right)+\frac{1}{\sin\theta}\frac{\partial}{\partial\theta}\left(\sin\theta\frac{\partial}{\partial\theta}\right)+\frac{1}{\sin\theta^2}\frac{\partial^2}{\partial\varphi^2}\right]\psi-\frac{Ze_s^2}{r^2}\psi=E\psi \tag{2-82}$$

由于方程（2-82）中不含 r,θ,φ 的微分交叉项，采用变量分离法解方程。设：

$$\psi(r,\theta,\varphi)=R(r)Y(\theta,\varphi) \tag{2-83}$$

式中，$R(r)$ 仅是 r 的函数，称为径向波函数，$Y(\theta,\varphi)$ 仅是角度 θ,φ 的函数，将式（2-83）代入方程（2-82）中，分离为两个方程，即：

$$\frac{1}{r^2}\frac{\partial}{\partial r}\left(r^2\frac{\partial R}{\partial r}\right)+\left[\frac{2\mu}{\bar{h}^2}\left(E+\frac{Ze_s^2}{r}\right)-\frac{\lambda}{r^2}\right]R=0 \tag{2-84}$$

$$-\left[\frac{1}{\sin\theta}\frac{\partial}{\partial\theta}\left(\sin\theta\frac{\partial Y}{\partial\theta}\right)+\frac{1}{\sin\theta^2}\frac{\partial^2 Y}{\partial\varphi^2}\right]=\lambda Y \tag{2-85}$$

式中，λ 是常数。方程两边同乘 $\bar{h}^2$，根据 $\hat{L}^2$ 的本征方程（式 2-76），已知：

$$\lambda=l(l+1)\qquad l=0,1,2,\cdots$$

且方程的解为球谐函数 $Y_{lm}(\theta,f)$，方程（2-84）是径向波函数应满足的方程，称为径向波函数方程。将 λ 的取值代入方程（2-84），得：

$$\frac{1}{r^2}\frac{\partial}{\partial r}\left(r^2\frac{\partial R}{\partial r}\right)+\left[\frac{2\mu}{\bar{h}^2}\left(E+\frac{Ze_s^2}{r}\right)-\frac{l(l+1)}{r^2}\right]R=0 \tag{2-86}$$

对于 $E>0$ 的情况，方程（2-86）都有满足波函数条件的解，即体系的能量具有连续谱，意味着电子可以离开原子核而运动到无穷远处（处在电离状态）。对于 $E<0$ 的情况，在无穷远处（$r=\infty$），方程（2-86）满足波函数标准条件的解为 $R(\infty)=0$。通常把波函数在无穷远处为零的状态称为束缚态。粒子处于束缚态意味着粒子被限制在有限空间中运动，此时 $R(r)$ 描述的是电子被原子核的库仑场束缚在原子中的径向运动。解方程（2-86），得到能量的本征值 E_n 和径向波函数 $R_n(r)$ 为：

$$E_n=-\frac{\mu Z^2e_s^4}{2\bar{h}^2n^2}=-\frac{e_s^2}{2a_0}\frac{Z^2}{n^2}\quad n=1,2,3\cdots \tag{2-87}$$

$$R_{nl}(r)=N_{nl}e^{-\frac{Z}{na_0}r}\left(\frac{2Z}{na_0}r\right)^l L_{n+l}^{2l+1}\left(-\frac{2Z}{na_0}r\right) \tag{2-88}$$

其中 $n=n_r+l+1$，并且 n_r,l 为正数或零 。

$$a_0=\frac{\bar{h}^2}{2\mu e_s^2}=\frac{\bar{h}^2}{2m_e e_s^2} \tag{2-89}$$

式（2-87）和式（2-88）中，n 称为主量子数，n_r 称为径量子数，a_0 是波尔半径，N_{nl} 是径向波函数的归一化常数，L_{n+l}^{2l+1} 是缔合拉盖尔多项式。

将求得的 $R(r)$ 和 $Y(\theta,\varphi)$ 代入式（2-83），得到库仑场中束缚态电子（$E<0$）的波函数为：

$$\psi_{nlm}(r,\theta,\varphi)=R_{nl}(r)Y_{lm}(\theta,\varphi) \tag{2-90}$$

此时，由式（2-87）给出电子的能级 E，表明电子处于束缚态时，能级是分立的。由于 ψ_{nlm} 与 n,l,m 三个量子数有关，而对应的能级 E_n 只与 n 有关，所以，能级 E_n 是简并的。对应于 1 个 n，可以取 $l=0,1,2,3,\cdots,n-1$ 共 n 个值；而对应于 1 个 l，m 可以取 $m=0,\pm1,\pm2,\cdots,\pm l$，共 $2l+1$ 个值。因此，对应于能级 E_n 有 $\sum_{l=0}^{n-1}2l+1=n^2$ 个波函数，即能级 E_n 有 n^2 个简并度。电子能级对 m 简并，即 E_n 与 m 无关，由于势场是中心力场（势能仅与 r 有关，与 θ,φ 无关）；而电子能级对 l 简并，即 E_n 与 l 无关，则是库仑场所特有的，与一般的中心力场 $V(r)$ 相比，库仑场的中心力场 $V(r)$ 具有更高的对称性。由波函数的归一化条件可得：

$$\int_{r=0}^{\infty}\int_{\theta=0}^{\pi}\int_{\varphi=0}^{2\pi}\psi_{nlm}^{*}(r,\theta,\varphi)\psi_{nlm}(r,\theta,\varphi)r^2\sin\theta\mathrm{d}r\mathrm{d}\theta\mathrm{d}\varphi=1 \tag{2-91}$$

由球谐函数 $Y_{lm}(\theta,f)$ 的归一化条件，可得出径向波函数的归一化条件：

$$\int_{0}^{\infty}R_{nl}^{2}(r)r^2\mathrm{d}r=1 \tag{2-92}$$

在库仑场中，如果 $\psi(r,\theta,\varphi)$ 是哈密顿算符 $\hat{H}$ 的束缚态本征函数，相应的能量本征值（能级）是 E_n，本征函数系 $\psi(r,\theta,\varphi)$ 则满足正交归一性关系，即：

$$\int_{r=0}^{\infty}\int_{\theta=0}^{\pi}\int_{\varphi=0}^{2\pi}\psi_{nlm}^{*}(r,\theta,\varphi)\psi_{n'l'm'}(r,\theta,\varphi)r^2\sin\theta\mathrm{d}r\mathrm{d}\theta\mathrm{d}\varphi=\delta_{n'n}\delta_{l'l}\delta_{m'm} \tag{2-93}$$

由此可见，库仑场中束缚态的本征函数系 $\{\psi_{nlm}(r,\theta,\varphi)\}$ 是正交归一函数系。

2.4.3 氢原子内的作用势能

在研究原子体系时，原子内部的运动状态，即电子相对于核的运动状态是研究的焦点。原子中电子相对于核运动的能量（电子的能级）称为原子能级，描述电子相对于核运动的波函数称为原子波函数。

氢原子是最简单的单原子体系，氢原子中电子与核之间存在相互作用势能，其库仑势如式（2-79）所描述，其中，$r=\sqrt{x^2+y^2+z^2}$，将其势能代入定态薛定谔方程（2-81），并把中心力场中粒子的质量理解为约化质量，并令式（2-87）和式（2-88）中的核电荷数 $Z=1$，即可得到氢原子的能级 E_n 和波函数 ψ_{nlm} 为：

$$E_n=\frac{\mu e_s^4}{2\bar{h}^2n^2}=-\frac{e_s^2}{2a_0}\cdot\frac{1}{n^2}\quad n=1,2,3,\cdots \tag{2-94}$$

$$\psi_{nlm}(r,\theta,\varphi)=R_{nl}(r)Y_{lm}(\theta,\varphi)$$

$$n=1,2,3,\cdots,l=0,1,2,3,\cdots,n-1,m=0,\pm1,\pm2,\cdots,\pm l \tag{2-95}$$

由式（2-94）可以看出，氢原子的能量随 n 的增大而增大，是与 n^2 呈反比关系，因此，氢原子能级是不等间距的。体系能量最低的状态，称为基态。如果氢原子的基态是 $\psi_{100}(n=1,$

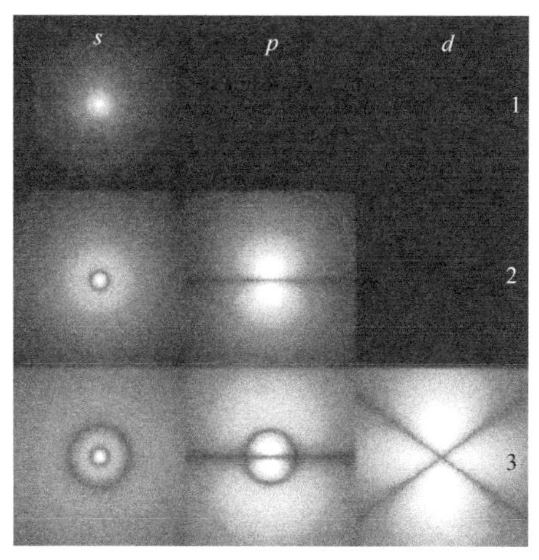

图 2-5　氢原子轨域

$l=0$，$m=0$)，则基态能级是 E_1。如果在 $n=\infty$ 的情况下，$E_\infty=0$，$R(\infty)\neq0$，氢原子中的电子不再被束缚在原子核的周围，可以脱离氢原子核，即发生电离。E_∞ 与基态能量 E_1 之差，称为电离能。如果电子的质量 μ 采用约化质量，则氢原子的电离能为：

$$E_\infty-E_1=\frac{\mu e_s^4}{2\bar{h}^2}=13.597eV$$

图 2-5 显示出能量最低的几个氢原子轨域（能量本征函数）。这些是概率密度的截面的绘图。图内不同颜色的亮度代表不同的概率密度（黑色：0 概率密度，白色：最高概率密度）。此处磁量子数为 0。

2.5　电子自旋与全同粒子

2.5.1　电子自旋

电子自旋假设是根据一系列实验事实提出的，例如碱金属原子光谱的双线结构，或在外磁场中发光谱线发生分裂且偏振的现象（塞曼效应）。电子自旋与外界条件无关，纯属电子内在的固有属性。物理实验证明电子具有自旋磁矩，Uhlenbeck 和 Goldsmidt 对此进行了解释，并于 1925 年提出如下假设：

（1）每个电子具有自旋角动量 S（图 2-6），在空间任何方向上的投影只能取两个值：

$$S_z=\pm\frac{\bar{h}}{2}\tag{2-96}$$

（2）每个电子具有自旋磁矩 M_s，它和自旋角动量 S 的关系是：

$$M_s=-\frac{e}{\mu}S\tag{2-97}$$

式中，$-e$ 是电子电荷，$\mu=m_e$。

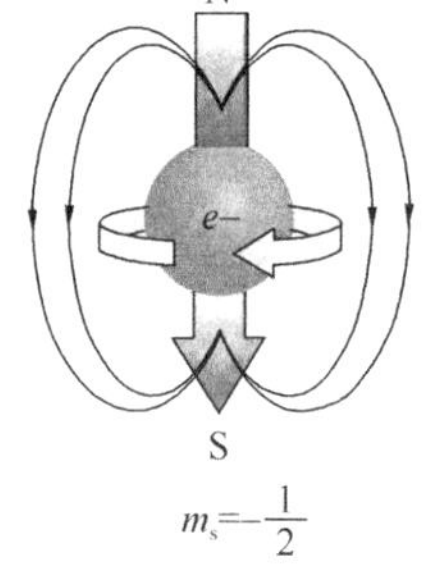

图 2-6　电子自旋角动量及自旋状态

电子自旋并非经典力学意义上的旋转，如果电子自身旋转形成的角动量为 $\pm\bar{h}/2$，那么电子的旋转速度必须远远超过光速，因此，电子自旋纯粹是一种量子特性。一般力学量都可以表示为坐标和动量的函数，但自旋角动量与电子的坐标和动量无关，它是电子内部状态的表征，是描写电子状态的第四个变量。

由于自旋角动量算符 $\hat{S}$ 和坐标、动量无关，不能用 $\hat{r}\times\hat{P}$ 来表示，但它是角动量，与其他角动量之间具有共性，这个共性体现在自旋角动量算符与其他角动量算符满足相同的对易关系。即：

$$\hat{S}_x\hat{S}_y-\hat{S}_y\hat{S}_x=i\hbar\hat{S}_z \tag{2-98}$$

$$\hat{S}_y\hat{S}_z-\hat{S}_z\hat{S}_y=i\hbar\hat{S}_x \tag{2-99}$$

$$\hat{S}_z\hat{S}_x-\hat{S}_x\hat{S}_z=i\hbar\hat{S}_y \tag{2-100}$$

由于 S 在空间任意方向上的投影只能取两个数值 $\pm\hbar/2$，所以，$\hat{S}_x$，$\hat{S}_y$ 和 $\hat{S}_z$ 三个算符的本征值都是 $\pm\hbar/2$，即：

$$S_x=S_y=S_z=\pm\hbar/2 \tag{2-101}$$

由此得到自旋角动量平方算符 $\hat{S}^2$ 的本征值 S^2，即：

$$S^2=S_x^2+S_y^2+S_z^2=\frac{3}{4}\hbar^2 \tag{2-102}$$

将式（2-102）与轨道角动量平方算符 $\hat{L}^2$ 的本征值 $L^2=l(l+1)\hbar^2$ 比较，令：

$$S^2=s(s+1)\hbar \tag{2-103}$$

则 $s=1/2$。s 与角量子数 l 相当，故将 s 称为电子的自旋量子数。对于单个电子，s 只有一个取值，即 $s=1/2$。

除了用 3 个坐标变量（如 x，y，z）来描述轨道角动量之外，还需要用一个自旋变量（如 s_z）来描述电子的自旋态，所以将电子的波函数写为：

$$\Psi=\Psi(x,y,z,s_z,t) \tag{2-104}$$

由于 s_z 只能取两个值 $\pm\hbar/2$，式（2-104）可写成两个分量，即：

$$\psi_1(x,y,z,t)=\Psi(x,y,z+\hbar/2,t)$$

$$\psi_2(x,y,z,t)=\Psi(x,y,z-\hbar/2,t)$$

两个分量按列向量表示，即：

$$\psi=\begin{bmatrix}\psi_1(x,y,z,t)\\ \psi_2(x,y,z,t)\end{bmatrix} \tag{2-105}$$

并规定第一行对应于 $s_z=\hbar/2$，第二行对应于 $s_z=-\hbar/2$。

按式（2-92）的形式表示电子波函数，在进行归一化时必须考虑同时对空间积分和对自旋求和，即：

$$\int\Psi^{+}\Psi\mathrm{d}\tau=\int(|\psi_1|^2+|\psi_2|^2)\mathrm{d}\tau=1 \tag{2-106}$$

式中，$\Psi^{+}=(\psi_1^*,\psi_2^*)$，是 Ψ 的共轭向量。

根据波函数定义的概率密度为：

$$\rho(x,y,z,t)=\Psi^{+}\Psi=|\psi_1|^2+|\psi_2|^2 \tag{2-107}$$

它表示 t 时刻在 (x,y,z) 周围单位体积内找到电子的概率，其中

$$\rho_1(x,y,z,t)=|\psi_1|^2 \tag{2-108}$$

$$\rho_2(x,y,z,t)=|\psi_2|^2 \tag{2-109}$$

分别表示 t 时刻在 (x,y,z) 周围单位体积内找到自旋 $s_z=\bar{h}/2$ 和自旋 $s_z=-\bar{h}/2$ 的电子的概率。分别将 ρ_1 和 ρ_2 对整个空间积分，就得到在整个空间中找到自旋 $s_z=\bar{h}/2$ 和自旋 $s_z=-\bar{h}/2$ 的电子的概率。

如果电子的自旋是 $s_z=\bar{h}/2$，则它的波函数为：

$$\Psi_{1/2}=\begin{bmatrix}\psi_1(x,y,z,t)\\0\end{bmatrix} \tag{2-110}$$

如果电子的自旋是 $s_z=-\bar{h}/2$，则它的波函数为：

$$\Psi_{1/2}=\begin{bmatrix}0\\\psi_1(x,y,z,t)\end{bmatrix} \tag{2-111}$$

电子的自旋算符是作用在电子波函数上的，电子波函数是二维列向量，则自旋算符应该是两行两列的矩阵。利用自旋算符 $\hat{S}_z$ 的本征方程，即：

$$\hat{S}_z\Psi_{1/2}=\frac{\bar{h}}{2}\Psi_{1/2} \tag{2-112}$$

$$\hat{S}_x\Psi_{-1/2}=-\frac{\bar{h}}{2}\Psi_{1/2} \tag{2-113}$$

可得其矩阵表示为：

$$\hat{S}_z=\frac{\bar{h}}{2}\begin{pmatrix}1&0\\0&-1\end{pmatrix} \tag{2-114}$$

由对易关系式（2-98）～式（2-100），可求得：

$$\hat{S}_x=\frac{\bar{h}}{2}\begin{pmatrix}0&1\\1&0\end{pmatrix},\ \hat{S}_y=\frac{\bar{h}}{2}\begin{pmatrix}0&-i\\i&0\end{pmatrix} \tag{2-115}$$

自旋算符用阵式（2-114）及式（2-115）表示后，自旋算符的任意函数表示为 2×2 矩阵。

一般情况下，电子的自旋和轨道运动之间存在相互作用，因而电子的自旋状态对轨道运动有影响，表现为波函数 Ψ 的分量 ψ_1 和 ψ_2 是 x，y，z 的不同的函数。当电子的自旋和轨道相互作用可以忽略不计时，电子的自旋状态不影响轨道运动，这时 ψ_1 和 ψ_2 对 x，y，z 的依赖关系是一样的，可以把 Ψ 写成：

$$\Psi(x,y,z,s_z,t)=\psi_1(x,y,z,t)\eta(m_s) \tag{2-116}$$

式中，$\eta(m_s)$ 是描述电子自旋状态的自旋波函数，m_s 也称为自旋量子数，$\hat{S}_z$ 的本征值 $S_z = m_s\bar{h}$。自旋算符仅对波函数中的自旋函数起作用，根据式（2-110）、式（2-112）和式（2-116）可知，自旋函数可表达为：

$$\alpha = \eta(1/2) = \begin{pmatrix} 1 \\ 0 \end{pmatrix} \tag{2-117}$$

$$\beta = \eta(-1/2) = \begin{pmatrix} 0 \\ 1 \end{pmatrix} \tag{2-118}$$

如图 2-6 所示，$m_s = 1/2$ 时的 α 态称上自旋态，$m_s = -1/2$ 时的 β 态称下自旋态。

α 是算符 $\hat{S}_z$ 属于本征值为 $\bar{h}/2$ 的本征函数，即：

$$S_z\alpha = m_s\bar{h}\alpha = \frac{1}{2}\bar{h}\alpha \quad \left(其中\ m_s = \frac{1}{2}\right) \tag{2-119}$$

β 是算符 $\hat{S}_z$ 属于本征值 $-\bar{h}/2$ 的本征函数，即：

$$S_z\beta = m_s\bar{h}\beta = -\frac{1}{2}\bar{h}\beta \quad \left(其中\ m_s = -\frac{1}{2}\right) \tag{2-120}$$

上自旋态与下自旋态彼此是正交的，即：

$$\alpha^{+}\beta = (1 \quad 0)\begin{pmatrix} 0 \\ 1 \end{pmatrix} = 0 \tag{2-121}$$

2.5.2 全同粒子

全同粒子是指质量、电荷、自旋等固有性质完全相同的微观粒子。例如，所有的电子是全同粒子，所有的质子也是全同粒子，全同粒子的固有性质又完全相同。因此，在微观尺度上，全同粒子是不可区分的，即全同粒子具有不可区分性。

一个由 N 个全同粒子组成的系统，以 q_i 表示第 i 个粒子的坐标和自旋，$q_i = (r_i,\ s_i)$，$\Phi(q_1, q_2, \cdots, q_i, \cdots, q_j, \cdots, q_N, t)$ 是描述该全同粒子系统状态的波函数。

波函数的交换对称性：

如果

$$\Phi(q_1, q_2, \cdots, q_i, \cdots, q_j, \cdots, q_N, t) = \Phi(q_1, q_2, \cdots, q_j \cdots, q_i, \cdots, q_N, t) \tag{2-122}$$

即任意两粒子交换位置后波函数保持不变，则称 Φ 是对称波函数。

波函数的交换反对称性：

$$\Phi(q_1, q_2, \cdots, q_i, \cdots, q_j, \cdots, q_N, T) = -\Phi(q_1, q_2, \cdots, q_j, \cdots, q_i, \cdots, q_N, t) \tag{2-123}$$

即任意两粒子交换后波函数改变正负符号，则称 Φ 是反对称波函数。

全同粒子系统具有以下性质：

① 满足全同性原理：全同粒子系统中，任何两粒子相互代换并不引起物理状态的改变。

② 遵从泡利法则：自旋量子数是半整数的粒子称为费米子，由费米子组成的系统遵从费米-狄拉克统计，描述费米子系统的波函数是反对称波函数；自旋量子数是整数的粒子称为玻色子，由玻色子组成的系统遵从玻色-爱因斯坦统计，描述玻色子系统的波函数是对称波函数。

③ 具有对称的或反对称的波函数，描述全同粒子系统状态的波函数只能是对称波函数或反对称波函数，且对称性不随时间改变。

④ 满足泡利不相容原理：对于费米子系统，不可能有两个或两个以上的费米子处于同一状态。

2.6 波函数的求解理论

量子力学的基本问题是求解描述体系状态的薛定谔方程，以获得体系状态的波函数和体系可能具有的能量。由于物理体系的复杂性，绝大多数问题无法求得精确解，只能求近似解。根据适用范围，近似方法可分为两大类：一类用于体系的哈密顿算符不是时间的显函数的情况，讨论的是定态问题；另一类用于体系的哈密顿算符是时间的显函数的情况，讨论的是体系状态之间的跃迁问题。

2.6.1 微扰理论

对于大量实际物理问题，薛定谔方程能有精确解的情况很少。量子力学求问题近似解的方法（简称近似方法）就显得特别重要。微扰理论是各种近似方法中最基本的一种，它的许多结果几乎成为量子力学理论的组成部分，如果和变分法配合使用可以得出精确度较高的结果。微扰理论求解薛定谔方程的基本思想是逐级近似，若体系的哈密顿算符不是时间的显函数，求解的是定态薛定谔方程：

$$\hat{E}\psi = E\psi \tag{2-124}$$

求解体系可能状态（能量本征值、本征函数）的微扰理论称为定态微扰理论。按未受微扰时能态的简并情况分为非简并的微扰理论和简并的微扰理论。将体系的哈密顿算符分成两部分：

$$\hat{H} = \hat{H}_0 + \hat{H}' \tag{2-125}$$

$\hat{H}'$ 很小，可以看作是加在 $\hat{H}_0$ 上的微扰，$\hat{H}_0$ 的本征值和本征函数容易解出或已有现成的解，在此基础上，把微扰 $\hat{H}'$ 对能量和波函数的影响逐级考虑进去。若体系的哈密顿算符是时间的显函数，求解的是含时间的薛定谔方程：

$$\hat{H}\psi = i\hbar \frac{\partial}{\partial t}\psi \tag{2-126}$$

求解体系状态随时间变化的微扰理论称为含时微扰理论，将体系的哈密顿算符 $\hat{H}$ 分成两部分：

$$\hat{H} = \hat{H}_0 + \hat{H}'(t) \tag{2-127}$$

式中，$\hat{H}_0$ 与时间无关，加在 $\hat{H}_0$ 上的微扰 $\hat{H}'(t)$ 可看作是与时间有关的，$\hat{H}_0$ 的定态薛定谔方程是可解的，微扰 $\hat{H}'(t)$ 的作用是使体系由 $\hat{H}_0$ 的某个本征态变为 $\hat{H}_0$ 的全部本征态的线性组合，计算体系在微扰作用下由一个量子态跃迁到另一个量子态的跃迁概率。非简并态的定态微扰理论推导如下。

以 E_n 和 ψ_n 表示 $\hat{H}$ 的本征值和本征函数，依据方程（2-124），可表达为：

$$\hat{H}\psi_n = E_n\psi_n \tag{2-128}$$

如果无微扰，$\hat{H} = \hat{H}_0$，并且 $\hat{H}_0$ 的本征值 $E_n^{(0)}$ 和本征函数 $\psi_n^{(0)}$ 是已知的，即：

$$\hat{H}_0\psi_n^{(0)} = E_n^{(0)}\psi_n^{(0)} \tag{2-129}$$

微扰 $\hat{H}'$ 使体系的能级由 $E_n^{(0)}$ 变为 E_n，波函数由 $\psi_n^{(0)}$ 变为 ψ_n。为了表示微扰项 $\hat{H}'$ 很小，用一个很小的实参数 λ 来表示其微小程度，写成：

$$\hat{H} = \lambda\hat{H}^{(1)} \tag{2-130}$$

由于 E_n 和 ψ_n 都与微扰有关，展开成 λ 的基函数：

$$E_n = E_n^{(0)} + \lambda E_n^{(1)} + \lambda^2 E_n^{(2)} + \cdots \tag{2-131}$$

$$\psi_n = \psi_n^{(0)} + \lambda\psi_n^{(1)} + \lambda^2\psi_n^{(2)} + \cdots \tag{2-132}$$

式中，由于 $E_n^{(0)}$，$\psi_n^{(0)}$ 分别是体系未受微扰时的能量和波函数，称为零级近似能量和零级近似波函数。$\lambda E_n^{(1)}$ 和$\lambda\psi_n^{(1)}$ 分别是能量和波函数的一级修正，$\lambda^2 E_n^{(2)}$ 和$\lambda^2\psi_n^{(2)}$ 分别是能量和波函数的二级修正，以此类推。

如果将式（2-130）～式（2-132）代入方程（2-124），并令等号两边的 λ 同次幂项的系数对应相等，可以得到关于 $E_n^{(0)}$，$E_n^{(1)}$，$E_n^{(2)}$，…，$\psi_n^{(0)}$，$\psi_n^{(1)}$，$\psi_n^{(2)}$，… 的一系列方程。在 $E_n^{(0)}$ 非简并的情况下，与 $E_n^{(0)}$ 对应的 $\hat{H}_0$ 的本征函数只有一个 $\psi_n^{(0)}$，它就是 ψ_n 的零级近似。设 $\hat{H}_0$ 的全部零级近似波函数均为正交归一化的，解关于 $E_n^{(1)}$，$E_n^{(2)}$，…，$\psi_n^{(1)}$，$\psi_n^{(2)}$，… 的系列方程，得：

$$E_n^{(1)} = \int \psi_n^{(0)*} H' \psi_n^{(0)} \mathrm{d}\tau = H'_{nn} \tag{2-133}$$

$$E_n^{(2)} = \sum_{m\neq n}{}' \frac{|H'_{mn}|^2}{E_n^{(0)} - E_m^{(0)}} \tag{2-134}$$

$$\psi_n^{(1)} = \sum_{m\neq n}{}' \frac{H'_{mn}}{E_n^{(0)} - E_m^{(0)}} \psi_m^{(0)} \tag{2-135}$$

式（2-134）和式（2-135）中求和号右上角的“$'$”表示求和不包括 $m = n$ 的项；H'_{mn} 为微扰矩阵元，即：

$$H'_{mn} = \int \psi_m^{(0)*} H' \psi_n^{(0)} \mathrm{d}\tau \tag{2-136}$$

因 $\hat{H}'$ 是厄密算符，由式（2-135）可推出：

$$H'_{mn} = H'^{*}_{nm} \tag{2-137}$$

引进 λ 是为了求解 $E_n^{(0)}$，$E_n^{(1)}$，$E_n^{(2)}$，…，$\psi_n^{(0)}$，$\psi_n^{(1)}$，$\psi_n^{(2)}$，…，达到目的后，可将 λ 省去（可以令 $\lambda=1$），则 $\hat{H}^{(1)} = \hat{H}'$，$E_n^{(1)}$ 和 $\psi_n^{(1)}$ 为能量和波函数的一级修正，$E_n^{(2)}$ 和 $\psi_n^{(2)}$ 为能量和波函数的二级修正，以此类推。分别将求得的能量和波函数的各级修正值代入式（2-131）和式（2-132）（$\lambda=1$），得到受微扰体系的能量 E_n 和波函数 ψ_n 如下：

$$E_n = E_n^{(0)} + H'_{nn} + \sum_{m}{}' \frac{|H'_{mn}|^2}{E_n^{(0)} - E_m^{(0)}} + \cdots \tag{2-138}$$

$$\psi_n = \psi_n^{(0)} + \sum_{m}{}' \frac{H'_{mn}}{E_n^{(0)} - E_m^{(0)}} \psi_m^{(0)} + \cdots \tag{2-139}$$

如果微扰理论能够适用，则级数式（2-138）和式（2-139）是收敛的，由于级数的高级项实际是未知的，只能要求级数的几个已知项中后面的项远小于前面的项，以保证级数的收敛，由此得到非简并态微扰理论的适用条件：

$$\left|\frac{H'_{mn}}{E_n^{(0)} - E_m^{(0)}}\right| \ll 1 \quad (E_n^{(0)} \neq E_m^{(0)}) \tag{2-140}$$

如果满足式（2-140），能量经二级修正、波函数经一级修正就可得到精确的结果。由式（2-140）可以看出，非简并态微扰的方法是否适用，不仅取决于矩阵元 H'_{mn} 的大小，还取决于能级间距 $|E_n^{(0)} - E_m^{(0)}|$。

2.6.2 变分原理

变分原理是量子力学中另一个求解体系能量本征值与本征波函数的近似方法。变分原理不受微扰法的条件限制，并且是与求解薛定谔方程等价的。

变分原理的基本做法是根据具体问题的特点，选择某种形式的试探波函数，给出该试探波函数形式下的体系能量平均值，然后对其取极值，求出在试探波函数形式下最好的波函数和相应的能量平均值，用它们作为体系本征函数和能量本征值的近似解。

设体系的波函数 ψ 是归一化的，体系能量的平均值为：

$$\bar{H}=\int\psi^{*}\hat{H}\mathrm{d}\tau \tag{2-141}$$

在满足一定边界条件（包括归一化条件）的情况下，$\bar{H}$ 取极值，即：

$$\delta\bar{H}-\lambda\delta\int\psi^{*}\psi\mathrm{d}\tau=0 \tag{2-142}$$

式中，λ 为拉格朗日不定乘子，求得的 λ 和 ψ 就是体系的能量本征值和本征函数，反之，若体系的波函数是满足薛定谔方程的本征函数，则体系能量的平均值 $\bar{H}$ 一定取极值。运用变分原理的具体形式有多种，哈特里-福克自洽场法是常用方法之一。

依据 Born-Oppenheimer 近似，多粒子系统中电子的运动与原子核的运动分开考虑。在求解电子波函数和电子能量时，先把原子核看成是固定的，电子在原子核形成的势场中运动，不计入原子核之间的排斥能。如果原子核的相对位置发生变化，电子的运动状态将随之而改变，再将原子核之间排斥能加入电子能量中。由于原子核之间的排斥势 $\hat{V}_{\text{N-N}}(\boldsymbol{R})$ 只与原子核的位置有关，对于原子核位置确定的体系，$\hat{V}_{\text{N-N}}(\boldsymbol{R})$ 是常数，它只影响电子系统的总能量，不影响电子波函数，根据上述分析，电子的薛定谔方程可以表达为：

$$\left[-\frac{1}{2}\sum_{i}\nabla_{i}^{2}+\sum_{i}V(\boldsymbol{r}_{i})+\frac{1}{2}\sum_{i,j}{}'\frac{1}{|\boldsymbol{r}_{i}-\boldsymbol{r}_{j}|}\right]\Phi=E\Phi \tag{2-143}$$

多电子系统的哈密顿算符可分成两部分：

$$\hat{H}=\sum_{i}\hat{H}_{i}+\sum_{i,j}{}'\hat{H}_{ij} \tag{2-144}$$

$$\hat{H}_{i}=-\frac{1}{2}\nabla_{1}^{2}+V(\boldsymbol{r}_{i}) \tag{2-145}$$

$$H\nabla_{ij}^{2}=\frac{1}{2}\frac{1}{|\boldsymbol{r}_{i}-\boldsymbol{r}_{j}|}\quad(i\neq j) \tag{2-146}$$

式中，$\sum_{i,j}{}'$ 表示对 i，j 分别求和，但不包括 $i=j$ 项。$\hat{H}_{i}$ 包含单电子动能和原子核对单电子的作用势，只是单电子坐标的函数，称为单电子算符，$\hat{H}_{ij}$ 是两电子间的相互作用势，称为双电子算符。由于含有双电子算符，不能简单地用分离变量法求薛定谔方程的精确解。哈特里（Hartree）提出：将单电子波函数 $\varphi_{i}(\boldsymbol{r}_{i})$ 的连乘积

$$\Phi(\boldsymbol{r})=\varphi_{1}(\boldsymbol{r}_{1})\varphi_{2}(\boldsymbol{r}_{2})\cdots\varphi_{i}(\boldsymbol{r}_{i})\cdots\varphi_{n}(\boldsymbol{r}_{n}) \tag{2-147}$$

作为多电子体系的薛定谔方程的近似解，其称为哈特里近似。其中 $\varphi_{i}(\boldsymbol{r}_{i})$ 表示位于 $\boldsymbol{r}_{i}$ 处的第 i 个电子处于状态 φ_{i}。

依据全同粒子性质，多电子系统的波函数应该是交换反对称的。但哈特里波函数不具有交换反对称性。基于多电子系统的波函数应具有交换反对称性，福克（Fock）和斯莱特（Slater）分别独立地提出：处于位矢 $\boldsymbol{r}_{1}$，$\boldsymbol{r}_{2}$，…，$\boldsymbol{r}_{n}$ 的 N 电子系统，其近似波函数为形如

$$\Phi = \frac{1}{\sqrt{N!}} \begin{vmatrix} \varphi_1(q_1) & \varphi_2(q_1) & \cdots & \varphi_N(q_1) \\ \varphi_1(q_2) & \varphi_2(q_2) & \cdots & \varphi_N(q_2) \\ \vdots & \vdots & & \vdots \\ \varphi_1(q_N) & \varphi_2(q_N) & \cdots & \varphi_N(q_N) \end{vmatrix} \tag{2-148}$$

的 Slater 行列式，其中 $\varphi_i(q_i)$ 表示第 i 个电子在坐标 q_i 处的归一化波函数，这里 q_i 已包含电子的位置 $\boldsymbol{r}_i$ 和自旋，这种近似称为福克近似。福克近似所采用的波函数既满足泡利不相容原理又满足交换反对称性。

采用福克近似，系统能量的期待值 E 等于系统的哈密顿算符在 Slater 行列式上的平均值 $\bar{H}$，即：

$$E = \bar{H} = \sum_i \int \mathrm{d}\boldsymbol{r}_1 \varphi_i^*(q_i) \hat{H}_i \varphi_i(q_1) + \frac{1}{2} \sum_{i,j}{}' \iint \mathrm{d}\boldsymbol{r}_1 \mathrm{d}\boldsymbol{r}_2 \frac{|\varphi_i(q_1)|^2 |\varphi_j(q_2)|^2}{|\boldsymbol{r}_1 - \boldsymbol{r}_2|}$$
$$- \frac{1}{2} \sum_{i,j}{}' \iint \mathrm{d}\boldsymbol{r}_1 \mathrm{d}\boldsymbol{r}_2 \frac{\varphi_i^*(q_1)\varphi_j^*(q_2)\varphi_i(q_2)\varphi_j(q_1)}{|\boldsymbol{r}_1 - \boldsymbol{r}_2|} \tag{2-149}$$

系统能量的期待值公式（2-149）中右侧第一项是单电子算符对应的能量，第二项是电子库仑能，第三项是由多电子系统波函数交换反对称而产生的电子交换能。如果采用哈特里近似，则系统的能量期待值只包含式（2-149）的前两项，不包含电子交换能。

根据变分原理，由最佳单电子波函数 φ_i 构成的波函数 Φ 一定给出系统能量 E 的极小值，将 E 对 φ_i 作变分，以 E_i 为拉格朗日乘子，得到单电子波函数应满足的微分方程：

$$\left[-\frac{1}{2}\nabla^2 + V(\boldsymbol{r})\right]\varphi_i(\boldsymbol{r}) + \sum_{j(\neq i)} \int \mathrm{d}\boldsymbol{r}' \frac{|\varphi_j(\boldsymbol{r}')|^2}{|\boldsymbol{r} - \boldsymbol{r}'|} \varphi_i(\boldsymbol{r}) + \sum_{j(\neq i),\parallel} \int \mathrm{d}\boldsymbol{r}' \frac{\varphi_j^*(\boldsymbol{r}')\varphi_i(\boldsymbol{r}')}{|\boldsymbol{r} - \boldsymbol{r}'|} \varphi_j(\boldsymbol{r}) = E_i \varphi_i(\boldsymbol{r}) \tag{2-150}$$

单电子方程（2-150）称为 Hartree-Fock 方程，Hartree-Fock 方程左边第一项是单电子动能和原子核对单电子的作用项，第二项是电子库仑相互作用项，第三项是电子交换相互作用项，“‖”表示求和只对与 φ_i 有平行自旋的 φ_j 进行，即只包含自旋平行的电子间的交换作用。

定义：

电荷分布
$$\rho(\boldsymbol{r}') = \sum_i \rho_i(\boldsymbol{r}') = -\sum_i |\varphi_i(\boldsymbol{r}')|^2 \tag{2-151}$$

交换电荷分布
$$\rho_i^{\mathrm{HF}}(\boldsymbol{r}, \boldsymbol{r}') = -\sum_{j,\parallel} \frac{\varphi_j^*(\boldsymbol{r}')\varphi_i(\boldsymbol{r}')\varphi_i^*(\boldsymbol{r})\varphi_j(\boldsymbol{r})}{\varphi_i^*(\boldsymbol{r})\varphi_i(\boldsymbol{r})} \tag{2-152}$$

由式（2-151）和式（2-152）的电荷分布和交换电荷分布，Hartree-Fock 方程可以写成如下形式：

$$\left[-\frac{1}{2}\nabla^2 + V(\boldsymbol{r}) + \int \mathrm{d}\boldsymbol{r}' \frac{\rho(\boldsymbol{r}') - \rho_i^{\mathrm{HF}}(\boldsymbol{r}, \boldsymbol{r}')}{|\boldsymbol{r} - \boldsymbol{r}'|}\right]\varphi_i(\boldsymbol{r}) = E_i \varphi_i(\boldsymbol{r}) \tag{2-153}$$

方程（2-153）表明，电子在原子核和其他电子形成的势场 $U(\boldsymbol{r})$ 中运动，即：

$$U(\boldsymbol{r}) = V(\boldsymbol{r}) + \int \mathrm{d}\boldsymbol{r} \frac{\rho(\boldsymbol{r}') - \rho_i^{\mathrm{HF}}(\boldsymbol{r}, \boldsymbol{r}')}{|\boldsymbol{r} - \boldsymbol{r}'|} \tag{2-154}$$

因为势函数 $U(\boldsymbol{r})$ 的电子相互作用项（第二项）含有方程的解 φ_i，Hartree-Fock 方程只能用迭代法求解。先设 Hartree-Fock 方程的初解即一组单电子态 $\{\varphi_i\}$，根据所设单电子态求出势函数，解方程得到更好的解 $\{\varphi_i\}$，重复这一过程，直到 $\{\varphi_i\}$ 在所考虑的计算精度内不再变化，即由单电子态决定的势场与由势场决定的单电子态之间达到自洽，即哈特里-福克自洽场近似。

对于含有大量电子的系统，用 ρ_i^{HF} 对 i 取平均的方法来简化 Hartree-Fock 方程，用 ρ^{HF} 代替 ρ_i^{HF}，即：

$$\rho_i^{\mathrm{HF}} = \rho^{\mathrm{HF}} = \sum_i \frac{\varphi_i^*(\boldsymbol{r})\varphi_i(\boldsymbol{r})\rho_i^{\mathrm{HF}}(\boldsymbol{r}, \boldsymbol{r}')}{\sum_i \varphi_i^*(\boldsymbol{r})\varphi_i(\boldsymbol{r})} \tag{2-155}$$

于是方程（2-153）可写成单电子有效势方程：

$$\left[-\frac{1}{2}\nabla^2 + V_{\mathrm{eff}}(\boldsymbol{r})\right]\varphi_i(\boldsymbol{r}) = E_i\varphi_i(\boldsymbol{r}) \tag{2-156}$$

其中，

$$V_{\mathrm{eff}}(\boldsymbol{r}) = V(\boldsymbol{r}) + \int \mathrm{d}\boldsymbol{r}' \frac{\rho(\boldsymbol{r}') - \rho^{\mathrm{HF}}(\boldsymbol{r}, \boldsymbol{r}')}{|\boldsymbol{r} - \boldsymbol{r}'|} \tag{2-157}$$

利用哈特里-福克自洽场近似，可将多电子薛定谔方程简化为单电子有效势方程，使问题得到有效简化。其有效势包含了原子核对电子的静电吸引作用、电子与电子的库仑排斥作用和电子与电子的交换相互作用。

2.7 密度泛函理论

传统的量子理论将波函数作为体系的基本物理量，而密度泛函理论则通过粒子密度来描述体系基态的物理性质。因为粒子密度只是空间坐标的函数，密度泛函理论将三维波函数问题简化为三维粒子密度问题。另外，粒子密度通常是可以通过实验直接观测的物理量。密度泛函理论也是一种完全基于量子力学的从头算理论，但是为了与其他的量子化学从头算方法区分，人们通常把基于密度泛函理论的计算称为第一性原理计算。实际系统主要是多粒子系统，系统中含有多个或大量的粒子（原子核和电子），系统中粒子间必然存在相互作用。在电子能级的计算时，对多粒子系统进行必要的近似和简化有益于问题的求解。近似思路主要有：

① 绝热近似，将原子核的运动和电子的运动分开考虑；

② 哈特里-福克自洽场近似，将多电子问题转化为单电子问题。

密度泛函理论是求解单电子问题的更严格、更精确的理论。它不仅为将多电子问题转化为单电子问题提供了理论基础，而且已成为计算分子和固体电子结构和总能量的有力工具。因此，密度泛函理论是研究多粒子系统理论基态的重要方法。

固体是凝聚态物理和材料学的主要研究对象，每立方厘米固体中含有原子核和电子的数目达 10^{23} 数量级，固体的电子结构不同于其组成原子的电子能级结构，已变成能带结构。实验结果表明，固体的许多热、电、磁、光性质与固体的能带结构有关，因此，若要阐明和解释这些物理性质，需对具体系统的能带结构有所了解。对固体能带进行计算，除了采用上述近似外，还要把固体中电子的势能函数近似成具有晶格周期性的函数，将能带问题转化为单电子在周期性势场中运动的问题。

2.7.1 Hohenberg-Kohn 定理

在 1927 年，H. Thomas 和 E. Fermi 提出原子、分子和固体的基态物理性质可以用粒子数密度来表示，是将系统总能量 E 表示为电子密度的泛函即密度泛函，其基础是 P. Hohenberg 和 W. Kohn 提出的关于非均匀电子气的理论，基于如下两个定理：

定理 1：不计自旋的全同费米子系统的基态能量是粒子数密度函数 $\rho(\boldsymbol{r})$ 的唯一泛函。

定理 2：能量泛函 $E[\rho]$ 在粒子数不变的条件下对正确的粒子数密度函数 $\rho(\boldsymbol{r})$ 取极小值，并等于基态能量。

定理 1 说明粒子数密度函数是确定多粒子系统基态物理性质的基本变量，所有基态物理性质，如能量、波函数以及所有算符的期待值，都由粒子数密度函数唯一确定。定理 2 表明，如果得到了基态粒子数密度函数，就能确定能量泛函的极小值，并且泛函的极小值等于基态的能量，因此，能量泛函对粒子数密度的变分是确定系统基态的途径。两个定理被统称为 Hohenberg-Kohn 定理。

分子或固体的电子系统是基态非简并、不计自旋的费米子系统，其哈密顿算符为：

$$\hat{H} = \hat{T}_{\mathrm{e}} + \hat{V}_{\mathrm{e\text{-}e}} = \hat{V}_{\mathrm{ext}} + \hat{V}_{\mathrm{N\text{-}N}} \tag{2-158}$$

式中，$\hat{V}_{\mathrm{ext}}$ 是用对所有电子都相同的局域势 $v(\boldsymbol{r})$ 来表示的外场的作用，原子核对电子的作用被看成是一个外场的作用，若无其他外场，则 $\hat{V}_{\mathrm{ext}} = \hat{V}_{\mathrm{e\text{-}N}}$。

对于给定的 $v(\boldsymbol{r})$，多电子系统的能量是电子数密度 $\rho(\boldsymbol{r})$ 的泛函。与式（2-158）对应的多电子系统的能量泛函 $E[\rho]$ 为：

$$E[\rho] = F[\rho] + E_{\mathrm{ext}}[\rho] + E_{\mathrm{N\text{-}N}} \tag{2-159}$$

$F[\rho]$ 是与外场无关的泛函，它包括电子的动能和电子之间的相互作用能，即：

$$F[\rho] = T[\rho] + E_{\mathrm{e\text{-}e}}[\rho] = T[\rho] + \frac{1}{2}\iint \mathrm{d}\boldsymbol{r}\mathrm{d}\boldsymbol{r}' \frac{\rho(\boldsymbol{r})\rho(\boldsymbol{r}')}{|\boldsymbol{r}-\boldsymbol{r}'|} + E_{\mathrm{xc}}[\rho] \tag{2-160}$$

$E_{ext}[\rho]$ 是局域势 $v(\boldsymbol{r})$ 所表示的外场对电子的作用能，即：

$$E_{ext}[\rho]=\int d\boldsymbol{r}v(\boldsymbol{r})\rho(\boldsymbol{r}) \tag{2-161}$$

$E_{N\text{-}N}$ 是原子核之间的排斥能，即：

$$E_{N\text{-}N}=\sum_{i<j}\frac{Z_iZ_j}{|\boldsymbol{R}_i-\boldsymbol{R}_j|} \tag{2-162}$$

在式（2-160）中将 $F[\rho]$ 分为三项，第一项和第二项是与无相互作用粒子模型对应的动能和库仑排斥能，第三项 $E_{xc}[\rho]$ 代表了所有未包含在无相互作用粒子模型中的相互作用能，称为交换关联相互作用能，它包含了电子间相互作用的全部复杂性。$E_{xc}[\rho]$ 也是电子数密度 ρ 的泛函，可分成交换能 $E_x[\rho]$ 和关联能 $E_c[\rho]$ 两部分，即：

$$E_{xc}[\rho]=E_x[\rho]+E_c[\rho] \tag{2-163}$$

根据 Hohenberg-Kohn 定理，若能得到能量泛函 $E[\rho]$，并且将 $E[\rho]$ 对电子数密度 ρ 进行变分，就可以确定系统的基态和所有的基态性质。

2.7.2 Kohn-Sham 方程

依据前面的 Hohenberg-Kohn 密度泛函定理，如果想得到体系基态性质——能量泛函 $E[\rho]$，必须确定电子数密度 $\rho(\boldsymbol{r})$、动能泛函 $T[\rho]$ 及交换关联能泛函 $E_{xc}[\rho]$ 三个问题。因此，W. Kohn 和 L. J. Sham 提出新的方程，假定动能泛函 $T[\rho]$ 可用一个已知的无相互作用电子系统的动能泛函 $T_s[\rho]$ 来代替，这个无相互作用电子系统与有相互作用电子系统具有相同的密度函数；用 N 个单电子波函数 $\varphi_i(\boldsymbol{r})$ 构成密度函数 $\rho(\boldsymbol{r})$：

$$\rho(\boldsymbol{r})=\sum_{i=1}^{N}|\varphi_i(\boldsymbol{r})|^2 \tag{2-164}$$

则

$$T[\rho]=T_s[\rho]=\sum_{i=1}^{N}\int d\boldsymbol{r}\varphi_i^*(\boldsymbol{r})\left(-\frac{1}{2}\nabla^2\right)\varphi_i(\boldsymbol{r}) \tag{2-165}$$

将能量泛涵 $E[\rho]$ 对 ρ 的变分用对 $\varphi_i(\boldsymbol{r})$ 的变分来代替，以 E_i 为拉格朗日乘子，变分后得：

$$\left\{-\frac{1}{2}\nabla^2+V_{KS}[\rho(\boldsymbol{r})]\right\}\varphi_i(\boldsymbol{r})=E_i\varphi_i(\boldsymbol{r}) \tag{2-166}$$

其中

$$V_{KS}[\rho(\boldsymbol{r})]=v(\boldsymbol{r})+V_{Coul}[\rho(\boldsymbol{r})]+V_{xc}[\rho(\boldsymbol{r})]=v(\boldsymbol{r})+\int d\boldsymbol{r}'\frac{\rho(\boldsymbol{r}')}{|\boldsymbol{r}-\boldsymbol{r}'|}+\frac{\delta E_{xc}[\rho(\boldsymbol{r})]}{\delta\rho(\boldsymbol{r})} \tag{2-167}$$

与 Hartree-Fock 方程（2-156）类似，方程（2-167）也是单电子方程，并且 $V_{KS}[\rho(\boldsymbol{r})]$ 与 Hartree-Fock 方程中有效势 $V_{eff}(\boldsymbol{r})$ 相对应。它包括外场势 $v(\boldsymbol{r})$、库仑排斥势 $V_{Coul}[\rho(\boldsymbol{r})]$ 和交换关联势 $V_{xc}[\rho(\boldsymbol{r})]$，式（2-164）～式（2-166）称为 Kohn-Sham 方程。基态的电子数密度

函数可由解方程（2-166）得到 $\varphi_i(\boldsymbol{r})$ 后按式（2-164）构成，根据 Hohenberg-Kohn 定理，计算得到的电子数密度可精确地确定该系统基态的能量、波函数及各物理量的期待值。

相互作用粒子系统的动能被无相互作用电子系统的动能代替，而将有相互作用电子系统的全部复杂性归入交换关联相互作用泛函 $E_{xc}[\rho]$ 中，从而导出形如方程（2-166）的单电子方程，这就是 Kohn-Sham 方程的核心思想。与 Hartree-Fock 方程相比，密度泛函理论导出的单电子 Kohn-Sham 方程是严格的，因为 Hartree-Fock 方程只包含电子的交换相互作用，不包含电子的关联相互作用，而 Kohn-Sham 方程不仅包含电子的交换相互作用，而且包含电子的关联相互作用。

利用 Kohn-Sham 方程可将多电子系统的基态特性问题转化成等效的单电子问题，其与哈特里-福克自洽场近似法相似，但其结果更精确。但是，交换关联能泛函 $E_{xc}[\rho]$ 是未知的，只有得到准确的、便于表达的 $E_{xc}[\rho]$，才能求解 Kohn-Sham 方程。电子系统中的交换项源自泡利不相容原理。交换相关能的精确形式难以找到，在实际的密度泛函理论计算中通常使用各种近似处理。常采用 W. Kohn 和 L. J. Sham 提出的交换关联泛函局域密度近似(Local Density Approximation ，LDA)，利用多电子体系依赖所在位置领域附近电子来确定其定域静态物理特征的特点，假设非均匀电子体系密度变化缓和，整个体系可以划分成为众多足够小的单元，每个单元中的密度可以近似认为是常值。其基本过程为：在局域密度近似中，利用均匀电子气密度函数 $\rho(\boldsymbol{r})$ 来获得非均匀电子气的交换关联泛函。对变化平坦的密度函数，用一均匀电子气的交换关联能密度 $\varepsilon_{xc}[\rho(\boldsymbol{r})]$ 代替非均匀电子气的交换关联能密度，则交换关联能泛函 $E_{xc}[\rho]$ 可表示成：

$$E_{xc}[\rho] = \int \rho(\boldsymbol{r})\varepsilon_{xc}[\rho(\boldsymbol{r})]\mathrm{d}\boldsymbol{r} \tag{2-168}$$

$$E_{xc}[\rho] = -\frac{3}{4}\left(\frac{3}{\pi}\right)^{1/3}\int \rho(\boldsymbol{r})^{4/3}\mathrm{d}\boldsymbol{r} \tag{2-169}$$

利用局域密度近似，可得到交换关联势：

$$V_{xc}(\rho) = \varepsilon_{xc}(\rho) + \rho\frac{\mathrm{d}\varepsilon_{xc}(\rho)}{\mathrm{d}\rho} \tag{2-170}$$

有关如何求交换关联泛函的内容及密度泛函理论发展请参阅文献［11，19］。量子力学处理微观体系的一般步骤为：

（1）确定体系的势能函数，从而写出哈密顿算符和定态薛定谔方程；

（2）确定边界条件，根据边界条件解薛定谔方程，求得 E 和 ψ；

（3）绘制 $|\psi|^2$ 等曲线并讨论其分布特点；

（4）由 ψ 求得该状态的各种力学量，了解所讨论微观体系的性质；

（5）联系实际问题，对所得结果加以应用。

习题

1. 简述微观粒子的波粒二象性。
2. 简述波函数的统计解释。
3. 量子力学对“轨道”和“电子云”的概念是如何解释的?
4. 定态薛定谔方程的适用范围是什么?
5. 力学量 $\hat{G}$ 在自身表象中的矩阵表示有何特点?
6. 简述能量的测不准关系。
7. 何为束缚态?
8. 中心力场与库仑场有什么区别? 电子在库仑场中氢原子和类氢离子的运动状态如何描述?
9. 当体系处于归一化波函数 ψ（$\vec{r}$，t）所描述的状态时，简述在 ψ（$\vec{r}$，t）状态中测量力学量 F 的可能值及其概率的方法。
10. 叙述量子力学的态叠加原理。
11. 在定态问题中，不同能量所对应的态的叠加是否为定态薛定谔方程的解? 同一能量对应的各简并态的叠加是否仍为定态薛定谔方程的解?
12. 简述全同粒子及全同粒子系统有哪些性质。
13. 两个不对易的算符所表示的力学量是否一定不能同时确定? 举例说明。
14. 说明厄米矩阵的对角元素是实的，关于对角线对称的元素互相共轭。
15. 什么是电子的自旋? 电子的自旋量子数是多少?
16. 能否由薛定谔方程直接导出自旋?
17. 厄米算符是如何定义的?
18. 简述绝热近似的基本原理及适用条件。
19. 简述单电子近似及适用条件。
20. 如何理解微扰理论? 其局限性体现在哪些方面?
21. 简述变分法求基态能量及波函数的过程。
22. 简述哈特里近似、福克近似、哈特里-福克近似的基本思想。
23. 如何理解密度泛函理论，其理论基础来源是什么?
24. 如何理解 Kohn-Sham 方程与 Hartree-Fock 方程差异与相同点?
25. 简述局域密度近似基本思想。

第 2 章　参考文献

[1] HARTREE D R. A theory of Hartree's atomic fields [J]. Proc. Cam. Phil. Soc., 1928, XXIV: 89-132.

[2] HOHENBERG P, KOHN W. Inhomogeneous electron gas[J]. Physical Review, 1964, 136: B864-B871.

[3] KOHN W L, SHAM J. Self-consistent equations including exchangeand correlation effects[J]. Phys. Rev., 1965, 140: A1133-A1138.

[4] FERMI E. An method statistic parla determination diaconal proprietary, dell attome[J]. Accad. Naz. Lincei, 1927, 6: 602-605.

[5] SLATER J C, WILSON T M, WOOD J H. Comparison of several exchange potentials for electrons in the Cu^{+} Ion[J]. Phys. Rev., 1969, 179: 28-38.

[6] BLOCH F. Bemerkung zur Elektronentheorie des Ferromag-netismus und der elektrischen Leitfähigkeit [J], Z. Phys., 1929, 57: 545.

[7] YIN M T. Theory of static structural properties, crystal stability, and phase transformations: application to Si and Ge[J]. Phys. Rev., 1982, B26: 5668-5687.

[8] SLATER J C. Hellmann-Feynman and virial theorems in the X-α method[J]. Chem. Phys., 1972, 57: 2389-2396.

[9] NIELSEN O H, MARTIN R M. Stresses in semi-conductors: ab-initio calculations on Si, Ge and GaAs[J]. Phys. Rev., 1985, B32: 3792-3805.

[10] 张跃，谷景华，尚家香，马岳．计算材料学基础[M]. 北京：北京航空航天大学出版社，2006.

[11] 谢希德，陆栋．固体能带理论[M]. 上海：复旦大学出版社，2007.

[12] 黄昆．固体物理学[M]. 北京：北京大学出版社，2014.

[13] 胡安，章维益．固体物理学[M]. 北京：高等教育出版社，2005.

[14] SHOLL D, STECKEL J A. Density Functional Theory[M]. New Jersey: John Wiley & Sons, Inc., 2009 .

[15] CHARLES K. Introduction to Solid State Physics[M]. Berkeley: John Wiley & Sons, Inc., 2005.

[16] RICHARD M M. Electronic Structure[M]. Cambridge : Cambridge University Press, 2004.

[17] 卢文发．量子力学与统计力学[M]. 上海：上海交通大学出版社，2013.

[18] CALLAWAY J, MARCH N H. Density functional methods—theory and applications [J]. Solid State Physics, 1984, B8: 135-221.

[19] 林梦海．量子化学计算方法与应用[M]. 北京：科学出版社，2004.

第 3 章

单电子近似与能带计算

能带理论（Energy Band Theory ）是用量子力学方法研究固体内部电子运动的理论。能带理论是讨论晶体（包括金属、绝缘体和半导体的晶体）中电子的状态及其运动的一种重要的近似理论。它把晶体中每个电子的运动看成是独立在一个等效势场中的运动，即是单电子近似的理论；对于晶体中的价电子而言，等效势场包括原子实的势场、其他价电子的平均势场和考虑电子波函数反对称而带来的交换作用，是一种晶体周期性的势场。由于它预言了在固体材料中电子能量 E 会落在某些限定的范围内或者说会“局域”在“带”中，建立于 Bloch 定理之上的固体能带理论用量子力学方法来确定固体电子能级（能带），并用以阐明和解释固体的许多基本性质，如电导率、热导率、磁有序、光学介电函数、振动谱等，被统称为“能带理论”。

为使问题简化，必须采用一些假设和近似。首先采用绝热近似（或 Born-Oppenheimer 近似），将原子核的运动与电子的运动分开考虑；其次认为每个电子都是在固定的原子实周期势场和其他电子的平均势场中运动，把多电子问题简化成单电子问题；然后假定固体中的原子实固定不动，并按一定规律作周期性排列，即取理想晶体近似。能带理论是关于材料中电子运动规律的一种量子力学理论。

3.1 Born-Oppenheimer 近似与单电子近似

对一体系而言，不考虑外场的作用，组成分子和固体的多粒子系统的哈密顿量应该包括所有粒子（原子核和电子）的动能和粒子间的相互作用能，因此，哈密顿算符可写成：

$$\hat{H} = \hat{H}_{\mathrm{e}} + \hat{H}_{\mathrm{N}} + \hat{H}_{\mathrm{e\text{-}N}} \tag{3-1}$$

式中，$\hat{H}_{\mathrm{e}}$ 包括所有电子的动能 $\hat{T}_{\mathrm{e}}$ 、电子之间的库仑相互作用 $\hat{V}_{\mathrm{e\text{-}e}}$ ，是电子坐标的函数；$\hat{H}_{\mathrm{N}}$ 包括所有原子核的动能 $\hat{T}_{\mathrm{N}}$ 和原子核之间的库仑相互作用 $\hat{V}_{\mathrm{N\text{-}N}}$，是原子核坐标的函数；$\hat{H}_{\mathrm{e\text{-}N}}$

包括所有电子与原子核之间的相互作用 $\hat{V}_{e\text{-}N}$。用 $\boldsymbol{r}$ 表示所有电子坐标的集合 $\{\boldsymbol{r}_i\}$，用 $\boldsymbol{R}$ 表示所有核坐标的集合 $\{\boldsymbol{R}_i\}$，则有：

$$\hat{H}_e(\boldsymbol{r}) = \hat{T}_e(\boldsymbol{r}) + \hat{V}_{e\text{-}e}(\boldsymbol{r}) \tag{3-2}$$

$$\hat{H}_N(\boldsymbol{R}) = \hat{T}_N(\boldsymbol{R}) + \hat{V}_{N\text{-}N}(\boldsymbol{R}) \tag{3-3}$$

$$\hat{H}_{e\text{-}N}(\boldsymbol{r},\boldsymbol{R}) = \hat{V}_{e\text{-}N}(\boldsymbol{r},\boldsymbol{R}) \tag{3-4}$$

由于 $\hat{H}_{e\text{-}N}$ 中电子坐标和核坐标同时出现，且电子与核的相互作用与其他相互作用具有相同的数量级，不能忽略不计，但考虑到原子核质量比电子质量大 3 个数量级，根据动量守恒可以推断，原子核的运动速度比电子的运动速度小得多。电子处于高速运动中，而原子核只是在平衡位置附近振动；电子几乎绝热于核运动，而原子核只能缓慢地跟上电子分布的变化。因此，玻恩（M. Born）和奥本海墨（J. E. Oppenheimer）提出将整个问题分成电子的运动和核的运动来考虑：考虑电子运动时原子核处在它们的瞬时位置上，而考虑原子核的运动时则不考虑电子在空间的具体分布，这就是绝热近似，也称 Born-Oppenheimer 近似。

多粒子系统的薛定谔方程为：

$$\hat{H}\Psi(\boldsymbol{r},\boldsymbol{R}) = E^{\mathrm{H}}\Psi(\boldsymbol{r},\boldsymbol{R}) \tag{3-5}$$

在绝热近似下的薛定谔方程的解为：

$$\Psi(\boldsymbol{r},\boldsymbol{R}) = \chi(\boldsymbol{R})\Phi(\boldsymbol{r},\boldsymbol{R}) \tag{3-6}$$

式中，$\chi(\boldsymbol{R})$ 是描述系统中全部原子核运动的波函数，$\Phi(\boldsymbol{r},\boldsymbol{R})$ 是描述系统中全部电子运动的波函数，即为系统中电子部分的哈密顿算符。

$$\hat{H}_0(\boldsymbol{r},\boldsymbol{R}) = \hat{H}_e(\boldsymbol{r}) + \hat{V}_{N\text{-}N}(\boldsymbol{R}) + \hat{H}_{e\text{-}N}(\boldsymbol{r},\boldsymbol{R}) \tag{3-7}$$

对应的薛定谔方程

$$\hat{H}_0(\boldsymbol{r},\boldsymbol{R})\Phi(\boldsymbol{r},\boldsymbol{R}) = E(\boldsymbol{R})\Phi(\boldsymbol{r},\boldsymbol{R}) \tag{3-8}$$

的解，原子核的瞬时位置坐标值在电子波函数中作为参数出现。

将式（3-6）代入式（3-5），得到核函数满足的薛定谔方程：

$$[\hat{T}(\boldsymbol{R}) + E(\boldsymbol{R})]\chi(\boldsymbol{R}) = E^{\mathrm{H}}\chi(\boldsymbol{R}) \tag{3-9}$$

此方程表明，原子核在势函数为 $E(\boldsymbol{R})$ 的势阱中运动。求解电子系统的薛定谔方程（3-8），得到电子波函数 $\Phi(\boldsymbol{r},\boldsymbol{R})$ 和电子总能量 $E(\boldsymbol{R})$。以 $E(\boldsymbol{R})$ 作为核运动的势函数，求解核的薛定谔方程（3-9），可以得到核波函数 $\chi(\boldsymbol{R})$，便可得到分子的平动、转动和振动态。

通过 Born-Oppenheimer 近似，可将多粒子系统中电子的运动与原子核的运动分开考虑。在考虑电子运动时，把原子核看成是固定的，电子在原子核形成的势场中运动。如果原子核的相对位置发生变化，电子的运动状态将随之而改变，因此，有必要将原子核之间的排斥能加到电子系统的能量中。

对于固体，由于含有大量的原子核和电子多粒子体系，如果严格求解多粒子系统下的薛定谔方程是不可能的，需要进行合理的近似和简化。能带理论是一个近似理论，其采用了三个近似：

（1）Born-Oppenheimer 近似，将原子核的运动与电子的运动分开考虑；

（2）单电子近似，把每个电子的运动看成是独立地在一个等效势场中的运动，这个等效势场包括原子核的势场和其他电子对该电子的平均作用势（库仑势和交换相关势）；

（3）周期性等效势场近似，把固体抽象成具有平移周期性的理想晶体，将固体中电子的运动归结为单电子在周期性势场中的运动，其波动方程为：

$$\left[-\frac{\hbar^2}{2m}\nabla^2+V(\boldsymbol{r})\right]\psi_n=E_n\psi_n \tag{3-10}$$

式中，

$$V(\boldsymbol{r})=V(\boldsymbol{r}+\boldsymbol{R}_{\mathrm{m}}) \tag{3-11}$$

$\boldsymbol{R}_{\mathrm{m}}$ 为晶格平移矢量。

3.2 Bloch 定理与能带的基本性质

3.2.1 Bloch 定理

Bloch 波的概念由 Bloch 在 1928 年研究晶态固体的导电性时首次提出。Bloch 定理给出了在周期性势场中运动的共有化电子的波函数形式。即固体中的电子不再被束缚于单个原子之中，而是在整个固体内运动。在整个固体内运动的电子称为共有化电子。

当势场 $V(\boldsymbol{r})$ 具有晶格周期时，波动方程 $\left[-\frac{\hbar^2}{2m}\nabla^2+V(\boldsymbol{r})\right]\psi_n=E_n\psi_n$ 的解 ψ_n 具有如下性质：

$$\psi_n(\boldsymbol{k},\boldsymbol{r}+\boldsymbol{R}_m)=\mathrm{e}^{i\boldsymbol{k}\cdot\boldsymbol{R}_m}\psi_n(\boldsymbol{k},\boldsymbol{r}) \tag{3-12}$$

式中，$\boldsymbol{k}$ 是波矢。对一个给定的波矢和势场分布，电子运动的薛定谔方程具有一系列解，称为电子的能带，常用波函数的下标 n 以区别。这些能带的能量在 k 的各个单值区分界处存在有限大小的空隙，称为能隙。

在物理学中，倒易点阵是另一个点阵的傅里叶变换。在一般应用中，该第一晶格（其变换由倒格子表示）通常是实空间中的周期性空间函数，并且也被称为定向晶格。正格子存在于实际空间中，并且是人们通常理解的物理晶格，倒格子存在于倒易空间。因此，倒格子是原来的正格子，因为两种晶格互为傅里叶变换。在中子衍射和 X 射线衍射中，根据 Laue 条件，晶体的入射 X 射线和衍射 X 射线之间的动量差是倒格矢。晶体的衍射图案可以用于确定晶格的倒格矢。依此，可以推断晶体的原子排列。

对于式（3-12)，由于周期性边界条件的限制，在倒易空间取不连续值，即：

$$\boldsymbol{k}=\frac{l_1}{N_1}\boldsymbol{b}_1+\frac{l_2}{N_2}\boldsymbol{b}_2+\frac{l_3}{N_3}\boldsymbol{b}_3 \qquad (l_1,l_2,l_3\text{ 为整数}) \tag{3-13}$$

式中，$\boldsymbol{b}_1,\boldsymbol{b}_2,\boldsymbol{b}_3$ 是晶体的倒格子基矢；N_1,N_2,N_3 分别是晶格基矢 $\boldsymbol{a}_1,\boldsymbol{a}_2,\boldsymbol{a}_3$ 对应方向上的原胞数。

$\psi_n(\boldsymbol{k},\boldsymbol{r})$ 称为 Bloch 函数，$\psi_n(\boldsymbol{k},\boldsymbol{r})$ 描写的晶格电子称为 Bloch 电子，波动方程（3-10）的本征值 E_n 也依赖于 $\boldsymbol{k}$，即 $E_n=E_n(\boldsymbol{k})$。

推论 1：Bloch 函数 $\psi_n(\boldsymbol{k},\boldsymbol{r})$ 可以写成：

$$\psi_n(\boldsymbol{k},\boldsymbol{r})=\mathrm{e}^{\mathrm{i}\boldsymbol{k}\cdot\boldsymbol{r}}u_n(\boldsymbol{k},\boldsymbol{r}) \tag{3-14}$$

式中，$u_n(\boldsymbol{k},\boldsymbol{r})$ 具有与晶格同样的周期性，即：

$$u_n(\boldsymbol{k},\boldsymbol{r}+\boldsymbol{R}_m)=u_n(\boldsymbol{k},\boldsymbol{r}) \tag{3-15}$$

推论 2：如果 $\boldsymbol{G}_m$ 是倒格矢，则 $\boldsymbol{k}+\boldsymbol{G}_m$ 与 $\boldsymbol{k}$ 是等价的，即：

$$\psi_n(\boldsymbol{k}+\boldsymbol{G}_m,r)=\psi_n(\boldsymbol{k},\boldsymbol{r}) \tag{3-16}$$

推论 1 表明，被周期性函数调幅的平面波可以表示晶体中共有化电子的运动，由推论 2 可知，$\boldsymbol{k}$ 值限制在一个包括所有不等价 $\boldsymbol{k}$ 的区域求解薛定谔方程，这个区域正是第一布里渊区（又称为简约布里渊区）。在第一布里渊区中所有能量本征态的集合构成了电子的能带结构。在单电子近似的框架内，周期性势场中电子运动的宏观性质都可以根据能带结构及相应的波函数计算出。

布里渊区是倒格子动量空间的 Wigner-Seitz 原胞。倒易空间是指空间函数的傅里叶变换的空间。傅里叶变换使我们从“真实空间”到倒易空间，反之亦然。倒易点阵是该空间中的周期性点集，并且包含组成周期性空间晶格的傅里叶变换的 $\vec{k}$ 点。布里渊区是该空间内的体积，其包含代表在周期性结构中允许的经典或量子波的周期性的所有独特的 $\boldsymbol{k}$ 向量，是在倒格子空间中以原点为中心作与最近邻倒格点、次近邻倒格点、再次近邻倒格点……的连线，再画出这些连线的垂直平分面。包含原点的多面体所围区域就是第一布里渊区，与第一布里渊区相邻，且与第一布里渊区体积相等的区域为第二布里渊区；与第二布里渊区相邻，且与第一布里渊区体积相等的区域为第三布里渊区……如图 3-1 所示。

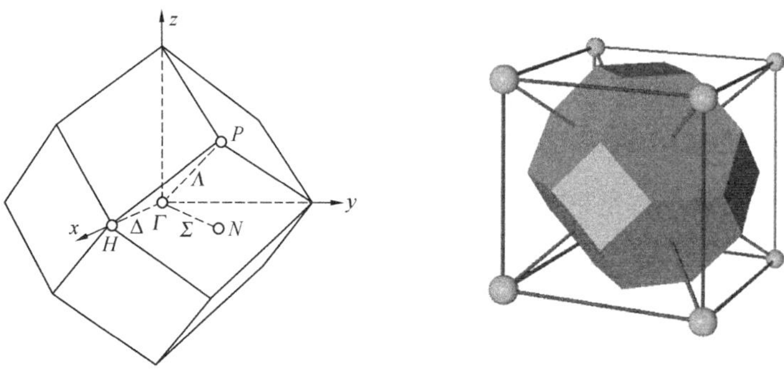

图 3-1　布里渊区

1. 简立方正点阵的倒点阵，仍为简立方，故布里渊区形状仍是简立方。

2. 体心立方正点阵的倒点阵，为面心立方，故布里渊区形状为菱形十二面体。

3. 面心立方的倒点阵，为体心立方，故布里渊区形状是截角八面体（它是一个十四面体）。

3.2.2　能带的对称性

对于单电子波函数方程（3-10）而言，当值 n 确定了，$E_n(\boldsymbol{k})$ 就是 $\boldsymbol{k}$ 的周期函数，即能量只能在一定范围内变化，这便构成了能带。不同的 n 值代表不同的能带，量子数称为带指标。$E_n(\boldsymbol{k})$ 的总体称为晶体的能带结构。总之，方程的本征值 $E_n(\boldsymbol{k})$ 对每个 n 是一个对 $\boldsymbol{k}$ 准连续的、可区分（非简并情况）的函数，称为能带，所有的能带函数族统称为能带结构。

在绝对零度（0K）时，被价电子填满的能带称为价带，而未被填满或全空的能带称为导带。导带底与价带顶之间的能量区间称为禁带，导带底与价带顶的能量之差称为禁带宽度或能隙。

$E_n(\boldsymbol{k})$ 函数具有下列对称性：

（1）$E_n(\boldsymbol{k})$ 是 $\boldsymbol{k}$ 的偶函数，即：

$$E_n(-\boldsymbol{k}) = E_n(\boldsymbol{k}) \tag{3-17}$$

（2）$E_n(\boldsymbol{k})$ 具有晶格的点群对称性，即：

$$E(\hat{\alpha}\boldsymbol{k}) = E(\boldsymbol{k}) \tag{3-18}$$

$\hat{\alpha}$ 是晶格的点群对称操作。

（3）$E_n(\boldsymbol{k})$ 具有周期性，即对于同一能带有：

$$E_n(\boldsymbol{k}+\boldsymbol{G}_m) = E_n(\boldsymbol{k}) \tag{3-19}$$

$\boldsymbol{G}_m$ 是晶体的倒格子矢量，即：

$$\boldsymbol{G}_m = m_1\boldsymbol{b}_1 + m_2\boldsymbol{b}_2 + m_3\boldsymbol{b}_3 \qquad (m_1, m_2, m_3 \text{ 为正数}) \tag{3-20}$$

由能带的对称性可知，求 $E_n(\boldsymbol{k})$ 函数时，只需求出简约布里渊区的一部分区域内的 $\boldsymbol{k}$ 所对应的 $E_n(\boldsymbol{k})$ 即可得到整个 $\boldsymbol{k}$ 空间（倒易空间）的 $E_n(\boldsymbol{k})$ 函数。

能带有三种图像表示方式：

（1）简约布里渊区图像，将所有能带都画在第一布里渊区中；

（2）周期布里渊区图像，在每一个布里渊区中画出所有能带；

（3）扩展布里渊区图像，将不同的能带画在空间中不同的布里渊区中。

能带结构可以解释固体中导体、半导体、绝缘体三大类区别的由来。材料的导电性是由“导带”中含有的电子数量决定的。当电子从“价带”获得能量而跳跃至“导带”时，电子就可以在带间任意移动而导电。

一般常见的金属材料，因为其导带与价带之间的能隙非常小，在室温下电子很容易获得能量而跳跃至导带而导电。而绝缘材料则因为能隙很大（通常大于 9eV），电子很难跳跃至导带，所以无法导电。一般半导体材料的能隙约为 1～3eV，介于导体和绝缘体之间。因此只要给予适当条件的能量激发，或是减小其能隙，则此材料就能导电。

3.2.3　能态密度和费米能级

在原子中电子的本征态形成一系列分立的能级，可以具体标明各能级的能量，说明电子的分布情况。然而，在固体体系中电子能级分布密集，形成准连续分布，标明各个能级的能量是没有实际意义的。为了描述固体能带中电子能级的分布，须引入“能态密度”的概念。

若能量在 E ~ $(E+\Delta E)$ 范围内的电子能态数目为 ΔZ，则：

$$N(E)=\lim_{\Delta E\to 0}\frac{\Delta Z}{\Delta E} \tag{3-21}$$

$N(E)$ 称为能态密度（或态密度）。能态密度描述了电子态的能量分布，由态密度的定义式（3-21）可推出，第 n 个能带的态密度 $N_n(E)$ 为：

$$N_n(E)=\frac{N\Omega}{4\pi^3}\int_{BZ}\mathrm{d}k\delta[E-E_n(\boldsymbol{k})] \tag{3-22}$$

式中，Ω 为原胞体积；N 为晶体中原胞总数，积分在布里渊区内进行。总的态密度 $N(E)$ 为所有能带的态密度之和，即：

$$N(E)=\sum_n N_n(E)=\frac{N\Omega}{4\pi^2}\int_{S_E}\frac{\mathrm{d}S}{|\nabla_k E(\boldsymbol{k})|} \tag{3-23}$$

图 3-2 为自由电子的能态分布，积分在等能面 S_E 上进行。

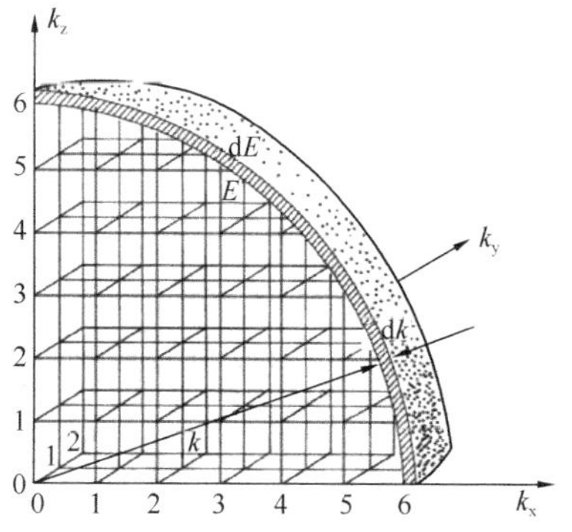

图 3-2　自由电子的能态分布

在研究电子在能带中分布时，经常涉及费米能级的概念。费米能级又称为费米能，是遵从泡利不相容原理的电子体系的化学势。从费米-狄拉克分布函数上看，费米能级 E_F 在数值上等于电子占据概率为 1/2 的量子态的能量。在绝对零度（0K）时，电子均按泡利不相容原理填充于能量低于费米能的状态中，即在费米能级以下的状态全部是满的，而费米能级以上的状态全部是空的。在一般温度下，费米能级近似地代表体系中电子所占据的最高能级。在 $\boldsymbol{k}$ 空间，能量 $E(\boldsymbol{k})$ 为常数的点构成等能面。能量等于费米能 E_F 的等能面，称为费米面。

经典的石墨烯布里渊区与费米面如图 3-3 所示。第一布里渊区是正方体。费米面从左到右，能量依次升高（图 3-3）。

金属的费米能级一般位于导带之中。金属的大部分电子学性质，特别是输运性质，是由费米面附近的电子态确定的，只有费米面附近的电子才有可能跃迁到附近的空状态上，电流

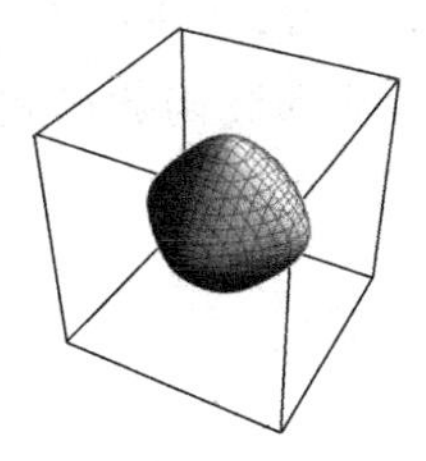
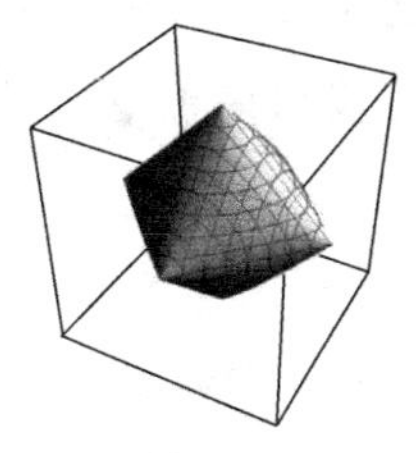
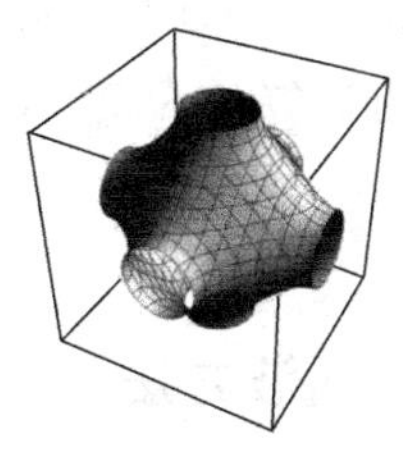

图 3-3 石墨烯布里渊区与费米面

就是因为费米面附近的能态占据状况发生变化而引起的。相应地，如果加上一弱场，也只有费米面附近的状态会发生改变。

费米能级（图 3-4）是分析半导体中电子运动状态的一个重要概念。对于本征半导体，费米能级在能带图上靠近禁带中央的位置；对于 N 型半导体，费米能级位于禁带的上半部分，掺受主杂质越多，费米能级的位置越高，以至在简并时升入导带；对于 P 型半导体，费米能级位于禁带的下半部分，掺受主杂质越多，费米能级的位置越低，以至在简并时降入价带（图 3-5）。

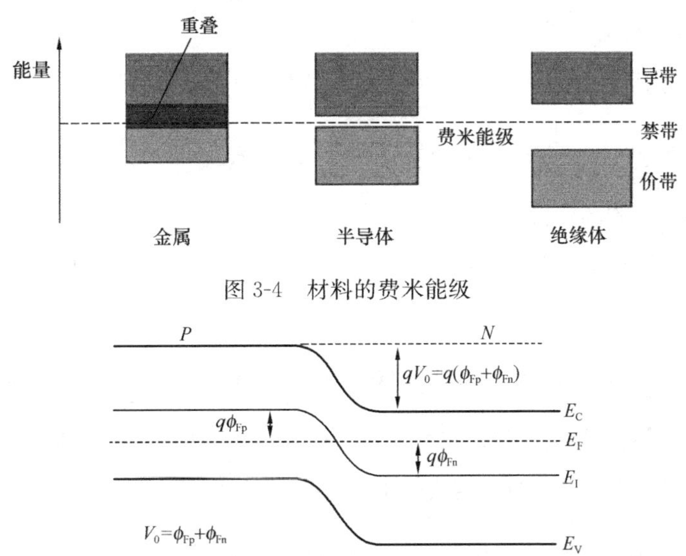

图 3-4 材料的费米能级

图 3-5 费米能级在 P 型、N 型半导体的分布

3.3 能带计算方法

能带理论属于单电子近似理论，布洛赫和布里渊在解决金属的导电性问题时首先提出。其包括平面波方法、紧束缚近似法、正交平面波法、赝势法等。采用从头计算法求解固体的单电子薛定谔方程或 Kohn-Sham 方程得到能带 $E_n(\boldsymbol{k})$ 和波函数的方法，称为第一性原理方

法。通过周期性势场的近似，固体已被近似成具有周期性结构的理想晶体，将固体能带计算转化为晶体能带计算。不同近似方法的差别在于单电子有效势和波函数形式的选取两个方面。

3.3.1 平面波方法

平面波方法就是三维周期场中电子运动的近自由电子近似。势能是具有周期性的函数，可以作傅里叶级数展开。在平面波方法中，用波矢相差一个倒格子矢量的一系列平面波的线性组合，使其作为描述晶体中电子运动状态的 Bloch 函数的近似，即以波矢相差一个倒格子矢量的一组平面波作为基函数。

势能 $V(\boldsymbol{r})$ 是具有晶格周期性的函数，可以展开成傅里叶级数，即：

$$V(\boldsymbol{r}) = \sum_{m} V(\boldsymbol{G}_m) \mathrm{e}^{\mathrm{i}\boldsymbol{G}_m \cdot \boldsymbol{r}} \tag{3-24}$$

式中，$\boldsymbol{G}_m$ 是倒格子矢量（见式 3-20），$V(\boldsymbol{G}_m)$ 是傅里叶展开系数。

$$V(\boldsymbol{G}_m) = \frac{1}{\Omega}\int_{\text{腘势}} \mathrm{d}\boldsymbol{r} V(\boldsymbol{r}) \mathrm{e}^{-\mathrm{i}\boldsymbol{G}_m \cdot \boldsymbol{r}} \tag{3-25}$$

式中，Ω 是原胞体积。

Bloch 函数中的周期性因子 $u(\boldsymbol{k},\boldsymbol{r})$ 也可展开成傅里叶级数，因此：

$$\psi(\boldsymbol{k},\boldsymbol{r}) = \frac{1}{\sqrt{N\Omega}} \mathrm{e}^{\mathrm{i}\boldsymbol{k}\cdot\boldsymbol{r}} \sum_{m} a(\boldsymbol{G}_m) \mathrm{e}^{\mathrm{i}\boldsymbol{G}_m \cdot \boldsymbol{r}} = \frac{1}{\sqrt{N\Omega}} \sum_{m} a(\boldsymbol{G}_m) \mathrm{e}^{\mathrm{i}(\boldsymbol{k}+\boldsymbol{G}_m)\cdot\boldsymbol{r}} \tag{3-26}$$

式中，N 是晶体中原胞的数目。

将式（3-24）和式（3-26）代入方程（3-10），并与 $\mathrm{e}^{-\mathrm{i}(\boldsymbol{k}+\boldsymbol{G}_m)\cdot\boldsymbol{r}}$ 作内积，得到 $a(\boldsymbol{G}_m)$ 满足的方程为：

$$\left[\frac{\overline{h}^2}{2m}(\boldsymbol{k}+\boldsymbol{G}_n)^2 - E(\boldsymbol{k})\right] a(\boldsymbol{G}_n) + \sum_{m} V(\boldsymbol{G}_n - \boldsymbol{G}_m) a(\boldsymbol{G}_m) = 0 \tag{3-27}$$

如果 $\boldsymbol{G}_n$ 取不同的倒格矢，就得到关于式（3-26）中展开式系数 $a(\boldsymbol{G}_m)$ 的方程组，$a(\boldsymbol{G}_m)$ 有非零解的条件是方程组的系数行列式等于零：

$$\det\left|\left[\frac{\overline{h}^2}{2m}(\boldsymbol{k}+\boldsymbol{G}_n)^2 - E(\boldsymbol{k})\right]\delta_{G_n G_m} + V(\boldsymbol{G}_n - \boldsymbol{G}_m)\right| = 0 \tag{3-28}$$

方程（3-28）的左边是无限阶的行列式，实际计算只能取有限阶的行列式。例如在式（3-26）中取 100 个平面波，得到一个 100 阶的行列式，解方程（3-28）得到 100 个本征值 $E_1(\boldsymbol{k})$，$E_2(\boldsymbol{k})$，…，$E_{100}(\boldsymbol{k})$。让 $\boldsymbol{k}$ 沿布里渊区的某个对称轴变化，重复上述计算，可得到沿此对称轴的 $E_n(\boldsymbol{k})$ 函数曲线，n 是能带序号。

近自由电子近似方法是平面波方法的一个特殊情况，其出发点是：电子在晶体中的共有化运动接近于势函数平均值势场中的自由电子运动，把势函数与其平均值之差看成微扰。以一个平面波作为零级波函数，即：

$$\psi^{(0)}(\boldsymbol{k},\boldsymbol{r})=\frac{1}{\sqrt{N\Omega}}\mathrm{e}^{\mathrm{i}\boldsymbol{k}\cdot\boldsymbol{r}} \tag{3-29}$$

则零级近似能量为：

$$E^{(0)}(\boldsymbol{k})=\frac{\overline{h}^2k^2}{2m}+\overline{V} \tag{3-30}$$

$\overline{V}=V(\boldsymbol{G}_m=0)$ 是电子势能平均值，这时 $a(0)\sim 1$，其他 $a(\boldsymbol{G}_m)$ 很小，只有 $(\boldsymbol{k}+\boldsymbol{G}_m)^2=\boldsymbol{k}^2$ 时 $a(\boldsymbol{G}_m)$ 很大。忽略展开式（3-26）中很小的项，解方程（3-27）。结果表明，当 $\boldsymbol{k}$ 取倒易空间的一般值时，$E(\boldsymbol{k})\approx E^{(0)}\boldsymbol{k}$ 是准连续的；当 $\boldsymbol{k}$ 取布里渊区边界附近值时，$E(\boldsymbol{k})$ 与 $E^{(0)}(\boldsymbol{k})$ 偏差较大，在布里渊区边界，即在方程

$$\boldsymbol{G}_m\cdot\left(\boldsymbol{k}-\frac{\boldsymbol{G}_m}{2}\right)=0 \tag{3-31}$$

所描述的界面处，$E(\boldsymbol{k})$ 函数断开，并存在一个阶跃，从而形成了不同的能带。图 3-6 显示了用近自由电子近似方法求得的一维晶体的 E（$\boldsymbol{k}$）函数与能带。

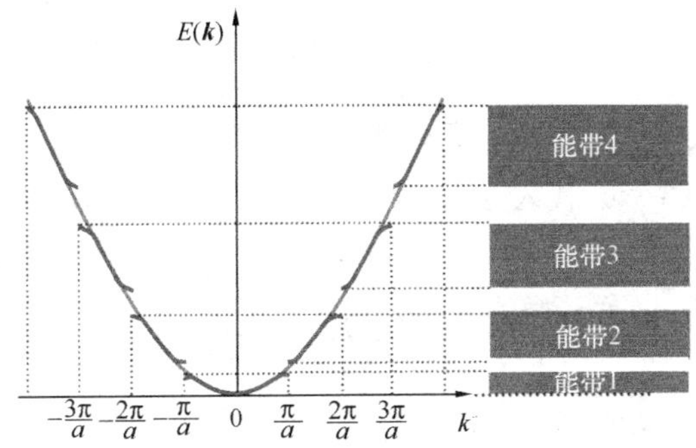

图 3-6 一维晶体的 $E(\boldsymbol{k})$ 函数与能带

由于电子波函数是 Bloch 波函数，因此具有平移对称性，能带结构可以在简约布里渊区表示，如图 3-7 所示。

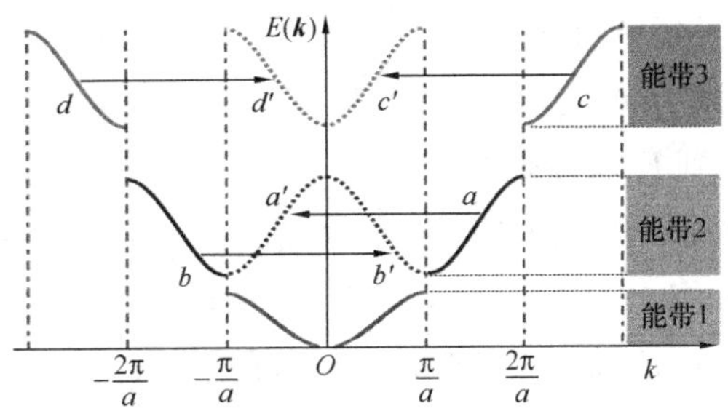

图 3-7 简约布里渊区里的一维晶体的 $E(\boldsymbol{k})$ 函数与能带

平面波方法的缺点是需要用大量平面波的组合来表示 Bloch 函数，计算量大，收敛速度很慢。

3.3.2 紧束缚近似方法

紧束缚近似是指在一个原子附近的电子受该原子势场的作用为主，其他原子势场的作用看作微扰，从而可以得到电子的原子能级和晶体中能带之间的相互关系。紧束缚近似方法（TB）是用原子轨道的线性组合（LCAO）作为一组基函数，求解固体的单电子薛定谔方程（式 3-10）。

采用原子势场 $V^{\mathrm{at}}(\boldsymbol{r})$ 的线性叠加来表达晶体势场，即：

$$V(\boldsymbol{r})=\sum_{l}\sum_{a}V^{\mathrm{at}}(\boldsymbol{r}-\boldsymbol{R}_l-\boldsymbol{t}_a) \tag{3-32}$$

式中，$\boldsymbol{R}_l$ 是晶格平移矢量；$\boldsymbol{t}_a$ 是在第 l 个原胞中第 a 种原子的内位矢。波函数 $\psi_n(\boldsymbol{k},\boldsymbol{r})$ 用原子轨道线性组合成的基函数 $\{\phi_j(\boldsymbol{k},\boldsymbol{r})\}$ 来表示：

$$\psi_n(\boldsymbol{k},\boldsymbol{r})=\sum_{j}A_{nj}\phi_j(\boldsymbol{k},\boldsymbol{r}) \tag{3-33}$$

基函数 $\phi_j(\boldsymbol{k},\boldsymbol{r})$ 是由原子轨道 ϕ_j^{at} 组合成的 Bloch 函数：

$$\phi_j(\boldsymbol{k},\boldsymbol{r})=\frac{1}{\sqrt{N}}\sum_{l,a}\mathrm{e}^{\mathrm{i}\boldsymbol{k}\cdot\boldsymbol{R}_l}\phi_j^{\mathrm{at}}(\boldsymbol{r}-\boldsymbol{R}_l-\boldsymbol{t}_a) \tag{3-34}$$

式中，$\phi_j^{\mathrm{at}}(\boldsymbol{r}-\boldsymbol{R}_l-\boldsymbol{t}_a)$ 是第 l 个原胞中第 a 种原子的第 j 个轨道；N 是晶体的原胞总数。

将式（3-32）～式（3-34）代入方程（3-10）中，并与 $\phi_j(\boldsymbol{k},\boldsymbol{r})$ 作内积，得到关于线性组合系数 $\{A_{nj}\}$ 的方程：

$$\sum_{j}[H_{j'j}-E_n(\boldsymbol{k})S_{j'j}]A_{nj}=0 \tag{3-35}$$

这里 $H_{j'j}$ 为单电子方程中哈密顿算符 $\hat{H}$ 的矩阵元，即：

$$H_{j'j}=\int\mathrm{d}\boldsymbol{r}\phi_j(\boldsymbol{k},\boldsymbol{r})\hat{H}\phi_j(\boldsymbol{k},\boldsymbol{r}) \tag{3-36}$$

$S_{j'j}$ 为基函数 $\phi_{j'}$ 与 ϕ_j 的重叠积分，即：

$$S_{j'j}=\int\mathrm{d}\boldsymbol{r}\phi_j{}'(\boldsymbol{k},\boldsymbol{r})\phi_j(\boldsymbol{k},\boldsymbol{r}) \tag{3-37}$$

展开式系数 $\{A_{nj}\}$，有非零解的条件是：

$$\det|H_{j'j}-E_n(\boldsymbol{k})S_{j'j}|=0 \tag{3-38}$$

解这个行列式方程，得到 $E_n(\boldsymbol{k})$ 函数。

原子轨道中心分布在各个不同的原子上，由它们线性组合成的基函数 ϕ_j 一般是非正交的，因此，在求能带 $E_n(\boldsymbol{k})$ 时会遇到两个困难：首先是多中心积分的计算；其次是复杂的矩阵方程，非对角项也含有 $E_n(\boldsymbol{k})$。鉴于此，如 Slater-Koster 参量法、键轨道近似及正交原子轨道线性组合法等对此作了有益的改进。

3.3.3 正交化平面波方法

正交化平面波方法的基本思想是找一个比较合适的尝试波函数，求解得到能量的本征值和尝试波函数。正交化平面波方法是在紧束缚近似方法和作自由电子近似的平面波方法的基础上发展起来的。平面波方法的波函数展开式收敛很慢，因为波函数占有很宽的动量范围，在原子核附近，原子核势具有很强的定域性，电子具有很大的动量，波函数振荡很快；而在远离原子核处，原子核势被电子屏蔽，势能较浅且变化平坦，电子动量小，结果导致平面波展开既需要动量大的平面波也需要动量小的平面波。实际是在原子结合成固体的过程中价电子的运动状态发生了很大的变化，而内层电子的变化比较小，因此把原子核和内层电子近似看成是一个离子实（或称为芯）。内层电子的状态称为芯态。这时价电子的等效势包括离子实对电子的吸引势、其他价电子的平均库仑作用势及价电子之间的交换关联作用。

C. Herring 提出了正交化平面波方法（OPW），即单电子波函数展开式中的基函数不仅含有动量较小（即 $\boldsymbol{k}+\boldsymbol{G}_i$ 较小）的平面波成分，还应在原子核附近具有较大动量的孤立原子波函数的成分，并且基函数与孤立原子芯态波函数组成的 Bloch 函数正交。这种基函数称为正交化平面波，其有效解决了平面波方法收敛慢的问题。

设内层电子波函数 $\phi_j^{c}(\boldsymbol{k},\boldsymbol{r})$ 为孤立原子芯态波函数 ϕ_j^{at} 的 Bloch 和，即：

$$\phi_j^{c}(\boldsymbol{k},\boldsymbol{r})=\frac{1}{\sqrt{N}}\sum_i e^{i\boldsymbol{k}\cdot\boldsymbol{R}_l}\phi_j^{at}(\boldsymbol{r}-\boldsymbol{R}_i) \tag{3-39}$$

这里 $\phi_j^{at}(\boldsymbol{r}-\boldsymbol{R}_i)$ 是位于格点 $\boldsymbol{R}_i$ 的原子的第 j 电子态。

定义正交化平面波：

$$\chi_i(\boldsymbol{k},\boldsymbol{r})=\frac{1}{\sqrt{N\Omega}}e^{i(\boldsymbol{k}+\boldsymbol{G}_i)\cdot\boldsymbol{r}}-\sum_j\mu_{ij}\phi_j^{c}(\boldsymbol{k},\boldsymbol{r}) \tag{3-40}$$

式中，$\boldsymbol{G}_i$ 是倒格矢，i 与 $\boldsymbol{G}_i$ 对应，对 j 求和包括了所有的内层电子态；μ_{ij} 是投影系数，有：

$$\mu_{ij}=\frac{1}{\sqrt{N\Omega}}\int d\boldsymbol{r}\,\phi_j^{c*}(\boldsymbol{k},\boldsymbol{r})e^{i(\boldsymbol{k}+\boldsymbol{G}_i)\cdot\boldsymbol{r}} \tag{3-41}$$

定义的正交化平面波是平面波扣除其在内层电子态的投影，与内层电子波函数 $\phi_j^{c}(\boldsymbol{k},\boldsymbol{r})$ 正交，即满足如下正交化条件：

$$\int d\boldsymbol{r}\,\phi_j^{c*}(\boldsymbol{k},\boldsymbol{r})\chi_i(\boldsymbol{k},\boldsymbol{r})=0 \tag{3-42}$$

一个正交化平面波在远离原子核处的行为像一个平面波，而在近核处具有原子波函数的振荡特征。因此，正交平面波基函数可以较好地描述价电子态的特征。

用正交化平面波 $\chi_i(\boldsymbol{k},\boldsymbol{r})$ 线性组合成晶体的单电子函数 ψ，即：

$$\psi(\boldsymbol{k},\boldsymbol{r})=\sum_i\beta_i\chi_i(\boldsymbol{k},\boldsymbol{r}) \tag{3-43}$$

式中，组合系数 β_i 是 $\boldsymbol{G}_i$ 的函数。

将式（3-43）代入方程（3-10），并与 $\chi_j^*(\boldsymbol{k},\boldsymbol{r})$ 作内积，得到关于 β_i 的线性方程组：

$$\sum_i[H_{ji}-ES_{ji}]\beta_i=0 \tag{3-44}$$

β_i 有非零解的条件为：

$$\det[H_{ji}-ES_{ji}]=0 \tag{3-45}$$

式中，H_{ji} 是在正交化平面波为基函数的空间中哈密顿算符的矩阵元，即：

$$H_{ji}=\int \mathrm{d}\boldsymbol{r}\chi_j^*(\boldsymbol{k},\boldsymbol{r})\hat{H}\chi_i(\boldsymbol{k},\boldsymbol{r}) \tag{3-46}$$

S_{ji} 是正交化平面波之间的重叠积分，即：

$$S_{ji}=\int \mathrm{d}\boldsymbol{r}\chi_j^*(\boldsymbol{k},\boldsymbol{r})\chi_i(\boldsymbol{k},\boldsymbol{r}) \tag{3-47}$$

由式（3-45）的解可得到能量本征值 $E_n(\boldsymbol{k})$ 函数，代入方程（3-44）可求出 β_i，从而求得单电子波函数 $\psi_n(\boldsymbol{k},\boldsymbol{r})$。

在正交化平面波方法中，假定孤立原子芯态波函数的 Bloch 和 $\phi_j^c(\boldsymbol{k},\boldsymbol{r})$ 是晶体单电子方程的解，即 $\phi_j^c(\boldsymbol{k},\boldsymbol{r})$ 是哈密顿算符的本征函数。通过与不正确的本征函数正交化而得到的近似能量偏低。这使得正交化平面波方法实际应用受到限制。

3.3.4 赝势方法

赝势方法又称模型势方法，即价电子从头计算法。其基态思想是，所研究体系的哈密顿算符仅显含价电子部分，而将原子内层的全部电子连同原子核构成的核实对外层价电子的作用，用适当的模型势函数（即赝势 Pseudo Potential）表示，同时引入表示投影算符的势以便将价电子波函数与内层电子波函数分离开来，然后对价电子进行变分并用自洽迭代处理，计算出价电子轨道波函数和能级值等。

原子结合成固体时，化学环境变化对内层电子的波函数一般只有微小的影响，内层电子的能带非常狭窄，且离子实的总能量基本不随晶体结构变化，而价电子的状态变化却很大。在计算精度不变的情况下，在价态、类价态的总能量计算的绝对精度要比全电子方法高得多。赝势方法可以有效地避免全电子态计算量大而且收敛很慢的问题。

对于正交化平面波方法，其价电子波函数与内层电子波函数的正交起一种排斥势的作用，在很大程度上抵消了离子实内部 $V(\boldsymbol{r})$ 的吸引作用。在求解固体的单电子波动方程时，如果用假想的势能代替离了实内部的真实势能，而不改变电子的能量本征值及其在离子实之间区域的波函数，则这个假想的势能叫赝势。利用赝势求出的价电子波函数叫赝波函数，赝波函数所满足的波动方程为：

$$\left[\frac{-\overline{h}^2}{2m}\nabla^2+V^{\mathrm{ps}}\right]\psi_{\mathrm{V}}^{\mathrm{ps}}=E_{\mathrm{V}}\psi_{\mathrm{V}}^{\mathrm{ps}} \tag{3-48}$$

式中，V^{ps} 是赝势，是价电子的赝波函数；E_{V} 是价电子的能量。

赝势同时概括了离子实内部的吸引作用和波函数的正交要求，用平面波展开赝波函数可以很快收敛。因此，可选用式（3-26）形式的平面波展开式作为赝势函数。实际采用的赝势总是要使价电子波函数在离子实内部尽可能地平坦，且在离子实之间的区域给出与采用真实势相同的波函数。虽然 $\psi_{\mathrm{V}}^{\mathrm{ps}}$ 是波函数，但由此得到的能量却是相应于晶体真实价电子波函数

的本征能量 E_V。

赝势是有效势，体现了离子实的作用（称为离子赝势或原子赝势）和价电子的共同作用。在赝势方法中，使用的离子赝势（原子赝势）可分成三类：经验赝势、半经验原子赝势和第一性原理从头计算原子赝势。

在晶体中，一维周期势场中的电子波函数及其平面传播如图 3-8 所示。

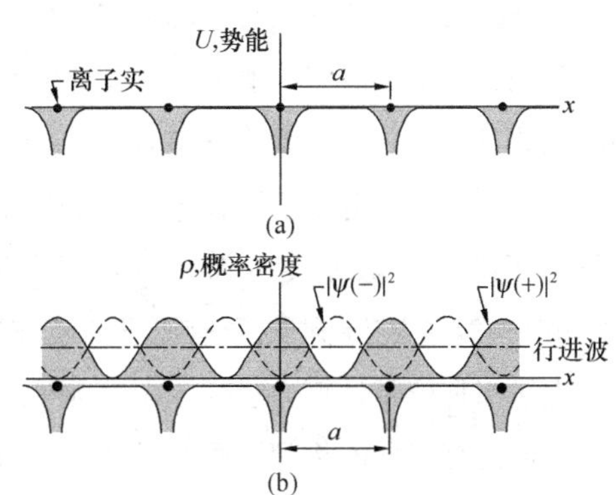

图 3-8　晶体中一维周期势场中的电子波函数及其平面波传播

在经验赝势方法（EPM）中，晶体势 $V(\boldsymbol{r})$ 被表示成原子势叠加的形式，即：

$$V(\boldsymbol{r}) = \sum_{m,a} V^a(\boldsymbol{r} - \boldsymbol{R}_m - \boldsymbol{t}_a) \tag{3-49}$$

晶体势在倒易空间展开，即：

$$V(\boldsymbol{r}) = \sum_{\boldsymbol{G}_n} V^a(\boldsymbol{G}_n) S^a(\boldsymbol{G}_n) \mathrm{e}^{\mathrm{i}\boldsymbol{G}_n \cdot \boldsymbol{r}} \tag{3-50}$$

式中，$V^a(\boldsymbol{G}_n)$ 是原子势的形状因子；$S^a(\boldsymbol{G}_n)$ 是结构因子，有：

$$S^a(\boldsymbol{G}_n) = \sum_a \mathrm{e}^{\mathrm{i}\,\boldsymbol{G}_n \cdot \boldsymbol{t}_a} \tag{3-51}$$

选取初始的 $V^a(\boldsymbol{G}_n)$，解单电子方程（3-10）得到 $E_n(\boldsymbol{k})$ 和 $\psi_n(\boldsymbol{k},\boldsymbol{r})$，对照实验数据（一般是能带、态密度、响应函数等），修改 $V^a(\boldsymbol{G}_n)$，重复上述过程直至得到与实验数据接近的结果，进而拟合出符合要求的经验赝势。目前，经验赝势方法应用于从头算原子赝势自洽迭代计算，主要作初始值使用。

在现代能带理论中，能带 $E_n(\boldsymbol{k})$ 是通过自洽求解 Kohn-Sham 方程得到的，方程（3-10）中的周期势就是 Kohn-Sham 方程中的有效势 $V_{\mathrm{KS}}[\rho(\boldsymbol{r})]$。它包括各原子的离子实对单个价电子的作用、该价电子与其他价电子之间的库仑相互作用和交换关联作用，即：

$$V_{\mathrm{KS}}[\rho^{\mathrm{ps}}] = \sum_{m,a}^{\mathrm{occ}} V_i^{\mathrm{ps}}(\boldsymbol{r} - \boldsymbol{R}_m - \boldsymbol{t}_a) + V_{\mathrm{coul}}[\rho^{\mathrm{ps}}] + V_{\mathrm{xc}}[\rho^{\mathrm{ps}}] \tag{3-52}$$

电子数密度是用波函数计算的，即：

$$\rho^{\mathrm{ps}} = \sum_{i=1}^{\mathrm{occ}} |\psi_i^{\mathrm{ps}}(\boldsymbol{r})|^2 \tag{3-53}$$

模型赝势是用于自洽计算的半经验原子赝势，在这种赝势表达式中含有一个或几个可变参量，用与实验数据相比较的办法来确定这些参量。空中心模型是一个最简单的例子，设离子实是 Z_V 价的且离子实的半径为 r_c，空中心模型给出的离子赝势为：

$$V_i^{\mathrm{ps}}(r) = \begin{cases} -Z_V/r & (r > r_c) \\ -Z_V/r_c & (r \leqslant r_c) \end{cases} \tag{3-54}$$

式中，r_c 作为一个可调参数来拟合原子数据。

无经验参数的原子赝势，称为第一性原理从头算原子赝势。目前，常用的从头算原子赝势是D. R. Hamann提出的模守恒赝势（NCPP），赝势所对应的赝波函数不仅与真实势对应的波函数具有相同的能量本征值，而且在 r_c 以外，与真实波函数的形状和幅度相同（模守恒），在 r_c 以内变化缓慢。单电子方程进行从头计算得到模守恒赝势，并可以给出价电子或类价电子的电子数密度分布，适合作自洽计算。G. B. Bachelet，D. R. Hamann和M. Schluter计算了从H到Pt所有原子的模守恒赝势并列成表格形式，称为BHS赝势。

上述四种能带计算方法的主要区别在于各个方法采用不同的函数展开晶体单电子波函数；根据研究对象的物理性质对晶体周期势作合理的、有效的近似处理。共同特点是选用具有Bloch函数特性的波函数 $b_m(\boldsymbol{k},\boldsymbol{r}+\boldsymbol{R}_n)$ 来展开晶体的单电子波函数 $\psi(\boldsymbol{k},\boldsymbol{r})$，即：

$$\psi(\boldsymbol{k},\boldsymbol{r})=\sum_{n}c_m b_m(\boldsymbol{k},\boldsymbol{r}) \tag{3-55}$$

在紧束缚近似方法和赝势方法中选用的 $b_m(\boldsymbol{k},\boldsymbol{r})$ 是原子轨道函数的线性叠加，即：

$$b_m(\boldsymbol{k},\boldsymbol{r})=\mathrm{e}^{\mathrm{i}(\boldsymbol{k}+\boldsymbol{G}_m)\cdot\boldsymbol{r}} \tag{3-56}$$

在正交化平面波方法中选用的 $b_m(\boldsymbol{k},\boldsymbol{r})$ 是与内层电子波函数正交的平面波，即：

$$b_m(\boldsymbol{k},\boldsymbol{r})=\chi_m(\boldsymbol{k},\boldsymbol{r})=\frac{1}{\sqrt{N\Omega}}\mathrm{e}^{\mathrm{i}(\boldsymbol{k}+\boldsymbol{G}_m)\cdot\boldsymbol{r}}-\sum_{j}\mu_{mj}\phi_j^{\mathrm{c}}(\boldsymbol{k},\boldsymbol{r}) \tag{3-57}$$

综上所述，四种能带计算对势场的处理存在不同。近自由电子近似方法把周期势偏离平均值的部分作为微扰；紧束缚近似方法把周期势与原子中电子势能之差作为微扰；正交化平面波方法未对周期势作限制；赝势方法对周期势作了若干简化。

3.4 能带计算的过程与晶体能量

固体材料的一些基本性质与其能带结构有密切关系，如果能利用能带理论来解释和预测固体材料的基本性质，将对现代材料研究具有重要意义。通过改变能带结构来调变固体材料的某些性质成为人们的期待。目前，密度泛函理论是求解晶体中单电子问题的最精确的理论，因此，在现代能带理论研究中，在求解单电子方程和计算晶体总能量时，较普遍地利用局域密度泛函理论，是指在密度泛函理论中采用局域密度近似。

3.4.1 能带计算的过程

晶体是一个具有周期性结构的体系，晶体能带及晶体物理性质的计算需先给出一个体积有限的晶体结构模型，利用周期性边界条件，得到整个晶体的能带结构。在选择了计算目标之后，需设置计算参数如自洽场计算的精度、基组的大小、$\boldsymbol{k}$ 的取值等。用电子数密度或晶体总能量的收敛精度作为自洽场计算的收敛标准。线性组合成单电子波函数的基函数集合作为基组，如平面波方法中的平面波、紧束缚近似方法中的原子轨道组合成的 Bloch 函数。

在平面波赝势方法中，能量的截断值 E_{cut} 如下：

$$E_{\text{cut}} = \frac{\bar{h}^2\ (\boldsymbol{k}+\boldsymbol{G}_m)^2}{2\mu} \tag{3-58}$$

根据 E_{cut} 确定基组中平面波 $e^{i(\boldsymbol{k}+\boldsymbol{G}_m)\cdot\boldsymbol{r}}$ 的数目。能带 $E_n(\boldsymbol{k})$ 函数是 $\boldsymbol{k}$ 的准连续函数，$\boldsymbol{k}$ 在 $\boldsymbol{k}$ 空间均匀分布，其取值由式（3-13）给出并限定在布里渊区中，由于计算量的原因，计算时 $\boldsymbol{k}$ 只取简约布里渊区中有限的值，以 $l_1 \times l_2 \times l_3$ 的形式表示所取的 $\boldsymbol{k}$ 在 $\boldsymbol{b}_1$，$\boldsymbol{b}_2$，$\boldsymbol{b}_3$ 方向上的取值间隔分别为 $\boldsymbol{b}_1/l_1$，$\boldsymbol{b}_2/l_2$，$\boldsymbol{b}_3/l_3$。在其他条件不变的情况下，如果 $\boldsymbol{k}$ 的取值数目增加，得到的 $E_n(\boldsymbol{k})$ 函数的精确度增大，但计算量显著增加。

利用自洽场方法求解 Kohn-Sham 方程，得到所设结构的晶体总能量（单点能）。并对所设晶体结构模型进行几何优化，根据关于能量、力、应力、位移的判据判断晶体结构是否为稳定结构（总能量最小）。如果晶体结构不是稳定结构，重新设置晶格参数进行计算，直至得到稳定的晶体结构。对结构优化后的晶体进行物理性质计算，并输出计算结果。具体流程如图 3-9 所示。

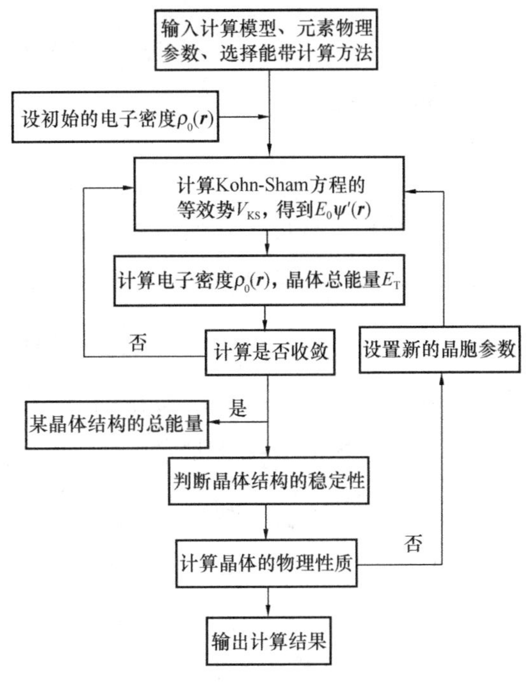

图 3-9　晶体能带及物理性质的计算流程图

目前，对具有周期性结构的材料进行能带计算的商业软件包括 ADF，VASP，Wien2K，CASTEPS 等。

3.4.2 晶体的总能量

晶体的总能量包括：原子核与内层电子组成的离子实的能量，这部分能量基本上与晶体结构无关，是常量；总能量与离子实能量之差，即离子实与价电子的相互作用、离子实之间的相互作用以及价电子间的相互作用。晶体总能量与核动能之和与全部组分原子的孤立原子能之和的差，称为晶体的结合能。

在密度泛函理论中，晶体总能量 E_{T} 是晶格电子的能量与离子实的排序能之和，即：

$$E_{\text{T}} = T[\rho] + E_{\text{ext}} + E_{\text{coul}} + E_{\text{xc}} + E_{\text{N-N}} \tag{3-59}$$

式中，第一项是具有粒子数密度 ρ 的非相互作用电子体系的动能；E_{xc} 表示交换相关能；$E_{\text{N-N}}$

是原子核之间的排斥能，其中电子与外场 $\nu(\boldsymbol{r})$ 的相互作用能为：

$$E_{\mathrm{ext}}=\int \mathrm{d}\boldsymbol{r}\rho(\boldsymbol{r})\nu(\boldsymbol{r}) \tag{3-60}$$

电子间库仑相互作用能为：

$$E_{\mathrm{coul}}=\frac{1}{2}\iint \mathrm{d}\boldsymbol{r}\mathrm{d}\boldsymbol{r}'\frac{\rho(\boldsymbol{r})\rho(\boldsymbol{r}')}{|\boldsymbol{r}-\boldsymbol{r}'|} \tag{3-61}$$

在局域密度近似条件下，电子的交换相关能为：

$$E_{\mathrm{xc}}=\int \mathrm{d}\boldsymbol{r}\rho(\boldsymbol{r})\varepsilon_{\mathrm{xc}}[\rho(\boldsymbol{r})] \tag{3-62}$$

原子核之间的排斥能：

$$E_{\mathrm{N\text{-}N}}=\frac{1}{2}\sum_{\boldsymbol{R},s}\sum_{\boldsymbol{R}',s'}\frac{Z_sZ_{s'}}{|\boldsymbol{R}+\boldsymbol{t}_s-\boldsymbol{R}'-\boldsymbol{t}_{s'}|} \tag{3-63}$$

式中，Z_s 表示原子 s 的价电子数；$\boldsymbol{R}$ 表示晶格平移矢量；$\boldsymbol{t}_s$ 表示原胞内原子 s 的相对位矢。动能泛函可通过 Kohn-sham 方程用单电子能量表示为：

$$T[\rho]=\sum_i\int \mathrm{d}\boldsymbol{r}\psi_i^*(\boldsymbol{r})(E_i-V_{\mathrm{KS}})\psi_i(\boldsymbol{r}) \tag{3-64}$$

式中，E_i 是 Kohn-Sham 方程的本征值。将式（3-60）～式（3-62）、式（3-64）和式（2-157）代入式（3-59），得到晶体总能量为：

$$E_{\mathrm{T}}=\sum_i E_i-\frac{1}{2}\iint \mathrm{d}\boldsymbol{r}\mathrm{d}\boldsymbol{r}'\frac{\rho(\boldsymbol{r})\rho(\boldsymbol{r}')}{|\boldsymbol{r}-\boldsymbol{r}'|}+\int \mathrm{d}\boldsymbol{r}\rho(\boldsymbol{r})\{\varepsilon_{\mathrm{xc}}[\rho(\boldsymbol{r})]-V_{\mathrm{xc}}[\rho(\boldsymbol{r})]\}+E_{\mathrm{N\text{-}N}} \tag{3-65}$$

晶体的单电子能 E 与晶体体积 $N\Omega$ 之间的关系可用 Murnaghan 状态方程来描述：

$$E(N\Omega)=\frac{B_0N\Omega}{B_0'(B_0'-1)}[B_0'(1-\Omega_0/\Omega)+(\Omega_0/\Omega)^{B_0'}-1]+E(N\Omega_0) \tag{3-66}$$

式中，N 是晶体中原胞的数目；Ω 是晶格常数尝试值为 a 时的原胞体积；B_0 是体弹性模量；B_0' 是 B_0 对 Ω 的导数。对于不同的晶格常数尝试值 a，即不同的晶体体积 $N\Omega$，可计算出相应的单点能 $E(N\Omega)$，用最小二乘法拟合 Murnaghan 状态方程，便可得到相应于该结构的晶体常数 a_0 、体弹性模量 B_0 和该结构的能量极小值 $E(N\Omega_0)$。图 3-10 显示了用 CASTEP 软件计算出的晶格常数的准确性。

对于组成元素确定的体系，可能存在不同的晶体结构，须对不同的晶体结构进行总能量计算和 Murnaghan 方程拟合，得到相应的能量极小值 $E(N\Omega_0)$，比较不同晶体结构所对应的能量极小值，即可确定稳定的晶体结构。

由晶体总能量可以确定晶体的一些力学性质，如 Hellmann-Feynman 力和应力。作用于原子 s 上的力 $\boldsymbol{F}_s$，可由晶体总能量 E_{T} 对原子 s 的原胞内位 τ_s 求负梯度得到，即：

$$\boldsymbol{F}_s=-\nabla_{\tau_s}E_{\mathrm{T}} \tag{3-67}$$

这个作用于原子上的晶体内力称为 Hellmann-Feynman 力。

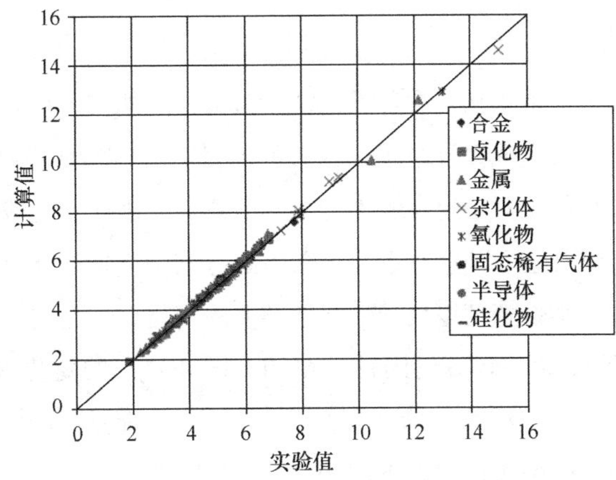

图 3-10　CASTEP 的晶格常数的精度

对于晶格应变张量 $\varepsilon=[\varepsilon_{\alpha\beta}]$，平均应力张量为 $\sigma=[\sigma_{\alpha\beta}]$，其中：

$$\sigma_{\alpha\beta}=\frac{1}{\Omega}\frac{\partial E_{\mathrm{T}}}{\partial\varepsilon_{\alpha\beta}} \tag{3-68}$$

3.4.3 几何优化

通过调节晶体结构模型的几何参数来获得稳定结构，使模型结构尽可能地接近真实结构。可以根据研究的实际需要确定几何优化的判据，一般是几个判据组合使用，常用的如下：

① 自洽场收敛判据。对给定的结构模型进行自洽场计算时，两次自洽计算的晶体总能量之差小于设定的最大值。

② 力判据。每个原子所受的晶体内作用力（Helmann-Feynman 力）足够小，即单个原子受力小于设定的最大值。

③ 应力判据。每个结构模型单元中的应力足够小，即应力小于设定的最大值。

④ 位移判据，两次结构参数变化引起的原子位移的分量足够小，即原子位移的分量小于设定的最大值。

表 3-1 给出了 CASTEP 软件中进行几何优化时使用的收敛判据。

CASTEP 软件中几何优化的收敛判据　　**表 3-1**

判据	精度			
	粗糙	中等	精细	超精细
能量差 ΔE(eV·atom^{-1})	5.0×10^{-5}	2.0×10^{-5}	1.0×10^{-5}	5.0×10^{-4}
最大力 F_{max}(eV·nm^{-1})	1.0	0.5	0.3	0.1
最大应力 σ_{max}(GPa)	0.2	0.01	0.05	0.02
最大位移 Δl_{max}(nm)	5.0×10^{-4}	2.0×10^{-4}	1.0×10^{-4}	5.0×10^{-5}

3.4.4 能带结构

能带结构，又称电子能带结构，全部 $E_n(\boldsymbol{k})$ 函数可给出能带结构，固体的能带结构（又称电子能带结构）描述了禁止或允许电子所带有的能量，材料的能带结构决定了多种特性。通常费米能级附近的系列能带对决定材料性能更具有意义，因此，一般只计算有限个能带的 $E_n(\boldsymbol{k})$ 函数。从能带结构图上可以直观地看到在指定方向上各能带 $E_n(\boldsymbol{k})$ 函数随 $\boldsymbol{k}$ 的变化、导带底与价带顶的位置、禁带宽度以及禁带能隙随 $\boldsymbol{k}$ 的变化。

图 3-12 是用 CASTEP 软件计算的闪锌矿结构（图 3-11）的氮化硼（BN）的能带结构图，总能量的计算精度是 1.0×10^{-5}，$\boldsymbol{k}$ 的取值为 8×8×8，能量截断值为 250eV。图中用虚线表示费米能级（$E_F=0$），费米能级以下的能带是价带，费米能级以上的能带是导带。导带底与价带顶位于相同点的能带结构，称为直接跃迁型能带结构。导带底与价带顶位于不同点的能带结构，称为间接跃迁型能带结构。从图 3-12 可以看出，导带底与价带顶均位于布里渊区的原点（Γ点，以 G 代替 Γ），这表明 BN 具有直接跃迁型能带结构。电子转移方向是从高能级流向低能级，因此高能级轨道具有还原性，低能级轨道具有氧化性。在能带图上，能级越低，越稳定。

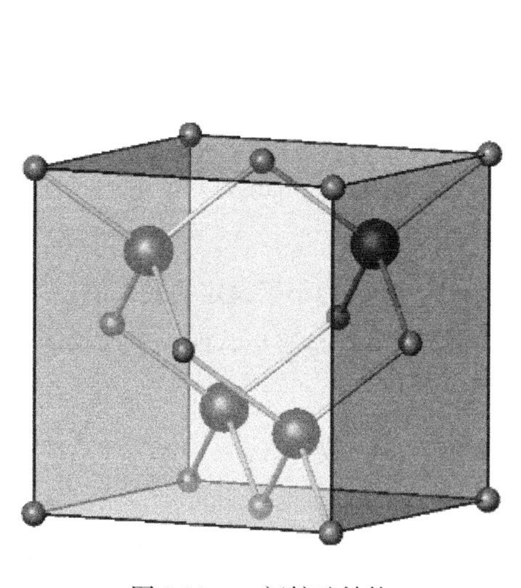

图 3-11　闪锌矿结构

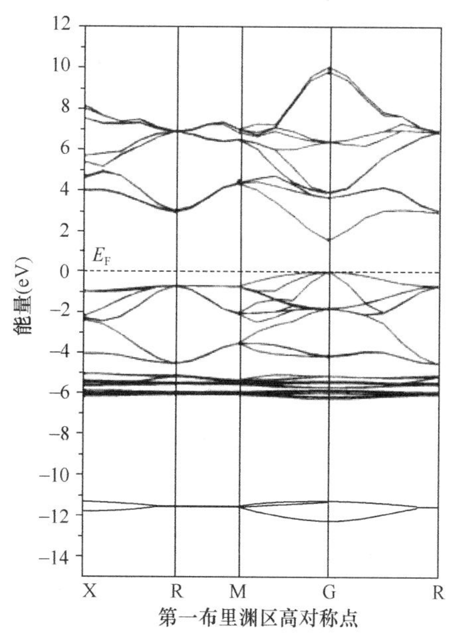

图 3-12　闪锌矿结构的氮化硼的能带结构

3.4.5 能态密度

能态密度（DOS）是固体电子能谱分布的重要特征。特别是低能激发态的能态密度，因为这部分状态对配分函数贡献最大。如低能激发态被热运动激发的概率大于高能激发态。如果低能激发态的态密度大，则体系因为热运动而产生的涨落就强，其有序度就低，以至消失，不容易出现有序相。因而低能态密度的大小决定了体系的有序度和相变。能态密度可分为总态密度、分波态密度和局域态密度。总态密度 $N(E)$ 是各能带的态密度之和，总电子数 N 等于 $N(E)$ 从负无穷到费米能级 E_F 的积分，即：

$$N = \int_{-\infty}^{E_F} N(E)\mathrm{d}E \tag{3-69}$$

态密度可用于电子结构的快速可视分析，价带宽度、能隙及电子态密度 $N(E)$ 的主要特征处的强度和数目等特性，有助于定性解释实验得到的光谱数据，态密度分析还有助于理解电子结构的变化。

局域态密度（LDOS）和分波态密度（PDOS）是对电子结构分析十分有用的半定量工具。LDOS 和 PDOS 分析可对体系中电子杂化的本质和体系的 XPS 谱、光谱中主要特征的来源提供定性解释。PDOS 计算基于 Mulliken 布居分析，可得到加权的态密度，如将指定原子的所有原子轨道对各能带的贡献加起来便得到 LDOS。

在自旋极化体系中，可分别计算 α 电子的态密度 $N(E)\uparrow$ 和 β 电子的态密度 $N(E)\downarrow$，它们的和给出总态密度，它们的差 $N(E)\uparrow - N(E)\downarrow$ 被称为自旋态密度（SDOS）。

3.4.6 布居分析

对电子电荷在各组分原子之间的分布情况进行计算，称为布居分析。布居分析可以给出原子上、原子轨道上、两原子间的电子电荷分布，依次称为原子布居、轨道布居、键布居。有多种布居分析方法，Mulliken 布居分析被广泛采用。Mulliken 布居分析通过将电子按照一定方法分配到基函数上从而构建了与分子性质定性对应的标度和描述方法。Mulliken 布居受基组影响很大，而且其中有一些处理非常随意，导致部分结果没有任何物理含义。

布居分析为原子间的成键提供了一个客观判据，并且两原子间的重叠布居还可用于评价一个键的共价性或离子性。键布居的值高表明键是共价的，键布居的值低表示键是一种离子相互作用。还可以用有效离子价来进一步评价键的离子性，有效离子价定义为阴离子物种上原来的离子电荷与 Mulliken 电荷之差，若这个值为零，则表明该键是完全的离子键，若这个值大于零，则表明该键的共价成分增加。

3.4.7 弹性常数

弹性常数是表征材料弹性的量，在弹性限度内，物体的形变跟引起形变的外力呈正比，即材料的弹性常数描述了应力的响应与形变关系。应力 $[\sigma_{\alpha\beta}]$ 和应变 $[\varepsilon_{\alpha\beta}]$ 均为二阶对称张量，可分别用 $\sigma_i\ (i=1,2,\cdots,6)$ 和 $\varepsilon_j\ (j=1,2,\cdots,6)$ 来表示，则线弹性常数可表示为一个 6×6 的对称矩阵 $[C_{ij}]$，对于小的应力和应变，有：

$$\sigma_i = \sum_j C_{ij}\varepsilon_j \tag{3-70}$$

根据 Hellmann-Feynman 力和应力方程（3-68）和方程（3-70），由晶体总能量 E_T，可算出弹性常数 C_{ij}。利用计算得到的弹性常数 C_{ij}，还可以计算体弹性模量、泊松系数等性质。在计算弹性常数时，对能量的计算精度要求很高，因此，$\boldsymbol{k}$ 的取值不少于 $15\times15\times15$。

3.4.8 热力学性质

物体的热力学性质是指物质处于平衡状态下压力 P、体积 V、温度 T 以及其他的热力学函数的变化规律。一般将物体的压力 P、体积 V、温度 T、内能 U、焓 H、熵 S 等统称为物体热力学性质。

对体系热力学性质的描述基于声子，声子是晶格振动的能量子。声子的角频率与波矢 $\boldsymbol{q}$ 的函数关系 $\omega(\boldsymbol{q})$ 称为声子谱或色散关系。利用第一性原理计算声子谱 $\omega(\boldsymbol{q})$ 的方法有两种：超胞法和线性响应法。由声子谱 $\omega(\boldsymbol{q})$ 可计算体系的焓 H、熵 S、自由能 F 和晶格热容 C_v，它们都是温度的函数。

习题

1. 简述能带理论的基本思想，由于是近似理论，其有何局限性？
2. Born-Oppenheimer 近似的基本思想是什么？这些近似有何物理意义？
3. 出现晶带与哪些因素有关？
4. 在形成晶体时，原子的价电子与原子内层电子是否有变化？
5. 为什么引入正交平面波法？这种方法有何优点？
6. 简述能带的 $E_n(\boldsymbol{k})$ 函数的性质。
7. 简述能态密度的物理意义以及局域态密度与分波态密度的关系。
8. 波矢空间与倒格空间有何关系？为什么说波矢空间内的状态点是准连续的？
9. 简述费米能级与费米面物理意义。
10. 与布里渊区边界平行的晶面族对什么状态的电子具有强烈的散射作用？
11. 简述平面波法、紧束缚近似法、正交化平面波法和赝势法计算能带的基本原理。
12. 在布里渊区边界上电子的能带有何特点？
13. 简述单点能及晶体结构稳定判断方法。
14. 紧束缚模型电子的能量是正值还是负值？
15. 简述在计算晶体的物理性质时进行几何结构优化的必要性。
16. 周期场是能带形成的必要条件吗？禁带是否一定出现？

第 3 章　参考文献

[1]　黄昆．固体物理学[M]. 北京：北京大学出版社，2014.
[2]　阎守盛．固体物理学基础[M]. 北京：北京大学出版社，2011.

[3] 谢希德，陆栋．固体能带理论[M]. 上海：复旦大学出版社，2007.
[4] SHOLL D, STECKEL J A. Density Functional Theory[M]. New Jersey: John Wiley & Sons, Inc.，2009.
[5] CHARLES K. Introduction to Solid State Physics[M]. Berkeley: John Wiley & Sons, Inc.，2005.
[6] RICHARD M M. Electronic Structure[M]. Cambridge：Cambridge University Press, 2004.
[7] MILMAN V, WINKLER B, WHITE J A. Electronic structure, properties and phase stability of inorganic crystals: a pseudopotential plane 2 wave study[J]. Int J Quantum Chem，2000, 77 (5)：895.
[8] 卢文发．量子力学与统计力学[M]. 上海：上海交通大学出版社，2013.
[9] BARONI S, DE GIRONCOLI S, DAL CORSO A. Phonons and related crystal properties from density-functional perturbation theory[J]. Rev. Mod. Phys.，2001, 73: 515-562.
[10] ACKLAND G J, BACON D J, CALDER A F, et al. Computer simulation of point defect properties in dilute Fe-Cu alloy using amany-body interatomic potential[J]. Philosophical Magazine, 1997, 75(3): 713-732.
[11] 罗伯．计算材料学[M]. 项金钟，吴兴惠，译. 北京：化学工业出版社，2002.

第 4 章
分子动力学模拟

4.1 分子动力学及发展历史

分子动力学(Molecular Dynamics，MD)是经典力学方法，针对的最小结构单元不再是电子而是原子，因原子的质量比电子大很多，量子效应不明显，可近似用经典力学方法处理。这是按照该体系内部的内禀动力学规律来确定位形的转变，跟踪系统中每个粒子的个体运动，用计算机方法来表示统计力学；然后根据统计物理规律，给出微观量(分子的坐标、速度)与宏观可观测量(温度、压力、比热容、弹性模量等)的关系来研究材料性能的一种方法。

20 世纪 30 年代，Andrews 最早提出分子力学(MM)的基本思想，在 20 世纪 40 年代以后得到进一步的发展，并用于有机小分子研究。经典的分子动力学方法由 Alder 和 Wainwright 提出并应用于理想“硬球”液体模型，Rahman 于 1963 年采用连续势模型进行了液体的分子动力学模拟。Verlet 于 1967 年给出了著名的 Verlet 算法。1980 年 Anderson 和 Hoover 分别提出了恒压状态下的分子动力学和非平衡态的分子动力学研究。1981 年，Parrinello 和 Rahman 给出了恒定压强的分子动力学模型。1984 年 Nose 提出了恒温分子动力学方法。1985 年 Car 和 Parrinello 提出了将电子运动与原子核运动一起考虑的第一性原理分子动力学方法，20 世纪 90 年代以来得到迅猛发展和广泛应用。

4.2 粒子运动方程

分子动力学模拟中，粒子以原子为单位，忽略了量子效应后，系统中粒子将遵循牛顿运动定律。分子动力学模拟是计算经典多体体系的平衡和传递性质的有效方法。依据经典力学，体系的 i 粒子牛顿运动方程满足：

$$\boldsymbol{F}_i(t) = m_i \boldsymbol{a}_i(t) \tag{4-1}$$

式中，$\boldsymbol{F}_i(t)$ 为粒子所受的力；m_i 为粒子的质量；$\boldsymbol{a}_i(t)$ 为粒子 i 的加速度。原子 i 所受的力 $\boldsymbol{F}_i(t)$ 可以直接用势能函数对坐标 $\boldsymbol{r}_i$ 的一阶导数求得，即 $\boldsymbol{F}_i(t)=-\dfrac{\partial U}{\partial \boldsymbol{r}_i}$，其中 U 为势能函数。

推而广之，若对于具有 N 个粒子的体系，其中任何一个粒子都具有如下表达：

$$\begin{cases} m_i \dfrac{\partial \boldsymbol{v}_i}{\partial t} = \boldsymbol{F} = -\dfrac{\partial u}{\partial \boldsymbol{r}_i} + \cdots \\ \dot{\boldsymbol{r}}(t) = \boldsymbol{v}(t) \end{cases} \tag{4-2}$$

$\boldsymbol{v}$ 为速度矢量。如果对方程(4-2)求解，通常需要通过数值方法进行。数值解会产生一系列的粒子位置与速度对 $\{x^n, v^n\}$，n 表示系列的离散所对应的时间段数，总时间 $t=n\Delta t$，Δt 表示时间间隔(时间步长)。此外，首先必须要给出体系中每个粒子的初始坐标和速度，并以此初始条件进行求解方程组。上面的经典运动方程是一组确定性方程，如果原子的初始坐标和初始速度已经确定，则以后任意时刻体系内的粒子的坐标和速度都可以求解确定。

4.3 分子动力学方法的步骤

分子动力学方法是通过计算机求解计算，并记录各个时刻体系在内禀力驱动作用下，体系粒子的位形(位置、动量)的转变进程，以此模拟系统微观状态的一种数值方法。

分子动力学方法基本步骤主要包括：

(1) 在研究体系内建立一组质点的运动方程；

(2) 通过数值方法求解体系运动方程组；

(3) 求解系统的静态和动态的粒子特性。

首先，针对具有 N 个粒子的体系，设基本单元中第 i 个粒子满足经典牛顿定律：

$$\boldsymbol{F} = m_i \frac{\mathrm{d}^2 \boldsymbol{r}_i}{\mathrm{d}t^2} \tag{4-3}$$

并且在体系内，其他粒子作用在第 i 粒子上的力可用下式表示：

$$F_i(t) = \sum_{i\neq j}^{N} F_{ij}(r_{ij}, t) m_i \tag{4-4}$$

运动方程：

$$r_i(t+\Delta t) = r_i(t) + v_i(t)\Delta t + \frac{F_i(t)}{2m_i}(\Delta t)^2 \tag{4-5}$$

$$v_i(t+\Delta t) = v_i(t) + \left(\frac{F_i(t+\Delta t) + F_i(t)}{2}\right)\frac{1}{m_i}\Delta t \tag{4-6}$$

初值：

$$r_i(0) = r_{i0}, v_i(0) = v_{i0} \tag{4-7}$$

分子动力学方法是通过对物理体系的微观粒子描述，建立分子动力学运动方程组，因此，分子动力学方法不存在任何随机因素。MD 方法可以处理与时间有关的粒子运动过程，也可以处理非平衡态问题。

4.4 分子运动方程的求解方法

一般情况下，多粒子体系的牛顿方程无法直接求解析解，需要通过数值积分方法进行求解。有限差分法是一种有效的数值方法，基本过程是将积分分成很多小步，每一时间段为 δt，在时刻 t，作用在每个粒子的力的总和等于它与其他所有粒子的相互作用力的矢量和。通过计算得到某粒子的加速度，结合 t 时刻该粒子的位置与速度，进而得到 $t+\delta t$ 时刻的某粒子位置与速度，以此类推，得到最终解。常见的方法有 Verlet 算法、Leap-frog 算法、速度 Verlet 算法、Gear 算法、Tucterman 和 Berne 多时间步长算法。

4.4.1 Verlet 算法

Verlet 算法于 1967 年提出，Verlet 算法是积分运动方程运用最广泛的方法，其运用 t 时刻某粒子的位置和速度及 $t-\delta t$ 时刻该粒子的位置，计算出 $t+\delta t$ 时刻某粒子的位置 $r(t+\delta t)$。通过 Taylor 级数展开，推导 Verlet 算法的基本过程，即：

$$\boldsymbol{r}_i(t+\delta t)=\boldsymbol{r}_i(t)+\delta t\boldsymbol{v}_i(t)+\frac{1}{2}\delta t^2\boldsymbol{a}_i(t)+\cdots \tag{4-8}$$

$$\boldsymbol{r}_i(t-\delta t)=\boldsymbol{r}_i(t)-\delta t\boldsymbol{v}_i(t)+\frac{1}{2}\delta t^2\boldsymbol{a}_i(t)-\cdots \tag{4-9}$$

将以上两式相加得：

$$\boldsymbol{r}_i(t+\delta t)=2\boldsymbol{r}_i(t)-\boldsymbol{r}_i(t-\delta t)+\delta t^2\frac{\boldsymbol{F}_i(t)}{m_i} \tag{4-10}$$

其中，应用经典公式 $\boldsymbol{a}_i(t)=\boldsymbol{F}_i(t)/m_i$，差分方程中的误差为 $(\Delta t)^4$ 的量级。Verlet 算法中并没有出现粒子的速度。速度计算是用 $t+\delta t$ 时刻与 $t-\delta t$ 时刻的位置差除以 $2\delta t$ 得到，即：

$$\boldsymbol{v}(t)=[\boldsymbol{r}(t+\delta t)-\boldsymbol{r}(t-\delta t)]/2\delta t \tag{4-11}$$

另外，在半个时间步 $t+\frac{1}{2}\delta t$ 时刻，某粒子速度也可以表示为：

$$\boldsymbol{v}\left(t+\frac{1}{2}\delta t\right)=[\boldsymbol{r}(t+\delta t)-\boldsymbol{r}(t)]/\delta t \tag{4-12}$$

速度计算的误差在 $(\Delta t)^3$ 的量级。Verlet 算法简单，对计算机数据存储设备要求适度；但是，对于粒子的位置 $\boldsymbol{r}(t+\delta t)$ 表达，需要通过小项与非常大的两项 $2\boldsymbol{r}(t)$ 与 $\boldsymbol{r}(t-\delta t)$ 的差得到，容易造成精度损失，其次，方程中没有显式粒子的速度项，在计算中未得到下一步粒子的位置之前，无法得到粒子的速度项。另外，粒子新位置必须由 t 时刻与前一时刻 $t-\delta t$ 的位置结合得到，因此算法无自启动能力。在 $t=0$ 时刻，体系粒子只有一组已知位置，所以必须通过其他方法，才能得到 $t-\delta t$ 时刻的粒子位置。

4.4.2 Leap-frog 算法

Leap-frog 算法首先是由 Hockney 在 1970 年提出的。基本思想是将体系粒子速度的微分用 $t+\delta t$ 和 $t-\delta t$ 时刻的速度的差分来表示：

$$\frac{\boldsymbol{v}_i(t+\delta t/2)-\boldsymbol{v}_i(t-\delta t/2)}{\delta t}=\frac{\boldsymbol{F}_i(t)}{m_i} \tag{4-13}$$

那么，在 $t+\delta t$ 时刻的速度为：

$$\boldsymbol{v}_i(t+\frac{\delta t}{2})=\boldsymbol{v}_i(t-\frac{\delta t}{2})+\frac{\delta t}{m_i}\boldsymbol{F}_i(t) \tag{4-14}$$

并且，体系的原子坐标位置的微分也可以表述为：

$$\frac{\boldsymbol{r}_i(t+\delta t)-\boldsymbol{r}_i(t)}{\delta t}=\boldsymbol{v}_i\left(t+\frac{1}{2}\delta t\right) \tag{4-15}$$

所以有：

$$\boldsymbol{r}(t+\delta t)=\boldsymbol{r}(t)+\delta t\boldsymbol{v}\left(t+\frac{1}{2}\delta t\right) \tag{4-16}$$

Leap-frog 算法在计算运行时，必须先由 $t-0.5\delta t$ 时刻的体系粒子的速度与 t 时刻的加速度计算出速度 $\boldsymbol{v}(t+0.5\delta t)$。然后由式(4-16)计算出体系粒子的位置 $\boldsymbol{r}(t+\delta t)$。在 t 时刻的体系粒子速度可由下式获得：

$$\boldsymbol{v}(t)=\frac{1}{2}\left[\boldsymbol{v}\left(t+\frac{1}{2}\delta t\right)+\boldsymbol{v}\left(t-\frac{1}{2}\delta t\right)\right] \tag{4-17}$$

体系粒子的速度“蛙跳”过 t 时刻的位置，而得到 $t-0.5\delta t$ 时刻的速度值，而在时刻 t 位置跳过速度值，则得到 $t+\delta t$ 时刻的位置值，并为计算 $t+1.5\delta t$ 时刻的速度作准备，依次类推。Leap-frog 算法与 Verlet 算法相比，Leap-frog 算法优点是包括显速度项，计算量减小。但体系粒子的位置与速度不是同步的。这表明在体系粒子的位置一定时，无法同时计算动能对总能量的贡献。

4.4.3 速度 Verlet 算法

在 1982 年，Swope 提出新的 Verlet 算法，即速度 Verlet 算法。新算法可以同时给出体系粒子的位置、速度与加速度，并且保证精度，即：

$$\boldsymbol{r}_i(t+\delta t)=\boldsymbol{r}(t)+\delta t\boldsymbol{v}_i(t)+\frac{1}{2m}\boldsymbol{F}_i(t)\delta t^2 \tag{4-18}$$

$$\boldsymbol{v}_i(t+\delta t)=\boldsymbol{v}_i(t)+\frac{1}{2m}[\boldsymbol{F}_i(t+\delta t)+\boldsymbol{F}_i(t)]\delta t^2 \tag{4-19}$$

速度 Verlet 算法计算的每个时间步的坐标、速度和力等数据都需要储存，对计算机的内存需求较大。该方法的每个时间步都涉及两个内容，需要计算坐标更新以后和速度更新前的力。在这三种算法中，速度 Verlet 算法精度和稳定性最好。

4.4.4 Gear 算法

在分子动力学模拟中，为了提高计算效率，应使用尽可能大的时间步长，或者在相同的时间步长时获得较高的精度，可以储存和使用前一步的力，并使用预测-校正算法更新体系粒子的位置和速度。Gear 于 1971 年提出了基于预测-校正积分方法的 Gear 算法。该方法基本过程如下。

首先，通过 Taylor 展开式，依据式(4-20)，预测体系粒子新的位置、速度与加速度：

$$r_1^{\mathrm{p}}(t+\delta t)=r_i(t)+\delta t v_i(t)+\frac{1}{2}\delta t^2 a_i(t)+\frac{1}{6}\delta t^2 b_i(t)+\cdots$$

$$v_1^{\mathrm{p}}(t+\delta t)=v_i(t)+\delta t a_i(t)+\frac{1}{2}\delta t^2 b_i(t)+\cdots$$

$$a_i^{\mathrm{p}}(t+\delta t)=a_i(t)+\delta t b_i(t)+\cdots$$

$$b_i^{\mathrm{p}}(t+\delta t)=b_i(t)+\cdots \tag{4-20}$$

根据经典运动理论，在式(4-20)中，v 是速度(位置对时间的一阶导数)，a 是加速度(二阶导数)，b 是坐标对时间的三阶导数。

第二步是根据新预测的体系粒子的位置 $r_i^{\mathrm{p}}(t+\delta t)$，计算 $t+\delta t$ 时刻体系粒子的力 $F(t+\delta t)$，然后计算体系粒子的加速度 $a_i^{\mathrm{c}}(t+\delta t)$。所得的加速度与由 Taylor 级数展开式预测的加速度 $a_i^{\mathrm{p}}(t+\delta t)$ 进行比较。根据两者之差，并在校正步里来校正体系粒子的位置与速度项。通过校正，可以估算预测的体系粒子的加速度的误差为：

$$\Delta a_i(t+\delta t)=a_i^{\mathrm{c}}(t+\delta t)-a_i^{\mathrm{p}}(t+\delta t) \tag{4-21}$$

假定预测的量与校正后的量的差很小，校正后的量为：

$$\begin{cases} r_i^{\mathrm{c}}(t+\delta t)=r_i^{\mathrm{p}}(t+\delta t)+c_0\Delta a_i(t+\delta t) \\ v_i^{\mathrm{c}}(t+\delta t)=v_i^{\mathrm{p}}(t+\delta t)+c_1\Delta a_i(t+\delta t) \\ a_i^{\mathrm{c}}(t+\delta t)=a_i^{\mathrm{p}}(t+\delta t)+c_2\Delta a_i(t+\delta t) \\ b_i^{\mathrm{c}}(t+\delta t)=b_i^{\mathrm{p}}(t+\delta t)+c_3\Delta a_i(t+\delta t) \end{cases} \tag{4-22}$$

据此，Gear 设法确定一系列系数 $c_0, c_1, \cdots$，并且，展开式在三阶微分 $b(t)$ 后被截断。最终，其采用的系数的近似值分别为：$c_0=1/6$，$c_1=5/6$，$c_2=1$ 和 $c_3=1/3$。

第三步为据此进行评价，对原第一步预测得到的某时刻位置坐标、速度(动量)、加速度等值进行修正。Gear 算法需要的计算机存储量为 $3(O+1)N$，O 是应用的最高阶微分数，N 是原子数目。

4.5　边界条件与初值

4.5.1　边界条件

分子动力学模拟是以计算机为工具，进行计算模拟，选取合适的边界条件十分重要。即使是使用现代的巨型计算机，分子动力学模拟方法还是只能用于粒子数大约是几百到几千的系统。这就存在一个问题：用如此少的粒子，如何来模拟宏观体系？为了解决这个问题，引入了周期性边界条件。为了选取尽可能多的粒子数而又不至于使计算工作量过于庞大，在统计物理中，对平衡态分子动力学模拟计算引用三维周期性边界条件，在具有自由边界的三维 N 个粒子的体系中处于界面的分子数正比于 $N-1/3$。在使用有限原子数模拟实际体系中原子的运动时，必须考虑表面对体系中原子运动的影响。为避免这种影响，可以通过周期性边界条件来实现。第一，为减小计算量，提高效率，模拟的物理单元应尽可能小，同时，模拟的物理体系原胞还应足够大，以排除任何可能的动力学扰动而影响计算结果，可以满足统计学处理的可靠性要求；第二，还要从物理角度考虑体积变化、应变相容性及环境的应力平衡等实际耦合问题。

1. 三维周期边界条件及选取原则

在对大块固体或液体物质进行分子动力学方法模拟时，考虑物理体系对称性与计算效率，应选取三维周期边界条件，如图 4-1 所示。

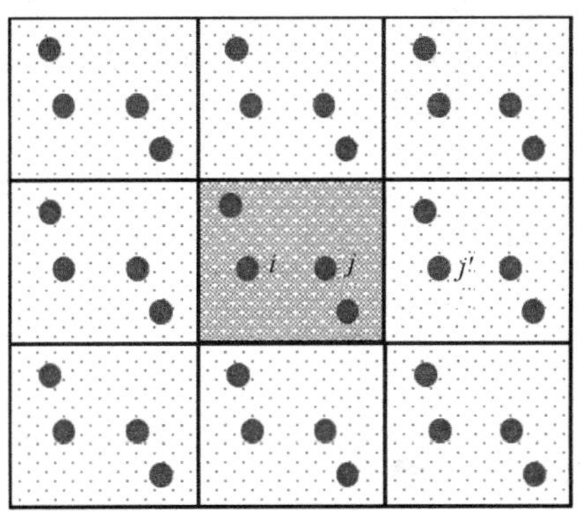

图 4-1　三维周期边界条件

在计算粒子受力时，由于考虑作用势截断半径以及体系内粒子的相互作用，采样区的边长应大于 $2r_c$，使粒子 i 不能同时与 j 粒子和它的镜像粒子相作用。

2. 二维周期边界条件及选取原则

在用分子动力学方法处理物质表面、界面粒子运动时，必须考虑周期边界条件问题。对于薄膜而言，使用二维周期边界条件，其示意如图 4-2 所示。并且认为薄膜在 x-y 平面内无限扩展，存在周期边界条件，而在 z 方向受到限制，不考虑周期边界条件。

分子动力学方法本身特质是在原子尺度上研究物理体系界面的结构问题。因此，在表面的 x-y 平面内配置体系的基本单元的有序排列，计算时使用二维周期边界条件；同时在 z 方向不赋予周期边界条件，固定两端的数层原子。由于在 z 方向采取了强制人工边界条件，须保证 z 轴方向上的原子层数要适当，一般考虑的标准线度为 4～5nm。

3. 非周期边界条件及选取原则

有些系统必须用非周期边界条件，如液滴或团簇，其本身就含有界面；又如非均匀系统或处在非平衡的系统，也可能要用非周期边界条件，有时人们仅对系统的某部分感兴趣，比如体系表面的性质。因此，表面要用自由边界条件，而内部可以用周期边界条件。此外，有些单向加载的模型中还需要用到固定边界条件。有时还要采用以上几种边界条件的结合应用，即混合边界条件。在具体的模拟应用中要根据模拟的对象和目的来选定合适的边界条件。

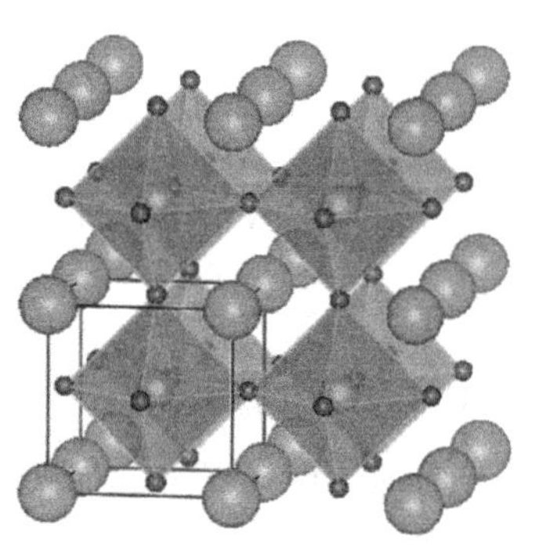

图 4-2　薄膜二维周期边界条件示意图

4.5.2 分子动力学模拟初值

分子动力学模拟初始体系构形主要有三种途径，一是通过实验数据，二是通过理论模型，三是实验数据与理论模型两者的结合。此外，需给每个原子赋初速度，具体是在模拟温度下的 Maxwell-Boltzmann 分布中来任意选取：

$$p(v_{ix}) = \left(\frac{m_i}{2\pi k_B T}\right)^{\frac{1}{2}} \exp\left[-\frac{1}{2}\frac{m_i v_{ix}^2}{k_B T}\right] \tag{4-23}$$

Maxwell-Boltzmann 方程给出了质量为 m_i 的原子 i 在温度 T 下沿 x 方向速度为 v_{ix} 的概率。Maxwell-Boltzmann 分布是一种 Gaussian 分布，它可以用随机数发生器得到。均值为 $\langle x\rangle$ 和波动值为 σ^2 的 Gaussian 分布的概率为：

$$p(x) = \frac{1}{\sqrt{2\pi\sigma^2}}\exp\left[\frac{(x-\langle x\rangle)^2}{2\sigma^2}\right] \tag{4-24}$$

随机数产生方法：一种方法是首先产生两个随机数 ξ_1，$\xi_2 \in [0,1]$，代入下式：

$$x_1 = \sqrt{(-2\ln\xi_1)}\cos(2\pi\xi_2) \tag{4-25}$$

$$x_2 = \sqrt{(-2\ln\xi_2)}\sin(\pi\xi_1) \tag{4-26}$$

即产生两个数 x_1，x_2。

另一种方法是先产生 12 个随机数 ξ_1，ξ_2，…，ξ_{12}，然后按下式计算：

$$x = \sum_{i=1}^{12}\xi_i - 6 \tag{4-27}$$

这两种方法产生的随机数都服从均值为零、偏差为一个单位的正态分布。初始速度需进行校正，以满足体系总动量为零。分别计算沿三个方向的动量总和，然后用每一方向的总动量除以总质量，得到一速度值。用每个原子的速度减去此速度值，即保持总动量为零。

系统的初始位形建立和初始速度赋值后，分子动力学具备了模拟的初步条件。模拟开始，对于每一个计算步，都通过对势函数的微分，可以得到原子所受的力，然后根据经典力学理论计算加速度，即可进行连续的模拟计算了。

4.6 物质的势函数

势函数是表示原子(分子)间相互作用的函数，也称力场。因为材料的性质其实很大部分决定于材料内部各原子间的相互作用行为，而原子间的相互作用行为则由原子间存在的相互作用所决定，所以如果能得到描述原子间相互作用的方法，就可以方便我们对材料的性质进行研究，而势函数就是其中一种广泛采用的方法。势函数的选取往往对分子模拟的结果起着决定性的作用，所以在分子模拟中选取合适的势函数是十分必要的。势函数的研究和开发是分子动力学发展的最重要的任务之一。

物质由分子组成。如果把物质的性质与经典力学联系起来，就会得出分子间相互作用的概念。一方面，分子必须具有一个难以压缩的实心体，分子的实心体间具有强烈的排斥作用。所以，固体具有一定体积，又难以压缩。另一方面，由于分子的热运动，只有排斥作用的分子不可能凝结成液体或固体。因此，分子间必须存在相互吸引作用。He、Ne、H_2等难以液化的气体，分子间的相互吸引作用微弱，只有在极低温度下才能超过热运动能，液化温度很低。相反，W、Fe、Cr、C、Si 等单质，以及 SiO_2、BN、Al_2O_3等巨分子物质，分子或原子间的相互吸引作用强烈，只有在很高温度下才被热运动能所克服，液化和气化温度很高。

20 世纪初 G. Mie 就研究指出势函数应该由两项组成：原子间的排异作用和原子间的吸引作用。J. E. Lennard-Jones 发表了著名的 Lennard-Jones 势函数的解析式。P. M. Morse 发表指数的 Morse 势。1931 年 M. Born 和 J. E. Mayer 发表了描述离子晶体的 Born-Mayer 势函数。随着计算机的发展，20 世纪 60 年代初分子动力学在科学研究中开始应用，其中原子间相互作用的选取是分子动力学模拟的关键。Alder 和 Wainwright 首次应用硬球模型来用于凝聚态系统的分子动力学模拟。势函数有如图 4-3(a)所示的形式。一些早期的模拟也用了矩形势，如图 4-3(b)所示，两粒子的作用能当大于截断距离 S_2 时为零，小于截断距离 S_1 时为无穷大，在两者之间时为常数。

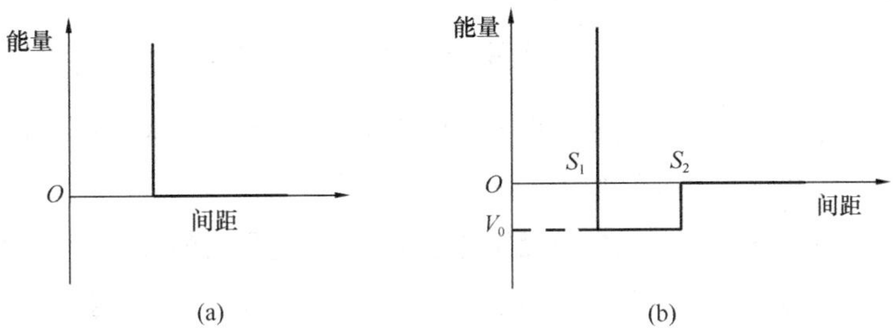

图 4-3　硬球势与矩形势函数

在硬球模型中，分子动力学模拟计算的步骤如下：

① 确定将要发生碰撞的下一对球，计算碰撞发生的时刻；

② 计算在碰撞时所有球的位置；

③ 确定碰撞后两个相碰球的新速度；

④ 回到第一步直到结束。

碰撞遵守动量守恒原理，可以计算两个相碰球的新速度。由于碰撞导致粒子位置发生改变，原子间相互作用势模型由于作用在粒子上的力，将随着此粒子的位置或和它有相互作用的粒子的位置的变化而改变。

不失一般性，球形对称的单原子分子间的相互作用力，只与原子核间的距离 r 相关，可以用函数 $f(r)$ 表示，如图 4-4 所示。当两个分子间相距无穷远时，分子间没有相互作用。当它们相互靠近时，分子间产生相互吸引作用，作用力为负值。随着两个分子的不断靠近，分子间相互吸引作用不断增大。当两个分子间的距离达到 $r=r_m$ 时，吸引力达到最大值(负值)。两个分子继续靠近，分子间的相互吸引力开始迅速减小。最后，在 $r=r_0$ 这个距离，吸引力消失。这时，如果两个分子继续靠近，它们之间将相互排斥，作用力转化为正值。分子间的排斥力随分子间距离的减小而迅速增大。

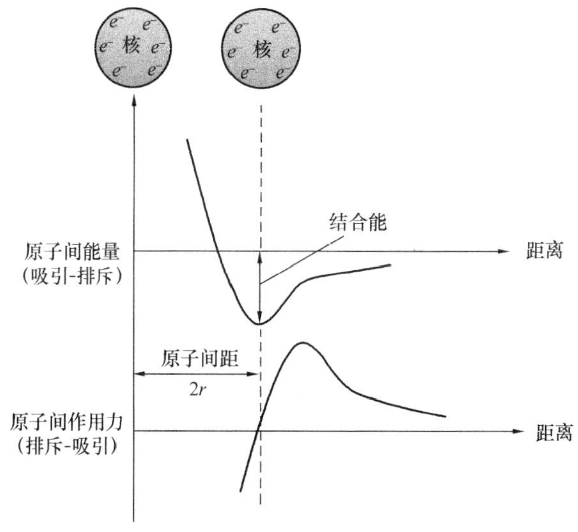

图 4-4　原子间作用势与原子间距之间的关系

势函数决定了物质的性质，是物质世界多样性的根源。可以认为，正是由于复杂多样的分子间的相互作用势函数，决定了胶体、高分子、生物分子以及超分子体系等复杂多样的性质。如果把这些复杂分子体系的结构单元作为整体，研究它们间的势函数，可以加深对这些复杂分子体系性质的认识。相互作用势描述的是粒子之间的相互作用，对粒子间的受力状况起了决定性作用。因此，采用何种势函数，将直接影响到模拟结果的精确度。

根据来源可分为经典势和第一性原理势；经典势又可根据使用范围分为原子间相互作用

势和分子间相互作用势，其中，原子间相互作用势可分为对势和多体势，图 4-5 介绍了经典理论和电子理论所包含的内容及各自的适用范围。

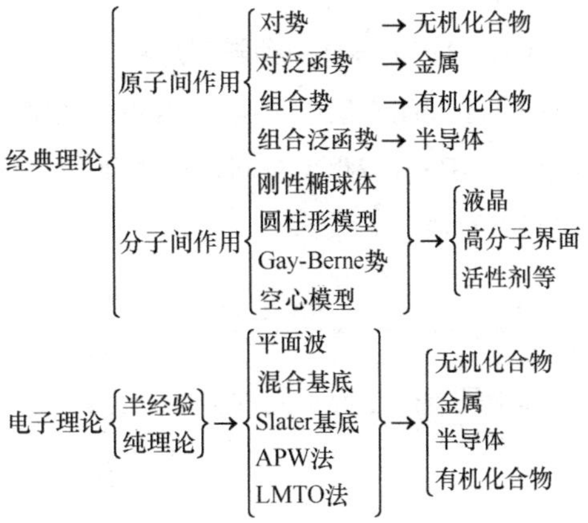

- 经典理论
  - 原子间作用
    - 对势 → 无机化合物
    - 对泛函势 → 金属
    - 组合势 → 有机化合物
    - 组合泛函势 → 半导体
  - 分子间作用
    - 刚性椭球体、圆柱形模型、Gay-Berne势、空心模型 → 液晶、高分子界面、活性剂等
- 电子理论
  - 半经验、纯理论 → 平面波、混合基底、Slater基底、APW法、LMTO法 → 无机化合物、金属、半导体、有机化合物

图 4-5　相互作用分类

4.6.1 对势

对势是仅由两个原子的坐标决定的相互作用。计算两粒子间作用力时，不考虑其他粒子影响。除半导体、金属以外，对势可以描述所有的无机化合物中的相互作用。其原理是原子之间的相互作用是两两之间配对的作用，与其他粒子无关。

1. Lennard-Jones(L-J)势

Lennard-Jones(李纳-琼斯)势，又称 L-J 势，6-12 势，12-6 势，是用来模拟两个电中性的分子或原子间相互作用势能，数学模型比较简单。表达式为：

$$U_{ij}(r) = \frac{A_{ij}}{r^n} - \frac{B_{ij}}{r^6} \tag{4-28}$$

通常情况下，n 取 9～15，而基于量子力学微扰理论的极化效应产生的相互作用，可导出 $n = 12$，系数 A，B 可由晶格常数和升华热确定，上式可以改写为：

$$U_{ij}(r) = 4\varepsilon_{ij}\left[\left(\frac{\sigma_{ij}}{r}\right)^{12} - \left(\frac{\sigma_{ij}}{r}\right)^{6}\right] \tag{4-29}$$

式中，$\varepsilon_{ij} = \frac{B_{ij}^2}{4A_{ij}}$，$\sigma_{ij} = \left(\frac{A_{ij}}{B_{ij}}\right)^{\frac{1}{6}}$，$\varepsilon_{ij}$ 等于势能阱的深度，σ_{ij} 是互相作用的势能正好为零时的两体距离。在实际应用时，ε_{ij} 、σ_{ij} 两个参数往往通过拟合已知实验数据或精确量子化学计算结果而确定。此外，也可以写成：

$$U_{ij}(r) = \varepsilon_{ij}\left[\left(\frac{r_{\min}}{r}\right)^{12} - 2\left(\frac{r_{\min}}{r}\right)^{6}\right] \tag{4-30}$$

其中，$r_{\min} = 2^{\frac{1}{6}}\sigma_{ij}$ 是在势能阱底时两体间距离。

从物理意义上讲，第一项 $\left(\frac{1}{r}\right)^{12}$ 可认为是对应于两粒子体在近距离时以互相排斥为主的作用，第二项 $\left(\frac{1}{r}\right)^{6}$ 对应两个粒子体在远距离以互相吸引(例如通过范德瓦耳斯力)为主的作用，也可以使用以电子-原子核的电偶极矩摄动展开而得到。L-J 势本身只是一个近似公式。对势适合于惰性气体原子的固体和液体的动力学模拟，是为描述惰性气体分子之间相互作用力而建立的，其特点是表达的粒子间作用力较弱，描述的材料的行为也就比较柔韧，也可以描述铬、铝、钨等体心立方过渡族金属。

2. Born-Mayer 势

Born-Mayer 势是一种新型短程势形式，Born 和 Mayer 于 1932 年提出，其主要描述离子晶体中离子间闭壳层电子所产生的排斥作用，而其中的排斥项是来源于电子云和范德瓦耳斯相互作用。Born 设想离子间存在两种作用力，即离子间的长程库仑力和短程排斥力，因此晶体势可以写成：

$$E_i = \sum_{\substack{i,j=1 \\ i \neq j}}^{N=1} U_{ij} \tag{4-31}$$

其中任意两个离子间的势函数为：

$$U_{ij}(r_{ij}) = \frac{1}{2}\frac{Z_i Z_j}{r_{ij}} + \phi(r_{ij}) \tag{4-32}$$

式中，第一项为长程库仑势，Z_i，Z_j 为离子的电荷数，r_{ij} 为离子的间距。第二项为短程排斥势，其没有固定的解析表达式。Born-Maye-Huggins 势将此项进一步改写成：

$$\phi(r_{ij}) = A_{ij}\exp\left(-\frac{r_{ij}}{\rho}\right) - \frac{C}{r_{ij}^n} \tag{4-33}$$

式中，A、C、n 是通过计算或实验值的拟合来确定。Born-Mayer 势主要用于处理离子晶体的动力学模拟计算。该势考虑了离子之间的库仑力，所以它能很好地应用于碱金属卤化物以及碱土金属卤化物等各种离子型化合物。

3. Morse 势

Morse 势通过采用指数形式的势函数解析式来解决双原子分子振动谱的量子力学问题，并且计算结果与实验值一致。Morse 势由物理学家 Philip M. Morse 于 1929 年提出，即：

$$U(r) = D[e^{-2a(r-r_0)} - 2e^{-a(r-r_0)}] \tag{4-34}$$

其中，a 和 D 是关于相互作用距离的维数和能量的常数；r_0 是两原子之间的平衡距离；r 是两原子间距离。式中的参数 D 、r_0 和 a 可以通过对晶体的结合能、平衡点阵常数和体弹模量进行拟合得到。由于 $\phi(r_0) = -D$, D 是 Morse 势的阱深（势能零点可任意选取，在此将解离极限设为势能零点，即两核间距趋于无穷远时令体系势能为零），a 则控制了势阱的“宽度”。阱深 D 减去零点能就得到了解离能，在此 $E(0)$ 为零，解离能为 D。对 Morse 势在 r_0 附近做 Taylor 展开，可以得到：

$$U(r_0) \approx \frac{1}{2}k(r - r_0) \tag{4-35}$$

其中，二阶项中的 k 为平衡位置处的力常数。由此推导出 a，D 和 k 有如下关系：

$$a = \sqrt{\frac{k}{2D}} \tag{4-36}$$

而当 $a = 6$ 时，Morse 势与 Lennard-Jones 势极为接近，Morse 势常常用来构造各种多体势的对势部分，Morse 势是一种针对双原子分子间势能的简易模型，一方面，对 Morse 势求解 Schrödinger 方程具有解析解，方便分析问题；另一方面，由于它隐含地包括了键断裂这种现象，对于分子振动的微细结构具有良好的近似。Morse 势包含有谐振子模型所缺乏的特性，即非成键态。相对量子谐振子模型，Morse 势更加真实，因为它能够描述非谐效应、倍频以及组合频率。

4. Johnson 势

利用对势可以很好地拟合面心立方金属的弹性常数，却不适用于体心立方金属。1988 年，Johnson 在对势项的基础上添加一个体积依赖项：

$$E_{\text{tot}} = NU_{\text{V}}(V_{\text{a}}) + \frac{1}{2}\sum_{i \neq j=1}^{N}\phi_{ij}(r_{ij}) \tag{4-37}$$

其中第二项是对势项，U_{V} 是与原子体积有关的能量项，V_{a} 是平均原子体积。然而，添加体积依赖项同样会导致一些矛盾。例如，除非体积依赖项是线性的，否则采用长波近似（连续介质）模型算出的体弹性模量和采用均匀形变方法计算的结果将会不同。

4.6.2 多体势

对势虽然得到较好的应用，但是也有其局限性，表现在不能描述金属晶体的结合能和熔化温度之比，以及空位形成能与几何能之比。因此，为了描述立方系金属的线性各向异性弹性性质，需要知道三个常数，即 $C_{1111}(C_{11})$，$C_{1122}(C_{12})$ 和 $C_{2323}(C_{44})$。这些弹性常数是势关于空间坐标的二阶导数：

$$C_{1122} - C_{2323} = 2\frac{dU}{d\Omega} + \Omega\frac{d^2U}{d\Omega^2} \tag{4-38}$$

对于第一类对势，$U = 0$，则 $C_{12} = C_{44}$，即可以得到柯西关系 $C_{12}/C_{44} = 1$。一般金属晶体并不满足柯西关系。因此，对势不能准确地描述晶体的弹性性质，其模拟结果只能是定性的。实际的研究对象常常是具有较强相互作用的多粒子体系，其中一个粒子状态的变化将会影响到体系内其他粒子的变化，简单的两两作用不符合实际情况，而应该是多体粒子相互作用。对势固有的两两作用造成的体系描述缺陷，导致人们探索新的势函数来克服这些缺陷。为了解决存在的问题，自 20 世纪 80 年代起，研究人员开始探索新的势函数，即多体的势函数，以解决对势模型自身存在的缺陷和局限。基于有效介质方法，也被称为对泛函方法，多体势理论基础是电子的密度泛函理论。基于有效介质方法中的原子间相互作用势，多体势在金属材料的计算机模拟中得到了广泛的应用，同时也取得了成功。对于多离子体系，该体系的总能量一般形式为：

$$E_{\text{tot}} = \sum_{i}\left(F_i\sum_{j \neq i}f_i(r_{ij})\right) + \frac{1}{2}\sum_{i \neq j}^{0}\phi_{ij}(r_{ij}) \tag{4-39}$$

其中，r_{ij} 表示原子 i，j 间的距离；而 F，f 和 ϕ 则是由所依据的物理模型和处理方法而决定。根据有效介质方法，Daw 和 Baskes 首次提出了嵌入原子法（Embedded Atom Method，简写为 EAM），与此同时，Finnis 和 Sinclair 根据密度函数提出了与 EAM 基本一样的 F-S 势，并详细阐述了如何通过实验数据建立该势的方法。

1. 嵌入原子法（EAM）

嵌入原子法，又称 EAM 势。其起源于 Friedel 提出的原子嵌入能概念：原子的凝聚能主要取决于该原子所占据位置的局域电子密度。该方法是在 Daw 和 Baskes 1983 年在电子的密度泛函理论和有效介质理论基础上发展起来的，是一种用来构造原子间相互作用势的方法，适用于原子间的多体效应，对于面心立方（FCC）和体心立方（BCC）的多数结构都有较好的适用性。EAM 势的基本方法是把晶体的总势能分成两部分：一部分是位于晶格点阵上的原子之间的相互作用对势，另一部分是原子镶嵌在电子云背景中的嵌入能，它代表多体相互作用。构成 EAM 势的对势与镶嵌势的函数形式都是根据经验选取。云密度的基体中原子的能量与其远离电子云后的能量的差值就是嵌入能。关于嵌入能的计算有两个假设：一是假设原子的电子密度呈球对称分布，然后规定系统的电子密度取原子密度的线性叠加；二是假设其是局域电子密度以及它的高阶导数的函数形式。依据 EAM 理论，一个原子系统的总能量可以表示为：

$$U = \sum_{i} F_i(\rho_i) + \frac{1}{2}\sum_{j \neq i} \phi_{ij}(r_{ij}) \tag{4-40}$$

式中，第一项 F_i 是嵌入能；第二项是对势项，根据需要可以取不同的形式；ρ_i 是除第 i 个原子以外的所有其他原子的核外电子在该原子处产生的电子云密度之和，可以表示为：

$$\rho_i = \sum_{j \neq i} f_j(r_{ij}) \tag{4-41}$$

式中，$f_j(r_{ij})$ 是第 j 个原子的核外电子在第 i 个原子处贡献的电荷密度；r_{ij} 是第 i 个原子与第 j 个原子之间的距离，对于不同的金属，嵌入能函数和对势函数需要通过拟合金属的宏观参数来确定。EAM 势既避免了对势对于体积的依赖，又克服了准原子理论只考虑嵌入能的限制。EAM 势方法在解决固体声子谱、合金、液体金属缺陷、断裂、杂质、表面吸附、表面迁移、表面结构、表面有序-无序相变、表面有序合金、团簇、表面声子等诸多领域均取得了巨大成功。因此，EAM 势能够很好地描述金属原子间的相互作用，EAM 势函数是一种描述金属体系最为常用的势函数。

2. 分析型嵌入原子法（AEAM）

在 EAM 势框架中，电子密度球对称分布的假设在一些情形下已偏离实际情况，为了将 EAM 势推广到共价键、过渡金属材料，就需要考虑到电子云的非球形对称。Baskes 和 Johnson 对 EAM 势在保持原来的理论不变的情况下，对原子的电荷密度呈球形对称的假设进行改进，在基体电子密度求和中引入原子电子密度分布的角度依赖因素，对 s，p，d 态电子的分布密度分别进行计算，总结出对势函数、电子密度函数和嵌入函数的解析表达式，最后导出了 FCC，HCP（密排六方），BCC 结构的分析型 EAM 势。Johnson 将电子密度用一个经验函数来表示，给出了对势和嵌入能的函数形式，通过拟合金属的物理性能参数，建立起势参数与物理参数对应关系的解析表示式，由此导出了特定结构金属及其合金的分析型 EAM 势。

根据 EAM 势的形式，原子系统的总能量为：

$$U = \sum_{i} F_i(\rho_i) + \frac{1}{2}\sum_{j\neq i}\phi_{ij}(r_{ij}) \tag{4-42}$$

式中，$\rho_i = \sum_{\substack{i,j\\ i\neq j}} f_j(r_{ij})$ 表示 i 处除了原子 i 以外所有原子在原子 i 处产生的电荷密度，$f(r)$ 是原子的电子密度分布函数。

要确定 EAM 势需要确定三个函数：嵌入函数 $F(\rho)$ 、对势函数 $\phi(r)$ 和原子的电子密度分布函数 $f(r)$。Johnson 对特定结构金属设定了具体的函数形式，通过拟合金属的结合能、弹性常数、单空位形成能来确定函数中的待定常数，从而给出了金属与合金的 EAM 势的解析形式：

$$F(\rho) = -F_0\left[1 - n\ln\left(\frac{\rho}{\rho_0}\right)\right]\left(\frac{\rho}{\rho_0}\right)^n \tag{4-43}$$

式中，n 可以通过拟合能量-距离关系曲线得到。

对于势函数和电子密度函数，不同的金属则采用不同的函数形式。对 FCC 和 HCP 金属，则：

$$\phi(r) = \phi_e \exp\left[-\gamma\left(\frac{r}{r_e} - 1\right)\right] \tag{4-44}$$

$$f(r) = f_e \exp\left[-\beta\left(\frac{r}{r_e} - 1\right)\right] \tag{4-45}$$

对 BCC 金属，则：

$$\phi(r) = k_3\left(\frac{r}{r_z} - 1\right)^3 + k_2\left(\frac{r}{r_z} - 1\right)^2 + k_1\left(\frac{r}{r_z} - 1\right) - k_0 \tag{4-46}$$

$$f(r) = f_e\left(\frac{r}{r_e}\right)^\beta \tag{4-47}$$

势函数中包含的各项参数可以由与其对应的物理性质的解析关系式计算得出。特别是在知道纯金属的势函数后，还可以得到合金体系的势函数，即：

$$\phi^{ab}(r) = \frac{1}{2}\left[\frac{f^b(r)}{f^a(r)}\phi^{aa}(r) - \frac{f^a(r)}{f^b(r)}\phi^{bb}(r)\right] \tag{4-48}$$

分析型嵌入原子法已用于合金的分子动力学研究中。

3. 修正型嵌入原子法（MEAM）

由于 EAM 势仍是一个中心力场的势，电子密度球对称分布的假设在一些情况下已严重偏离实际情况，如 d 电子轨道不满的过渡族（Fe，Co，Ni）元素，金刚石结构的半导体元素以及轨道杂化的体系，所得结果与实际差别很大，同时嵌入函数也无法同时处理像 Cr、Cs 等具有 Cauchy 负压的金属和合金。

在 EAM 势框架中，电子密度球对称分布的假设在一些情形下已严重偏离实际情况，为了将 EAM 势推广到共价键、过渡金属材料，就需要考虑电子云的非球形对称性问题。于是，Baskes 等人提出了修正型嵌入原子法（MEAM），在保持原来的理论框架不变的情况下，对于原来的 EAM 势，Baskes 和 Johnson 只对原子的电荷密度呈球形对称的假设进行了改进，在基体电子密度求和过程中引入原子电子密度分布的角度依赖因素，对 s，p，d 态电子的分布密度分别进行计算，但电子总密度仍然等于各种电子密度的线性叠加。此外，在等效介质原理的基础上，Jacobsen 等还提出了另一种多体势函数形式，由于其简单、有效，也得到了广泛的应用。通过改进，EAM 势的功能得以扩展，修正嵌入原子势计算原子体系的总能量公式为：

$$E_{\mathrm{tot}} = \sum_i F_i(\rho_i) + \frac{1}{2}\sum_{j\neq i}\phi_{ij}(r_{ij}) \tag{4-49}$$

其中，MEAM 势中的角度因子是通过电子密度函数引进的，由近邻原子在位置 i 处产生的电子密度 ρ_i 可以表示为：

$$\rho_i = \rho^{(0)}\exp\left[\frac{1}{2}\sum_{h=1}^{3} t^{(h)}\left(\frac{\rho^{(h)}}{\rho^{(0)}}\right)^2\right] \tag{4-50}$$

其中，$\rho^{(h)}$（$h=0,1,2,3$）表示分电子密度，其分别对应着核外 s，p，d，f 轨道上的电子密度，$t^{(h)}$ 表示分电子密度的权重因子。就理论而言，s，p，d，f 轨道上的电子密度分别为晶体的体积、极化、切变和缺乏反演对称的量度。分电子密度由下面的式子给出：

$$\rho^{(0)} = \sum_u f^{(0)}(r_u) \tag{4-51}$$

$$(\rho^{(1)})^2 = \sum_i\sum_u f^{(1)}(r_u)f^{(1)}(r_v)\frac{x_u^i x_v^i}{r_u r_v} \tag{4-52}$$

$$(\rho^{(2)})^2 = \sum_{i,j}\sum_{u,v} f^{(2)}(r_u)f^{(2)}(r_v)\frac{x_u^i x_u^j x_v^i x_v^j}{(r_u r_v)^2} - \frac{1}{3}\sum_{u,v} f^{(2)}(r_u)f^{(2)}(r_v) \tag{4-53}$$

$$(\rho^{(3)})^2 = \sum_{i,j}\sum_{u,v} f^{(3)}(r_u)f^{(3)}(r_v)\frac{x_u^i x_u^j x_u^k x_v^i x_v^j x_v^k}{(r_u r_v)^3} \tag{4-54}$$

以上各式中，u，v 表示近邻原子的序号，$x_u^i x_u^j x_u^k$ 表示 u 原子相对计算原子的坐标分量，其中：

$$f^{(h)}(r) = \exp\left[-\eta^{(h)}\left(\frac{r}{r_{\mathrm{c}}}-1\right)\right] \tag{4-55}$$

r_{c} 表示平衡原子间距，式（4-50）整体描述了径向的电子密度。从上面的式子可以看出，各个原子对于计算原子位置处的电子密度贡献是互相影响的。

4. 修正型分析嵌入原子法（MAEAM）

在不改变 EAM 势的理论框架下，MEAM 改进了原子的电子密度呈球形对称分布的假设，基于角度对原子的电子密度分布的影响，以及态电子密度计算的结果，得出基态电子的总密度是所有电子密度的叠加。对于 Fe、Cu、Ni 金属及其合金的计算，相较于 EAM 势、F-S 势，MEAM 势相对精确一些。但是计算 Cauchy 负压金属时，MEAM 势的表达式和参数的拟合过程复杂，物理性质计算不准确。修正型分析嵌入原子法（MAEAM）由胡望宇和张邦维等人提出，具体如下：

$$E_{tot}=\frac{1}{2}\sum_{j\neq i}\phi_{ij}(r_{ij})+\sum_{i}F_i(\rho_i)+\sum_{i}M_i(P_i) \tag{4-56}$$

$$M(P)=\alpha\left(\frac{P}{P_e}-1\right)^2\exp\left[-\left(\frac{P}{P_e}-1\right)\right]^2 \tag{4-57}$$

$$p=\sum_{j}f^2(r_{ij}) \tag{4-58}$$

$$\phi(r)=\sum_{-1}^{6}k_j\left(\frac{r}{r_{1e}}\right) \tag{4-59}$$

嵌入函数 $F(\rho_i)$ 由嵌入函数的普适形式给出，即：

$$F(\rho)=F_0\left(\frac{n}{n-m}\left(\frac{\rho}{\rho_e}\right)^m-\frac{n}{n-m}\left(\frac{\rho}{\rho_e}\right)^n\right)+F_1\left(\frac{\rho}{\rho_e}\right) \tag{4-60}$$

而 BCC 结构的原子电子密度分布函数 $f(r_{ij})$ 如式（4-47）所示，幂指数因子 β 是通过原子的电子密度来计算。到目前为止，使用 MAEAM 势描述的所有 BCC，FCC，HCP 金属及其合金都得到满意的结果。

5. Finnis 和 Sinclair 势

以金属能带的紧束缚理论为基础，Finnis 和 Sinclair 将嵌入能函数设为平方根形式，研究并给出了多体相互作用势的函数形式，Finnis 和 Sinclair 多体势也常被认为是嵌入原子法的另一种表达形式。Finnis-Sinclair（F-S）多体势认为 N 个原子的系统可以表示为：

$$E_{tot}=E_P+E_N \tag{4-61}$$

$$E_P=\frac{1}{2}\sum_{ij}V(ij) \tag{4-62}$$

$$E_N=-A\sum_{i}f(\rho_i) \tag{4-63}$$

其中，E_P 表示中心对称项，为核与核之间的排斥作用，而 E_N 则表示多体相互作用的关联能。

且 $f(\rho)$ 的具体形式如下：

$$f(\rho)=\sqrt{\rho_i} \tag{4-64}$$

其中，$\rho=\sum_{i=0}\phi(r_{ij})$，$r_{ij}=|r_i-r_j|$，$r_i$ 表示原子的空间坐标；式（4-63）中 A 是表示大于零的常数，通常取作 1。V 和 ϕ 均为经验拟合的对势函数。并且，对势项部分可以表示为如下形式：

$$V(r)=(r-c)^2(c_0+c_1r+c_2r^2) \tag{4-65}$$

其中，c 表示在第二和第三近邻间的截断距离。c_0, c_1, c_2 是需要计算得出的势参数。$\phi(r_{ij})$ 表示为如下形式：

$$\phi(r_{ij})=(r-d)^2 \tag{4-66}$$

d 表示处在第二以及第三近邻间的截断距离。

Ackland 等人发现对势和电子密度函数在形式上存在缺陷，即当运用分子动力学模拟计算时，原子似乎像是受到了高压作用一样，最终体系粒子被挤压到了一块，如钒 V 和铌 Nb 的势函数在短距离内表现为吸引作用。因此，对 F-S 多体势函数作了进一步的改进，即在对势表达式中增加了一个指数项，其在 F-S 多体势的对势排斥部分加入一个新的指数项，来增加粒子间的短程斥力。其具体的表达式如下：

$$V(r)=V_{\mathrm{FS}}(r)+B(r_1-r)e^{-ar} \tag{4-67}$$

其中，r_1 表示最近邻距离，可以通过拟合区域 $0.4<r/r_1<1.0$ 来确定参数 B 和 a。

由 Finnis 和 Sinclair 提出的模型最初是用来描述 BCC 结构的纯金属原子间的相互作用，直到 1987 年，Ackland 等人第一次将 F-S 多体势应用于二元合金的体系。此后，针对不同于二元合金的系统，研究人员在该模型框架下拟合出具有适用性的原子间相互作用势。在此基础上通过拟合金属的弹性常数、点阵常数、空位形成能、聚合能及压强体积关系给出了 Cu, Al, Ni, Ag 的多体势函数。1999 年，Landa 等又将 F-S 多体势推广到了 Pb-Bi-Ni 的三元合金系统。然而，由于多元合金的复杂性，目前所建立的原子间相互作用势仍然只是适用于纯金属、金属间化合物及其二元合金。

4.6.3 共价晶体的作用势

1982 年以前，对势在分子动力学方法中一直居于主导地位，但随着研究的不断深入和扩展，在一些情况下，对势在描述原子间的相互作用势，特别是过渡金属、半导体、离子晶体等需要发展新的相互作用势方面存在不足。与金属相比，半导体中共价键具有明显的方向性，半导体的晶体结构与金属相比更开放，如金刚石结构，原子的配位数为 4，远小于密堆结构中的原子配位数。因此，其对多体势函数的功能设计与适用性提出挑战。

1. Stillinger-Weber（S-W）势

Stillinger-Weber（S-W）势，由 Stillinger 和 Weber 于 1985 年提出，是一种包含二体和三体作用的半经验势。对于 Si, Ge 等半导体，其键合强度依赖于周围原子的配置，S-W 势的表达形式为：

$$U(r,\theta)=\frac{1}{2}\Big[\sum_{i,j}V_2(r_{ij})+\sum_{i,j,k}V_3(r_{ij},r_{ik},\theta_{ijk})\Big] \tag{4-68}$$

式（4-68）中的二体势的具体形式为：

$$V_2(r_{ij})=\begin{cases}A\varepsilon[Br^{-p}-r^{-q}]\exp\Big[\dfrac{1}{r-a}\Big] & r<a\\ 0 & r>a\end{cases} \tag{4-69}$$

式（4-68）中的三体势由三个原子间的距离和角度关系构成，具体形式为：

$$V_3(r_{ij},r_{ik},\theta_{ijk})=\varepsilon[h(r_{ij},r_{ik},\theta_{jik})+h(r_{ji},r_{jk},\theta_{ijk})+h(r_{ki},r_{kj},\theta_{ikj})] \tag{4-70}$$

以第一项为例，函数形式为：

$$h(r_{ij},r_{ik},r_{jik})=\lambda\exp\Big[\gamma\Big(\frac{1}{r_{ij}-a}+\frac{1}{r_{ik}-a}\Big)\Big]\Big(\cos\theta_{jik}+\frac{1}{3}\Big)^2\cdot[(a-r_{ij})(a-r_{ik})] \tag{4-71}$$

式中，$[(a-r_{ij})(a-r_{ik})]$ 是阶跃函数，即只有当 $r<a$ 时上式成立，否则 $h=0$。

S-W 势具有很强的、形成正四面体构型的倾向，并在描述硅的晶体、表面和缺陷结构等方面效果理想，但其描述液态硅键角分布与第一性原理计算得到的键角有微小差异。

2. Abell-Tersoff 势

Tersoff 势是一种键级势，首次报道于 1986 年，后分别于 1988 年和 1989 年先后经过两次修改，形成了 T1，T2 和 T3 三个版本。Abell 根据赝势理论提出了共价键结合的原子间作用势，它的基本函数为 Morse 势，根据键合强度与配位数的关系来构造，此函数可表示为：

$$U=\sum_{i<j}\sum f_{\mathrm{c}}(r_{ij})[A_{ij}\exp(-\lambda_{ij}r_{ij})-b_{ij}\exp(-\mu_{ij}r_{ij})] \tag{4-72}$$

式中，r_{ij} 为原子 i 和原子 j 的距离，$f_{\mathrm{c}}(r_{ij})$ 是相互作用中断函数，可表示为：

$$f_{\mathrm{c}}(r_{ij})=\begin{cases}1 & r_{ij}<R_{ij}\\ 0.5+0.5\cos\dfrac{\pi(r_{ij}-R_{ij})}{(S_{ij}-R_{ij})} & R_{ij}\leqslant r_{ij}\leqslant S_{ij}\\ 0 & r_{ij}>S_{ij}\end{cases} \tag{4-73}$$

b_{ij} 表示键合强度，是表现多体效应的因子，由下式表示：

$$b_{ij}=B_{ij}\chi_{ij}(1+\beta_i^{\mu}\zeta_{ij}^{\mu})^{-\frac{1}{2n_i}} \tag{4-74}$$

$$\zeta_{ij}=\sum f_{\mathrm{c}}(r_{ik})g(\theta_{ijk}) \tag{4-75}$$

$$g(\theta_{ijk})=1+\left(\frac{c_i}{d_i}\right)^2-\frac{c_i^2}{[d_i^2+(h_i-\cos\theta_{ijk})^2]} \tag{4-76}$$

式中，θ_{ijk} 是 $(i-j)$ 键与 $(i-k)$ 键之间的键角；β_i，n_i，c_i，d_i，h_i 均是待定系数，C，Ge，Si 的相应参数值可以由表 4-1 给出。

Abell-Tersoff 势参数　　**表 4-1**

参数	碳（C）	硅（Si）	锗（Ge）
A(eV)	1.3936×10^3	1.8308×10^3	1.769×10^3
B(eV)	3.4670×10^3	4.7118×10^3	4.1923×10^2
$\lambda(\mathrm{A}^{-1})$	3.4879	2.4799	2.4451
$\mu(\mathrm{A}^{-1})$	2.2119	1.7382	1.7047
β	1.5724×10^{-7}	1.100×10^{-6}	9.0166×10^{-7}
π	7.2751×10^{-1}	7.8734×10^{-1}	7.5627×10^{-1}
c	3.8049×10^4	1.0039×10^5	1.0643×10^5
d	4.384	16.217	15.652
h	−0.57058	−0.59825	−0.43884
R(A)	1.8	2.7	2.8
S(A)	2.1	3.0	3.1
χ	$\chi_{\text{C-Si}}-0.9776$		$\chi_{\text{Si-Ge}}-1.00061$

该势函数除了能较好地描述金刚石结构外，对硅的非正四面体构型也能描述，如团簇、晶向和液态等结构，但该势过高估计了硅晶体的熔点。

4.6.4 有机分子中的作用势（力场）

分子力场根据量子力学的波恩-奥本海默近似，可以认为一个分子的能量近似看作构成该分子的各个原子的空间坐标的函数，简言之，即分子的能量随分子构型的变化而变化，而描述这种分子能量和分子结构之间关系的就是分子力场函数。以分子力场为基础的分子力学计算方法在分子动力学、蒙特卡罗方法、分子对接等分子模拟方法中有着广泛的应用。选取合适的力场对于获得准确的结果是非常必要的，分子的总能量为分子的动能与势能的和，分子的势能可以表示为原子核坐标的函数。如可以将双原子的分子 AB 的振动势能表示为 A 与 B 之间键长的函数，即：

$$U(r)=\frac{1}{2}k\,(r-r_0)^2 \tag{4-77}$$

式中，k 为弹力常数；r 为键长；r_0 为平衡键长。此势能函数称为力场。对复杂的分子体系，总势能包括各种类型的势能的和，一般地，可以将体系的势能表示为分子内的作用和分子间的作用之和，分子内的作用能包括：键伸缩能，即构成分子的各个化学键在键轴方向上的伸缩运动所引起的能量变化；键角弯曲能，即键角变化引起的分子能量变化；双面角扭曲能，即单键旋转引起分子骨架扭曲所产生的能量变化；交叉能量项，即上述作用之间耦合引起的能量变化。分子间作用能包括库仑静电势能和范德华非键势能。总势能用符号可表示为：

$$U=U_{\mathrm{b}}+U_{\theta}+U_{\phi}+U_{\chi}+U_{\mathrm{el}}+U_{\mathrm{nb}} \tag{4-78}$$

式中，U_{b} 为伸缩势能，分子中原子的键结形成化学键。化学键的键长并非固定不变，而是在其平衡位置附近振动，描述这种作用的势能称为键伸缩势能。其一般表达式为：

$$U_{\mathrm{b}}=\frac{1}{2}\sum_i k_{\mathrm{b}}\,(r_i-r_i^0)^2 \tag{4-79}$$

式中，k_{b} 为键伸缩的弹力常数；r_i 、r_i^0 分别表示第 i 个键及其平衡键的键长。

U_{θ} 为弯曲势能，分子中连续键结的三原子则形成键角，但键角不是恒定的，而是在平衡值附近呈小幅度的振荡，描述这种作用的势能叫键角弯曲势能。其一般表达式为：

$$U_{\theta}=\frac{1}{2}\sum_i k_{\theta}\,(\theta_i-\theta_i^0)^2 \tag{4-80}$$

式中，k_{θ} 为键角弯曲的弹力常数；θ_i，θ_i^0 分别表示第 i 个键的键角及其平衡键角的角度。

U_{ϕ} 为双面角扭曲势能，分子中连续键结的四个原子形成双面角。一般分子中的双面角易扭曲，描述双面角扭转的势能称为双面角扭曲势能，其一般表达式为：

$$U_{\phi}=\frac{1}{2}\sum_i\left[V_1(1+\cos\phi)+V_2(1+\cos 2\phi)+V_3(1+\cos 3\phi)\right] \tag{4-81}$$

式中，V_1，V_2，V_3 为双面角扭曲项的弹力常数；ϕ 为双面角的角度。

U_χ 为离平面振动势，分子中有些原子有共平面的倾向，通常共平面的原子会离开平面作小幅度的振动，描述这种振动的势能称为离平面振动势。离平面振动势的一般表达式为：

$$U_\chi = \frac{1}{2}\sum_i k_\chi \chi^2 \tag{4-82}$$

式中，k_χ 为离平面振动项的弹力常数；χ 为离平面振动的位移。

U_{el} 为库仑静电势能，分子中的原子若带有部分电荷，则原子与原子间存在静电吸引或排斥作用，描述这种作用的势能称为库仑静电势能，库仑静电势能的一般表达式为：

$$U_{el} = \sum_{i,j} \frac{q_i q_j}{4\pi\varepsilon r_{ij}} \tag{4-83}$$

式中，q_i，q_j 为分子中第 i 和 j 个离子所带的电荷；r_{ij} 表示第 i 和 j 个离子的距离；ε 为有效介电常数。

U_{ab} 为范德华非键势能，在分子力场中若 A，B 二原子属于同一分子但其间隔多于两个连结的化学键，或者二原子属于两个不同的分子，则这两个原子间的作用力的势能称为范德华非键势能。一般力场中所有距离相隔两个键长以上的原子对，或者属于不同分子的原子对间都需要考虑范德华作用。单原子、分子对间一般用 Lenard-Jones（L-J）势能，即：

$$U(r) = 4\varepsilon\left[\left(\frac{\sigma}{r}\right)^{12} - \left(\frac{\sigma}{r}\right)^{6}\right] \tag{4-84}$$

式中，r 为原子对间的距离；ε，σ 为势能参数。

要拟合分子力场，不仅需要确定函数的形式，而且需要确定各项参数。然而使用相同的函数形式、相同参数的力场与使用不同函数形式的力场进行对比，可以给出可比拟的精度。分子力场应该是一个整体，不能简单地划分为几个独立的部分，分子模拟中所使用的力场主要为分子结构特性所设计，但可以用来预测分子的其他性质，一般的力场很难准确预测分子谱。

1. MM 形态力场

MM 形态力场由 Allinger 等提出，通过分子模拟的改进，MM 形态力场也派生出 MM2、MM3、MM4 和 MM^+ 形态力场等。MM 形态力场将一些常见的原子细分，如碳原子 sp^3、sp^2、sp，碳阳离子，酮基碳，环丙烷碳，碳自由基等。因此，不同形态的碳原子具有不同形式的力场常数。MM 形态力场适用于各种有机化合物、自由基、离子，可以得到精确的构型、构型能、各种热力学性质、振动光谱等。

$$U = U_{nb} + U_b + U_\theta + U_\phi + U_\chi + U_{el} + U_{cr} \tag{4-85}$$

各项的形式如下：

$$U_{nb}(r) = a\varepsilon \cdot e^{-c\sigma/r} - b\varepsilon\,(\sigma/r)^6 \tag{4-86}$$

$$U_b(r) = \frac{k}{2}(r-r_0)^2\{1-k'(r-r_0)-k''(r-r_0)^2-k'''(r-r_0)^3\} \tag{4-87}$$

$$U_\theta(\theta) = \frac{k_\theta}{2}(\theta-\theta_0)^2\{1-k'_\theta(\theta-\theta_0)-k''_\theta(\theta-\theta_0)^2-k'''_\theta(\theta-\theta_0)^3\} \tag{4-88}$$

$$U_\phi(\phi) = \sum_{n=1}^{3} \frac{V_n}{2}(1 + \cos n\phi) \tag{4-89}$$

$$U_\chi(\chi) = k(1 - \cos 2\chi) \tag{4-90}$$

$$U_{el} = \sum_{i,j} \frac{q_i q_j}{4\pi\varepsilon r_{ij}} \tag{4-91}$$

U_{cr} 为交叉作用项。

2. AMBER 力场

AMBER 力场（Assisted Model Building with Energy Minimization）由 Peter Kollman 等提出，此力场通常能够得到分子的几何结构、构型能、振动频率与溶剂化自由能（Solvation Free Energy）等数据，所以常用于较小的蛋白质、核酸、多糖等生化分子的模拟计算。参数来自计算结果和实验值的对比，此力场的标准形式为：

$$U = \sum_i k_{bi}(r_i - r_0)^2 + \sum_i k_{\theta i}(\theta_i - \theta_0)^2 + \sum_i \frac{1}{2}V_0[1 + \cos(n\phi_i - \phi_0)] + \sum_i \varepsilon\left[\left(\frac{\sigma}{r_i}\right)^{12} - 2\left(\frac{\sigma}{r_i}\right)^6\right] + \sum_{i,j} \frac{q_i q_j}{4\pi\varepsilon r_{ij}} + \sum_{i,j}\left[\frac{C_{ij}}{r_{ij}^{12}} - \frac{D_{ij}}{r_{ij}^{10}}\right] \tag{4-92}$$

式中，r、θ、ϕ 分别为键长、键角与双面角。式（4-92）的第四项为范德华作用项，第五项为静电作用项，第六项为氢键作用项。

3. CHARMM 力场

CHARMM 力场（Chemistry at Harvard Macromolecular Mechanics）由哈佛大学发展。此力场参数除来自计算结果与实验值的对比外，还引用了大量的量子计算结果。应用此力场能够得到与实验值相近的结构、作用能、构型能、转动能、振动频率、自由能和许多与时间有关的物理量。此力场适用于小的有机分子、溶液、聚合物、生化分子等，除了有机金属分子外，大多可以得到与实验相近的结构、作用能、振动频率、自由能。

4. CVFF 力场

CVFF 力场其全名为一致性价力场（Consistent Valence Force Field），由 Dauber Osguthope 等发展。此力场以计算系统的结构与结合能最为准确，亦能够提供合理的构型能和振动频率，常用于计算氨基酸、水及含各种官能团的分子体系。后经过不断改进，CVFF 力场已适用于计算各种多肽、蛋白质与大量的有机分子，可以准确地计算体系的结构和结合能，能够给出合理的构型能和振动频率。

5. 第二代力场

力场应用研究的不断深入，发展出了第二代力场。第二代力场的形式比经典力场复杂得多，并需要大量的力场参数。其设计的目的是能够精确计算分子的各种性质，如结构、光谱、热力学性质、晶体特性等。其力常数的导出除了引用大量的实验数据外，还参照了精确的量子计算结果。其适用于有机分子，或不含过渡金属元素的分子体系。第二代力场因其参数的不同分为 CFF91，CFF95，PCFF 与 MMFF93 等。其中，CFF91，CFF95，PCFF 称为一致性力场。

CFF91 力场适用于碳氢化合物、蛋白质、蛋白质-配位基的相互作用，也可用于研究小分子的气态结构、振动频率、构型能、晶体结构。CFF91 力场包含 H，Na，Ca，C，Si，N，P，O，S，F，CI，B，I，Ar 等原子的参数。

PCFF 力场除了包含 CFF91 力场的参数外，还包含 He，Ne，Kr，Xe 等惰性气体原子，以及 Li，K，Cr，Mo，W，Fe，Ni，Pd，Pt，Cu，Ag，Au，Al，Sn，Pb 等金属原子的力场参数。

CFF91 力场通过扩展而得到 CFF95 力场，是针对如多糖类，聚碳酸酯等生化分子与有机聚合物所特殊设计的，适用于生命科学。CFF95 力场还包含卤素原子和 Li，Na，K，Rb，Cs，Mg，Ca，Fe，Cu，Zn 等金属原子的力场参数。

Merck 公司针对有机药物设计而发展出了 MMFF93 力场，MMFF93 力场引用了大量的量子计算结果，采用 MM2，MM3 力场的形式，其主要应用于固态或液态的小型分子体系的计算。对几何结构、振动频率和各种热力学性质可以得到准确的描述。

6. 内容广泛的力场

为使力场能广泛地适用于整个周期表元素，以原子角度为出发点的力场得到了发展，其原子的参数来自实验或理论的计算，具有明确的物理意义，以原子为基础的力场包括广义系统力场 ESFF，UFF（Universal Force Field）和 Dreiding 力场（通用力场）等。ESFF 力场可用于预测气态和凝聚态的有机分子、无机分子、有机金属分子系统的结构。Dreiding 力场可以计算分子的结构和各种性质，但其力场未包含周期表中的所有元素。UFF 力场可用于周期表中所有的元素，即适用于任何分子和原子体系。

4.6.5 分子间作用势

关于液晶、界面活性剂、有机高分子等科学的研究，若用分子动力学来模拟这些“软”物质，就要处理几万个甚至几十万个原子之间的相互作用，这样计算量就会非常大。分子间作用势将分子整体看作一个刚性椭圆体或者柱形模型，把分子作为由若干个联合原子构成的所谓空心颗粒的模型。在刚性椭圆体的情况下，假设分子内的原子数目为 M 个，则使用分子间作用势使得计算速度提高 M 倍，而在空心模型的情况下，若用 L 个空心颗粒来代替由 M 个原子构成的分子，其计算速度将提高 $(M/L)^2$ 倍。

1. Gay-Berne 势

Gay-Berne 势采用旋转椭球体表示分子，其势函数形式具有 L'-J 势的形式，参数具有各向异性，其势函数为：

$$U_{ij}(r_{ij},e_i,e_j)=4\varepsilon\left[\left(\frac{\sigma_0}{r_{ij}-\sigma+\sigma_0}\right)^{12}-\left(\frac{\sigma_0}{r_{ij}-\sigma+\sigma_0}\right)^{6}\right] \tag{4-93}$$

式中，σ，ε 分别为对应分子大小和力强度的参数，即：

$$\sigma=\sigma_0\left\{1-\frac{1}{2}\chi\left[\frac{(r_{ij}\cdot e_i+r_{ij}\cdot e_j)^2}{1+\chi(e_i\cdot e_j)}+\frac{(r_{ij}\cdot e_i-r_{ij}\cdot e_j)^2}{1-\chi(e_i\cdot e_j)}\right]\right\}^{-1/2} \tag{4-94}$$

$$\varepsilon=\varepsilon_0\sqrt{1+\chi^2(e_i\cdot e_j)^2}\left\{1-\frac{1}{2}\eta\left[\frac{(r_{ij}\cdot e_i+r_{ij}\cdot e_j)^2}{1+\eta(e_i\cdot e_j)}+\frac{(r_{ij}\cdot e_i-r_{ij}\cdot e_j)^2}{1-\eta(e_i\cdot e_j)}\right]\right\} \tag{4-95}$$

式中，r_{ij} 为分子重心之间的距离，为连接分子 i，j 中心连线方向的单位矢量；e_i 和 e_j 分别为描述分子 i 和 j 取向的单位矢量。

$$\chi=\frac{(\sigma_e/\sigma_s)^2-1}{(\sigma_e/\sigma_s)^2+1} \tag{4-96}$$

χ 为形状各向异性参数，对球形粒子 $\chi=0$，对无限长的棒 $\chi=1$，对无限薄的盘 $\chi=-1$。典型的 σ_0 设置为等于 σ_s，σ_e 为长轴的长度，σ_s 为短轴的长度。

$$\eta=\frac{\sqrt{V_{s\text{-}s}}-\sqrt{V_{e\text{-}e}}}{\sqrt{V_{s\text{-}s}}+\sqrt{V_{e\text{-}e}}} \tag{4-97}$$

式中，$V_{s\text{-}s}$ 为分子并排时的相互作用强度；$V_{e\text{-}e}$ 为纵排时的相互作用强度。

Gay-Berne 分子间作用势模型的示意图如图 4-6 所示。

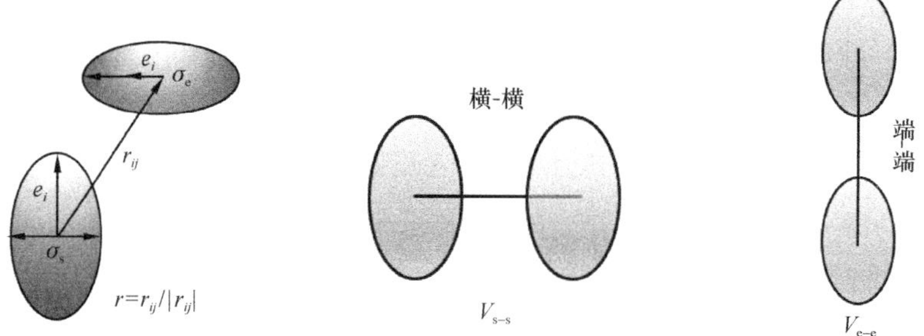

图 4-6　Gay-Berne 分子间作用势模型示意

2. 空心颗粒模型

空心颗粒模型可表示为两种结构形式，一是使用内部自由度冻结的刚体空心颗粒模型（图 4-7a），二是用弹簧连接于联合原子间的弹簧空心颗粒模型（图 4-7b）。连接联合原子之间的弹簧势函数为：

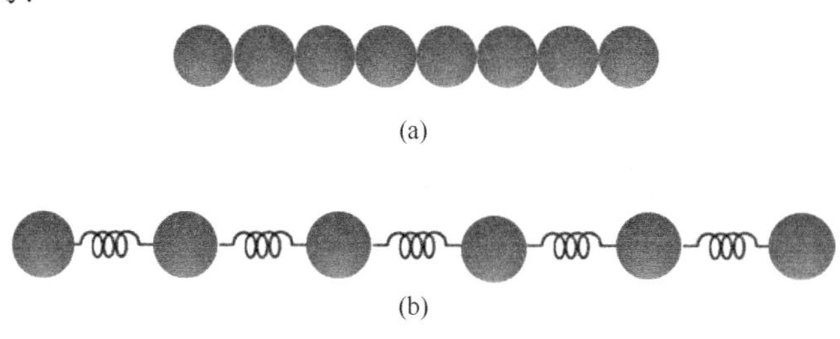

图 4-7　刚球线性分子间势模型

（a）刚体空心颗粒模型；（b）弹簧空心颗粒模型

$$V=\frac{1}{2}k(r-r_0)^2 \tag{4-98}$$

式中，k 为弹性系数；r_0 为平衡距离。

空心颗粒之间的相互作用势可采用 Lenard-Jones 势和库仑势。

4.6.6 第一性原理原子间相互作用势

对于对势和经验多体势的缺点是选定的函数过分地依赖函数形式，而函数形式只对一定的材料和结构才适用，原子尺度上准确的实验数据很少。随着密度泛函理论的准确性、高效性以及计算能力的发展与提高，其获得准确的原子间相互作用势成为可能。

第一性原理原子间相互作用势-反演势是由陈难先等提出并发展的，在材料模拟中得到成功应用。对于晶体的结合能 $E(x)$，一般可以表示为原子间相互作用势的无穷求和，即：

$$E(x)=\frac{1}{2}\sum_{i\neq j}\phi_1(R_{ij})+\frac{1}{6}\sum_{\substack{k\neq i\neq j\\ j\neq k}}\phi_2(R_{ijk})+\frac{1}{24}\sum\phi_3(R_{ijkl})+\cdots \tag{4-99}$$

上式右边的第一项为二体势项，第二项为三体势项，第四项为四体势项……在很多情况下，二体势项对结合能的贡献占主导地位。

依据第一性原理结合能曲线，运用三维晶格反演方法可以导出原子间相互作用势。在同种原子构成的晶体情况下，依据第一性原理计算出的晶体结合能函数为：

$$E(x)=\frac{1}{2}\sum_{n=1}^{\infty}r_0(n)\phi(b_0(n)x) \tag{4-100}$$

式中，x 为原子间最近邻距离；$r_0(n)$ 为 n 级近邻配位数；$b_0(n)$ 是 n 级近邻到参考原子的距离；$\phi(x)$ 为对势函数。通过 $\{b_0(n)\}$ 的自乘即得到 $\{b(n)\}$，并构成乘法半群，这时有：

$$E(x)=\frac{1}{2}\sum_{n=1}^{\infty}r(n)\phi(b(n)x) \tag{4-101}$$

式中：

$$r(n)=\begin{cases}r_0(b_0^{-1}[b(n)]) & 当\ b(n)\in\{b_0(n)\}\\ 0 & 当\ b(n)\notin\{b_0(n)\}\end{cases} \tag{4-102}$$

通过反演得原子间相互作用势的普遍公式为：

$$\phi(x)=2\sum_{n=1}^{\infty}I(n)E(b(n)x) \tag{4-103}$$

式中，$I(n)$ 满足如下关系式：

$$\sum_{b(d)\mid b(n)}I(d)r\left(b^{-1}\left[\frac{b(n)}{b(d)}\right]\right)=\delta_{nI} \tag{4-104}$$

式中，求和号下的 $b(d)\mid b(n)$ 表示对所有 $b(n)$ 的因子 $b(d)$ 求和。如果是异种原子间相互作用势问题，可以通过该方法获得解决。

依据第一性原理，构造原子间相互作用势的方法很多，如紧束缚近似、反演方法、有效介质理论方法等，但从第一性原理出发，进行势函数的构造都需要精确计算材料的结合能（总能）随晶格常数变化的能量曲线，或精确计算能带结构，然后根据能量曲线或能带结构拟合原子间相互作用势。

4.7 系综原理

系综（Ensemble）是统计力学的一个概念，它是1901年由吉布斯创立完成的。系综理论是在原有系统的基础上提供了许多个独立同分布的系统来构成系综并通过等概率原理给定它们服从的分布从而求解物理量的理论。设想存在大量的和所研究的系统处在同一宏观状态而微观状态各不相同的系统，它们构成一个所谓的系综，在这个系综内的各个系统因为初始的微观状态不同而进行各自的演化，系综是一个巨大的系统，是由组成、性质、尺寸和形状完全一样的全同体系构成、数目极多的系统的集合。其中每个系统各处在某一微观运动状态，而且是各自独立的。微观运动状态在相空间中（广义坐标和广义动量构成的空间为相空间）构成一个连续的区域，与微观量相对应的宏观量是在一定的宏观条件下所有可能的运动状态的平均值。对于任意微观量 $A(p,q)$ 的宏观平均可表示为：

$$\overline{A}=\frac{\int A(p,q)\rho(p,q,t)\mathrm{d}^{3N}q\mathrm{d}^{3N}p}{\int\rho(p,q)\mathrm{d}^{3N}q\mathrm{d}^{3N}p} \tag{4-105}$$

式中，N 为系统的粒子总数；q 和 p 为广义坐标和广义动量；ρ 为权重因子。分子动力学和蒙特卡洛模拟方法中包括平衡态和非平衡态模拟。根据研究对象的特性，主要系综有微正则系综（NVE）、正则系综（NVT）、等温等压系综（NPT）、等压等焓系综（NPH）等，采用分子动力学模拟时，必须要在一定的系综下进行。

4.7.1 微正则系综（NVE）

微正则系综，又称NVE，是由许多具有相同能量、粒子数、体积的体系的集合，体系与外界不交换能量，体系的粒子数守恒，体系的体积也不发生变化，系统沿着相空间中的恒定能量轨道演化。微正则系综是简并度下的正则系综，正则系综可以被分开进入子系综，每个子系综被对应到可能的能量值且自身为另一些微正则系综。

在分子动力学模拟中，通常用时间平均代替系综平均，即：

$$\overline{A}=\lim_{t'\to\infty}\frac{1}{t'-t_0}\int_{t_0}^{t'}A[r^N(t),p^N(t);V(t)]\mathrm{d}t \tag{4-106}$$

在微正则系综中，轨道（坐标和动量轨迹）在一切具有同一能量的相同体积内经历相同的时间，则轨道平均等于微正则系综平均，即：

$$\overline{A}=\langle A\rangle_{\mathrm{NVE}} \tag{4-107}$$

在孤立系统中，总能量是一守恒量，沿着分子动力学模拟的相空间中的任一轨道的能量保持不变，即 $H=E$ 是个运动常量，但孤立体系的动能 E_k 和势能 U 不是守恒量，而是沿着轨迹变化，因此有：

$$\overline{E}_k = \lim_{t'\to\infty} \frac{1}{t'-t_0}\int_{t_0}^{t'} E_k[v(t)]\mathrm{d}t \tag{4-108}$$

$$\overline{U} = \lim_{t'\to\infty} \frac{1}{t'-t_0}\int_{t_0}^{t'} U[r(t)]\mathrm{d}t \tag{4-109}$$

动能是不连续的，因此需要在各个间断点上计算动能的值来求平均，即：

$$\overline{E}_k = \frac{1}{n-n_0}\sum_{\mu>n_0}^{n}\left[\frac{1}{2}\sum_i m\ (v_i^2)^{\mu}\right] \tag{4-110}$$

势能的平均值为：

$$\overline{U} = \frac{1}{n-n_0}\sum_{\mu>n_0}^{n} U^{\mu} = \frac{1}{n-n_0}\sum_{\mu>n_0}^{n}\left[\sum_{i<j} u(r_{ij}^{\mu})\right] \tag{4-111}$$

在模拟过程中尤其是模拟的初始阶段，系统的温度是一个重要的物理量。根据能量均分定理，粒子在空间坐标的每个方向上的平均动能为：

$$\frac{1}{2}mv_i^2 = \frac{3}{2}k_B T \tag{4-112}$$

因此体系的动能为：

$$\overline{E}_k = \frac{3}{2}Nk_B T \tag{4-113}$$

能量的调整一般是通过对速度进行特别的标度来实现的，必须给系统足够的时间以再次建立平衡，其具体步骤为：①求解运动方程，并给出一定时间步下的结果；②计算体系的动能和势能；③观察体系的总能量是否为恒定值，如总能量不等于给定值，通过调节速度来实现，即将速度乘以一个标度因子 η：$\eta v_i^{(n+1)} \to v_i^{(n+1)}$，总动能为：

$$\frac{\eta^2}{2}\sum_i m_i v_i^2(t+h/2) = \frac{g}{2}k_B T \tag{4-114}$$

式中，g 为总自由度数。

标度因子近似为：

$$\begin{aligned}\eta &= \left[\sum_i m_i v_i^2(t+h/2)/gk_B T\right]^{-\frac{1}{2}} = \\ &\left[\frac{1}{gk_B T}\left(\sum_i m_i v_i(t-h/2) + \frac{F_i(t)}{m_i}h\right)^2\right]^{-\frac{1}{2}} = \\ &\left[1 + \frac{2}{gk_B T}\sum_i v_i(t)F_i(t)h + O(h^2)\right]^{-\frac{1}{2}} \\ &[1+2\lambda\Delta t + O(h^2)]^{-\frac{1}{2}} = 1-\lambda\Delta t + O(h^2)\end{aligned} \tag{4-115}$$

式中，

$$\lambda = \frac{1}{gk_B T}\sum_i v_i(t)F_i(t) \tag{4-116}$$

在微正则系综中，标度因子表示为：

$$\eta=\left[\frac{(N-1)k_{\mathrm{B}}T}{16\sum_{i}m_{i}(t)v_{i}^{2}}\right]^{-\frac{1}{2}} \tag{4-117}$$

4.7.2 正则系综（NVT）

正则系综是最普遍应用的系综，是由 N 个粒子组成的，其同温度为 T 的很大的热源相接触并达到热平衡。也可以这样设想：取大数 M 个体积为 V、粒子数为 N 的相同的系统构成系综，其中任意一个系统均可作为被研究的系统，其余 $M-1$ 个系统起着恒温槽的作用，系统间有能量交换，并共同处于热平衡。其是以粒子数为 N、体积为 V、温度为 T 和总动量为守恒量的系综。体积（V）和温度（T）都保持不变，并且总动量为零，因此称为 NVT。它代表了许多具有相同温度的体系的集合。在恒温下，系统的总能量不是一个守恒量，系统要与外界发生能量交换，保持系统的温度不变，通常运用的方法是让系统与外界的热浴处于热平衡状态。由于温度与系统的动能有直接的关系，通常的做法是把系统的动能固定在一个给定值上，这是对速度进行标度来实现的。正则系综中，系统在某时刻的能量值与其平均值一般是有偏差的，这可用相对涨落来量度，可以在孤立的无约束系统的拉格朗日方程中引入一个广义力来表示系统与热库耦合，即：

$$\frac{\mathrm{d}}{\mathrm{d}t}\frac{\partial L}{\partial \dot{r}}-\frac{\partial L}{\partial r}=F(r,\dot{r}) \tag{4-118}$$

式中，L 为孤立的无约束系统的拉格朗日函数，即：

$$L=\frac{1}{2}\sum_{i}m_{i}\dot{r}_{i}^{2}-U(r) \tag{4-119}$$

令 $L'=L-V$，则可得到无约束的拉格朗日运动方程，即：

$$\frac{\mathrm{d}}{\mathrm{d}t}\frac{\partial L'}{\partial \dot{r}}-\frac{\partial L'}{\partial r}=0 \tag{4-120}$$

4.7.3 等温等压系综（NPT）

等温等压系综（NPT）是正则系综的推广，是统计力学系综的一种。各体系可以和其他体系交换能量和体积，但系综内各个体系有相同的温度和压强。其就是系统处于等温、等压的外部环境下的系综，在这种系综下，体系的粒子数（N）、压力（P）和温度（T）都保持不变。这时，不仅要保证系统的温度恒定，还要保持它的压力恒定，温度的恒定和以前一样，是通过调节系统的速度来实现的，而对压力进行调节，就比较复杂。由于系统的压力 P 与其体积 V 是共轭量，要调节压力值可以通过标度系统的体积来实现。化学上这个系综很重要，因为化学反应经常是在等温等压的条件下进行的。目前有许多调压的方法都是采用这个原理。

1. 恒温方法——热浴

Nose 和 Hoover 引入与热源相关的参数 ζ 来表示温度恒定的状态，即具有恒定 NVT 值的系统，可设想为与大热源接触而达到平衡的系统。由于热源足够大，交换能量不会改变热源自身的温度。在热源与系统达到热平衡后，系统与热源具有相同的温度，系统与热源构成一个复合系统，如图 4-8 所示。系统中微观粒子的动力学方程为：

$$\frac{\mathrm{d}\boldsymbol{q}_i}{\mathrm{d}t}=\frac{\boldsymbol{P}_i}{m_i} \tag{4-121}$$

$$\frac{\mathrm{d}\boldsymbol{P}_i}{\mathrm{d}t}=-\left(\frac{\partial \Phi}{\partial \boldsymbol{q}_i}\right)-\zeta\boldsymbol{P}_i \tag{4-122}$$

$$\frac{\mathrm{d}\zeta}{\mathrm{d}t}=\left[\sum_i \frac{\boldsymbol{P}_i^2}{2m_i}-\frac{3}{2}Nk_{\mathrm{B}}T_{\mathrm{ex}}\right]\cdot\left(\frac{2}{Q}\right) \tag{4-123}$$

式（4-122）中增加了与热源的相互作用相关的一项 $\zeta\boldsymbol{P}_i$，与热源相关的变化参数 ζ 的运动方程表明，当系统的总动能大于 $\frac{3}{2}Nk_{\mathrm{B}}T$ 时，ζ 是增加的，从而使粒子的运动速度减小，反之则使粒子运动的速度增加；Q 表示与温度控制有关的一个常数。

2. 恒压方法——压浴

出于对系统压力进行调控的需要，采用图 4-9 所示的方法，即利用活塞调控系统的体积，从而调节系统的压力，1980 年 Anderson 提出使物理系统置于压力处处相等的外部环境中，系统的体积可以保持在要模拟的压力时的体积，并将晶胞体积作为系统的一个变量来对待，体积与粒子系统整体作为一个扩展的动力学系统。

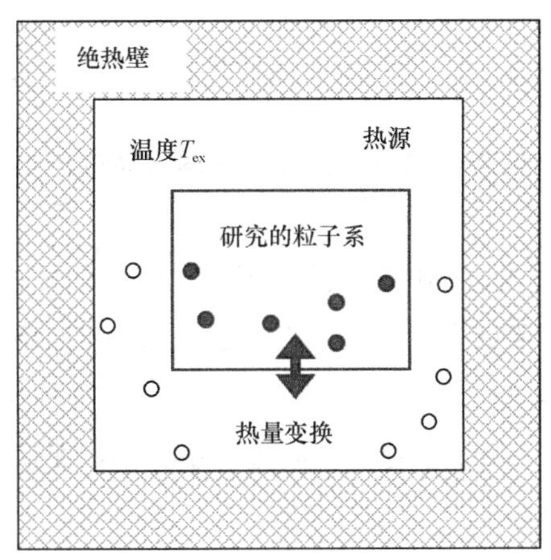

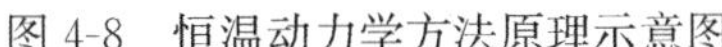

图 4-8　恒温动力学方法原理示意图

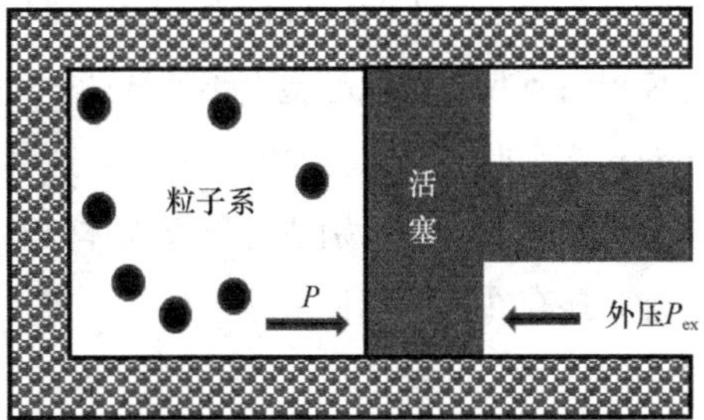

图 4-9　恒压分子动力学方法原理示意图

设物理系统的晶胞为立方体，体积为 V，棱长为 $L=V^{\frac{1}{3}}$，粒子的坐标和动量由晶胞的尺寸来标度，即：

$$\hat{q}_i=Lq_i$$

$$\hat{p}_i = \frac{p_i}{L} \tag{4-124}$$

式中，$\hat{q}_i$，$\hat{p}_i$ 变量是系统的真实变量；q_i，p_i 变量是推导恒压方法时引入的变量。粒子系统和活塞组成复合系统，其哈密顿量为：

$$H = H_0 + P_{ex}V + \frac{p_V^2}{2W} \tag{4-125}$$

$$H_0 = \sum_i V^{-\frac{2}{3}}\left(\frac{p_i^2}{2m_i}\right) + \Phi(V^{\frac{1}{3}}q) \tag{4-126}$$

式中，P_{ex} 是外压；p_V 是体积 V 所对应的共轭动量；W 是体积变化速度因子，若将由上述哈密顿量导出的运动方程用粒子的实际坐标直接写出来，则：

$$\frac{d\hat{q}_i}{dt} = \frac{\hat{p}_i}{m_i} + \frac{dV}{dt} \cdot \frac{\hat{q}_i}{3V} \tag{4-127}$$

$$\frac{d\hat{p}_i}{dt} = -\frac{\partial \Phi}{\partial \hat{q}_i} - \left(\frac{dV}{dt}\right) \cdot \frac{\hat{p}_i}{3V} \tag{4-128}$$

$$W \cdot \left(\frac{d^2V}{dt^2}\right) = \frac{\left[\sum_i \frac{\hat{p}_i^2}{m_i} - \sum_i \hat{q}_i \cdot \left(\frac{\partial \Phi}{\partial \hat{q}_i}\right)\right]}{3V} - P_{ex} \tag{4-129}$$

4.7.4 等压等焓系综（NPH）

等压等焓系综，即 NPH，就是保持系统的粒子数（N）、压力（P）和焓值（H）都不变。系统的焓值 H 为：

$$H = E + PV \tag{4-130}$$

故要在该系综下进行模拟，必须保持压力与焓值为一固定值。这种系综在实际中已经很少遇到，而且调节技术的实现也有一定的难度。

在模拟时不仅要考虑晶胞大小的变化，而且要考虑晶胞形状的变化。1980 年 Parrinello 和 Rahman 首次提出了扩展的恒压模型，这种模型不仅允许晶胞体积改变而且允许晶胞的形状发生变化，这种模型特别适合研究固体材料的相变。

另外，还存在其他几种系综，如巨正则系综、Gibbs 系综、半巨正则系综等，在这不详细讨论。

习题

1. 简述分子动力学的基本思想。
2. 简述分子动力学方法的适用范围。
3. 简述分子动力学方法的基本步骤。
4. 分子动力学方法中原子或分子的运动遵从什么规律？有何物理意义？
5. 阐述 Verlet 跳蛙法进行分子动力学系统模拟的基本流程。
6. 分子动力学模拟中的时间步长需要考虑哪些因素？
7. 写出 Force Field 势能面函数的主要表达形式，以及其中每一项的物理意义。
8. 什么是势函数？有哪些类型？如何确定势函数？
9. 分子动力学模拟经常用到哪些系综？
10. 阐述分子动力学中温度和压强是如何计算和控制的。
11. 阐述如何通过分子动力学计算宏观输运系数：扩散系数，剪切黏度和热传导系数。
12. 何谓分子动力学的静态性质和动态性质？
13. 常用的分子力场有哪些？
14. 分子力场中的能量项都有哪些？这些力场参数一般如何得到？
15. 分子动力学模拟可以得到材料的哪些性质？

第 4 章 参考文献

[1] MARSDEN J E. Molecular Modeling and Simulation[M]. New York：Springer-Verlag，2002.
[2] 罗伯. 计算材料学[M]. 项金钟，吴兴惠，译. 北京：化学工业出版社，2002.
[3] EWALD P. Die berechnung optischer und elektrostatischer Gitterpotentiale[J]. Weinheim：Annalen Der Physik，1921，64；253-287.
[4] LEACH A R. Molecular Modeling Principles and Application[M]. Beijing：World Publishing Corporation，2001.
[5] 钱学森. 物理力学讲义[M]. 上海：上海交通大学出版社，2007.
[6] 苏文锻. 系综原理[M]. 厦门：厦门大学出版社，1991.
[7] 陈正隆，徐为人，汤立达. 分子模拟的理论与实践[M]. 北京：化学工业出版社，2007.
[8] 范波涛，张瑞生，姚建华. 计算机化学与分子设计[M]. 北京：高等教育出版社，2009.
[9] 苑世领，张恒，张冬菊. 分子模拟 [M]. 2 版. 北京：化学工业出版社，2022.
[10] 李永健，陈喜. 分子模拟基础[M]. 武汉：华中师范大学出版社，2012.
[11] RICHARD M M. Electronic Structure[M]. Cambridge ：Cambridge University Press，2004.
[12] 严六明，朱素华. 分子动力学模拟的理论与实践[M]. 北京：科学出版社，2013.
[13] 李新征，王恩哥. 分子及凝聚态系统物性的计算模拟：从电子结构到分子动力学[M]. 北京：北京大学出版社，2015.
[14] HAILE J. Molecular Dynamics Simulation：Elementary Methods[M]. Hoboken：Wiley-Interscience ，1997.
[15] 张跃，谷景华，尚家香，马岳. 计算材料学基础[M]. 北京：北京航空航天大学出版社，2006.
[16] 鞠生宏. 半导体纳米结构界面导热特性的分子动力学模拟[M]. 北京：清华大学出版社，2018.
[17] 熊家炯. 材料设计[M]. 天津：天津大学出版社，2000.

第 5 章 蒙特卡洛方法

5.1 蒙特卡洛方法

蒙特卡洛方法（Monte Carlo 方法）是以概率统计原理为基础，模拟事物的形成过程，以达到认识事物特征及其变化规律的方法。不确定性参数可以用概率分布来描述是该方法的前提假设，是一种随机模拟方法，以概率和统计理论方法为基础，是使用随机数（或更常见的伪随机数）来解决计算问题的方法，又称统计模拟法、随机抽样技术。将所求解的问题同一定的概率模型相联系，用计算机实现统计模拟或抽样，以获得问题的近似解。为象征性地表明蒙特卡洛方法的概率统计特征，故借用赌城蒙特卡洛命名。

20 世纪 40 年代，第二次世界大战中美国研制原子弹的“曼哈顿计划”成员 S. M. 乌拉姆和冯·诺伊曼首先提出蒙特卡洛方法。该计划的主持人之一、数学家冯·诺伊曼用驰名世界的赌城——摩纳哥的 Monte Carlo 来命名这种方法，为它蒙上了一层神秘色彩。蒙特卡洛方法的创始人主要是四位美国人：Stanislaw Marcin Ulam（乌拉姆，波兰裔数学家）、Enrico Fermi（恩里科·费米，意大利裔物理学家）、John von Neumann（约翰·冯·诺伊曼，计算机结构奠基人）和 Nicholas Constantine Metropolis（尼古拉斯·康斯坦丁·梅特罗波利斯，希腊裔数学家）。蒙特卡洛方法的基本思想早在 18 世纪就被人们所发现和利用。1777 年法国数学家布丰（Buffon，1707—1788）提出用著名的投针实验方法求圆周率 π，共投针 2212 次，与直线相交的有 704 次，$2212 \div 704 \approx 3.0142$，得到的是圆周率 π 的近似值，布丰在论文《或然性算术尝试》记述了投针实验及结果。投针实验被认为是后来的蒙特卡洛方法的起源。随着 20 世纪计算机技术的迅猛发展，随机模拟技术很快进入实用阶段，并得到广泛应用。

蒙特卡洛方法与传统数学方法相比，具有直观性强、简便易行的优点。该方法能处理一些其他方法无法解决的复杂问题，并且容易在计算机上实现，特别是在计算机高度发展的今天，该方法能够解决很多理论和应用科学问题，在很大程度上可以代替许多大型的、难以实现的复杂实验或社会行为过程。

5.1.1 蒙特卡洛方法的基本原理

由概率定义知，某事件的概率可以用大量实验中该事件发生的频率来估算，当样本容量足够大时，可以认为该事件的发生频率即为其概率。因此，蒙特卡洛方法的基本思想是，为了求解某个问题，建立一个恰当的概率模型或随机过程，使得其参量（如事件的概率、随机变量的数学期望等）等于所求问题的解，然后对模型或过程进行反复多次的随机抽样实验，并对结果进行统计分析，最后计算所求参量，得到问题的近似解。

蒙特卡洛方法是通过恰当的概率模型或随机过程，使得其参量等于所求问题的解，除了模拟随机性问题外，蒙特卡洛方法还可以解决确定性的数学问题。对求解实际随机性问题，根据概率法则，对模型或过程进行直接反复随机抽样实验，即直接模拟方法。对于求解确定性数学问题，通过统计分析随机抽样的结果，获得确定性问题的解，即间接模拟。

蒙特卡洛方法在计算物理学（如粒子输运计算、量子热力学计算、空气动力学计算），生物医学，宏观经济学，金融学等领域应用广泛。在众多的科学及应用技术领域遇到的多是随机性问题，如中子在介质中的扩散问题、随机服务系统中的排队、库存问题、动物的生态竞争、传染病的蔓延等。随机性问题在材料计算领域广泛存在，用蒙特卡洛方法解决随机性问题具有很好的效果。

对于蒙特卡洛方法应用，通常是利用其构造符合一定规则的随机数，以解决数学上的问题。对于那些由于计算过于复杂而难以得到解析解或者根本没有解析解的问题，蒙特卡洛方法能够有效地求出数值解。一般蒙特卡洛方法在数学中最常见的应用就是积分。

例如，求解确定性数学积分：

$$I=\int_a^b f(x)\mathrm{d}x \tag{5-1}$$

首先，对积分进行数学变换，构造一个新的被积函数 $g(x)$，并且，新函数 $g(x)$ 满足下列条件：

$$g(x)\geqslant 0 \tag{5-2}$$

$$\int_{-\infty}^{\infty} g(x)\mathrm{d}x=1 \tag{5-3}$$

函数 $g(x)$ 可以认为是连续随机变量 ξ 的概率密度函数，因此，式（5-1）成为一个概率积分，其积分值等于概率 $P_{\mathrm{r}}(a\leqslant\xi\leqslant b)$，即：

$$I=P_{\mathrm{r}}(a\leqslant\xi\leqslant b) \tag{5-4}$$

将积分函数转化为概率模型后，通过反复多次的随机抽样实验，以抽样结果的统计平均作为求解概率的近似值，从而求得该积分值。具体实验步骤如下：

① 首先设法产生服从给定分布函数 $g(x)$ 的独立随机变量值 x_i；

② 比较 x_i，确定是否落入积分区域（$a \leqslant x \leqslant b$），如果落入积分区域（$a \leqslant x \leqslant b$），则记录一次。

反复进行上述实验，产生系列独立随机变量值 x_i，并比较 x_i。假设在 N 次实验后，x_i 落入积分区域（$a \leqslant x \leqslant b$）的总次数为 m，那么，式（5-1）的积分值就可以近似表示为：

$$I \approx \frac{m}{N} \tag{5-5}$$

此外，对于随机性问题，可将实际的随机问题直接抽象为概率模型，然后与求解确定性数学问题一样，进行反复抽样实验和统计计算。

在解决实际问题时，蒙特卡洛方法主要有几部分工作：

① 用蒙特卡洛方法模拟某一过程时，需要产生各种概率分布的随机变量。

② 需建立简单、易于实现的概率统计模型，并使所求的解是该模型的某一事件的概率或数学期望，或该模型能够直接描述实际的随机过程。

③ 根据概率统计模型的特点和计算的需求，对模型进行改进，以便减小方差，提高计算效率。

④ 建立随机变量的抽样方法，包括伪随机数和服从特定分布的随机变量的产生方法。

⑤ 把模型的数字特征估计出来，从而得到实际问题的数值解。

5.1.2 蒙特卡洛方法进行分子模拟计算的步骤

使用蒙特卡洛方法进行分子模拟计算是按照以下步骤进行的：

① 使用随机数发生器产生一个随机的分子构型。

② 对此分子构型的中粒子坐标做无规则的改变，产生一个新的分子构型。

③ 计算新的分子构型的能量。

④ 比较新的分子构型与改变前的分子构型的能量变化，判断是否接受该构型。

若新的分子构型能量低于原分子构型的能量，则接受新的构型，使用这个构型重复再做下一次迭代。

若新的分子构型能量高于原分子构型的能量，则重新算玻尔兹曼因子，并产生一个随机数。

若这个随机数大于所计算出的玻尔兹曼因子，则放弃这个构型，重新计算。

若这个随机数小于所计算出的玻尔兹曼因子，则接受这个构型，使用这个构型重复再做下一次迭代。

⑤ 如此进行迭代计算，直至最后搜索出低于所给能量条件的分子构型，计算结束。

蒙特卡洛方法是以概率统计原理为基础，前提假设是不确定性参数可以用概率分布来描述。

5.1.3　蒙特卡洛方法的基本特点

由概率定义知，某事件的概率可以用大量实验中该事件发生的频率来估算，当样本容量足够大时，可以认为该事件的发生频率即为其概率。

设所求的量 x 是随机变量 ξ 的数学期望 $E(x)$，由于蒙特卡洛方法是随机模拟方法，通常使用随机抽样技术，得到变量 ξ 的简单子样，如 ξ_1，ξ_2，…，ξ_N，通过算术平均值计算，即：

$$\bar{\xi}_N = \frac{1}{N}\sum_{i=1}^{N}\xi_i \tag{5-6}$$

以此算术平均值，可以作为所求量 x 的近似值。根据柯尔莫哥罗夫（Kolmogorov）大数定理可知：

$$P(\lim_{N\to\infty}\bar{\xi}_N = x) = 1 \tag{5-7}$$

也就是，当 N 充分大时，有：

$$\bar{\xi}_N \approx E(\xi) = x \tag{5-8}$$

成立的概率应等于 1，此时，亦即可以用 $\bar{\xi}_N$ 作为所求量 x 的估计值。

根据中心极限定理，如果随机变量 ξ 的标准差 σ 不为零，对于蒙特卡洛方法而言，其误差 ε 表达为：

$$\varepsilon = \frac{\lambda_a \sigma}{\sqrt{N}} \tag{5-9}$$

式中，λ_a 为正态差，是与置信水平有关的常量。由式（5-9）可知，蒙特卡洛方法收敛速度的阶为 $o(N^{-\frac{1}{2}})$，随机变量的标准差 s 和抽样次数 N 是误差的决定因素。如果模拟精度提高一位数，则实验抽样次数要增加 100 倍；减小误差的有效方法，是减小随机变量的标准差。但是，随着随机变量的标准差减小，将会使随机变量产生的平均费用（计算时间）提高，因此，模拟计算精度与计算费用二者需要综合考虑。

蒙特卡洛方法具有以下四个重要特征：

① 通过大量简单的抽样来实现，因此，方法和程序的结构十分简单；

② 收敛速度比较慢，因此，较适用于求解精度要求不高的问题；

③ 收敛速度与问题的维数无关，因此，较适用于求解多维问题；

④ 问题的求解过程取决于所构造的概率模型，而受问题条件限制的影响较小，因此，对各种问题的适应性很强。

5.2 随机数的产生

5.2.1 随机数与伪随机数

Monte Carlo 方法的基本手段是随机抽样，这也是 Monte Carlo 方法的核心。计算机可以用随机数表和物理的方法产生随机数，但是这两种方法占用大量的计算机存储单元和耗费大量计算时间，费用昂贵且不可重复。数学的方法产生随机数是目前广泛使用的方法，其基本手段分为：真随机数列，准随机数列，伪随机数列。

真随机数：真随机数列是不可预计的，也不会重复产生两个相同的真随机数列；只能通过某些随机物理过程来产生真随机数。例如：放射性衰变、电子设备的热噪声、宇宙射线的触发时间等；蒙特卡洛计算所用的随机数，理论上是可以采用随机物理过程产生的，但在实际应用过程中，要制作出速度很快（例如每秒产生上百个浮点数）同时又准确的随机数物理过程产生器是非常困难的。

准随机数：准随机数列并不具有随机性质，仅用它来处理问题时能够得到正确结果。关键是要保证“随机”数列具有能产生所需结果的必要特性。

伪随机数：是通过某些数学公式计算而产生的“随机”数。从数学意义上看，这样的随机数不是真正的随机数而是伪随机数。对伪随机数而言，要实现其严格数学意义上的随机性，在理论上是不可能的，严格的随机性并不是实际应用的必要条件。但是，只要伪随机数能够通过随机数的一系列统计检验，“随机”数列具有能产生所需结果的必要特性，就可以当作真随机数使用。

利用数学递推公式，产生随机数序列：

$$\xi_{i+1} = T(\xi_i) \tag{5-10}$$

对于给定的初始值 ξ_1，就可以逐个地产生 $\xi_2, \xi_3, \cdots$。

采用数学递推方法产生的“随机”数，存在先天不足。首先，整个随机数序列是完全以递推函数形式和初始值唯一确定的，因此，随机数不满足概率意义上相互独立的要求。其次，随机数序列较长时会存在周期性现象。

因此，将用数学递推方法所产生的“随机”数称为伪随机数。伪随机数的优点是适用于计算机，产生速度快，序列产生效率高。目前，多数计算机均附带有随机数发生器。

5.2.2 伪随机数的产生方法

伪随机数产生器产生的实际上是伪随机数序列，最基本的伪随机数是一系列在［0，1］上均匀分布的伪随机数。平方取中法是由 Von Neumann 和 Metropolis 最早提出的产生伪随机数的方法，该方法是首先给一个 $2r$ 位的数，取其中间的 r 位数作为第一个伪随机数，然后将这个数平方，构成一个新的 $2r$ 位的数，再取中间的 r 位数作为第二个伪随机数。如此循环可得到一个伪随机数序列。该方法的递推公式为：

$$x_{n+1} = [10^{-r} x_{n2}](\text{Mod}\, 10^{2r}) \tag{5-11}$$

$$\xi_n = x_n / 10^{2r} \tag{5-12}$$

式中，$[x]$ 表示对 x 取整，运算 $B(\text{Mod}\, M)$ 表示 B 被 M 整除后的余数。数列 $\{\xi_i\}$ 在 $[0, 1]$ 上均匀分布。该方法效率较低，序列较长时具有周期性，有些数（如零）甚至会紧接着重复出现，现在已很少使用。实际使用的伪随机数产生器，一般会比平方取中法简单。

同余法是目前产生伪随机数的主要方法。先由选定的初始值出发，通过数学递推产生伪随机数序列。由于递推公式可写成数论中的同余式，故称同余法，递推公式为：

$$x_{n+1} = [ax_n + c](\text{Mod}m) \tag{5-13}$$

$$\xi_n = x_n / m \tag{5-14}$$

式中，a，c，m 分别称作倍数（Multiplier）、增值（Increment）和模（Modulus），且均为正整数。其中，x_0 称为种子数或初值，也为正整数。式（5-13）是同余法的一般形式，该方法所产生伪随机数的质量，如周期的长度、独立性和均匀性都与三个参数 a，c，m 有关。该参数一般是通过定性分析和计算实验进行选取。

根据参数 a 和 c 的特殊取值，同余法可分成下述三种形式：

(1) $a \neq 1$；$c = 0$

使递推公式（5-13）的一般形式得到简化，即为 $x_{n+1} = ax_n(\text{Mod}m)$，称作乘同余法。由于减少了一个加法，使得伪随机数的产生效率得到提高，乘同余法计算指令少、随机数的产生效率提高，所产生的伪随机数具有较好的随机性，重复周期长。

(2) $a = 1$；$c \neq 0$

使一般形式的递推公式得到简化，即 $x_{n+1} = [x_n + c](\text{Mod}m)$，称作加同余法，由于计算机运算加法的速度比乘法快，因此，加同余法比乘同余法效率更高；但伪随机数的随机质量不如乘同余法好。

(3) $a \neq 1$；$c \neq 0$

此参数形式下的一般式称作混合同余法。混合同余法能够实现随机序列周期最大；但所产生的伪随机数的特性存在不足，由于加法、乘法同时存在，使得计算机产生随机数的效率降低。

5.2.3 伪随机数的概率检验

随机模拟的基础就是能够生成随机数。在计算机中，只能产生满足一定要求的伪随机数来模拟真实世界中的随机现象。因此，产生的伪随机数的特性存在质量高低的问题，并对 Monte Carlo 方法的计算模拟结果产生直接影响。这种以随机数发生器产生的随机数为基础的随机变量所得到的样本如果不能够反映该随机变量的性质，将无法得到可靠的随机模拟结果。因此随机数发生器的检验是一项很重要的工作。随机性检验主要包括伪随机数的均匀性检验、独立性检验、组合规律性检验和无连贯性检验。

一般情况下，检验方法包括经验检验和理论检验。经验检验是一种统计检验，它是以发生器产生的均匀随机数序列 $\{\xi_i\}$ 为基础的，研究随机序列的相应性质，进行比较、视其差异是否显著决定取舍。理论检验从统计意义上看并不是一种检验，仅是一种理论上的研究。由于理论检验方法需要专门学科的知识，数学上又存在相当的难度，因此，本书仅介绍经验检验即统计检验方法。伪随机数最常用的经验检验方法是 χ^2 检验。

随机数的均匀检验又称为频率检验，检验某个发生器产生的随机数序列 $\{\xi_i\}$ 是否均匀地分布在 $[0, 1]$ 区间上，也就是检验经验频率与理论频率的差异是否显著。

(1) 选取统计量：

$$T = \sum_{i=1}^{k} \frac{(n_i - m_i)^2}{m_i} = \sum_{i=1}^{k} \frac{(n_i - Np_i)^2}{Np_i} \tag{5-15}$$

(2) 在虚假设 H_0 为真的假定下，T 可以近似满足 χ^2 分布，且 χ^2 的密度函数为：

$$f(x) = \frac{1}{2^{n/2}\Gamma(n/2)} x^{(n/2)-1} \mathrm{e}^{-x/2} \tag{5-16}$$

式中，n 为 χ^2 分布的自由度，一般条件下 $n = k = 1$。

此时，可以将 T 记为 χ^2。这里仅观测频数 n_i 和理论频数 m_i，做出比较并观察相差的显著性。

(3) 选择 χ^2 分布的临界区域 B，一般选择 χ^2 分布的右尾，即选择 χ^2 上侧分位点，其含义是统计量 $\chi^2 > \chi_\alpha^2$ 的频率为 α：

$$\alpha = \int_{\chi_\alpha^2}^{\infty} f(x)\mathrm{d}x \tag{5-17}$$

(4) 事实上 $|n_i - m_i|$ 越大，观测值 χ^2 也越大。如果 $\chi_0^2 > \chi_\alpha^2$，则 $\chi^2 > \chi_\alpha^2$ 成立的概率 α' 为：

$$\alpha' = \int_{\chi_0^2}^{\infty} f(x)\mathrm{d}x \leqslant \int_{\chi_\alpha^2}^{\infty} f(x)\mathrm{d}x = \alpha \tag{5-18}$$

一般将 α 取得很小，因此，出现了小概率事件。在仅有一次的实验中小概率事件是不易出现的，一旦出现，则认为相差显著，从而否认 H_0 为真，即否认序列的随机性。一般取 $\alpha = 0.01$ 或 $\alpha = 0.05$。若 $\chi_0^2 \geqslant \chi_{0.05}^2$，则称为显著，反之为不显著。若 $\chi_0^2 \geqslant \chi_{0.01}^2$，则称为极显著。

如果将 $[0, 1]$ 区间分成 k 个相等的子区间，且所得伪随机数序列在 $[0, 1]$ 区间上是均匀分布的，假设伪随机数序列中任何一个随机数属于第 i 组的概率为 $p_k = \frac{1}{k}(\sum_{i=1}^{k} p_i = 1)$，而频率检验也就在于检验每组观测频数 n_i 与理论频数 $m_i = N\frac{1}{k}$ 之间相差的显著性。它的统计误差为：

$$\sigma_i = \sqrt{N_i} \approx \sqrt{N/k} \tag{5-19}$$

χ^2 定义为：

$$\chi^2 = \sum_{i=1}^{k} \frac{(N_i - N/k)^2}{N/k} = \frac{k}{N}\sum_{i=1}^{k}(N_i - N/k)^2 \tag{5-20}$$

可以看出，χ^2 服从 $\chi^2(k-1)$ 的分布。如果已知 χ^2 在 $k-1$ 个自由度下的显著水平为 α 时的 t_α 值，而上式计算出来的 χ^2 值小于 t_α，则认为 χ^2 在 α 的显著水平之下，原伪随机数序列在［0，1］区间上均匀分布的假设即为正确；否则，伪随机数序列不满足均匀性的要求。一般情况下 k 取 0.01 或 0.05。一般选取的 k 值要使每个区间有若干个伪随机数。

独立性检验主要检验随机数序列 $\xi_1, \xi_2, \cdots, \xi_n$ 之间的统计相关性是否显著，即按先后顺序排列的 N 个伪随机数中，任何数的出现是否与其前后各个数独立无关，对于两组伪随机数来说，独立性就是指它们不相关。

如果把［0，1］上的伪随机数序列 $\{\xi_1, \xi_2, \cdots, \xi_{2N-1}\}$ 分成两列：

$$\xi_1, \xi_3, \cdots, \xi_{2i-1}, \cdots, \xi_{2N-1} \tag{5-21}$$

$$\xi_2, \xi_4, \cdots, \xi_{2i}, \cdots, \xi_{2N} \tag{5-22}$$

式（5-21）作为随机变量 x 的取值，式（5-22）作为随机变量 y 的取值。在 x-y 平面内的单位正方形域，即 $[0 \leqslant x \leqslant 1, 0 \leqslant y \leqslant 1]$，分别以平行于 x、y 坐标轴的平行线，将域 $[0 \leqslant x \leqslant 1, 0 \leqslant y \leqslant 1]$ 分成 $k \times k$ 个相同面积的正方形网格。n_{ij} 表示落在每个小网格内的随机数的频数，其值应当近似等于 N/k^2。由此可以算出 χ^2 为：

$$\chi^2 = \sum_{i,j=1}^{k} \frac{k^2}{N}\left(n_{ij} - \frac{N}{k^2}\right)^2 \tag{5-23}$$

可以看出，χ^2 应满足 $\chi^2((k-1)^2)$ 的分布。据此可以采用均匀性检验的 χ^2 方法，通过假定显著性水平来进行检验。

无连贯性就是将一次出现的 N 个伪随机数，按其大小分为两类或 k 类，则各类数的出现与否没有连贯现象。

随着计算机软、硬件技术的发展，高级计算机语言中的伪随机数产生函数能够产生质量较好的伪随机数，如 Matlab 中的 rand 函数所产生的伪随机数的周期能够达到 2^{1492}。

5.3 随机变量抽样

5.3.1 随机变量

根据随机变量遵循的分布规律，能够获取随机数具体值的方法叫做抽样。不同的分布采用的抽样方法不尽相同，因此，实际使用的抽样方法很多。区间［0，1］上均匀分布的随机抽样，是随机变量抽样的基本方法。在计算机应用上，［0，1］均匀分布的随机抽样是各种分布的随机抽样方法的基础。设 $F(x)$ 为某分布函数，随机变量抽样就是产生相互独立、具有相同分布函数 $F(x)$ 的随机序列 ξ_1，ξ_2，…，ξ_N，N 称为容量。一般用 ξ_F 表示具有分布函数 $F(x)$ 的简单子样。如用连续型分布的常用分布密度函数 $f(x)$ 表示总体的已知分布，那么，就可以用 ξ_f 表示由已知分布 $f(x)$ 所产生的简单子样。

实际上，由均匀分布总体产生的简单子样即为随机数序列，因此，产生随机数属于随机变量抽样的一个特殊情况。一般情况下，随机变量抽样具有严格的理论根据，只要所用的随机数序列满足均匀且相互独立的要求，那么所产生的已知分布的简单子样，严格满足具有相同的总体分布且相互独立。

5.3.2 随机变量的直接抽样法

直接抽样法是一种常用的方法，对连续型和离散型的随机变量均有效。对于连续型随机变量，必须先求得该分布函数的反函数才能实现。另外，对于离散型分布，直接抽样法的优点是简单明确，易于实现，缺点是当离散点数多时，抽样速度慢。

对于任意给定的分布函数 $F(x)$，直接抽样法的一般形式为：

$$\xi_n = \inf_{F(x)\geqslant r_n}(t) \quad (n = 1,2,\cdots,N) \tag{5-24}$$

式中，r_1，r_2，…，r_N 为随机数序列。对于一组随机数 $\{r_n\}$，能够使分布函数值 $F(t)$ 大于该随机数序列的最小随机变量值 t，并由其所构成的序列可满足已知分布 $F(x)$ 的随机变量抽样。

如图 5-1 所示，对于离散型的随机变量，可直接使用直接抽样法。设离散型随机变量 X 的可能取值为 x_1，x_2，…，x_N，其概率为：

$$p_k = P(X = x_k) \quad k = 1,2,3\cdots$$

累计分布函数：

$$F(x) = P(X \leqslant x) = \sum_{x_k \leqslant x} p_k \tag{5-25}$$

具体方法：

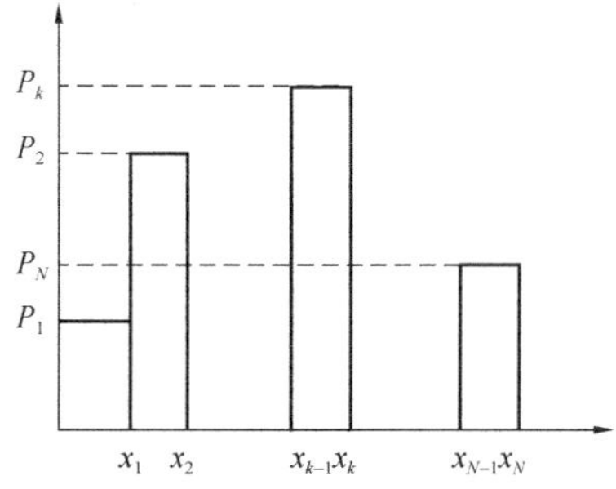

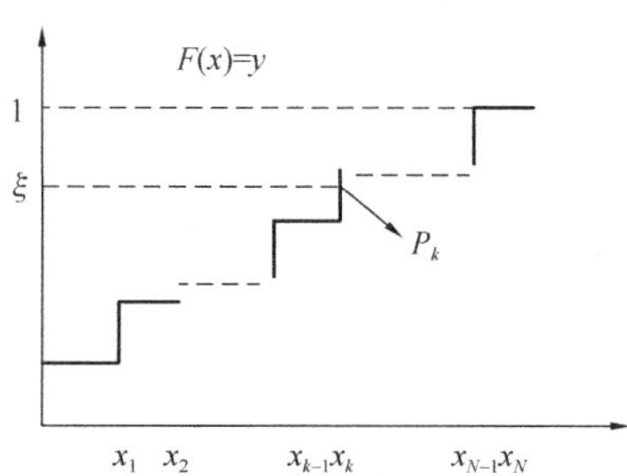

图 5-1　离散型的随机变量分布函数

① 计算 $y_k = y_{k-1} + p_k$，$k = 1, 2, 3, \cdots, N$，$y_1 = p_1$；

② 产生在 [0, 1] 区间上均匀分布的随机数 ξ；

③ 求满足 $y_{k-1} < \xi \leqslant y_k$ 的 k 值；

④ 随机变量的第 k 个取值即为欲抽取的值。

此外，对于另一个类型的连续型随机变量分布，其分布函数如下：

$$F(x) = \int_{-\infty}^{x} f(t)\mathrm{d}t \tag{5-26}$$

式中，$f(t)$ 为密度函数。如果分布函数的反函数 $F^{-1}(x)$ 存在，则连续型分布的直接抽样方法可表示为：

$$\xi_F = F^{-1}(r) \tag{5-27}$$

式中，r 是 [0, 1] 均匀分布的随机数。那么，将一组伪随机数 r_n 代入分布函数的反函数 $F^{-1}(r)$ 中，可直接获得一组随机变量序列 ξ_n，且符合给定分布。

例如，r 为 [0, 1] 上均匀分布的随机数，试由它产生服从三角分布的随机变量。随机变量分布函数 $f(x) = 2x(0 \leqslant x \leqslant 1)$ 的分布为：

$$r = F(\xi) = \int_0^{\xi} f(x)\mathrm{d}x = \int_0^{\xi} 2x\mathrm{d}x = \eta\xi^2 \tag{5-28}$$

按照分布函数的反函数，三角分布随机变量的直接抽样如下：

$$\xi = F^{-1}(r) = \sqrt{r} \tag{5-29}$$

将一组伪随机数序列 r_n 代入上式即可得到指数分布的随机变量抽样 ξ_n。

实际上，由于连续型分布存在诸多复杂性，如分布函数的解析表达式虽然存在，但其反函数的解析表达式却难以得到。甚至，还有分布函数的解析表达式也难以给出，如正态分布只有分布密度函数。因此，存在诸多连续型分布不能采用直接抽样法进行随机变量抽样的问题。

5.3.3 随机变量的舍选抽样法

只有在获得分布函数的反函数形式的情况下，才能对该连续型分布采用直接抽样法进行抽样。而实际的连续型分布存在诸多复杂性，如无法获得该反函数的解析式或其不存在，导致直接抽样法无法采用。此外，分布函数的反函数虽然存在，但得到反函数的计算量很大，导致抽样效率低下。因此，直接抽样法使用受限。

Von Neumann 提出了舍选抽样的方法，该方法如图 5-2 所示，$f(x)$ 为某分布密度函数，在区域 $[a, b]$ 上密度函数有界，即：

$$0 \leqslant f(x) \leqslant M$$

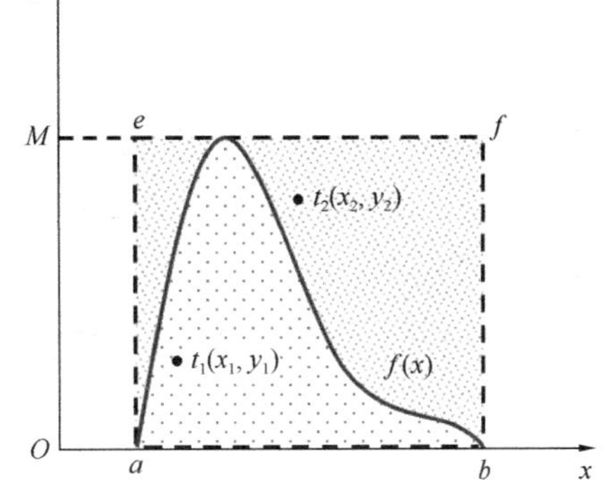

图 5-2　舍选抽样法示意图

按舍选抽样法，首先产生一个随机点 (x_i, y_i)，如图 5-2 所示，如果该点落入密度函数 $f(x)$ 以下的某个区域，则抽样值就为 x_i，否则，舍去重取。上述抽样过程反复进行，可产生分布密度为 $f(x)$ 的随机抽样序列 $\{x_i\}$。通过观察可知，密度函数值 $f(x_i)$ 越高，那么，抽样值 x_i 抽取的可能性越大。

舍选抽样法的具体过程是，首先，产生二元随机数 (ξ, η)，且相互独立，令 $x_i = a + \xi(b-a)$，$\xi \in (0,1)$；其次，产生 $[0,c]$ 区间均匀分布的随机数 y_i，$y_i = M\eta$，$\eta \in (0,1)$；最后，当 $y_i \leqslant f(x_i)$ 时，接受 x_i 为所需的随机数，否则，返回到第一步重新抽取一对 (x_i, y_i)。

舍选抽样法的适用性广泛，对于已知分布密度函数的随机抽样均适用，但是，如果密度分布函数 $f(x)$ 值较小，所获得的抽样值被舍去的概率较大，因此，抽样效率较低。

5.4 蒙特卡洛方法求解确定性问题

蒙特卡洛方法所能解决的问题主要包括确定性问题和随机性问题。确定性问题可以求解线性和非线性方程组、逆矩阵、椭圆形差分方程的边值、积分方程以及多重积分等。

蒙特卡洛方法求解的基本过程：对于确定性问题，首先建立概率模型（或随机过程模型），采用合适的抽样方法，依据所建立的概率模型进行反复抽样，最后，产生的一个数字特征作为该确定性问题的近似解。这种计算方法也叫做间接模拟方法。

多重积分的计算用传统数值计算方法往往计算效率不高，费用很大，而且，可能不收敛而无法计算。如果使用蒙特卡洛方法计算积分，其结果的精度较低，但是该方法的误差与积分维数无关，能够经济、高效地完成计算。蒙特卡洛方法求解积分的方法主要包括：随机投点法、期望值估计法、重要抽样法等。

蒙特卡洛方法的使用原则为，假定任何一个定积分都是某个随机变量的数学期望，通过随机变量的抽样，可获得该积分的近似解。

设某多重积分表达式如下：

$$I = \int_{V_s} g(X) \mathrm{d}X \tag{5-30}$$

式中，被积函数 $g(X)$ 在 V_s 区域内可积，$X = X(x_1, \cdots, x_s)$ 表示 s 维空间的点，V_s 表示 s 维空间的积分区域。任意选取一个概率密度函数 $f(X)$，令其由简单方法可以进行抽样，并使其满足下列条件：

(1) $f(X) \neq 0$，当 $g(X) \neq 0$ 时 $(X \in V_s)$；

(2) $I = \int_{V_s} f(X) \mathrm{d}X = 1$。

令

$$g^*(X)=\begin{cases}\dfrac{g(X)}{f(X)}, & f(X)\neq 0\\ 0, & f(X)=0\end{cases}$$

那么，积分就可以写为：

$$I=\int_{V_s} g^*(X)f(X)\mathrm{d}X=E(g^*(X)) \tag{5-31}$$

即所求积分成为随机变量 $g^*(X)$ 的数学期望。

对积分进行求解：

（1）产生服从分布 $f(X)$ 的随机变量 $X_i(i=1, 2, \cdots, N)$；

（2）计算均值：

$$\bar{I}=\frac{1}{N}\sum_{i=1}^{N}g^*(X_i) \tag{5-32}$$

并用它作为积分 I 的近似值，即 $I\approx\bar{I}$。这就是平均值法。

选取分布密度函数 $f(X)$ 最简单的方法是取多维空间区域 V_s 上的均匀分布：

$$f(X)=\begin{cases}1/|V_s| & X\in V_s\\ 0 & 其他\end{cases} \tag{5-33}$$

式中，$|V_s|$ 表示区域 V_s 的体积，因而有：

$$g^*(X)=|V_s|g(X) \tag{5-34}$$

例如求积分值：

$$I=\int_a^b \mathrm{e}^x\mathrm{d}x$$

积分函数 $f(x)=\mathrm{e}^x$，如果取一维平均分布，即：

$$g(X)=\begin{cases}\dfrac{1}{b-a} & a\leqslant x\leqslant b\\ 0 & 其他\end{cases}$$

$$f^*(x)=(b-a)\mathrm{e}^x$$

在区域 $[a, b]$ 上，如果进行 N 次均匀抽样 x_i，那么，积分值近似可以表示为：

$$I\approx\bar{I}=\frac{1}{N}\sum_{i=1}^{N}(b-a)\mathrm{e}^{x_i} \tag{5-35}$$

均匀分布抽样的方法（Simple Sampling）是在全区域随机地进行抽样，抽样是通过随机数（伪随机数）及其现行变换获得的，简单抽样方法对于变化平坦的被积函数的积分具有较高的精度和效率（图 5-3a）。

但是，对于变化很快的被积函数，通常简单抽样方法的精度较低。如果提高计算精度需采用重要抽样方法（Importance Sampling）（图 5-3b），即以一个权重函数 $\theta(x)$ 为分布密度函数，抽取符合该分布的随机变量 X_i，则：

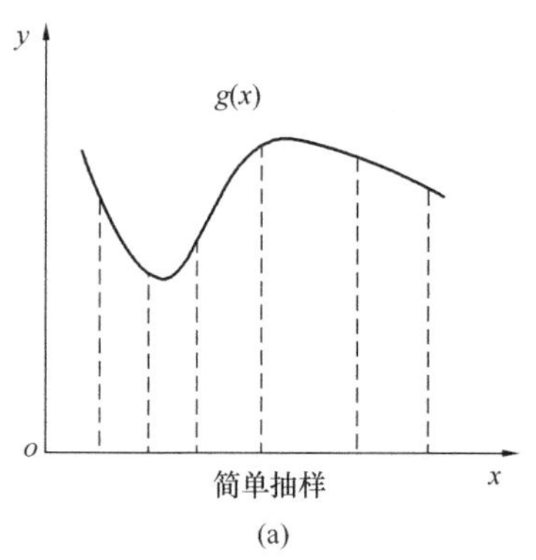

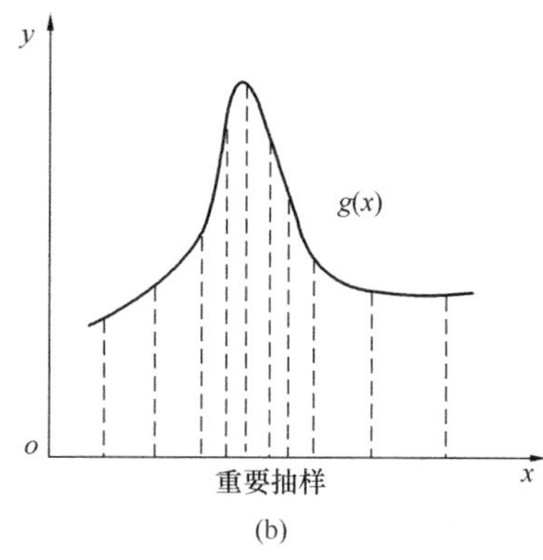

图 5-3　简单抽样和重要抽样

$$I \approx \bar{I} = \frac{1}{N}\sum_{i=1}^{N}\frac{f(X_i)}{\theta(X_i)} \tag{5-36}$$

如果权重函数 $\theta(X)$ 选取恰当，使得 $g(X_i)/\theta(X_i)$ 近似为常量，则该计算可以有效地提高精度。

例如，$f(x) = \exp(-x)$ 作为被积函数，则函数的级数展开式为：

$$1 - x + \frac{x^2}{2!} - \frac{x^3}{3!} + \cdots - 1^n \frac{x^n}{n!} + \cdots \tag{5-37}$$

可以选用函数的一级近似作为权重函数，即：

$$\theta(x) = 1 - x \tag{5-38}$$

5.5 随机性问题的蒙特卡洛模拟

蒙特卡洛方法由于能够真实地模拟实际物理过程，与实际非常符合，故可以得到很圆满的结果。将所求解的问题同一定的概率模型相联系，用电子计算机实现统计模拟或抽样，以获得问题的近似解。可以模拟的随机性问题包括：模拟布朗运动、扩散过程、有机高分子形态、晶粒生长等。

5.5.1 随机行走（Random Walk）模拟

随机行走是一种简单抽样方法，主要包括：无限制随机行走（Unrestricted Random Walk，URW）、不退随机行走（Nonreversal Random Walk，NRRW）和自回避行走（Self-Avoiding Walk，SAW）。随机行走可用以模拟扩散、溶液中长而柔性的大分子的性质等。

无限制随机行走的基本规则是，假定在一定空间内存在某一个质点，质点的每一次行走没有任何限制条件，也就是与以前任何一步所到的位置以及行走步无关；不退随机行走的基本规则是，禁止在每一步随机行走后立即倒退；自回避行走的基本规则是，所有已随机走过的位置不能重复行走。无限制随机行走可以用于模拟质点的扩散，但是，如果模拟高分子位形，而高分子的位形是由随机行走的轨迹来表示，那么，质点所行走过的位置就代表了构成分子的原子或官能团，这就忽略了体斥效应，因此，无限制随机行走不能用于模拟高分子的位形。虽然，不退随机行走可以解决行走中与前一步重叠的问题，但对于高分子的体斥效应问题解决得并不彻底。自回避行走是完全避免所有已走过的位置，随机行走所构成的轨迹就完全解决了体斥效应问题。

如图 5-4 所示，对于平面网格（设方格间距为 1），质点随机行走可以用矢量 v 记录从某个节点向下一个节点的行走方向：

$$\begin{cases} v(1)=(1,0), & v(2)=(0,1) \\ v(3)=(-1,0), & v(4)=(0,-1) \end{cases} \tag{5-39}$$

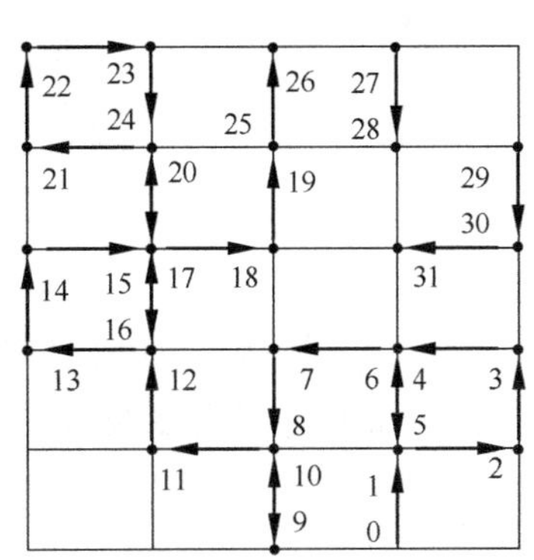

图 5-4　随机行走示意图

例如，无限制随机行走 N 步的算法如下：

① 质点位于平面网格原点，坐标为 $r_0=(0,0)$，并令 $k=0$（行走步数）；

② 开始随机行走 1 步，在 $[1,4]$ 间取一个随机整数 v_k；

③ 对于 $k=k+1$，计算轨迹 $r_k=r_{k-1}+v(v_{k-1})$；

④ 如果 $k=N$，则随机行走结束，否则回到第②步，如此反复进行。

对于配位数为 z 的格点的 N 步随机行走来说，不同的随机行走总数为：

$$Z_N^{RW}=z^N \tag{5-40}$$

如果这种随机行走作为一个高分子链的模型，那么 Z_N 就是高分子的分配函数。

对于不退随机行走，如图 5-5（a）所示，禁止在每一步行走完成后立即倒退，即第 k 步的方向矢量不能与第 $k-1$ 步的方向矢量相逆，由式（5-39）可以看出方向矢量 $v(1)$ 与 $v(3)$ 互为逆方向，$v(2)$ 与 $v(4)$ 互为逆方向。

为实现质点不退行走，可以将方向矢量构建为周期函数 $v(v\pm 4)=v(v)$。在随机行走算法的第②步基础上，附加取舍判据如下：如果随机产生的方向矢量为 $v(v_k)=v(v_{k-1}+2)$，则舍弃，重新抽选随机整数 v_k；或者是从 $\{v_{k-1}-1, v_{k-1}, v_{k-1}+1\}$ 中随机选取一个作为该步的方向矢量 v_k。自回避行走如图 5-5（b）所示。

5.5.2 Markov 链

在概率论和数理统计中，具有马尔可夫性质，且存在于离散的指数集和状态空间内的随机过程，称为马尔可夫（Markov）链。蒙特卡洛方法中应用马尔可夫链即称为马尔可夫链

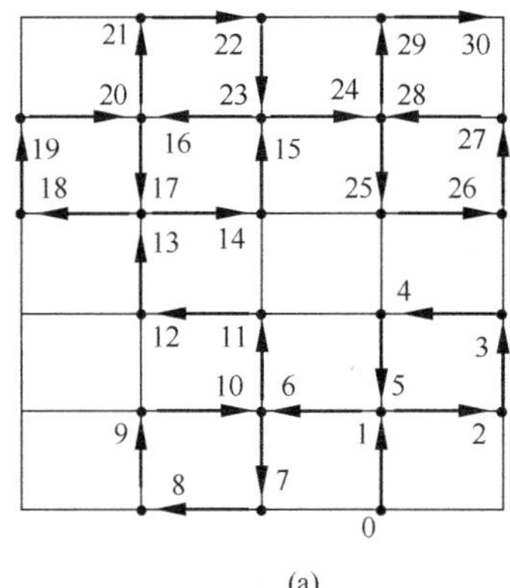

(a)

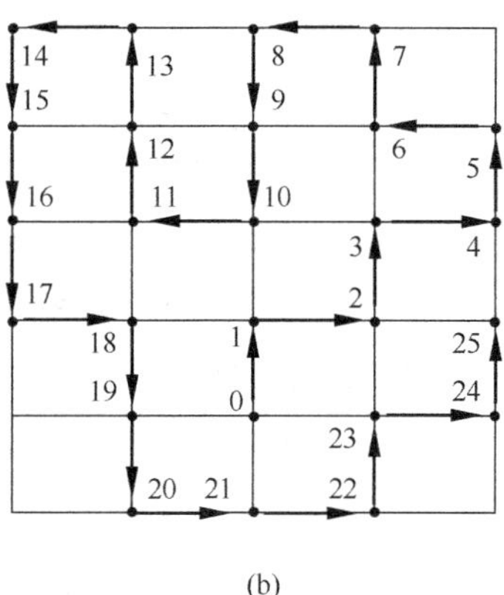

(b)

图 5-5　NRRW 和 SAW 随机行走示意图

(a) NRRW；(b) SAW

蒙特卡洛。

设某系统的状态序列（随机变量序列）为 $x_0, x_1, \cdots, x_n, \cdots$，对于系统的任何一个随机状态 x_n，如果 x_n 只与系统的前一个状态 x_{n-1} 有关，而与初始状态无关，即状态 x_n 的概率为：

$$p(x_n \mid x_{n-1}, \cdots, x_1, x_0) = p(x_n \mid x_{n-1}) \tag{5-41}$$

Markov 链是一种随机行走状态，从状态 x_i 行走到状态 x_j 的概率，为：

$$p_{ij} = p(x_j \mid x_i) = p(x_i \rightarrow x_j) \tag{5-42}$$

这一随机行走又叫做转移概率，或跃迁概率。如果 N 为系统的所有可能的状态数，由 p_{ij} 构成的 $N \times N$ 矩阵叫做转移矩阵 p，且矩阵的任一行元素之和等于 1。随机行走可以看作是一种马尔可夫链，即具有离散时间和离散状态空间的马尔可夫过程，表现为无论初始状态如何，最终状态（足够多的时间及步长次数）会遵从某一个唯一的分布，该分布叫做极限分布 $x_{\lim}$，即：

$$x_{\lim} = x_{\lim} p \tag{5-43}$$

当系统达到一个平衡状态时，表现为极限状态乘转移概率后状态不再发生变化。因此，Markov 链在平衡态蒙特卡洛模拟中具有重要的意义。

5.5.3 Metropolis 抽样法

Metropolis 等人提出了一种重要的随机抽样方法，该方法的基本思想是，建造一个 Markov 过程，该过程中每一个状态 x_{i+1} 是由前一个状态 x_i 通过一个适当的跃迁概率 $W(x_i \rightarrow x_{i+1})$ 得到的，即系统的各状态选取不是彼此独立的。并且，在 $M \rightarrow \infty$ 的极限下，Markov 过程产生的状态的分布函数 $P(x_i)$ 趋于所要的平衡分布，即：

$$P_{\mathrm{eq}}(x_i) = \frac{1}{Z} \exp\left(-\frac{H(x_i)}{k_{\mathrm{B}} T}\right) \tag{5-44}$$

满足上述要求的充分条件为：

$$P_{\mathrm{eq}}(x_i)W(x_i \rightarrow x_j) = P_{\mathrm{eq}}(x_j)W(x_j \rightarrow x_i) \tag{5-45}$$

即：

$$\frac{W(x_i \rightarrow x_j)}{W(x_j \rightarrow x_i)} = \exp\left(-\frac{\mathrm{d}H}{k_{\mathrm{B}}T}\right) \tag{5-46}$$

即两个状态正向与反向的跃迁概率之比只依赖于两者的能量差 $\mathrm{d}H = H(x_j) - H(x_i)$。但是满足该条件的跃迁概率 W 的形式并不唯一，通常采用以下两种形式：

①
$$W(x_i \rightarrow x_j) = \frac{1}{t_{\mathrm{s}}} \frac{\exp(-\mathrm{d}H/k_{\mathrm{B}}T)}{1+\exp(-\mathrm{d}H/k_{\mathrm{B}}T)} \tag{5-47a}$$

或

②
$$W(x_i \rightarrow x_j) = \begin{cases} \dfrac{1}{t_{\mathrm{s}}}\exp(-\mathrm{d}H/k_{\mathrm{B}}T), & \mathrm{d}H > 0 \\ \dfrac{1}{t_{\mathrm{s}}}, & \text{其他} \end{cases} \tag{5-47b}$$

式中，t_{s} 是一个任意因子，不考虑动力学过程时，t_{s} 可取为 1。在探讨动力学问题时，t_{s} 为"Monte Carlo 时间"的单位，并将 W 叫做"单位时间的跃迁概率"。

Metropolis 抽样法的具体步骤如下：

(1) 建立体系状态与能量的关系模型。

(2) 由初始状态出发，通过简单抽样设立新状态。

(3) 根据新旧状态的哈密顿量 $\mathrm{d}H$，判断新状态的舍选，判断舍选有以下 2 种情况：

① $\mathrm{d}H < 0$，接受新状态，并在该状态基础上，进一步进行步骤 (2)；

② $\mathrm{d}H > 0$，不是直接否决，而是进一步判断，抽取一个随机数 ξ：

$$\xi \begin{cases} \leqslant \exp(-\mathrm{d}H/k_{\mathrm{B}}T), \text{接受新状态} \\ > \exp(-\mathrm{d}H/k_{\mathrm{B}}T), \text{拒绝新状态} \end{cases}$$

如果新状态被拒绝，则把原来的状态作为新状态，重复进行步骤 (2)，并记录一次。

如果系统的粒子数为 M，每次新状态的抽样均随机抽选一个粒子，并不是每个粒子逐一地进行。只要伪随机数的质量足够高，各粒子被抽样的概率是均等的。当抽样次数达到系统粒子总数 M 时，该过程叫做一个 Monte Carlo Step (MCS)。

Metropolis 抽样法在状态抽样时虽然采用的是简单抽样，但是通过新旧状态的能量判断，实现新状态的舍选，建立 Markov 过程。对于恒定组成的正则和微正则系综，系统的能量用哈密顿量表示，对于巨正则系综，随机选取一个粒子并通过改变粒子的种类得到一个新的组态，系统的能量用混合能及混合物化学位之和表示。

系统组态与能量的关系是 Monte Carlo 方法进行随机性模拟的重要环节。

5.5.4 蒙特卡洛方法的能量模型

通过随机选取系统的新组态，计算系统组态变化前后的能量变化，并以此判断新组态的舍选。组态与能量的关系只是粒子状态的函数，有时该关系只是一个定性的描述。因此，Monte Carlo 能量模拟是通过建立适当的系统组态与能量的关系模型进行的。

1. Ising 模型

Ising 模型是以物理学家 Ising 命名的数学模型，最初是为了解释铁磁物质的相变，即有磁性、无磁性两相之间的转变。在该模型中，系统由规则的晶格格点构成，每一个格点上有一个粒子（原子或分子），每一个粒子的状态只有两种，而且，这两种状态对系统能量的贡献大小相等，但符号相反。则系统能量与状态的关系为：

$$H_{\text{Ising}} = -J\sum_{\langle i,j\rangle} S_i S_j - B\sum_i S_i,\ S_i = \pm 1 \tag{5-48}$$

式中，J 为粒子 i、j 间有效相互作用能；S_i 为粒子 i 的状态值；B 为某个强度热力学场对粒子 i 作用所产生的能量。系统的能量是由两部分构成的，即粒子 i、j 相互作用的贡献，以及外场对粒子的作用。这两部分作用都与粒子的状态值 S_i 有关。

对于固体中磁矩模拟，Ising 模型的格点的状态 $S_i=\pm 1$，分别代表自旋向上和自旋向下。该能量模型的第一项表示各磁矩之间的相互作用能，第二项表示外磁场对各磁矩的作用。

Ising 模型还可以描述二元合金的占位状况，计算该合金的混合能，也可以扩展到三元合金体系，其哈密顿量为：

$$\begin{aligned} H_{\text{ABC}} = \sum_n \frac{1}{2}[&N_{\text{AB}}^k(2V_{\text{AB}}^k - V_{\text{AA}}^k - V_{\text{BB}}^k) + N_{\text{AC}}^k(2V_{\text{AC}}^k - V_{\text{AA}}^k - V_{\text{CC}}^k) \\ &+ N_{\text{BC}}^k(2V_{\text{BC}}^k - V_{\text{BB}}^k - V_{\text{CC}}^k)] \\ &+ N_{\text{A}}\sum_k \frac{z^k}{2}V_{\text{AA}}^k + N_{\text{B}}\sum_k \frac{z^k}{2}V_{\text{BB}}^k + N_{\text{C}}\sum_k \frac{z_k}{2}V_{\text{CC}}^k \end{aligned} \tag{5-49}$$

式中，N_{AB}^k 为 k 球内 AB 原子对的数目；z^k 为 k 球内同类原子的数目；V_{ij} 为原子 i 和 j 之间的相互作用能，N_{A} 为 A 原子的总数：

$$N_{\text{A}} = \frac{1}{z^k}(2N_{\text{AA}}^k + N_{\text{AB}}^k + N_{\text{AC}}^k) \tag{5-50}$$

即可以计算出三元合金的混合能。

一个二维的方晶格 Ising 模型是已知最简单而会产生相变的物理系统，可用于描述非常多的物理现象，如：合金中的有序-无序转变、玻璃物质的性质、液氦到超流态的转变、液体的冻与蒸发、森林火灾、城市交通等。

2. Heisenberg 模型

Ising 模型只能考虑单纯的二值问题。如果对于某些各向异性很高的系统，自旋方向主要是平行与反平行，而实际系统中，自旋偏离量子化轴的涨落总是在一定程度上存在的。为此，Heisenberg 提出了对 Ising 模型的修正：

$$H_{\text{Ising}}=-J_{\parallel}\sum_{\langle i,j\rangle}S_i^zS_j^z-J_{\perp}\sum_{\langle i,j\rangle}(S_i^zS_j^z+S_i^yS_j^y)-B\sum_i S_i^z,\ S_i=\pm 1 \tag{5-51}$$

式中，在直角坐标两个轴的自旋分量分别为 S^y，S^z；$J_{\parallel}$，$J_{\perp}$ 表示两自旋之间平行和垂直方向的各向异性作用能；B 为外场。如果 $J_{\perp}=0$，则 Heisenberg 模型返回到经典的 Ising 模型。Heisenberg 模型是一个自旋系统的统计力学模型，常被用来研究磁性系统和强关联电子系统中的相变与临界点的现象。

3. 晶格气体（Lattice Gas）模型

Ising 模型和 Heisenberg 模型所考虑的晶格节点上都必须有粒子存在，如果晶格节点有空位，或者虽然有粒子占据该节点，但是该粒子不与周围粒子发生相互作用，如不具有磁性等，Ising 和 Heisenberg 模型均存在不足，但晶格气体模型具有很好的适应性：

$$H_{\text{gas}}=-J_{\text{int}}\sum_{\langle i,j\rangle}t_it_j-\mu_{\text{int}}\sum_i t_i,\ t_i=0,1 \tag{5-52}$$

式中，J_{int} 为最近邻相互作用能，它只包含近邻格点被占据的情况；μ_{int} 是化学势，它决定着每个格点上的原子数。晶格气体哈密顿量是一个常规的双态算符，所以晶格气体模型可以转换成通常的 Ising 模型。

4. q 态 Potts 模型

对于多状态间的能量问题，Ising 模型、Heisenberg 模型和晶格气体模型均存在缺陷，因为三种模型皆为二状态模型，状态参量只能取（+1，−1）或（0，1），因此，对于多状态间的能量问题是无法解决的。q 态 Potts 模型是一种重要的多状态能量模型，其在自旋模拟和磁畴、电畴、相变、晶粒生长等介观尺度的模拟中都具有特别重要的意义和作用。

Potts 模型的基本思想是：采用广义自旋变量 S_i，该状态量的取值是可以描述 q 种状态的（1，2，…，q），而不是 Ising 模型、Heisenberg 模型、晶格气体模型中的二值（−1，1），或（0，1）。此外，Potts 模型认为同状态粒子对系统的能量没有贡献，而只考虑不同状态粒子间的相互作用。Potts 模型的哈密顿量为：

$$H_{\text{Potts}}=-J_{\text{int}}\sum_{\langle i,j\rangle}(d_{S_iS_j}-1),\quad S_i=1,2,\cdots,q \tag{5-53}$$

式中，$d_{S_iS_j}=\begin{cases}1, & S_i=S_j\\ 0, & S_i\neq S_j\end{cases}$。

5.5.5 离散空间的格子类型

Monte Carlo 方法模拟的空间处理分为两种形式，即连续空间和离散空间。连续空间是指粒子可以随机出现在空间的任意位置。离散空间是指粒子只能占据事先已离散化的规则空间网格的节点上，一些常用的二维规则格子类型如图 5-6 所示。各节点的配位数是格子类型的重要参数，即与某节点相连的最紧邻的节点的数目，格子节点的配位数决定了计算系统能量是最近邻粒子数以及随机行走概率等。对于二维格子，格子配位数可以是 3～6 不等。节点配位数越大，粒子间相互作用越大，随机行走所产生的构象也越复杂。格子类型的选用要根据具体的模拟对象来确定。

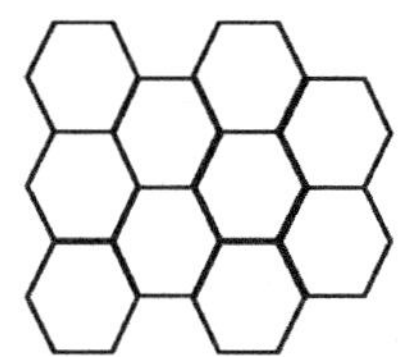 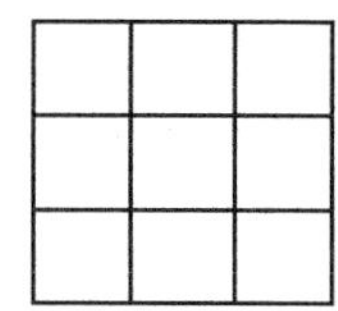 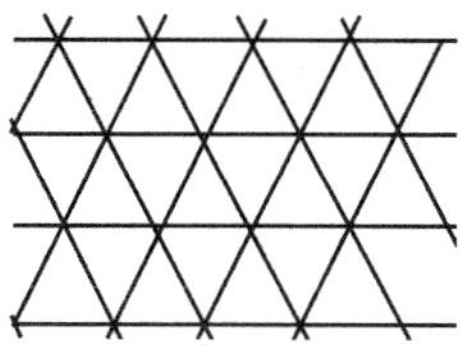

图 5-6　常用的二维规则格子类型

习题

1. 什么是 Monte Carlo 方法?
2. 简述随机数和伪随机数及其产生方法。
3. 简述连续型分布随机变量的抽样方法及特点。
4. 抽样和重要抽样有何不同?
5. 简述随机行走的类型、特点及其算法。
6. 简述 Markov 过程和 Metropolis 方法及其意义。
7. 简述 Monte Carlo 方法的主要能量模型的特点和应用。
8. 简述空间离散化网格类型和特点。
9. 简要叙述变分蒙特卡洛方法求解基态本征能量 E_0 和基态本征态波函数 $\psi_0(\vec{x})$ 基本原理，并以一维情况为例说明蒙特卡洛计算步骤。

第 5 章　参考文献

[1]　SHREIDER Y A. The Monte Carlo Method [M]. New York: Pergamon Press, 1966.

[2]　BINDER K. Applications of the Monte Carlo Method in Statistical Physics [M]. New York: Springer-Verlag, 1984.

[3]　KALOS M H, WHITLOCK P A. Monte Carlo Methods [M]. New York: John Wiley & Sons, Inc., 1986.

[4]　ALLEN M P, TILDESLEY D J. Computer Simulation of Liquids [M]. Oxford: Oxford Science Publication, Clarendon Press, 1989.

[5]　BINDER K. The Monte Carlo Method in Condensed Matter Physics [M]. New York : Springer, 1995.

[6]　PANG T. Computational Physics [M]. Cambridge: Cambridge University Press, 1997.

[7]　HAMMERSLEY J M, HANDSCOMB D C. Monte Carlo Methods [M]. New York: John Wiley & Sons, Inc., 1964.

[8]　SHREIDER Y A. The Monte Carlo Method: The Method of Statistical Trials [M]. Oxford: Pergamon Press, 1966.

[9]　徐钟济. 蒙特卡罗方法 [M]. 上海：上海科学技术出版社，1985.
[10]　王璐. 蒙特卡罗方法和统计计算 [M]. 北京：机械工业出版社，2022.
[11]　罗伯特. 蒙特卡罗统计方法 [M]. 北京：世界图书出版公司，2009.
[12]　张跃，谷景华，尚家香，马岳. 计算材料学基础 [M]，北京：北京航空航天大学出版社，2006.
[13]　刘军. 科学计算中的蒙特卡罗策略 [M]. 北京：世界图书出版公司，2005.
[14]　吴兴惠，项金钟. 现代材料计算与设计教程 [M]. 北京：电子工业出版社，2002.
[15]　GUBERNATIS J E. The Monte Carlo Method in the Physical Sciences [M]. New York：American Institute of Physics，2003.

第6章
有限元方法

6.1 有限单元法概论

有限单元法（Finite Element Method，FEM）是一种数值计算方法，是将理论、计算和计算机软件有机地结合在一起的数值分析技术。

在20世纪60年代，工程师们在结构分析中采用了三角形单元或矩形单元，而且每一个单元的节点位移和节点之间的关系是精确地推导出来的，可以看作是雷利-李兹（Rayleigh-Ritz）法的推广，只是所选取的位移函数是分片连续的函数。显然在选取位移函数时，比雷利-李兹（Rayleigh-Ritz）法更加灵活，适应性更强。因此，由克劳夫（Clough）于1960年首次提出的“有限单元法”得到发展和完善。同时，有限单元法作为一门结构分析的方法，其理论基础为能量原理，并且从固体力学的基本原理和条件出发发展了新的和修正的变分原理，建立各种不同的位移模式，为提高解的精度和扩充解的范围提供了新的理论基础。此外，有限单元法作为一门数值分析方法，其理论基础为泛函变分原理。它作为求解与泛函等价的Eular-Lagrange方程的一种数值方法也日益显示出其优越性。所以有限单元法在短短的时间内便在结构分析中占据了显著位置，并且其研究在不断地深入，应用日益广泛。

6.2 解析法和数值法的比较

解析法因为给出的解比较精确和具有闭合形式，常为人们采用，但已逐渐被比较近似的数值法所取代。但是，随着科学与技术问题的日益复杂和大功能计算机的具备，有限单元法在解析法向数值法转变过程中起了重要作用。求解时解析法采用无穷小元素，有限单元法采用的是有限元尺寸的单元。有限单元法和有限差分法离散相反，有限单元法离散的是具体的域而不是离散微分方程。有限差分法是将微分方程离散化，方程用有限个函数值来表示。

有限单元法是将整个结构离散成一个个单元，单元与单元之间由节点相连接。从数学上讲，有限单元法是将整个定义域离散成各个子域，它和古典变分法不同，试图分片求解“泛函”极小值，而不是在整个域内求解极小值。显然有限单元法较古典的变分法有更大的灵活性。

一个连续体，不论是一维、二维还是三维，只要是不违背单元间控制函数及其导数的连续性，总是可以剖分成更小的子域（单元）。因此连续体的性能可由这些单元的性能代表。求出各个单元的分片解来决定全域的解。单元内的解用节点处函数边值来构造，最后，根据相邻单元之间的平衡条件以及局部近似函数与其至某阶导数的连续性算出节点处的函数值，因此在理论上使计算接近于全域的函数值。对于研究“场”问题，数值模拟包括位移场、应力场、电磁场、温度场、流场、振动特性等，其研究的问题归纳为：在给定条件下求解其控制方程（常微分方程或偏微分方程）的问题。更多情况下，采用数值模拟技术，求得数值解。

6.3 有限元的元离散化

1. 系统的离散化

假设连续体是由大量彼此以某种方式连接的有限尺寸单元组成的，这称之为离散模型物体的理想化。同时假设全域的控制微分方程也适用于每个单元。因此，微分方程所代表的函数在单元内是连续的，但在单元之间并不一定需要连续。

2. 单元的构成

由于单元是在某些点（节点）彼此连接的，函数仅在这些点处获得连续（协调性）。单元的尺度以及自由度是由解的预期精度来决定的。在控制函数光滑的域中，可以加大单元的尺寸也可以减少自由度。而全域可以用各种尺寸和形状的单元来离散。然而，离散系统中的节点数越多，要解的方程也越多。

至此，作为一种数值分析方法的有限单元法的分析过程就很显而易见了，不论是一个多么复杂的系统，它都是这样一个“标准”的过程。即首先将体系离散化，选择恰当的位移模式或应力模式，建立单元的刚度矩阵或柔度矩阵，然后装配成总刚度矩阵或总柔度矩阵，求解大型线性方程组，最后计算各单位的应力或位移。

6.4 有限单元法的能量原理

有限单元法涉及的能量原理主要包括：

① 功和能；

② 虚位移状态；

③ 虚功原理和最小总势能原理；

④ 位移变分法的解法；

⑤ 虚应力状态、余功和余能；

⑥ 最小总余能原理。

复杂结构的分析也就是求解一个弹性微分方程，但是只在一些特殊的条件下才有闭合解。而且即使具备这些特殊条件，也未必都能求得理想精确的解析解。

6.4.1 能量原理与数值分析

作为一种数值分析方法，基于能量原理的变分法可为求解弹性微分方程提供一个途径。但自从有限单元法得到完善和发展后，其理论基础也为能量原理。

6.4.2 功和能

结构分析的范畴内所谓的功和能是指机械功和机械能，而不涉及非机械能（如声、光、电等）。机械功是体系在力的作用下产生位移的一种效应，力必须与位移相对应。

功的定义：功=力×位移。用使体系从某状态恢复到原来的初始状态时所做的功来定义体系在该状态时的势能，势能是一个相对量。

外力功和外力势能：

功主要是指常力功和变力功，体系在外力作用前不产生应力，也不发生应变和位移，应力、应变或位移为零的状态称为能量零状态。

根据势能的定义，外力势能为：当体系在外力作用下产生了变形，直至平衡状态，体系在平衡状态时所具有的外力势能为使体系恢复到能量零状态时外力所做的功。

当体系在体力和面力作用下产生位移时，体系外力势能为：

$$E_e = -\left(\int_V X_i u_i \mathrm{d}x\mathrm{d}y\mathrm{d}z + \int_{s\sigma} \vec{X}_i \vec{u}_i \mathrm{d}s\right) \tag{6-1}$$

6.4.3 内力功和内力势能

对于有限元分析，体系在外力作用下产生应力和应变，由于外力是从零开始逐渐平稳地作用在体系上，体系的应力由零逐渐增加到 σ_{ij}，应变也是由零逐渐增加到 ε_{ij}，于是变化应力做功。体系的整个体积上内力功的一般表达式为：

$$W_1 = -\frac{1}{2}\int_V \sigma_{ij}\varepsilon_{ij}\,\mathrm{d}v \tag{6-2}$$

体系在外力作用下产生应力和应变，在体系发生变形的同时也产生了抵抗变形的弹性恢复力——内力。相对于能量零状态时体系在微分体上有内力势能，体系的总势能为：

$$E_{\mathrm{I}} = \frac{1}{2}\int_V \sigma_{ij}\varepsilon_{ij}\,\mathrm{d}v \tag{6-3}$$

6.4.4 虚位移状态

实位移 u 是体系在外力作用下，弹性体相应于实际的平衡状态的位移。所谓虚位移为任意假想的发生在平衡状态附近的约束所允许的微小位移。虚位移 δu 是相对于平衡状态而言的，是平衡状态附近的一种位移状态。力学所说的虚位移，数学上称为位移变分。

虚位移的特点：

① 虚位移是约束条件所允许的；

② 必须满足位移边界条件；

③ 它是不一定实际发生，但可能会发生的任意位移；

④ 外力从平衡状态进入虚位移状态的过程被认为是常力；

⑤ 虚状态可有无数个，而实际的平衡状态只有一个。

变分法就是在平衡状态附近的无穷多个虚状态中去寻求实际的位移状态和虚位移之间的关系，从而求得实际发生的位移，进而求得外力或内力在虚位移或虚应变所做的功，以及在虚位移状态时的势能。

6.4.5 虚功和虚势能

1. 虚功

根据虚位移的特点，外力不论是常力还是变力，从平衡状态进入虚位移状态的过程中外力都可以认为是常力 。作用在体系上的外力一般有体力和面力，外力虚功的表达式为：

$$\delta W_{\mathrm{e}} = \int_V X_i \delta u_i\,\mathrm{d}v + \int_s \bar{X}_i \delta \bar{u}_i\,\mathrm{d}s \tag{6-4}$$

2. 虚势能

同理，外力虚势能为：

$$\delta E_{\mathrm{e}} = -\left(\int_V X_i \delta u_i\,\mathrm{d}v + \int_s \bar{X}_i \delta \bar{u}_i\,\mathrm{d}s\right) \tag{6-5}$$

6.4.6 虚功原理

与前所述内力功和内力势能的原理相似：

$$\delta W = \delta E_{\mathrm{I}} = -\int_V \sigma_{ij} \delta \varepsilon_{ij} \, \mathrm{d}v \tag{6-6}$$

虚功原理：在平衡状态附近，由能量守恒，体系的外力势能的减少等于它的内力势能的增加，得到位移变分方程式：

$$\delta E_{\mathrm{I}} = -\delta E_{\mathrm{e}} \tag{6-7}$$

$$\delta E_{\mathrm{I}} = \delta\left(\int_V X_i u_i \, \mathrm{d}v + \int_s \bar{X}_i \bar{u}_i \, \mathrm{d}s\right) \tag{6-8}$$

$$\delta E_{\mathrm{I}} = \int_V \sigma_{ij} \delta \varepsilon_{ij} \, \mathrm{d}v \tag{6-9}$$

$$\int_V \sigma_{ij} \delta \varepsilon_{ij} \, \mathrm{d}v = \delta\left(\int_V X_i u_i \, \mathrm{d}v + \int_s \bar{X}_i \bar{u}_i \, \mathrm{d}s\right) \tag{6-10}$$

由此，虚功方程表示体系在平衡状态附近，当发生虚位移时应力在虚应变上做的功等于外力在虚位移上做的功。

6.4.7 最小总势能原理

体系在平衡状态附近的内力势能增量和外力势能增量之和为零，即：

$$\delta E_{\mathrm{I}} = -\delta E_{\mathrm{e}} \tag{6-11}$$

$$\delta E_{\mathrm{I}} + \delta E_{\mathrm{e}} = 0 \tag{6-12}$$

$$\delta(E_{\mathrm{I}} + E_{\mathrm{e}}) = 0 \tag{6-13}$$

$$\pi = E_{\mathrm{I}} + E_{\mathrm{e}} \tag{6-14}$$

其变分：

$$\delta \pi = 0 \tag{6-15}$$

在给定外力条件下，体系在满足约束条件的各组位移中，实际发生的位移应使体系的总势能为极值（驻值），也就是极小值。虚功原理和最小势能原理是建立有限单元法方程的重要理论依据。

6.4.8 利用虚功原理推导单元刚度矩阵

结构在体力和面力的作用下处于平衡状态，如果使结构发生任意微小的虚位移 δu，结构处于某种虚状态，那么结构的应变也将发生微小的改变，即：

$$\delta \varepsilon = [\delta \varepsilon_{\mathrm{x}} \quad \delta \varepsilon_{\mathrm{y}} \cdots \delta \varepsilon_{\mathrm{yz}}]^{\mathrm{T}} \tag{6-16}$$

结构在发生虚位移期间，作用在结构上的体力和面力在虚位移所做的功为：

$$\delta W_{\mathrm{e}} = \int_V \boldsymbol{X}^{\mathrm{T}} \delta \boldsymbol{u} \, \mathrm{d}v + \int_s \bar{\boldsymbol{X}}^{\mathrm{T}} \delta \boldsymbol{u} \, \mathrm{d}s \tag{6-17}$$

而结构的内力在虚应变上所做的功为：

$$\delta W_{\mathrm{I}} = -\int_V \boldsymbol{\sigma}^{\mathrm{T}} \boldsymbol{\delta \varepsilon} \, \mathrm{d}v \tag{6-18}$$

6.4.9 单元刚度矩阵

由能量原理得出虚功方程，即：

$$\int_v \boldsymbol{X}^{\mathrm{T}} \delta \boldsymbol{u} \mathrm{d}v + \int_s \bar{\boldsymbol{X}}^{\mathrm{T}} \delta \boldsymbol{u} \mathrm{d}s = \int_{\mathrm{v}} \boldsymbol{\sigma}^{\mathrm{T}} \delta \boldsymbol{\varepsilon} \mathrm{d}v \tag{6-19}$$

根据物理条件，即胡克定律：

$$\boldsymbol{\sigma} = \boldsymbol{D}(\boldsymbol{\varepsilon} - \boldsymbol{\varepsilon}_0) \tag{6-20}$$

转置得：

$$\boldsymbol{\sigma}^{\mathrm{T}} = \boldsymbol{\varepsilon}^{\mathrm{T}} \boldsymbol{D}^{\mathrm{T}} - \boldsymbol{\varepsilon}_0^{\mathrm{T}} \boldsymbol{D}^{\mathrm{T}} \tag{6-21}$$

代入虚功方程，并转置，得：

$$\int_v \delta \boldsymbol{\varepsilon}^{\mathrm{T}} \boldsymbol{D} \boldsymbol{\varepsilon} \mathrm{d}v = \int_v \delta \varepsilon^{\mathrm{T}} \boldsymbol{D} \boldsymbol{\varepsilon}_0 \mathrm{d}v + \int_v \delta \boldsymbol{u}^{\mathrm{T}} \boldsymbol{X} \mathrm{d}v + \int_s \delta \boldsymbol{u}^{\mathrm{T}} \bar{\boldsymbol{X}} \mathrm{d}s \tag{6-22}$$

设单元节点位移：

$$\boldsymbol{u}_{\mathrm{e}}^{\mathrm{T}} = [u_i \quad u_j \cdots]^{\mathrm{T}} \tag{6-23}$$

关于形函数：

设单元真实的位移函数 $u(x, y, z)$ 是连续单值函数，所以假定的单元节点位移与单元真实位移函数之间的关系为：

$$\boldsymbol{u} = \boldsymbol{a} \boldsymbol{u}_{\mathrm{e}} \tag{6-24}$$

采用位移法的结构分析中 $\boldsymbol{a}$ 称为形函数。根据几何条件：

$$\boldsymbol{\varepsilon} = \frac{1}{2}(\boldsymbol{u}_{i,j} + \boldsymbol{u}_{j,i}) \tag{6-25}$$

应变用节点位移表达：

$$\boldsymbol{\varepsilon} = \boldsymbol{b} \boldsymbol{u}_{\mathrm{e}} \tag{6-26}$$

$$\boldsymbol{b} = G\boldsymbol{a} \tag{6-27}$$

单元节点位移与单元真实应变之间必然存在的关系：

$$\delta \boldsymbol{\varepsilon} = \boldsymbol{b} \delta \boldsymbol{u}_{\mathrm{e}} \tag{6-28}$$

根据矩阵转置的逆序法则：

$$\delta \boldsymbol{u}^{\mathrm{T}} = \delta \boldsymbol{u}_{\mathrm{e}}^{\mathrm{T}} \boldsymbol{a}^{\mathrm{T}} \tag{6-29}$$

$$\delta \boldsymbol{\varepsilon}^{\mathrm{T}} = \delta \boldsymbol{u}_{\mathrm{e}}^{\mathrm{T}} \boldsymbol{b}^{\mathrm{T}} \tag{6-30}$$

将上式代入虚功方程得：

$$\int_v \delta \boldsymbol{u}_{\mathrm{e}}^{\mathrm{T}} \boldsymbol{b}^{\mathrm{T}} \boldsymbol{D} \boldsymbol{b} \boldsymbol{u}_{\mathrm{e}} \mathrm{d}v = \int_v \delta \boldsymbol{u}_{\mathrm{e}}^{\mathrm{T}} \boldsymbol{b}^{\mathrm{T}} \boldsymbol{D} \boldsymbol{\varepsilon}_0 \mathrm{d}v + \int_v \delta \boldsymbol{u}_{\mathrm{e}}^{\mathrm{T}} \boldsymbol{a}^{\mathrm{T}} \boldsymbol{X} \mathrm{d}v + \int_s \delta \boldsymbol{u}_{\mathrm{e}}^{\mathrm{T}} \boldsymbol{a}^{\mathrm{T}} \bar{\boldsymbol{X}} \mathrm{d}s \tag{6-31}$$

化简后得到：

$$\int_v \boldsymbol{b}^{\mathrm{T}} \boldsymbol{D} \boldsymbol{b} \mathrm{d}v \boldsymbol{u}_{\mathrm{e}} = \int_v \boldsymbol{b}^{\mathrm{T}} \boldsymbol{D} \boldsymbol{\varepsilon}_0 \mathrm{d}v + \int_v \boldsymbol{a}^{\mathrm{T}} \boldsymbol{X} \mathrm{d}v + \int_s \boldsymbol{a}^{\mathrm{T}} \bar{\boldsymbol{X}} \mathrm{d}s \tag{6-32}$$

简单表示为：

$$\boldsymbol{k}_{\mathrm{e}}\boldsymbol{u}_{\mathrm{e}}=\boldsymbol{p}_{\varepsilon}+\boldsymbol{p}_{\mathrm{q}}+\boldsymbol{p}_{\mathrm{s}} \tag{6-33}$$

6.4.10 有限元基本方程

单元刚度矩阵：

$$\boldsymbol{k}_{\mathrm{e}}=\int_{v}\boldsymbol{b}^{\mathrm{T}}\boldsymbol{D}\boldsymbol{b}\,\mathrm{d}v \tag{6-34}$$

初应变引起的单元节点力列阵：

$$\boldsymbol{p}_{\varepsilon}=\int_{v}\boldsymbol{b}^{\mathrm{T}}\boldsymbol{D}\boldsymbol{\varepsilon}_{0}\,\mathrm{d}v \tag{6-35}$$

体积力引起的单元节点力列阵：

$$\boldsymbol{p}_{\mathrm{q}}=\int_{v}\boldsymbol{a}^{\mathrm{T}}\boldsymbol{X}\mathrm{d}v \tag{6-36}$$

面力引起的元节点力列阵：

$$\boldsymbol{p}_{\mathrm{s}}=\int_{v}\boldsymbol{a}^{\mathrm{T}}\bar{\boldsymbol{X}}\mathrm{d}s \tag{6-37}$$

有限元基本方程表示了单元节点位移与节点力之间的关系，为建立这个方程，研究并选择合适的单元的真实位移函数与假设的节点位移之间的关系——形函数，以及装配和求解这个方程是有限单元法的基本课题。

6.5 空间铰接杆有限单元法的推导

下面以简单的空间铰接杆为例，做一个关于完整的有限单元法的推导过程，其主要内容包括：

① 位移函数选择；

② 形函数确定；

③ 整体坐标转换。

6.5.1 节点位移和节点力

对于空间铰接杆，单元为一维拉压元，自然对每个单元取两个节点，而每个节点仅有三个线位移，三个节点力，且为三个集中力。

单元节点在单元局部坐标系中的位移向量为：

$$\boldsymbol{u}_{\mathrm{e}}=\begin{bmatrix}\boldsymbol{u}_{i}\\ \boldsymbol{u}_{j}\end{bmatrix} \tag{6-38}$$

单元节点在结构整体坐标系中的位移向量为：

$$\boldsymbol{U}_i = [U_i \quad V_i \quad W_i] \tag{6-39}$$

$$\boldsymbol{U}_j = [U_j \quad V_j \quad W_j] \tag{6-40}$$

$$\boldsymbol{U}_\mathrm{e} = \begin{bmatrix} \boldsymbol{U}_i \\ \boldsymbol{U}_j \end{bmatrix} \tag{6-41}$$

相应的节点力列阵记：

$$\boldsymbol{P}_i = [P_{\mathrm{x}i} \quad P_{\mathrm{y}i} \quad P_{\mathrm{z}i}]^\mathrm{T} \tag{6-42}$$

$$\boldsymbol{P}_j = [P_{\mathrm{x}j} \quad P_{\mathrm{y}j} \quad P_{\mathrm{z}j}]^\mathrm{T} \tag{6-43}$$

$$\boldsymbol{P}_\mathrm{e} = \begin{bmatrix} \boldsymbol{P}_i \\ \boldsymbol{P}_j \end{bmatrix}^\mathrm{T} \tag{6-44}$$

位移函数选取线性一次函数：

$$u = c_1 + c_2 x \tag{6-45}$$

将式（6-45）表示为矩阵：

$$\boldsymbol{u} = \boldsymbol{NC} \tag{6-46}$$

$$\boldsymbol{N} = [1 \quad x] \tag{6-47}$$

$$C = [c_1 \quad c_2]^\mathrm{T} \tag{6-48}$$

6.5.2 位移插值函数的构造

根据位移插值函数的构造原则，亦即解的唯一性原则，按位移插值函数所得到的单元节点的位移等于系统中节点真正的位移，由此可将单元节点的位移代入。

$$\boldsymbol{u}_\mathrm{e} = \begin{bmatrix} \boldsymbol{u}_i \\ \boldsymbol{u}_j \end{bmatrix} = \begin{bmatrix} 1 & 0 \\ 1 & L \end{bmatrix} C \tag{6-49}$$

$$C = \begin{bmatrix} 1 & 0 \\ 1 & L \end{bmatrix}^{-1} \boldsymbol{u}_\mathrm{e} = \begin{bmatrix} 1 & 0 \\ -\dfrac{1}{L} & \dfrac{1}{L} \end{bmatrix} \boldsymbol{u}_\mathrm{e} \tag{6-50}$$

单元的位移用节点位移来表示：

$$\boldsymbol{u} = [1 \quad x] \begin{bmatrix} 1 & 0 \\ -\dfrac{1}{L} & \dfrac{1}{L} \end{bmatrix} \boldsymbol{u}_\mathrm{e} = \boldsymbol{a}\boldsymbol{u}_\mathrm{e} \tag{6-51}$$

$$\boldsymbol{u} = \begin{bmatrix} 1 - \dfrac{x}{L} & \dfrac{x}{L} \end{bmatrix} \boldsymbol{u}_\mathrm{e} \tag{6-52}$$

因此，形函数的具体形式为：

$$\boldsymbol{a} = \begin{bmatrix} 1 - \dfrac{x}{L} & \dfrac{x}{L} \end{bmatrix} \tag{6-53}$$

根据几何条件，空间铰接杆在外力作用下产生变形，只产生轴向的拉压应变。单元的轴向应变与单元变形的关系很简单：

$$\varepsilon_\mathrm{x} = \frac{\partial u}{\partial x} \tag{6-54}$$

$$\varepsilon = \varepsilon_x = \frac{\partial u}{\partial x} = \begin{bmatrix} -\frac{1}{L} & \frac{1}{L} \end{bmatrix} u_e \tag{6-55}$$

$$B = \begin{bmatrix} -\frac{1}{L} & \frac{1}{L} \end{bmatrix} \tag{6-56}$$

$$\varepsilon = B u_e \tag{6-57}$$

根据物理条件：

$$\sigma = E\varepsilon \tag{6-58}$$

6.5.3 单元刚度矩阵

为了得到空间铰接杆单元的刚度矩阵，需先写出杆单元的能量泛函：

$$\pi_e = \int_v \boldsymbol{\varepsilon}^T \boldsymbol{\sigma} dv - \sum \boldsymbol{u}_e^T \boldsymbol{P}_e \tag{6-59}$$

考虑几何条件和物理条件，则能量泛涵为：

$$\pi_e = \int_v \boldsymbol{u}_e^T \boldsymbol{B}^T E \boldsymbol{B} \boldsymbol{u}_e dv - \sum \boldsymbol{u}_e^T \boldsymbol{P}_e \tag{6-60}$$

根据总势能驻值原理：

$$\frac{\partial \pi_e}{\partial \boldsymbol{u}_e} = 0 \tag{6-61}$$

$$\int_v \boldsymbol{B}^T E \boldsymbol{B} dv \boldsymbol{u}_e - \sum \boldsymbol{P}_e = 0 \tag{6-62}$$

空间铰接杆单元在局部坐标系中的刚度矩阵：

$$\boldsymbol{k}_e = \int_v \boldsymbol{B}^T E \boldsymbol{B} dv \tag{6-63}$$

$$\boldsymbol{k}_e = \int_v \begin{bmatrix} -\frac{1}{L} \\ \frac{1}{L} \end{bmatrix} E \begin{bmatrix} -\frac{1}{L} & \frac{1}{L} \end{bmatrix} dv = \frac{EA}{L} \begin{bmatrix} 1 & -1 \\ -1 & 1 \end{bmatrix} \tag{6-64}$$

6.5.4 有限元基本方程

空间铰接杆系有限元基本方程为：

$$\boldsymbol{k}_e \boldsymbol{u}_e = \boldsymbol{P}_e \tag{6-65}$$

以上建立的杆单元的能量泛函是在单元局部坐标中进行的，显然为便于体系的变形协调必须将向量变换到统一的整体坐标系中。只需计算单元局部坐标与整体坐标系各个坐标轴的方向余弦的变换矩阵，即可知坐标系转换的关系式。

$$l = \cos\alpha = \frac{X \cdot ix}{|X| \, |ix|} = \frac{1 \cdot (X_j - X_i)}{L} = \frac{X_j - X_i}{L} \tag{6-66}$$

$$m = \cos\beta = \frac{Y \cdot ix}{|Y| \, |ix|} = \frac{(Y_j - Y_i)}{L} \tag{6-67}$$

$$n=\cos\gamma=\frac{Z\cdot ix}{|Z|\,|ix|}=\frac{(Y_j-Y_i)}{L} \tag{6-68}$$

$$L=\sqrt{(X_j-X_i)^2+(Y_j-Y_i)^2+(Z_j-Z_i)^2} \tag{6-69}$$

变换矩阵为：

$$\boldsymbol{r}=[l \quad m \quad n] \tag{6-70}$$

$$\boldsymbol{R}=\begin{bmatrix} r & 0 \\ 0 & r \end{bmatrix} \tag{6-71}$$

单元的位移向量在整体坐标系与局部坐标系中的关系：

$$\boldsymbol{u}_{\mathrm{e}}=\boldsymbol{R}\boldsymbol{U}_{\mathrm{e}} \tag{6-72}$$

同理，荷载向量之间的关系：

$$\boldsymbol{p}_{\mathrm{e}}=\boldsymbol{R}\boldsymbol{P}_{\mathrm{e}} \tag{6-73}$$

基本方程：

$$\boldsymbol{k}_{\mathrm{e}}\boldsymbol{R}\boldsymbol{U}_{\mathrm{e}}=\boldsymbol{R}\boldsymbol{P}_{\mathrm{e}} \tag{6-74}$$

$$\boldsymbol{R}^{-1}\boldsymbol{k}_{\mathrm{e}}\boldsymbol{R}\boldsymbol{U}_{\mathrm{e}}=\boldsymbol{P}_{\mathrm{e}} \tag{6-75}$$

由于转换阵是正交阵：

$$\boldsymbol{R}^{-1}=\boldsymbol{R}^{\mathrm{T}} \tag{6-76}$$

$$\boldsymbol{R}^{-1}\boldsymbol{k}_{\mathrm{e}}\boldsymbol{R}\boldsymbol{U}_{\mathrm{e}}=\boldsymbol{R}^{\mathrm{T}}\boldsymbol{k}_{\mathrm{e}}\boldsymbol{R}\boldsymbol{U}_{\mathrm{e}}=\boldsymbol{P}_{\mathrm{e}} \tag{6-77}$$

$$\boldsymbol{K}_{\mathrm{e}}=\boldsymbol{R}^{\mathrm{T}}\boldsymbol{k}_{\mathrm{e}}\boldsymbol{R} \tag{6-78}$$

在整体坐标系中的基本方程为：

$$\boldsymbol{K}_{\mathrm{e}}\boldsymbol{U}_{\mathrm{e}}=\boldsymbol{P}_{\mathrm{e}} \tag{6-79}$$

整体坐标系中的单元刚度矩阵表达式：

$$\boldsymbol{K}_{\mathrm{e}}=\begin{bmatrix} l & 0 \\ m & 0 \\ n & 0 \\ 0 & l \\ 0 & m \\ 0 & n \end{bmatrix}\frac{EA}{L}\begin{bmatrix} 1 & -1 \\ -1 & 1 \end{bmatrix}\begin{bmatrix} l & m & n & 0 & 0 & 0 \\ 0 & 0 & 0 & l & m & n \end{bmatrix} \tag{6-80}$$

$$=\frac{EA}{L}\begin{bmatrix} l^2 & & & & & \\ lm & m^2 & & & & \\ nl & mn & m^2 & & & \\ -l^2 & -lm & -nl & l^2 & & \\ -lm & -m^2 & -mn & lm & m^2 & \\ -nl & -mn & m^2 & lm & mn & n^2 \end{bmatrix} \tag{6-81}$$

有限元分析是一种模拟设计荷载条件，并且确定在此荷载条件下的设计响应的方法。它是用被称之为“单元”的离散的块体来模拟设计，每一个单元都有确定的方程来描述在一定荷载下的响应。模型中所有单元响应的“和”给出了设计的总体响应，单元中未知量的个数是有限的，因此称为“有限单元”。

总结以上过程，用有限元方法求解问题的基本步骤如下：

(1) 对整个结构进行简化，建立几何模型，并进行离散化；

(2) 求出单元的刚度矩阵；

(3) 集成总体刚度矩阵；

(4) 边界条件的处理，引入支承条件；

(5) 写出总体平衡方程；

(6) 施加荷载，有限元方程求解；

(7) 求出各节点的位移；求出各单元内的应力和应变；

(8) 结果后处理和分析，分析结果的合理性。

数值模拟技术及有限元计算在诸如力学、机械等领域早已得到广泛的应用，并已接近成熟。随着计算机技术的高速发展，一些大型的商用软件不断推出完善、友好的人机界面，促进了数值模拟在各个领域的发展。

6.6 材料的静力学分析

材料都具有复杂的组织和力学行为。材料力学特性可以简化成理想化的弹性、塑性、黏弹性等模型。材料服役问题通常分为静态（与时间无关的）和动态（与时间有关的）。采用连续介质力学理论求解一般材料的工程问题时，首先要提出能够反映该问题的基本方程式、边界条件和初始条件，即将实际工程问题简化成物理模型，进而抽象成数学模型。

连续介质力学理论描述材料的基本方程有：描述应力状态的平衡方程（运动微分方程）；描述应变状态的几何方程；描述应力应变关系的本构方程及对应的边界条件。有限元计算的静力学理论基础是基本方程及边界条件。

6.6.1 材料的应力状态分析

在笛卡尔坐标系下，单元体沿三个坐标轴方向的力状态如图 6-1 所示。单元体的任一点的应力状态可以描述为：

$$\boldsymbol{\sigma}_{ij}=\begin{bmatrix}\sigma_{11} & \sigma_{12} & \sigma_{13}\\ \sigma_{21} & \sigma_{22} & \sigma_{23}\\ \sigma_{31} & \sigma_{32} & \sigma_{33}\end{bmatrix} \tag{6-82}$$

σ_{ij} 的第一下标 i 表示面元的法线方向，称为面元指标；第二下标 j 表示应力的分解方向，称方向指标；当 $i=j$ 时，应力分量垂直于面元，称之为正应力；当 $i\neq j$ 时，应力分量作用在面元平面内，称之为剪应力。

根据剪应力互等定律，由 $\boldsymbol{\sigma}_{ij}=\boldsymbol{\sigma}_{ji}$ 可知式（6-82）中只有六个独立分量。

单元体的静力平衡：单元体沿三个坐标轴方向的力的平衡条件和对三个轴的力矩平衡条件。单元体三维力的平衡微分方程为：

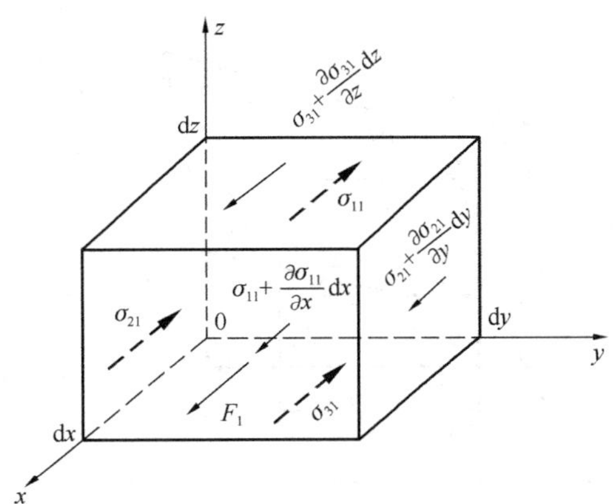

图 6-1　单元体应力状态

$$\begin{cases}\dfrac{\partial\sigma 11}{\partial x}+\dfrac{\partial\sigma 21}{\partial y}+\dfrac{\partial\sigma 31}{\partial z}+F_1=0\\[2ex]\dfrac{\partial\sigma 12}{\partial x}+\dfrac{\partial\sigma 22}{\partial y}+\dfrac{\partial\sigma 32}{\partial z}+F_2=0\\[2ex]\dfrac{\partial\sigma 13}{\partial x}+\dfrac{\partial\sigma 23}{\partial y}+\dfrac{\partial\sigma 33}{\partial z}+F_3=0\end{cases}\tag{6-83}$$

特殊说明：

F 为单元体所受的体力，包括重力、磁力、惯性力，与单元体的质量呈正比，F_i 为 i 轴的体力分量；

体表面单位面积所受的面力为 T，如压力和接触力等作用。设单位面积上的面力三个分量为 T_x，T_y，T_z 或 T_1，T_2，T_3。物体外表面法线 $\boldsymbol{n}$ 的方向余弦为 n_1，n_2，n_3。参考应力矢量与应力分量关系。可得：

$$\begin{aligned}T_1&=\sigma_{11}n_1+\sigma_{21}n_2+\sigma_{31}n_3\\T_2&=\sigma_{12}n_1+\sigma_{22}n_2+\sigma_{32}n_3\quad\Rightarrow\quad T_j=\sigma_{ij}n_i\ \text{（用张量表示）}\\T_3&=\sigma_{13}n_1+\sigma_{23}n_2+\sigma_{33}n_3\end{aligned}\tag{6-84}$$

式（6-84）的左边表示物体表面的外力，右边是弹性体内部趋近边界的应力分量。公式给出了应力分量与面力之间的关系，称之为面力边界条件。

平衡微分方程和面力边界条件都是平衡条件的表达形式，前者表示物体内部的平衡，后者表示物体边界部分的平衡。显然，如果已知应力分量满足平衡微分方程和面力边界条件，则物体平衡。反之，如果物体平衡，则应力分量必须满足平衡微分方程和面力边界条件。

6.6.2　材料的应变状态分析

在直角坐标系下，单元体沿坐标轴方向的应变状态如图 6-2 所示。

单元体的某一点的应变状态的张量描述如下：

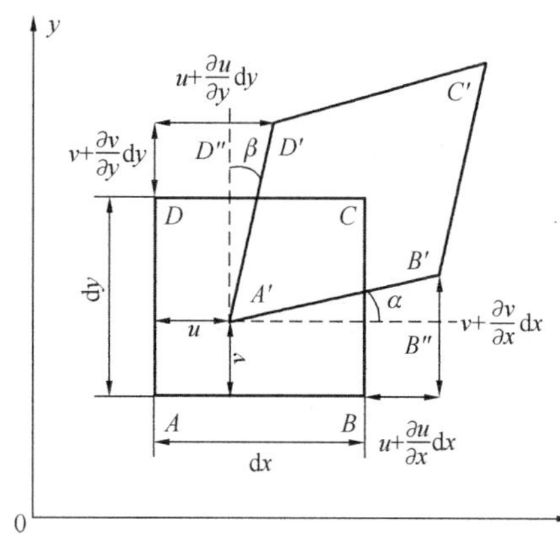

图 6-2　单元体应变状态

$$\boldsymbol{\varepsilon}_{ij}=\begin{bmatrix}\varepsilon_{\mathrm{xx}} & \varepsilon_{\mathrm{xy}} & \varepsilon_{\mathrm{xz}}\\ \varepsilon_{\mathrm{yx}} & \varepsilon_{\mathrm{yy}} & \varepsilon_{\mathrm{yz}}\\ \varepsilon_{\mathrm{zx}} & \varepsilon_{\mathrm{zy}} & \varepsilon_{\mathrm{zx}}\end{bmatrix}=\begin{bmatrix}\varepsilon_{11} & \varepsilon_{12} & \varepsilon_{13}\\ \varepsilon_{21} & \varepsilon_{22} & \varepsilon_{23}\\ \varepsilon_{31} & \varepsilon_{32} & \varepsilon_{33}\end{bmatrix} \tag{6-85}$$

与应力状态相似，根据剪应变互等定律，由 $\boldsymbol{\varepsilon}_{ij}=\boldsymbol{\varepsilon}_{ji}$ 可知，式（6-85）应变分量中只有六个是完全独立的。

描述某一点的应变分量与点的位移分量之间关系的几何方程为：

$$\begin{cases}\varepsilon_{\mathrm{x}}=\dfrac{\partial u}{\partial x} & \gamma_{\mathrm{xy}}=\gamma_{\mathrm{yx}}=\dfrac{\partial v}{\partial x}+\dfrac{\partial u}{\partial y}\\ \varepsilon_{\mathrm{y}}=\dfrac{\partial v}{\partial y} & \gamma_{\mathrm{yz}}=\gamma_{\mathrm{zy}}=\dfrac{\partial w}{\partial y}+\dfrac{\partial v}{\partial z}\\ \varepsilon_{\mathrm{z}}=\dfrac{\partial w}{\partial z} & \gamma_{\mathrm{zx}}=\gamma_{\mathrm{xz}}=\dfrac{\partial u}{\partial z}+\dfrac{\partial w}{\partial x}\end{cases} \tag{6-86}$$

首先，定义各个分量如下：

$$\varepsilon_{\mathrm{xx}}=\varepsilon_{\mathrm{x}},\ \varepsilon_{\mathrm{yy}}=\varepsilon_{\mathrm{y}},\ \varepsilon_{\mathrm{zz}}=\varepsilon_{\mathrm{z}},\ \varepsilon_{\mathrm{xy}}=\varepsilon_{\mathrm{yx}}=\frac{1}{2}\gamma_{\mathrm{xy}},\ \varepsilon_{\mathrm{yz}}=\varepsilon_{\mathrm{zy}}=\frac{1}{2}\gamma_{\mathrm{yz}},\ \varepsilon_{\mathrm{zx}}=\varepsilon_{\mathrm{xz}}=\frac{1}{2}\gamma_{\mathrm{zx}}$$

如果用张量表示，则有：

$$\begin{cases}\varepsilon_{\mathrm{xx}}=\varepsilon_{11}=\dfrac{\partial u_1}{\partial x_1}=u_{1,1}\\ \varepsilon_{\mathrm{yy}}=\varepsilon_{22}=u_{2,2}\\ \varepsilon_{\mathrm{zz}}=\varepsilon_{33}=u_{3,3}\\ \varepsilon_{\mathrm{xy}}=\varepsilon_{12}=\dfrac{1}{2}\left(\dfrac{\partial u_2}{\partial x_1}+\dfrac{\partial u_1}{\partial x_2}\right)=\dfrac{1}{2}(u_{2,1}+u_{1,2})\Rightarrow\varepsilon_{ij}=\dfrac{1}{2}(\mu_{ij}+\mu_{ji})\\ \varepsilon_{\mathrm{yz}}=\varepsilon_{23}=\dfrac{1}{2}(u_{3,2}+u_{2,3})\\ \varepsilon_{\mathrm{zx}}=\varepsilon_{31}=\dfrac{1}{2}(u_{1,3}+u_{3,1})\end{cases} \tag{6-87}$$

6.6.3　材料的应力-应变关系分析

在外力作用下，材料在变形和破坏等方面表现出复杂的特性。如材料不同，其力学性能不同；同一种材料，随着加载速率、温度条件等所处的外部工作环境的不同，其力学性能也不相同。因此，在分析研究材料的工程问题时，合理选用材料的本构模型、确定模型参数是关键问题之一。本构方程与材料的物理属性密切相关，它能够反映应力与应变的关系，能够定义材料的性质、表达材料的本征特性。

1. 弹性材料

弹性体泛指在除去外力后能恢复原状，并且只是在弱应力下形变显著，应力消除后能迅速恢复到接近原有状态和尺寸的物体。然而具有弹性的材料并不一定是弹性体，根据弹性力学，理想弹性体要满足四大条件：

（1）物体是连续的；

（2）物体是完全弹性的；

（3）物体是各向同性的；

（4）物体是均匀的。

在满足这些假定条件以后就可以认为物体是理想弹性体。但是实际上的理想弹性体是不存在的，只有相对的理想弹性体。线弹性问题是以理想弹性体的微小位移和应变为前提条件，即不考虑高次项，本构方程为线性方程；反之为非线性弹性。（弹）塑性状态的应力-应变关系理论称为（弹）塑性理论。

弹性体内任一点的应力-应变分量关系服从广义虎克定律，用应力表示应变，其形式为：

$$\left\{\begin{aligned}\varepsilon_{xx}&=\frac{1}{E}[\sigma_{xx}-\nu(\sigma_{yy}+\sigma_{zz})]\\ \varepsilon_{yy}&=\frac{1}{E}[\sigma_{yy}-\nu(\sigma_{zz}+\sigma_{xx})]\\ \varepsilon_{zz}&=\frac{1}{E}[\sigma_{zz}-\nu(\sigma_{xx}+\sigma_{yy})]\\ \varepsilon_{yz}&=\frac{1}{2G}\sigma_{yz}\\ \varepsilon_{zx}&=\frac{1}{2G}\sigma_{zx}\\ \varepsilon_{xy}&=\frac{1}{2G}\sigma_{xy}\end{aligned}\right\}\rightarrow\varepsilon_{ij}=\frac{1+\nu}{E}\sigma_{ij}-\frac{\nu}{E}\delta_{ij}\sigma \tag{6-88}$$

其中，$\sigma=\sigma_{ii}=\sigma_{11}+\sigma_{22}+\sigma_{33}$；单位张量 $\varepsilon_{ij}=\frac{1}{2}\gamma_{ij}$；$E$ 为杨氏模量；ν 为泊松比；剪切模量 $G=\frac{E}{2(1+\nu)}$。

反之，如果用应变表示应力，其形式为：

$$\left\{\begin{aligned}\sigma_{xx}&=\lambda e+2\mu\varepsilon_{xx}\\ \sigma_{yy}&=\lambda e+2\mu\varepsilon_{yy}\\ \sigma_{zz}&=\lambda e+2\mu\varepsilon_{zz}\\ \sigma_{xy}&=2\mu\varepsilon_{xy}\\ \sigma_{yz}&=2\mu\varepsilon_{yz}\\ \sigma_{zx}&=2\mu\varepsilon_{zx}\end{aligned}\right\}\rightarrow\sigma_{ij}=\lambda\delta_{ij}e+2\mu\varepsilon_{ij} \tag{6-89}$$

上述为线弹性材料的物理方程或本构方程。

在三维条件下，对于求解、分析复杂的问题，如果合理简化，将使得计算和分析的过程大大简化。

(1) 平面问题

其包括平面应力和平面应变问题，平衡方程为：

$$\begin{cases} \dfrac{\partial \sigma_{xx}}{\partial x}+\dfrac{\partial \sigma_{yx}}{\partial y}+F_{x}=0 \\ \dfrac{\partial \sigma_{xy}}{\partial x}+\dfrac{\partial \sigma_{yy}}{\partial y}+F_{y}=0 \end{cases} \tag{6-90}$$

平面问题的几何方程为：

$$\begin{cases} \varepsilon_{xx}=\dfrac{\partial u}{\partial x} \\ \varepsilon_{yy}=\dfrac{\partial v}{\partial y} \\ \varepsilon_{xy}=\varepsilon_{yx}=\dfrac{1}{2}\left(\dfrac{\partial v}{\partial x}+\dfrac{\partial u}{\partial y}\right) \end{cases} \tag{6-91}$$

平面问题的边界条件包括力与位移：

$$\begin{cases} T_{x}=\sigma_{xx} n_{1}+\sigma_{yx} n_{2} \\ T_{y}=\sigma_{xy} n_{1}+\sigma_{yy} n_{2} \end{cases} \tag{6-92}$$

$$u=u_{1}, \ v=v_{1}$$

平面应力问题适用条件为等厚度板，且厚度远小于板的其他两个方向的尺寸，外力作用方向平行于板且不随厚度变化。满足上述条件的应力状态是二维的，而其应变状态则是三维的。

弹性体的二维状态描述如下：

平面应力问题应力状态：

$$\boldsymbol{\sigma}_{ij}=\begin{bmatrix} \sigma_{xx} & \sigma_{yx} & 0 \\ \sigma_{xy} & \sigma_{yy} & 0 \\ 0 & 0 & 0 \end{bmatrix} \tag{6-93}$$

平面应力问题应变状态：

$$\boldsymbol{\varepsilon}_{ij}=\begin{bmatrix} \varepsilon_{xx} & \varepsilon_{yx} & 0 \\ \varepsilon_{xy} & \varepsilon_{yy} & 0 \\ 0 & 0 & \varepsilon_{zz} \end{bmatrix} \tag{6-94}$$

平面应力问题本构方程：

$$\begin{cases} \varepsilon_{xx}=\dfrac{1}{E}(\sigma_{xx}-\nu \sigma_{yy}) \\ \varepsilon_{yy}=\dfrac{1}{E}(\sigma_{yy}-\nu \sigma_{xx}) \\ \varepsilon_{zz}=-\dfrac{1}{E}\nu(\sigma_{xx}+\sigma_{yy}) \\ \varepsilon_{xy}=\dfrac{1}{2G}\sigma_{xy}=\dfrac{1+\nu}{E}\sigma_{xy} \\ \varepsilon_{yz}=\varepsilon_{zx}=0 \end{cases} \tag{6-95}$$

（2）平面应变问题

弹性体沿 z 轴方向的尺寸远大于其他另外两个方向的尺寸。z 轴方向的位移或应变相对于本身尺寸很小，可忽略不计，应变状态是二维的，而其应力状态则是三维的，弹性体的二维状态描述如下。

平面应变问题应力状态：

$$\boldsymbol{\sigma}_{ij} = \begin{bmatrix} \sigma_{xx} & \sigma_{yx} & 0 \\ \sigma_{xy} & \sigma_{yy} & 0 \\ 0 & 0 & \sigma_{zz} \end{bmatrix} \tag{6-96}$$

平面应变问题应变状态：

$$\boldsymbol{\varepsilon}_{ij} = \begin{bmatrix} \varepsilon_{xx} & \varepsilon_{yx} & 0 \\ \varepsilon_{xy} & \varepsilon_{yy} & 0 \\ 0 & 0 & 0 \end{bmatrix} \tag{6-97}$$

平面应变问题本构方程：

$$\begin{cases} \varepsilon_{xx} = \dfrac{1}{E'}(\sigma_{xx} - \nu'\sigma_{yy}) \\ \varepsilon_{yy} = \dfrac{1}{E'}(\sigma_{yy} - \nu'\sigma_{xx}) \\ \varepsilon_{xy} = \dfrac{1}{2G}\sigma_{xy} \end{cases} \tag{6-98}$$

式中，$E' = \dfrac{E}{1-\nu^2}$，$\nu' = \dfrac{\nu}{1-\nu}$。

（3）轴对称问题

如果弹性体的几何形状和所受外力均对称于弹性体的中心轴，则称为轴对称问题。典型的轴对称问题有柱、筒、环等。

轴对称使问题进一步简化，即剪应力为零：$\sigma_{r\theta} = \sigma_{\theta r} = 0$，只有正应力：

$$\begin{cases} \sigma_{rr} = \sigma_{rr}(r) = \dfrac{A}{r^2} + B(1 + 2\ln r) + 2C \\ \sigma_{\theta\theta} = \sigma_{\theta\theta}(r) = -\dfrac{A}{r^2} + B(3 + 2\ln r) + 2C \end{cases}$$

① 轴对称平面应力问题

面内的外力作用和几何尺寸沿 z 轴对称，且 z 轴的尺寸远远小于 x，y 方向的尺寸，如薄板圆环。

② 轴对称平面应变问题

外力作用和几何尺寸沿 z 轴对称，沿 z 轴方向的尺寸远大于其他两个方向的尺寸或两端受约束，z 轴方向的位移或应变相对于本身尺寸很小，可忽略不计。

对于轴对称平面应力与应变问题，二者应力分量表达式相同，即：

$$\begin{cases}\sigma_{\mathrm{rr}}=\dfrac{A}{r^2}+2C\\ \sigma_{\theta\theta}=-\dfrac{A}{r^2}+2C\\ \sigma_{\theta\mathrm{r}}=\sigma_{\mathrm{r}\theta}=0\end{cases}\tag{6-99}$$

轴对称平面应力问题应变分量表达式：

$$\begin{cases}\varepsilon_{\mathrm{rr}}=\dfrac{1}{E}\left[(1+\nu)\dfrac{A}{r^2}+(1-3\nu)B+2(1-\nu)B\ln r+2(1-\nu)C\right]\\ \varepsilon_{\theta\theta}=\dfrac{1}{E}\left[-(1+\nu)\dfrac{A}{r^2}+(3-\nu)+2(1-\nu)B\ln r+2(1-\nu)C\right]\\ 2\varepsilon_{\mathrm{r}\theta}=r_{\mathrm{r}\theta}=0\end{cases}\tag{6-100}$$

而平面应变问题的应变分量表达式仅需将式（6-100）中的 E 和 ν 换为 $E'=\dfrac{E}{1-\nu^2}$ 和 $\nu'=\dfrac{\nu}{1-\nu}$。

2. 弹塑性材料

材料受力超过弹性极限或屈服强度时，应力和应变呈非线性关系，产生不可逆的塑性变形，卸载后，材料会出现残余应变。外荷载作用使材料进入弹塑性区域，材料产生的变形称为弹塑性变形，由弹性变形和塑性变形组成。材料处于弹性变形阶段，应力-应变满足线性关系，服从虎克定律。如果继续变形，当应力 σ 超过材料的屈服极限 σ_{s} 时，材料进入塑性变形阶段，因此，弹塑性体变形除弹性变形外，还包括塑性变形。应力-应变曲线如图 6-3 所示。总应变 ε_{ij} 由弹性应变 $\varepsilon_{ij}^{\mathrm{e}}$ 和塑性应变 $\varepsilon_{ij}^{\mathrm{p}}$ 两部分组成，即：

$$\varepsilon_{ij}=\varepsilon_{ij}^{\mathrm{e}}+\varepsilon_{ij}^{\mathrm{p}}\tag{6-101}$$

处在塑性阶段的弹塑性材料的性能不仅与应力状态有关，而且与加载路径有关。

几种常用的弹塑性理想（简单）模型如下：

(1) 理想刚塑性模型

材料受力，在屈服前处于刚性无变形状态，一旦材料屈服，则进入不强化的理想塑性流动状态。应力-应变关系见图 6-4。

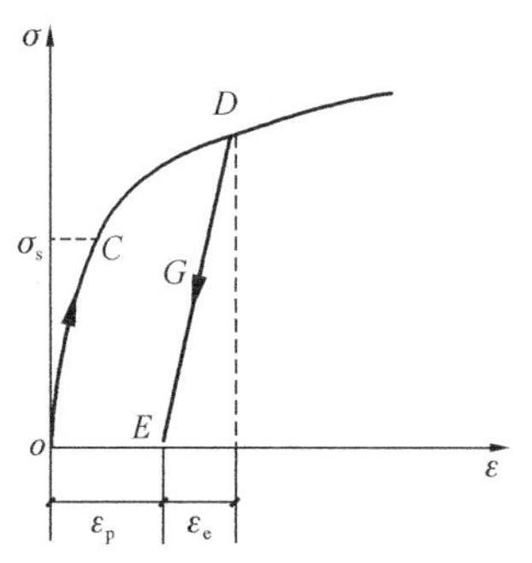

图 6-3 弹塑性材料的应力-应变曲线

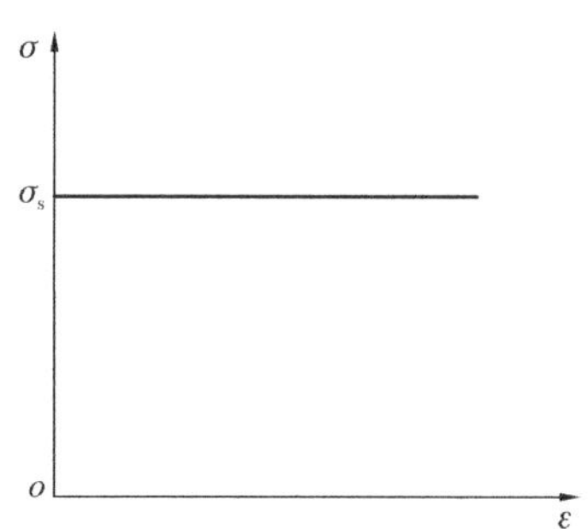

图 6-4 刚塑性模型的应力-应变曲线

其表达式为：

$$\sigma = \sigma_s \tag{6-102}$$

（2）理想弹塑性模型

材料受力，处在弹性阶段，其应力-应变关系是线性的，屈服后是不强化的理想塑性流动状态。

应力-应变关系如图 6-5 所示，其表达式为：

$$\sigma = \begin{cases} E\varepsilon & \varepsilon \leqslant \varepsilon_s \\ \sigma_s & \varepsilon > \varepsilon_s \end{cases} \tag{6-103}$$

（3）刚塑性线性强化模型

材料受力，在屈服前为刚性无变形状态，一经屈服后即表现为线性强化。其应力-应变关系如图 6-6 所示。

其表达式为：

$$\sigma = \sigma_s + E_1\varepsilon \tag{6-104}$$

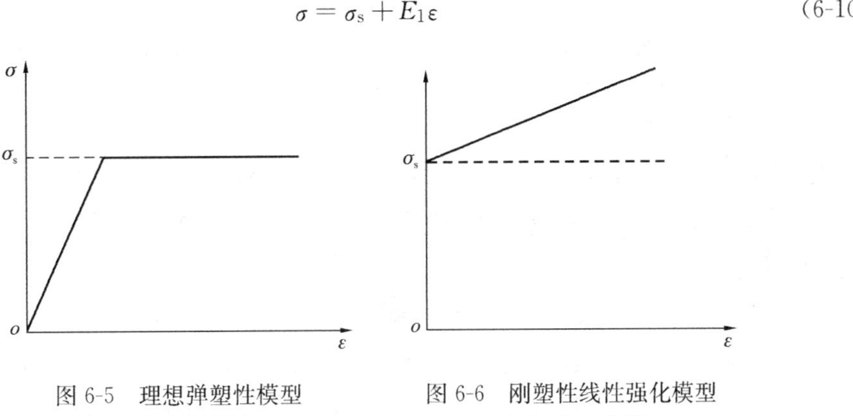

图 6-5　理想弹塑性模型应力-应变曲线　　图 6-6　刚塑性线性强化模型应力-应变曲线

（4）弹塑性线性强化模型

材料受力，在弹性阶段表现为线性，屈服后表现为线性强化，又称双直线模型。其应力-应变关系如图 6-7 所示。

其表达式为：

$$\sigma = \begin{cases} E\varepsilon & \varepsilon \leqslant \varepsilon_s \\ \sigma_s + E_1(\varepsilon - \varepsilon_s) & \varepsilon > \varepsilon_s \end{cases} \tag{6-105}$$

（5）幂强化模型

材料受力，应力-应变遵从幂指数关系，即：

$$\sigma = A\varepsilon^n \tag{6-106}$$

式中，$A > 0$，n 为强化系数，$n = 0$ 为理想刚塑性材料；$n = 1$ 为理想线弹性材料。

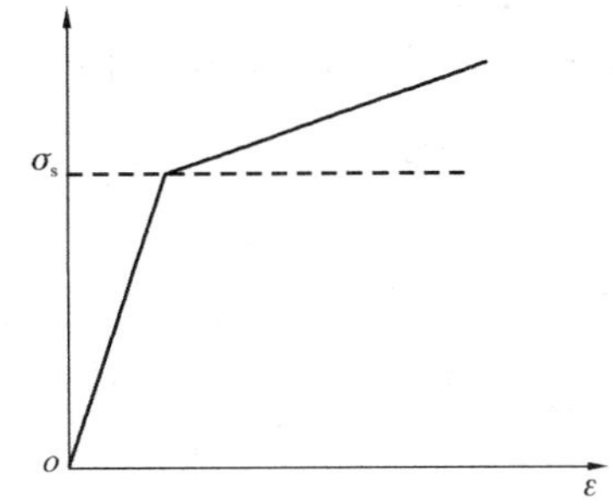

图 6-7　弹塑性线性强化模型应力-应变关系

应力-应变曲线如图 6-8 所示。

（6）多阶段模型

在弹性阶段，大多数材料的应力-应变关系遵从线性规律，符合虎克定律。屈服后发生塑性变形，导致应力-应变规律表现为复杂的非线性。出于研究需要，将塑性阶段应力-应变关系进行分段分析，多阶段模型应力-应变关系如图 6-9 所示。

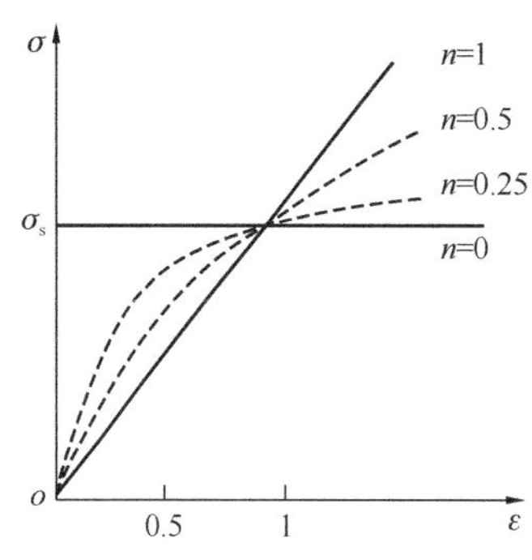

图 6-8　幂强化材料应力-应变曲线

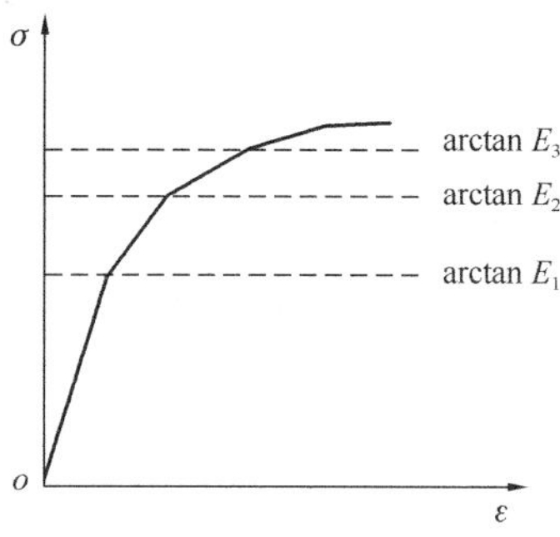

图 6-9　多阶段模型应力-应变曲线

（7）增量理论模型

增量理论指的是由于材料在进入塑性状态时的非线性性质和塑性变形的不可恢复的特点，需研究应力增量和应变增量之间的关系。用增量形式表示的本构关系，一般统称为增量理论或流动理论。

材料的塑性应力-应变关系，最重要的两个特点是它的非线性和不单一性，所谓非线性是指应力-应变不是线性关系，不单一性是指应变不能由应力确定。所以，在描述塑性变形的方程时，原则上不能由应力分量和应变分量的有限关系式相联系（如虎克定律），而必须是微分关系式。增量形式既适用于简单加载又适用于复杂加载。但经典塑性力学中的增量理论，实际上被建立在不同的假设基础之上。塑性力学的根本目的就是研究塑性变形体内的应力与应变。

材料在塑性状态下，应力-应变关系的本质是增量关系，这是一种更接近实际塑性材料的模型。塑性力学中常用的本构关系是增量理论，其中主要包括列维-米塞斯（Levy-Mises）方程和普朗特-劳斯（Prandtl-Reuss）方程。

1）Levy-Mises 流动法则

$$d\varepsilon_{ij} = d\lambda S_{ij}(d\lambda \geqslant 0) \quad \text{适用于刚塑性体}$$

其本构方程为：$d\varepsilon_{ij} = \frac{3\varepsilon_i}{2\sigma_i}S_{ij}$。

2）Prandtl-Reuss 流动法则

$$d\varepsilon_{ij}^{p} = d\lambda S_{ij}(d\lambda \geqslant 0) \quad \text{适用于弹塑性体}$$

其本构方程为：$\begin{cases} \mathrm{d}e_{ij} = \dfrac{1}{2G}\mathrm{d}S_{ij} + \mathrm{d}\lambda S_{ij} \\ \mathrm{d}\varepsilon_{ii} = \dfrac{1-2\mu}{E}\mathrm{d}\sigma_{ii} \end{cases}$

其中，e_{ij} 为偏应变张量，S_{ij} 为偏应力张量。

3. 塑性材料

塑性材料能产生较大的塑性变形，塑性问题的求解是非常复杂的，刚塑性材料的平面应变问题多采用近似的滑移线场理论。

塑性平面应变问题，则是指物体内各个质点的塑性流动均平行于 XOY 平面，且与 Z 无关。

塑性平面应变位移方程为：

$$u = u(x,y),\ v = v(x,y),\ w = 0$$

应力平衡方程可表示为：

$$\begin{cases} \dfrac{1}{4}(\sigma_{xx} - \sigma_{yy})^2 + \sigma_{xy}^2 = k^2 \\ \dfrac{\partial\sigma_{xx}}{\partial x} + \dfrac{\partial\sigma_{yy}}{\partial y} = 0 \\ \dfrac{\partial\sigma_{xy}}{\partial x} + \dfrac{\partial\sigma_{yy}}{\partial y} = 0 \end{cases} \tag{6-107}$$

应变几何方程可表示为：

$$\begin{cases} \varepsilon_{xx} = \dfrac{\partial u}{\partial x},\ \varepsilon_{yy} = \dfrac{\partial v}{\partial y},\ \varepsilon_{xx} = 0 \\ \varepsilon_{xy} = \dfrac{\partial u}{\partial x} + \dfrac{\partial v}{\partial y},\ \varepsilon_{yz} = \varepsilon_{zx} = 0 \end{cases} \tag{6-108}$$

滑移线场理论中常遇到的应力边界条件：

（1）应力自由表面：

$$\begin{cases} \sigma_{yy} = 0 \\ \sigma_{xy} = 0 \end{cases}$$

（2）无摩擦接触面：

$$\sigma_{xy} = 0$$

4. 黏弹性材料

同时具有弹性和黏性两种不同机理的形变，综合地体现为黏性流体和弹性固体两者特性的材料称为黏弹性体。黏弹性体受力后的变形过程是一个随时间变化的过程，卸载后的恢复过程又是一个延迟过程，因此黏弹性体内的应力不仅与当时的应变有关，而且与应变的全部变化历史有关。以线弹性和线黏性为例，当开始加载时，初始材料显示弹性性能，符合虎克定律 $\sigma = E\varepsilon$ 。在加载时形变随时间而增大，卸载后形变继续保留下来，应力-应变关系符合

牛顿定律 $\sigma = \dot{\eta}\varepsilon = \dfrac{\mathrm{d}\varepsilon}{\mathrm{d}t}$。

黏弹性材料在突加荷载时既产生突然的弹性响应，又产生连续应变，其应力响应介于弹性固体和黏性流体之间，由于材料存在内部摩擦效应，导致热力学损耗，是不可逆的过程，卸载后仍存在残余应变。线性黏弹性材料的力学模型主要有以下几种。

（1）Maxwell 模型

即考虑一个弹簧和一个阻尼器串联，如图 6-10 所示。

Maxwell 模型可以近似描述黏弹性固体的应力松弛行为：

$$\dot{\varepsilon} = \frac{\dot{\sigma}}{E} + \frac{\sigma}{\eta} \tag{6-109}$$

依上式可知：

当 $\varepsilon = \varepsilon_0$，$\dot{\varepsilon} = 0$ 得：$\sigma(t) = \sigma_0 \mathrm{e}^{-\frac{E}{\eta}t}$，即应力松弛——应力随时间减小；

当 $\sigma = \sigma_0$ 得：$\varepsilon(t) = \dfrac{\sigma_0}{\eta}t$，即蠕变——应力随时间增大。

（2）Kelvin 模型

考虑一个弹簧和一个阻尼器并联，如图 6-11 所示。

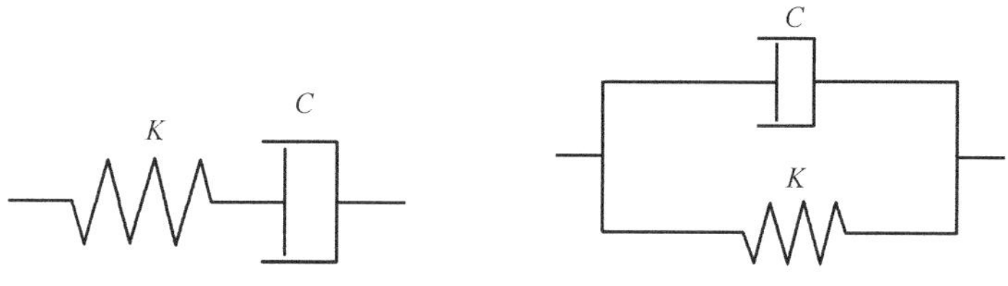

图 6-10　Maxwell 模型示意图　　图 6-11　Kelvin 模型示意图

Kelvin 模型可以近似描述黏弹性固体的蠕变行为：

$$\sigma = E\varepsilon + \eta\dot{\varepsilon} \tag{6-110}$$

依上式可知：

当 $\sigma = \sigma_0$，$\varepsilon(t) = \dfrac{\sigma_0}{E}(1 - \mathrm{e}^{-\frac{E}{\eta}t})$，即蠕变——应力随时间增大；

当 $\varepsilon = \varepsilon_0$，$\dot{\varepsilon} = 0$，$\sigma = E\varepsilon$，即弹性行为——虎克定律。

（3）标准线性固体模型

即 Maxwell 模型和另一个弹簧并联，如图 6-12 所示。

标准线性固体模型可以同时描述应力松弛和蠕变现象：

$$\sigma + \tau_\varepsilon\dot{\sigma} = M_\mathrm{R}(\varepsilon + \tau_\sigma\dot{\varepsilon}) \tag{6-111}$$

依上式可知：

当 $\varepsilon = \varepsilon_0$，$\dot{\varepsilon} = 0$，$\sigma(t) = M_\mathrm{R}\varepsilon_0 + (\sigma_0 - M_\mathrm{R}\varepsilon_0)\mathrm{e}^{-\frac{E}{\eta}t}$，即应力松弛；

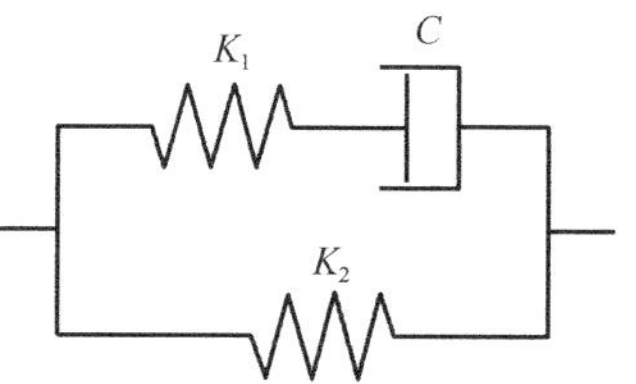

图 6-12　标准线性固体模型示意图

当 $\sigma=\sigma_0$，$\varepsilon(t)=\dfrac{\sigma_0}{M_R}+\left(\varepsilon_0-\dfrac{\sigma_0}{M_R}\right)e^{-\frac{E}{\eta}t}$，即应变松弛——蠕变。

黏弹性固体的动态力学行为：

内耗　$$Q^{-1}=\frac{1}{2\pi}\frac{\Delta W}{W}=\sin\varphi\approx\tan\varphi\approx\varphi$$

标准线性固体的动态力学模型：

$$Q^{-1}=\Delta_M\frac{\omega\tau}{1+\omega^2\tau^2}$$

$$\Delta_M=\frac{M_u-M_R}{M} \tag{6-112}$$

6.7 热学有限元分析基础

热学是研究宏观物体的热运动以及和热运动相关的各种规律和性质的科学，是人类最早研究的自然学科之一，也是多物理场仿真的重要基础。材料通常都服役在变温工作环境中，温度的变化会引起材料内部热应力，产生随时间变化的瞬态热-力耦合响应问题，有限单元法对于复杂结构的温度场即热力耦合求解具有精确、高效的特点。

6.7.1 温度场问题的控制方程

对于一般三维温度场问题基本方程，在直角坐标系中瞬态温度场 $T(x,y,z,t)$ 应满足傅里叶（Fourier）热传导微分方程：

$$\rho c\frac{\partial T}{\partial t}-\frac{\partial}{\partial r}\left(k_x\frac{\partial T}{\partial x}\right)-\frac{\partial}{\partial y}\left(k_y\frac{\partial T}{\partial y}\right)-\frac{\partial}{\partial z}\left(k_z\frac{\partial T}{\partial z}\right)-\rho Q=0\ (\text{在}\ \Omega\ \text{内}) \tag{6-113}$$

式（6-113）是热量平衡方程。其中第 1 项是微体升温的热量；第 2，3，4 项是分别沿 x，y 和 z 方向传入微体的热量；最后一项是微体内产生的热量。方程表明微体升温所需的热量与传入微体的热量以及微体内热源产生的热量相平衡。边界条件是：

$$T=\bar{T}\ (\text{在}\ \Gamma_1\ \text{边界上}) \tag{6-114}$$

$$k_x\frac{\partial T}{\partial x}n_x+k_y\frac{\partial T}{\partial y}n_y+k_z\frac{\partial T}{\partial z}n_z=q\ (\text{在}\ \Gamma_2\ \text{边界上}) \tag{6-115}$$

$$k_x\frac{\partial T}{\partial x}n_x+k_y\frac{\partial T}{\partial y}n_y+k_z\frac{\partial T}{\partial z}n_z=h(T_a-T)\ (\text{在}\ \Gamma_3\ \text{边界上}) \tag{6-116}$$

式（6-113）～式（6-116）中，ρ 为材料密度（kg/m^3）；c 为材料比热 [J/(kg·K)]；t 为时间（s）；k_x，k_y，k_z 分别是材料沿物体 x，y，z 方向的热传导系数 [W/(m·K)]；$Q=Q(x,y,z,t)$ 为物体内部的热源密度（W/kg）；n_x，n_y，n_z 为材料沿 x、y，z 方向的传热导数；$\bar{T}=\bar{T}(\Gamma,t)$ 为 Γ_1 边界上的给定温度；$q=q(\Gamma,t)$ 为 Γ_2 边界上的给定热流量（W/m^2）；

h 为物体与周围介质的对流换热系数［W/(m^2·K)］；自然对流条件下，$T_a = T_a(\Gamma,t)$ 在自然对流条件下，为外界环境温度，在强迫对流条件下，为边界层的绝热壁温度。

边界应满足：

$$\Gamma_1 + \Gamma_2 + \Gamma_3 = \Gamma$$

式中，Γ 是域 Ω 的全部边界。

式（6-114）是在 Γ_1 边界上给定温度 $\overline{T}(\Gamma,t)$，是强制边界条件，称为第一类边界条件。式（6-115）是在 Γ_2 边界上给定热流量 $q(\Gamma,t)$，称为第二类边界条件，当 $q=0$ 时，就是绝热边界条件。式（6-116）是在 Γ_3 边界上给定对流换热的条件，称为第三类边界条件。第二、三类边界条件是自然边界条件。

边界上的 $\overline{T}$，q，T_a 及内部的 Q 随时间变化，场变量是坐标和时间的函数，即 $\partial T/\partial t \neq 0$，传导是瞬态传热。如果在某一个方向上温度变化为零，则转化为二维平面问题，例如 z 方向，其热传导方程退化为：

$$\rho c \frac{\partial T}{\partial t} - \frac{\partial}{\partial x}\left(k_x \frac{\partial T}{\partial x}\right) - \frac{\partial}{\partial y}\left(k_y \frac{\partial T}{\partial y}\right) - \rho Q = 0\ (在\ \Omega\ 内) \tag{6-117}$$

场变量 $T(x,y,t)$ 不再是 z 的函数。场变量同时应满足的边界条件是：

$$T = \overline{T}(\Gamma,t)\ (在\ \Gamma_1\ 边界上) \tag{6-118}$$

$$k_x \frac{\partial T}{\partial x} n_x + k_y \frac{\partial T}{\partial y} n_y = q(\Gamma,t)\ (在\ \Gamma_2\ 边界上) \tag{6-119}$$

$$k_x \frac{\partial T}{\partial x} n_x + k_y \frac{\partial T}{\partial y} n_y = h(T_a - T)\ (在\ \Gamma_3\ 边界上) \tag{6-120}$$

如果是轴对称问题，则在柱坐标中场函数 $T(r,z,t)$ 应满足的方程是：

$$\rho c r \frac{\partial T}{\partial t} - \frac{\partial}{\partial r}\left(k_r r \frac{\partial T}{\partial r}\right) - \frac{\partial}{\partial z}\left(k_z r \frac{\partial T}{\partial z}\right) - \rho r Q = 0\ (在\ \Omega\ 内) \tag{6-121}$$

边界条件是：

$$T = \overline{T}(\Gamma,t)\ (在\ \Gamma_1\ 边界上)$$

$$k_r \frac{\partial T}{\partial r} n_r + k_z \frac{\partial T}{\partial z} n_z = q(\Gamma,t)\ (在\ \Gamma_2\ 边界上) \tag{6-122}$$

$$k_r \frac{\partial T}{\partial r} n_r + k_z \frac{\partial T}{\partial z} n_z = h(T_a - T)\ (在\ \Gamma_3\ 边界上)$$

如求解瞬态温度场，在式（6-123）所示的初始条件下，场变量 T 是坐标和时间的函数：

$$T = T_0\ (当\ t=0) \tag{6-123}$$

如果边界上的 $\overline{T}$，q，T_a 及内部的 Q 不随时间变化，则经过一定时间的热交换后，物体内各点的温度将不随时间变化，趋于稳定，即：

$$\frac{\partial T}{\partial t} = 0 \tag{6-124}$$

此时瞬态热传导方程退化为稳态热传导方程，由傅里叶热传导微分方程式（6-113），考虑式（6-124）的情况，可以得到三维下的稳态热传导方程：

$$\frac{\partial}{\partial x}\left(k_x \frac{\partial T}{\partial x}\right)+\frac{\partial}{\partial y}\left(k_y \frac{\partial T}{\partial y}\right)+\frac{\partial}{\partial z}\left(k_z \frac{\partial T}{\partial z}\right)+\rho Q=0\ (\text{在 }\Omega\text{ 内}) \tag{6-125}$$

由式（6-125）可得二维问题的稳态热传导方程：

$$\frac{\partial}{\partial x}\left(k_x \frac{\partial T}{\partial x}\right)+\frac{\partial}{\partial y}\left(k_y \frac{\partial T}{\partial y}\right)+\rho Q=0\ (\text{在 }\Omega\text{ 内}) \tag{6-126}$$

由式（6-126）可得到轴对称问题的稳态热传导方程：

$$\frac{\partial}{\partial r}\left(k_r \frac{\partial T}{\partial r}\right)+\frac{\partial}{\partial z}\left(k_z r \frac{\partial T}{\partial r}\right)+\rho r Q=0\ (\text{在 }\Omega\text{ 内}) \tag{6-127}$$

求解稳态温度场问题时，场变量 T 是坐标的函数，与时间无关。

瞬态热传导问题，即瞬态温度场温度具有时间依赖性。在其空间域进行有限元离散后，得到的是一阶常微分方程组，实际上不能对它直接求解。如果进行求解，可以采用模态叠加法和直接积分法。稳态热传导问题，即稳态温度场问题与时间无关，可以直接得到有限元求解方程。

6.7.2 热学有限元分析的基本方法

（1）传热方式

热传导，热对流，热辐射。

（2）求解的常用物理量

比热容；导热系数；热流密度；对流系数（换热系数）；斯蒂芬玻尔兹曼常数等。

（3）热荷载和边界条件

温度通常作为约束，可以加载到点、线或面上；对流和热流通常作为面荷载加载，直接施加在实体模型的面上；热流率作为集中荷载，可以作用在线单元模型上；对于分析对象产生热量的情况，比如电路芯片生热，水泥水化热等，热生成率可以作为三维实体荷载加载到分析对象上。热学中的其他荷载都是上述几种基本荷载的组合或者延伸。

（4）单元的选择：

由于温度是标量，只有一个自由度，单纯的热学分析对单元选择没有太多要求，在进行多物理场耦合分析时，如热力耦合分析，需要根据实际情况选择对应的单元。

（5）稳态和瞬态

稳态是指温度场不随时间变化，瞬态是指温度场随时间变化而变化。对于瞬态问题的求解，其核心是选择合适的时间步长。时间步长过小，更容易收敛，结果更精确，但求解时间增加，同时增加扰动的可能性；时间步长过大，求解结果误差偏大。

（6）热力耦合分析

由于材料本身存在热胀冷缩特性，当物体温度场发生变化时，约束会在物体内部产生应力或温度梯度应力。热力耦合分析主要研究温度场与结构场之间的关系；耦合分析分为直接耦合和间接耦合，直接耦合是用包含结构和热自由度的同一单元，一次性求解偏微分方程得到结果；间接耦合则是先计算出温度场，然后将温度场作为荷载加载到结构分析中。两种分析方法各有利弊：间接法简单，求解所需资源少；直接法适用于高度非线性耦合。

（7）流热耦合分析

流热耦合分析在多数研究领域是常见的模拟分析，主要研究流体流动与固体的传热问题，如固体的对流传热等。目前 ANSYS 软件与 FLUENT 软件可以解决单向流热耦合和双向流热耦合问题，流热耦合一般采用间接耦合分析方法，首先考虑的是温度场，即固定温度边界条件，然后将其作为输入项进行计算。

6.8 有限元分析软件 ANSYS 简介

ANSYS 有限元软件包是一个多用途的有限元法计算机设计程序，可以用来求解结构、流体、电力、电磁场及碰撞等问题。因此它可应用于航空航天、汽车工业、生物医学、桥梁、建筑、电子产品、重型机械、微机电系统、运动器械等领域。ANSYS 采用开放式结构，提供了与 CAD 软件的接口，用户编程接口 UPFs，参数化设计语言 APDL。ANSYS 分为系统层、功能模块层两层结构，可以使用图形交互方式，也可以使用批处理方式。ANSYS 图形方式启动界面如图 6-13 所示。

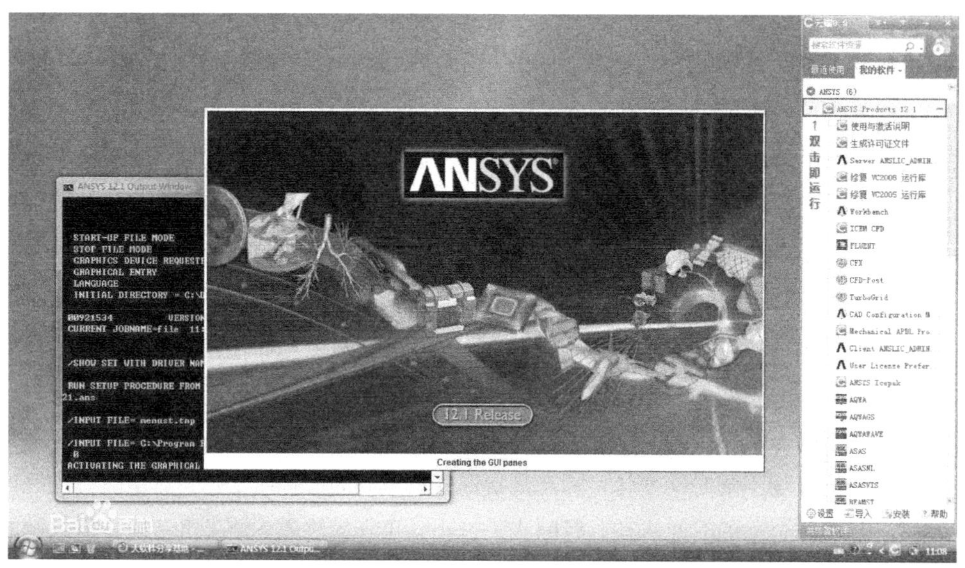

图 6-13　ANSYS 图形方式启动界面

6.8.1 ANSYS 软件功能

（1）结构静力分析

用来求解外荷载引起的位移、应力和力。静力分析很适合求解惯性和阻尼对结构影响并不显著的问题。ANSYS 程序中的静力分析不仅可以进行线性分析，而且可以进行非线性分析，如塑性、蠕变、膨胀、大变形、大应变及接触分析。

（2）结构动力学分析

结构动力学分析用来求解随时间变化的荷载对结构或部件的影响。与静力分析不同，动力分析要考虑随时间变化的力荷载以及它对阻尼和惯性的影响。ANSYS 可进行的结构动力学分析类型包括：瞬态动力学分析、模态分析、谐波响应分析及随机振动响应分析。

（3）结构非线性分析

结构非线性导致结构或部件的响应随外荷载不呈比例变化。ANSYS 程序可求解静态和瞬态非线性问题，包括材料非线性、几何非线性和单元非线性三种。

（4）动力学分析

ANSYS 程序可以分析大型三维柔体运动。当运动的积累影响起主要作用时，可使用这些功能分析复杂结构在空间中的运动特性，并确定结构中由此产生的应力、应变和变形。

（5）热分析

程序可处理热传递的三种基本类型：传导、对流和辐射。热传递的三种类型均可进行稳态和瞬态、线性和非线性分析，以及热量的获取或损失、热梯度、热通量等。热分析还具有可以模拟材料固化和熔解过程的相变分析能力以及模拟热与结构应力之间的热-结构耦合分析能力。

（6）电磁场分析

主要用于电磁场问题的分析，如电感、电容、磁通量密度、涡流、电场分布、磁力线分布、力、运动效应、电路和能量损失等。还可用于螺线管、调节器、发电机、变换器、磁体、加速器、电解槽及无损检测装置等的设计和分析领域。考虑的物理量是磁通量密度、磁场密度、磁力、磁力矩、阻抗、电感、涡流、能耗及磁通量泄漏等。磁场可由电流、水磁体、外加磁场等产生。

（7）流体动力学分析

ANSYS 流体单元能进行流体动力学分析，分析类型可以为瞬态或稳态。分析结果可以是每个节点的压力和通过每个单元的流率。并且可以利用后处理功能产生压力、流率和温度分布的图形显示。另外，还可以使用三维表面效应单元和热-流管单元模拟结构的流体绕流并包括对流换热效应，确定流体材料的流动及热行为。流体分析包括不可压缩或可压缩流体、层流及湍流以及多组分流等，同时还可考虑流体介质与周围固体的相互作用，进行声场分析等。

（8）声场分析

程序的声学功能用来研究在含有流体的介质中声波的传播，或分析浸在流体中的固体结构的动态特性。这些功能可用来确定音响话筒的频率响应，研究音乐大厅的声场强度分布，或预测水对振动船体的阻尼效应。

（9）压电分析

用于分析二维或三维结构对 AC（交流）、DC（直流）或任意随时间变化的电流或机械荷载的响应。这种分析类型可用于换热器、振荡器、谐振器、麦克风等部件及其他电子设备的结构动态性能分析。

（10）耦合场分析

典型的耦合场分析有：热-力耦合分析，流体-结构相互作用，感应加热（电磁-热），感应振荡等。

6.8.2 ANSYS 软件模块介绍

ANSYS 软件主要包括三个部分：前处理模块，分析计算模块和后处理模块。

前处理模块提供一个强大的实体建模及网格划分工具，用户可以方便地构造有限元模型；分析计算模块包括结构分析（可进行线性分析、非线性分析和高度非线性分析）、流体动力学分析、电磁场分析、声场分析、压电分析以及多物理场的耦合分析，可模拟多种物理介质的相互作用，具有灵敏度分析及优化分析能力；后处理模块可将计算结果以彩色等值线、梯度、矢量、粒子流迹、立体切片、透明及半透明（可看到结构内部）等图形方式显示出来，也可将计算结果以图表、曲线形式显示或输出。

此外，软件还提供了 100 种以上的单元类型，用来模拟工程中的各种结构和材料。

（1）实体建模

ANSYS 程序提供了两种实体建模方法：自上而下与自下而上。自上而下进行实体建模时，用户定义一个模型的最高级图元，如球、棱柱等，称为基元，程序则自动定义相关的面、线及关键点。ANSYS 程序提供了完整的布尔运算，诸如相加、相减、相交、分割、粘结和重叠。在创建复杂实体模型时，对线、面、体、基元的布尔操作能减少相当可观的建模工作量。ANSYS 程序还提供了拖拉、延伸、旋转、移动、延伸和拷贝实体模型图元的功能。附加的功能还包括圆弧构造、切线构造、通过拖拉与旋转生成面和体、线与面的自动相交运算、自动倒角生成、用于网格划分的硬点的建立、移动、拷贝和删除。

（2）网格划分

ANSYS 程序提供了对 CAD 模型进行网格划分的功能。其包括四种网格划分方法：延伸划分、映射划分、自由划分和自适应划分。延伸划分可将一个二维网格延伸成一个三维网格。映射划分允许用户将几何模型分解成简单的几部分，然后选择合适的单元属性和网格控制，生成映射网格。自适应划分是在生成了具有边界条件的实体模型以后，用户指示程序自动地生成有限元网格，分析、估计网格的离散误差，然后重新定义网格大小，再次分析计算、估计网格的离散误差，直至误差低于用户定义的值或达到用户定义的求解次数。

（3）施加荷载

在 ANSYS 程序中，荷载包括边界条件和外部或内部作用力函数，在不同的分析领域中有不同的表征，但基本上可以分为 6 大类：自由度约束、力（集中荷载）、面荷载、体荷载、惯性荷载以及耦合场荷载。

① 自由度约束（DOF Constraints）：将给定的自由度用已知量表示。例如在结构分析中约束是指位移和对称边界条件，而在热力学分析中则指的是温度和热通量平行的边界条件。

② 力（集中荷载 Force）：是指施加于模型节点上的集中荷载或者施加于实体模型边界上的荷载。例如结构分析中的力和力矩，热力分析中的热流速度，磁场分析中的电流段。

③ 面荷载（Surface Load）：是指施加于某个面上的分布荷载。例如结构分析中的压力，热力学分析中的对流和热通量。

④ 体荷载（Body Load）：是指体积或场荷载。例如需要考虑的重力，热力分析中的热生成速度。

⑤ 惯性荷载（Inertia Loads）：是指由物体的惯性而引起的荷载。例如重力加速度、角速度、角加速度引起的惯性力。

⑥ 耦合场荷载（Coupled-field Loads）：是一种特殊的荷载，是指将一种分析的结果作为另外一个分析的荷载。例如将磁场分析中计算得到的磁力作为结构分析中的力荷载。

（4）分析计算

前处理阶段完成建模以后，通过求解获得分析结果。

（5）后处理（图 6-14）

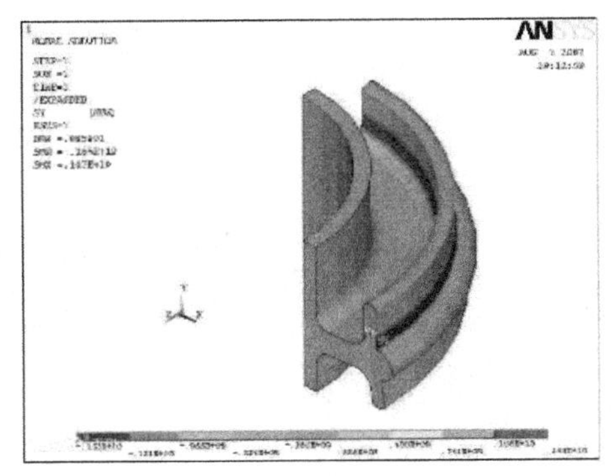

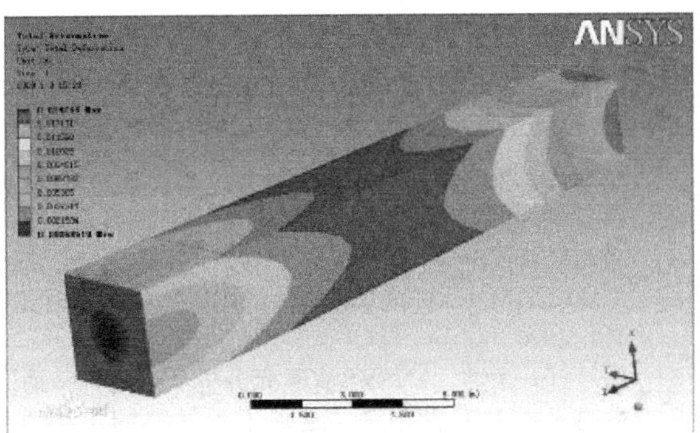

图 6-14　ANSYS 程序后处理器结果显示举例

ANSYS 程序提供两种后处理器：通用后处理器和时间历程后处理器。

① 通用后处理器（POST1），用于分析处理整个模型在某个荷载步的某个子步、某个结果序列、某特定时间或频率下的结果。

② 时间历程后处理器（Post 26），用于分析处理指定时间范围内模型指定节点上的某结果项随时间或频率的变化情况，例如在瞬态动力学分析中结构某节点上的位移、速度和加速度从 0 到 10s 之间的变化规律。

后处理器可以处理的数据类型有两种：一是基本数据，是指单元节点求解所得到的自由度解，这些结果项称为节点解；二是派生数据，是指根据基本数据导出的结果数据，通常是计算每个单元的所有节点、所有积分点或质心上的派生数据，所以也称为单元解。不同分析类型有不同的单元解，对于结构求解有应力和应变等，其他如热求解有热梯度和热流量、磁场求解有磁通量等。

习题

1. 简述有限元方法的基本思想。
2. 什么是虚功方程?
3. 什么是位移变分方程?
4. 什么是最小势能原理?
5. 有限元方法求解问题的基本步骤包括哪些?
6. 有限元建模的准则是什么?
7. 整体刚度矩阵有什么性质?
8. 推导轴对称问题的稳态热传导方程。
9. 线性弹性力学有哪些基本假设? 什么是理想弹性体?
10. 简述线性黏弹性材料的力学模型。
11. 简述应用 ANSYS 程序可处理的问题类型。
12. 进行有限元计算后处理的目的是什么?

第 6 章　参考文献

[1] 王勋成，邵敏. 有限单元法基本原理和数值方法[M]. 北京：清华大学出版社，2001.

[2] 高秀华，张小江，王欢. 有限单元法原理及应用简明教程[M]. 北京：化学工业出版社，2008.

[3] 董石麟. 新型空间结构分析、设计与施工[M]. 北京：人民交通出版社，2006.

[4] CAD/CAM/CAE 技术联盟. ANSYS 20.0 有限元分析从入门到精通[M]. 北京：清华大学出版社，2020.

[5] 张应迁，张洪. ANSYS 有限元分析从入门到精通[M]. 北京：人民邮电出版社，2010.

[6] 陈惠发，A. F 萨里普. 土木工程材料的本构方程(第 1 卷)[M]. 武汉：华中科技大学出版社，2001.

[7] 张跃，谷景华，尚家香，马岳. 计算材料学基础[M]. 北京：北京航空航天大学出版社，2006.

[8] 莫淑华，于久灏，王佳杰. 工程材料力学性能[M]. 北京：北京大学出版社，2013.

[9] 周益春. 材料固体力学[M]. 北京：科学出版社，2010.

[10] ZIENKIEWICZ O C，TAYLOR R L，ZHU J Z. 有限元方法基础理论[M]. 6 版. 北京：世界图书出版公司，2008.